AF544637

EUL
VERLAG

Initialisierung musterbrechender Managementinnovation – Eine interdisziplinäre Betrachtung

Franz Röösli

Vollständiger Abdruck der von der Fakultät für Wirtschafts- und Organisationswissenschaften der Universität der Bundeswehr München zur Erlangung des akademischen Grades eines

Doktors der Wirtschafts- und Sozialwissenschaften (Dr. rer. pol.)

genehmigten Dissertation.

Gutachter:

1. Univ.-Prof. Dr. Hans A. Wüthrich
2. Univ.-Prof. Dr. Jürg Kesselring

Die Dissertation wurde am 8. Oktober 2014 bei der Universität der Bundeswehr München eingereicht und durch die Fakultät für Wirtschafts- und Organisationswissenschaften am 31. Januar 2015 angenommen. Die mündliche Prüfung fand am 29. April 2015 statt.

Schriften des Instituts für Entwicklung zukunftsfähiger Organisationen · Band 6
Herausgegeben von Prof. Sonja A. Sackmann, Ph. D., Prof. Dr. Stephan Kaiser, Prof. Dr. Hans A. Wüthrich und Prof. Dr. Axel Schaffer, Universität der Bundeswehr München

Franz Röösli

Initialisierung musterbrechender Managementinnovation

Eine interdisziplinäre Betrachtung

Mit Geleitworten von
Prof. Dr. Hans A. Wüthrich, Universität der Bundeswehr München,
und Prof. Dr. Jürg Kesselring, Universität und ETH Zürich

Bibliografische Information der Deutschen Nationalbibliothek

Die Deutsche Nationalbibliothek verzeichnet diese Publikation in der Deutschen Nationalbibliografie; detaillierte bibliografische Daten sind im Internet über <http://dnb.d-nb.de> abrufbar.

Dissertation, Universität der Bundeswehr München, 2015

ISBN 978-3-8441-0435-6
1. Auflage Dezember 2015

JOSEF EUL VERLAG GmbH
Brandsberg 6
53797 Lohmar
Tel.: 0 22 05 / 90 10 6-6
Fax: 0 22 05 / 90 10 6-88
E-Mail: info@eul-verlag.de
http://www.eul-verlag.de

Bei der Herstellung unserer Bücher möchten wir die Umwelt schonen. Dieses Buch ist daher auf säurefreiem, 100% chlorfrei gebleichtem, alterungsbeständigem Papier nach DIN 6738 gedruckt.

Geleitwort der Herausgeber zur Schriftenreihe

Die Reihe "Schriften des Instituts für Entwicklung zukunftsfähiger Organisationen" dient der Verbreitung aktueller Forschungsergebnisse und möchte dadurch Entscheidungsträger bei der ganzheitlichen und auf Nachhaltigkeit ausgerichteten Entwicklung ihrer Organisationen unterstützen. Die Herausgeber der Reihe sind davon überzeugt, dass eine solche zukunftsfähige Entwicklung durch wissenschaftliche Erkenntnisse fundiert und gestützt werden kann, zumindest dann, wenn ein Mindestmaß an Anwendungsorientierung vorhanden ist und eine Übersetzungsleistung aus der Wissenschaft in die Praxis stattfindet. Wissenschaftliche Erkenntnisse zur Zukunftsfähigkeit von Organisationen lassen sich auf unterschiedlichen Ebenen generieren, so dass nicht nur Organisationen im engeren Sinne, sondern auch die in Organisationen agierenden Personen, Gruppen wie auch die für Organisationen relevanten Umfelder als Forschungsgegenstand in Frage kommen.

Verantwortliche Herausgeber der Schriftenreiche sind – wie der Name der Schriftenreihe erkennen lässt – die Mitglieder des Instituts für Entwicklung zukunftsfähiger Organisationen, das an der Universität der Bundeswehr München verortet ist. Konkret sind dies die Inhaber der Professuren für Arbeits- und Organisationspsychologie, Internationales Management, Personalmanagement und Organisation sowie Wandel und Nachhaltigkeit. Generelles Ziel der Aktivitäten des Instituts und seiner Professuren in Lehre, Forschung und Praxis ist die Entwicklung zukunftsfähiger, d. h. lern- und fortschrittsfähiger Organisationen auf Basis einer ganzheitlich-integrativen Managementperspektive. Im Rahmen dieser Sichtweise wird ein konstruktivistisches, reflektierendes und pluralistisches Wissenschaftsverständnis gelebt, auf dessen Grundlage Prämissen hinterfragt werden, Widersprüche gewollt sind, Komplexität bejaht und Kontraintuitives zugelassen wird. Aus einer interdisziplinären Tradition heraus bilden dabei Sozial-, Verhaltens-, Organisations- und Wirtschaftswissenschaften die Grundlage einer systemischen Betrachtungsweise von Menschen, Organisationen und ihren relevanten Umfeldern.

Die im Jahr 2013 erstmals aufgelegte Reihe wird in regelmäßigen Abständen am Institut entstandene Dissertationsschriften, Herausgeber- und Konferenzbände sowie Monographien veröffentlichen. Darüber hinaus ist die Reihe offen für Schriften anderer Wissenschaftler und Praktiker, die sich mit dem Selbstverständnis des Instituts identifizieren können und mit ihren Werken einen Beitrag zur Entwicklung zukunftsfähiger Organisationen leisten wollen. Hierzu möchten die Herausgeber herzlich einladen. Ebenfalls eine Einladung soll an die Leser ausgesprochen werden: Da Wissenschaft vom kommunikativen Austausch lebt, hoffen die Herausgeber der Reihe nicht nur auf eine entsprechende Resonanz bei der Leserschaft, sondern freuen sich auch auf einen kritischen Dialog.

Sonja Sackmann, Hans A. Wüthrich, Stephan Kaiser & Axel Schaffer

Geleitwort von Hans A. Wüthrich

„Sich im Geschäftsleben eine andere Brille aufzusetzen, ist so unendlich schwer und doch so lohnenswert. Es gibt andere Lösungen als die uns so vertrauten, aber sie bleiben meist lange verborgen, manchmal für immer." *Bolko von Oetinger*

In vielen Organisationen dominiert heute das Primat der Effizienz. Dies führt zu einer einseitigen Ressourcenoptimierung mit gravierenden Nebeneffekten. Begeisterung und Spaß gehen verloren und eine Dienst-nach-Vorschrift-Mentalität ist oft die Folge. Unternehmen drohen in der Regelungsdichte zu erstarren und an Resilienz zu verlieren. Intellektuell längst verstanden, handelt es sich nicht um ein Erkenntnis-, sondern ein Umsetzungsproblem. Im Raum steht also die interessante Frage, wie in Organisationen der Übergang von der Ressourcenoptimierung zur Potenzialentfaltung gelingen kann. Mit seiner interdisziplinären Arbeit zeigt Herr Franz Röösli auf, welches die Bedingungen sind, damit Organisationen diesen Denkrichtungswechsel vollziehen können und wie es durch praktisches Handeln zu musterbrechenden Managementinnovationen kommen kann. Mit musterbrechenden Managementinnovationen ist nicht ein Change Programm als einmalige Episode, sondern ein kontinuierlicher Veränderungsprozess gemeint. Entwickelt wird ein theoriegeleiteter Bezugsrahmen, bestehend aus den vier Zugängen Wissens-, Organisationsverständnis-, Tun- und Richtungs-Dimension. Aus den Neurowissenschaften bezieht der Autor Antworten auf die Fragen nach der grundsätzlichen Veränderungsfähigkeit des Menschen und von Organisationen.

Mit der vorliegenden interdisziplinären Arbeit gelingt Franz Röösli eine wertvolle Perspektivenerweiterung und ich wünsche den postulierten Ideen die verdiente Verbreitung und Resonanz in der Wissenschaft und Praxis.

Im Juli 2015 Hans A. Wüthrich

Inhaber des Lehrstuhles für Internationales Management, Fakultät für Wirtschafts- und Organisationswissenschaften, Universität der Bundeswehr München, Deutschland

Geleitwort von Jürg Kesselring

Dieses wichtige Werk von Franz Röösli beschäftigt sich mit Voraussetzungen für die Initiierung eines Paradigmenwechsels in der Managementlehre und Organisationspraxis – weg von einseitiger Ressourcennutzung hin zu sinnstiftender Potenzialentfaltung. Reichhaltige, fruchtbare Bezüge aus Neurowissenschaften, Komplexitätswissenschaften und Meditationsforschung werden auf Basis des interdisziplinären Forschungsdesigns hergeleitet und in einem Bezugsrahmen mit vier Dimensionen verbunden. Dabei ist bemerkenswert und erfreulich, wie genau der Autor sich unter anderem der Neurowissenschaft widmet und insbesondere die modernen Vorstellungen zum adaptiven, beziehungsbezogenen Gehirn herausarbeitet in einer Art, wie sie vielen Neurowissenschaftlern zur Ehre gereichen würde.

Es geht in dieser Arbeit nicht um ein Change-Programm als einmalige Episode, sondern um Organisationsformen, die sich selbst schaffen und sich dynamisch und kontinuierlich weiterentwickeln können, weil sie Sinn stiftend sind, gleichzeitig Freiheit und gelingende Interaktionen der Organisationsmitglieder fördern und somit Potenzialentfaltung ermöglichen. Grundlagen dazu bilden ein aus der modernen Neurowissenschaften abgeleitetes Menschenbild, ein Organisationsverständnis, welches das gezeichnete Menschenbild berücksichtig und den Phänomenen eines lebenden, sozialen Systems Rechnung trägt, sowie das transformative Potenzial der Meditation als proaktive Handlungsmöglichkeit zum Bewusstseinswandel. Der Aufbau und die Darstellung des Gedankengebäudes sind überaus fundiert und evident, die komplexen Sachverhalte werden überzeugend und einleuchtend dargestellt. Die Kenntnis der relevanten Konzepte aus den verschiedenen Disziplinen ist sehr umfassend, der entworfene Bezugsrahmen in sich konsistent und durch die verschiedenen Gedankenstränge logisch begründet und einladend für weitere Untersuchungen.

Im Juli 2015 Jürg Kesselring

Chefarzt Neurologie & Neurorehabilitation, Rehabilitationszentrum Valens, Schweiz

Zentrum für Neurowissenschaften der Universität und ETH Zürich, Schweiz

DANKSAGUNG

Mit der vorliegenden Publikation konnte ich mein Promotionsvorhaben abschließen. Es war eine einmalige Chance und Erfahrung, mich berufsbegleitend mit einem Thema über mehrere Jahre in der Tiefe auseinandersetzen zu können, das mich außerordentlich interessiert und mich auch in Zukunft begleiten wird. So ist die anspruchsvolle, spannende und lehrreiche Dissertationsphase zwar vorbei, nicht aber die weitere Auseinandersetzung mit den darin untersuchten Inhalten. Das empfinde ich als besonders wertvoll.

Für all dies möchte ich danken. Zuallererst gilt mein herzlicher Dank verbunden mit höchster Wertschätzung Herrn Prof. Dr. Hans A. Wüthrich als Doktorvater, erstem Gutachter und Mitglied der Promotionskommission. Der von ihm geschenkte Freiraum, richtungsweisende Impulse und wohlwollend-kritische Fragestellungen haben entscheidende Gelingensvoraussetzungen für die Arbeit geschaffen. Ebenso kommt Herrn Prof. Dr. Jürg Kesselring meine größte Hochachtung und herzliche Dankbarkeit zu. Er hat als Neurowissenschaftler großzügigerweise die Rolle des zweiten Gutachters als Mitglied der Promotionskommission in meiner neurobiologisch orientierten Dissertation übernommen und sich überdies als Interviewpartner zur Verfügung gestellt.

Weitere Experten, welche ich für meine Untersuchung interviewen durfte, waren Herr Dr. Mario Etzensberger, Herr Dr. Paul Grossman, Herr Prof. Dr. Christian W. Hess, Frau Dr. Britta K. Hölzel und Herr Prof. Dr. Gerald Hüther. Der Dialog mit den Interviewpartnern hat wesentliche Erkenntnisse der Arbeit gefördert; es gehört ihnen mein tiefster Dank.

Frau Prof. Sonja Sackmann, Ph.D., hat als Vorsitzende die Promotionskommission geleitet, Herr Prof. Dr. Helge Rossen-Stadtfeld und Herr Prof. Dr. Stefan Josten waren ebenso Mitglieder der Promotionskommission. Ich möchte mich bei Ihnen für diese Tätigkeiten bestens bedanken.

Ebenso möchte ich Frau Olga Köckert meinen ausdrücklichen Dank aussprechen für die geschätzte Unterstützung bei der Abwicklung von organisatorischen Aufgabenstellungen an der Universität der Bundeswehr München.

In sachkundige Art hat Frau Siri Schubert das Lektorat übernommen, wofür ich ihr sehr danke.

Für die Aufnahme meiner Dissertation in die Schriftenreihe des Instituts für die Entwicklung zukunftsfähiger Organisationen (EZO) der Universität der Bundeswehr München bin ich dem Institut sehr zu Dank verbunden. Dem Josef Eul Verlag danke ich für die Begleitung während der Publikationsvorbereitung sowie Druck- und Verlegung der Schrift.

Es ist nicht möglich, alle Personen namentlich aufzuführen, welchen ich im Rahmen meines Dissertationsvorhabens begegnet bin und denen ich zu Dank verpflichtet bin. Speziell möchte ich mich bei meiner Frau Katja herzlich bedanken. Als Organisatorin, um mir den Weg für das Schreiben frei zu halten und als aufmerksame Zuhörerin und Dialogpartnerin hat sie mich mit viel Geduld allzeit liebevoll unterstützt. Ihr ist diese Arbeit gewidmet.

Im August 2015 Franz Röösli

Zusammenfassung

Initialisierung musterbrechender Managementinnovation – eine interdisziplinäre Betrachtung

Diese Untersuchung ist von der Auffassung geleitet, dass das vorherrschende Denken und Handeln der Entscheidungsträger von Organisationen dem heutigen Zeitalter nicht gerecht werden. Während sich die Herausforderungen für Organisationen im Verlaufe der Zeit fundamental geändert haben, nehmen sich die Managementlehre und -praxis nur eingeschränkt dieser umwälzenden Problemverschiebung an. Damit ist die Wirkung des gegenwärtig vorherrschenden Managements als Werkzeug für die Bearbeitung heutiger und künftiger Führungs- und Managementherausforderungen in Organisationen höchstens suboptimal – der Lösungsansatz passt nicht zur Problemstellung. Mit anderen Worten: Heutiges Management stellt vielmehr selbst ein Problem denn eine Lösung dar.

In Anlehnung an ein bekanntes Zitat von Albert Einstein können die derzeitigen Führungs- und Managementmuster nicht mit derselben Denkweise überwunden werden, durch die sie geschaffen wurden. Dafür sind die Qualität und das Niveau von Bewusstsein und Aufmerksamkeit entscheidend; sie wurden in der Managementlehre bisher jedoch fast vollständig ignoriert. Aus diesem Grund erscheint es aussichtsreich, bei dieser Thematik anzusetzen. Um von der aktuellen Ressourcennutzung zur postulierten Potentialentfaltung zu gelangen, ist ein Paradigmenwechsel, der andere Einstellungs- und Verhaltensweisen in Organisationen nach sich zieht, notwendig.

Die Untersuchung will weder ein weiteres Managementmodell noch eine zusätzliche Change-Management-Methode entwerfen. Vielmehr ergründet und beschreibt sie Annahmen, die als günstige Rahmenbedingungen zur erfolgreichen Transformation bestehender Managementmuster erachtet werden, um Organisationsformen zu ermöglichen, die sich selbst hervorbringen und entwickeln können. Die Arbeit zielt darauf ab, Möglichkeiten der Veränderbarkeit von Wahrnehmungs-, Denk- und Handlungsmustern und das bedeutet auch Möglichkeiten der Erhöhung des Aufmerksamkeits- und Bewusstseinsniveaus zu erkunden, die zur Initialisierung musterbrechender Managementinnovation in Richtung Potentialentfaltungshaltung beitragen können.

Um der Komplexität der Fragestellung gerecht zu werden, ist das Forschungsdesign interdisziplinär angelegt. Es bezieht systemtheoretisch-komplexitätswissenschaftliche, neurowissenschaftliche sowie soziologische Erkenntnisse ein. Dabei wird die Thematik der Initialisierung musterbrechender Managementinnovation so dargestellt, dass sie in den wichtigsten Grundzügen fassbar wird und Reflexions- und Handlungsmöglichkeiten abgeleitet werden können. Als Resultat wird ein interdisziplinärer, vierdimensionaler Bezugsrahmen entworfen. Der Bezugsrahmen wird durch die Wissens-, Organisationsverständnis-, Tun- und Richtungsdimension gebildet.

Die Wissensdimension greift auf die modernen Neurowissenschaften zurück und stützt sich insbesondere auf die Entdeckungen der Neuroplastizität und der Spiegelneuronen sowie die Erkenntnisse der interpersonellen Neurobiologie. Es geht in erster Linie um einen Bewusstseinswandel bei der Annahme zum Menschenbild vom nutzenmaximierenden Homo oeconomicus zum reflexions- und entwicklungsfähigen, beziehungsorientierten sowie sinnstiftenden Wesen. Die zweite Dimension im Bezugsrahmen beleuchtet Complex Responsive Processes of Relating als komplexitätswissenschaftlich und soziologisch begründetes Organisationsverständnis. Es steht für einen bewussten Perspektivenwechsel von der Planung der Zukunft durch Kontrolle von Kennzahlen der Vergangenheit ins Hier und Jetzt der realen Gegenwart der sozialen Interaktion beim Organisationsgeschehen. Es gibt dabei keine Vorrangigkeit von Individuum oder Sozialem, da es keine Aufspaltung von individueller und sozialer Ebene gibt. Zur Überführung dieser Bewusstseinsveränderungen bei Menschenbild und Organisationsverständnis in den gelebten Organisationsalltag stellt Meditation eine wegbereitende, befähigende Handlungsmöglichkeit dar. In der Tun-Dimension werden die Wirkungen von Achtsamkeits- und Mitgefühlsmeditation einschließlich ihres transformativen Vermögens auf Basis von Forschungsresultaten der kontemplativen Neurowissenschaften veranschaulicht. Potentialentfaltung als Richtungsdimension im Bezugsrahmen baut auf den drei anderen Dimensionen auf, wobei die Kernelemente Sinnstiftung, Freiheit und gelingende Beziehungen aus dem Verbund der Wirkungen der drei anderen Dimensionen entstehen.

Der Bezugsrahmen stellt eine Zugangsmöglichkeit zur Initialisierung musterbrechender Managementinnovation dar. Er ist keinesfalls als abgeschlossene Theorie zu betrachten und ist deshalb offen für Weiterentwicklungen. In diesem Sinne versteht sich die Untersuchung als Einladung zur Weiterführung eines Dialoges über die Bedeutung des Bewusstseins- und

Aufmerksamkeitsniveaus als Rahmenbedingungen für einen Paradigmenwechsel in Richtung Potentialentfaltung in Organisationen und somit auch in der Gesellschaft.

ABSTRACT

Initializing paradigm-shifting management innovation – an interdisciplinary study

This study is guided by the view that the prevalent thinking and acting of leaders in today's organizations is no longer adequate. While the challenges organizations are faced with have changed fundamentally over time, management studies and practices have only marginally addressed this significant shift. Therefore, the contributions that current management can make to solve today's leadership and management challenges are suboptimal at best. The solution no longer fits the problem. In other words, today's management may be part of the problem rather than the solution.

According to a famous quote by Albert Einstein, the current pattern of leadership and management cannot be overcome using the same style of thinking that created them in the first place. The quality and level of attention and awareness are crucial in this context, yet those factors have been almost entirely ignored by management studies. It therefore seems promising to address these issues since they represent both a prerequisite for transformation and in themselves carry potential. To get from the current state of resource exploitation to a state in which humans can fulfill their potential, thus fostering human growth and development, a paradigm shift resulting in new pattern of organizational behavior is necessary.

This study is not meant to provide a further management model nor an additional change management method. Rather it outlines assumptions that are regarded as favourable prerequisites for a successful initialization of paradigm-shifting management innovation that will enable organizations to reinvent themselves and evolve dynamically and continuously. For that reason the study aims at exploring possibilities to reshape pattern of sensing, thinking and (inter)acting. It examines ways of elevating the level of attention and awareness, which may lead to the initialization of paradigm-shifting management innovation, which, in turn, could result in organizations fostering human growth and development.

Exploring the general parameters that may be conducive to a transformation of existing patterns of leadership and management is a central theme of this study. To adequately address the complexity of the problem, the study's design is interdisciplinary and investigates the topic by integrating findings from complexity science, neuroscience and sociology. The most important features of the topic 'initializing paradigm-shifting management innovation' are presented so that opportunities for reflection and action can be inferred. The result of the study is an interdisciplinary four-dimensional framework of reference. The four dimensions are knowledge, understanding of the organization, action and direction.

The knowledge dimension is based on research in modern neurosciences, especially on the discoveries of neuroplasticity and mirror neurons, as well as on findings in the area of interpersonal neurobiology. The central topic is a shift in consciousness regarding the assumptions about human nature from the benefit maximizing homo economicus to a social being that is capable of reflection and development and seeks to have successful relationships and to create meaning. The second dimension in the framework of reference examines Complex Responsive Processes of Relating as an approach to understanding organizations from the perspectives of complexity science and sociology. This implies a conscious shift of perspective from planning the future through controlling figures of the past to social interactions in the living present in organizations. Moreover there is no division between the individual and social level, that is, the individual does not have a preeminent position above the social (in contrast to traditional management theory) and neither has the social a preeminent position above the individual. To achieve this shift of consciousness regarding human nature and the understanding of organizations and to integrate it into the day-to-day activities of an organization, meditation can be a useful practice to pave the way. The action dimension illustrates the effects of mindfulness and compassion meditation, including their transformative capacities on the basis of findings in contemplative neurosciences. To 'foster human growth and development' as the direction dimension in the framework of reference is built on the other three dimensions. The core elements 'creating meaning', 'freedom', and 'successful relationships' emerge as a result of the combined effects of the other three dimensions.

The framework of reference is meant to provide an access point to the topic 'initializing paradigm-shifting management innovation'. It is by no means a complete, comprehensive theory, but is rather open to further development. In this sense the study is an invitation to continue the dialogue about the importance of the level of attention and awareness as a prerequisite for a paradigm-shift toward fostering human growth and development in organizations and hence in society.

INHALTSÜBERSICHT

Inhaltsverzeichnis

Abbildungsverzeichnis

Abkürzungsverzeichnis

CAS	Complex Adaptive System
CRPR	Complex Responsive Processes of Relating
EU	Europäische Union
FMI	Freiburg Mindfulness Inventory
fMRT	funktionelle Magnetresonanztomographie
IPNB	Interpersonelle Neurobiologie
IRI	Interpersonal Reactivity Index
KIMS	Kentucky Inventory of Mindfulness Scale
LTP	Langzeitpotenzierung
MAAS	Mindfulness and Attention Awareness Scale
MBSR	Mindfulness Based Stress Reduction
MIT	Massachusetts Institute of Technology
ROA	Return on Assets
TMS	Toronto Mindfulness Scale
UCLA	University of California in Los Angeles

Verzeichnis der Interviewpartner

Dr. Mario Etzensberger, Psychologe, bis 2008 Chefarzt der Psychiatrischen Klinik Königsfelden

1. Experteninterview mit Dr. M. Etzensberger geführt am 4. Februar 2012 in Brugg
2. Experteninterview mit Dr. M. Etzensberger geführt am 2. November 2012 in Brugg

Dr. Paul Grossman, Neurowissenschaftler, Forschungsdirektor des Departements für psychosomatische Medizin des Universitätsspitals, spezialisiert auf Meditationsforschung, Leiter des Europäischen Zentrums für Achtsamkeit (EZfA)

Experteninterview mit Dr. P. Grossmann geführt am 29. November 2012 in Basel

Prof. Dr. Christian W. Hess, Neurologe, bis 2012 Direktor und Chefarzt der neurologischen Universitätsklinik Bern und Dozent für Medizin an der Universität Bern

1. Experteninterview mit Prof. Dr. C. W. Hess geführt am 24. Mai 2012 in Bern
2. Experteninterview mit Prof. Dr. C. W. Hess geführt am 21. November 2012 in Bern

Dr. Britta K. Hölzel, Diplom-Psychologin, spezialisiert auf Meditationsforschung und Neuroimaging an der Berliner Charité, Universitätsmedizin am Institut für Medizinische Psychologie, Mindfulness-Based Stress Reduction (MBSR)-Kursleiterin

Experteninterview mit Dr. B. K. Hölzel geführt am 11. Dezember 2012 via Skype

Prof. Dr. Gerald Hüther, Neurobiologe, Psychiatrische Klinik der Universität Göttingen

Experteninterview mit Prof. Dr. G. Hüther geführt am 5. Juli 2012 in Göttingen

Prof. Dr. Jürg Kesselring, Neurologe, Chefarzt Neurologie Klinik Valens und Dozent für Medizin an den Universitäten Bern und Zürich

1. Experteninterview mit Prof. Dr. J. Kesselring geführt am 24. April 2012 in Valens
2. Experteninterview mit Prof. Dr. J. Kesselring geführt am 23. Oktober 2012 in Valens

Anmerkung zum Text:
Aus Gründen der sprachlichen Vereinfachung sind alle Aussagen in diesem Dokument als geschlechtsneutral zu verstehen. Die gewählte männliche Form beinhaltet also stets auch die weibliche.

TEIL I GRUNDLAGEN

1 AUSGANGSÜBERLEGUNGEN

1.1 RESSOURCENNUTZUNGS-PHILOSOPHIE ALS PROBLEM IN KOMPLEXEN SITUATIONEN

Die heute vorherrschende Managementtheorie und -praxis hat ihre Wurzeln im einsetzenden Industriezeitalter vor rund hundert Jahren.[1] Dieses Managementdenken und -handeln war von Anfang an grundlegend auf die Steigerung von Effizienz und Produktivität ausgerichtet.[2] Dabei ging es in erster Linie um eine ständig zunehmende Auslastung der technisch-maschinellen Ressourcen, um die Standardisierung von Arbeitsabläufen und um einen hohen Produktionsausstoß.[3] Das Industriezeitalter, dessen wirtschaftliche Basis die Rohstoffe bildeten, "bot eine Wirtschaft der Ressourcen-Knappheit, in der es zu schützen und zu kontrollieren galt."[4] Die diesen Anstrengungen zugrunde liegende Problemstellung ist vom Ansatz her technisch und somit deterministisch und berechenbar; entsprechende Lösungen wurden demzufolge mit mechanistisch-linearem Ursache-Wirkungs-Denken und den damit einhergehenden Lösungsmustern gesucht und gefunden.[5] So entstand im Industriezeitalter das auf die Probleme des Industriezeitalters zugeschnittene Managementmodell[6] mit einer hierarchischen Organisationsform, einem hohen Grad an Arbeitsteilung, der Trennung von Pla-

---

1 Vgl. (Denning, 2010 S. 22 ff.), (Pinnow, 2011 S. 27 ff.).
2 Vgl. (Wüthrich, 2011b S. 215), (Hamel, 2007 S. 6 ff.).
3 Vgl. (Hamel, 2012b S. 184 ff.).
4 (Burrus, 1997 S. 278), vgl. auch (Paeger, 2006b).
5 Vgl. (Obolensky, 2010 S. 52 f.).
6 Dieses klassische, traditionelle Managementverständnis wird, insbesondere im angelsächsischen Raum, häufig auch als 'Command-and-Control Managementmodell' bezeichnet, vgl. (Seddon, 2003 S. 1 ff.), (Hope et al., 2003 S. 8).

nung, Entscheidung, Ausführung und Kontrolle, dem Einsatz von Geld zu Motivationszwecken und dem Management von Zahlen und Budgets.[7]

Tatsächlich hat der Einsatz des traditionellen Managementmodells in den Unternehmungen im letzten Jahrhundert über Jahrzehnte hinweg zu enormen, insgesamt rund fünfzigfachen Produktivitätssteigerungen und einem entsprechenden materiellen Wohlstandswachstum der Bevölkerungen der Industrienationen geführt.[8]

Durch den zügig wachsenden Dienstleistungssektor und die parallel verlaufende Digitalisierung vieler Prozesse haben sich seit den 1970er Jahren die Rahmenbedingungen für Unternehmen jedoch deutlich verändert. Der spanische Soziologe und Netzwerktheoretiker Manuel Castells beschreibt die Ablösung des Industriezeitalters durch das Informationszeitalter wie folgt:

> "Informationszeitalter [...] bezeichnet eine historische Epoche menschlicher Gesellschaften. Das auf mikroelektronisch basierten Informations- und Kommunikationstechnologien sowie der Gentechnologie beruhende technologische Paradigma, welches diese Epoche charakterisiert, ersetzt bzw. überlagert das technologische Paradigma des Industriezeitalters, das primär auf der Produktion und Distribution von [materiellen Gütern und, F. R.] Energie beruht."[9]

Der Begriff des Paradigmas steht für die gemeinsame Weltsicht einer Gemeinschaft, die akzeptierte Theorien und Problemlösungsmuster anwendet.[10] Vorab sei darauf hingewiesen, dass die Begriffe Paradigma und Muster sowie Paradigmenwechsel und Musterbruch in dieser Arbeit synonym verwendet werden. Auf diese zentralen Begriffe wird in Unterkapitel. 2.1., S. 19 ff. vertiefend eingegangen.

---

7 Vgl. (Seddon, 2003 S. 4), exemplarisch ebenso die originären Werke von (Taylor, 1911) sowie (McKinsey, 1922), zwei der Haupterbauer des traditionellen Managementmodelles.

8 Vgl. (Drucker, 1993 S. 34), (Denning, 2010 S. 21).

9 (Castells, 2001 S. 424), vgl. auch (Drucker, 1993 S. 1 ff.).

10 Vgl. (Kuhn, 1976 S. 186), (Kuhn, 1977 S. XIX), (Swedin, 2005 S. 154), (Luhmann, 1987b S. 7).

Es werden manchmal anstelle des Begriffes 'Informationszeitalter' Termini wie 'Kreativitätszeitalter'[11] oder 'Innovationszeitalter'[12] für die an das Industriezeitalter anschließende Epoche verwendet, die ebenso geeignet sind, da mit ihnen die zentrale Bedeutung von Kreativität und Innovation als ausschlaggebende 'Rohstoffe' für die heutige und künftige Wertschöpfung von Organisationen zum Ausdruck gebracht wird.[13]

Die Fortschritte in der Telekommunikation, die weltweite Verbreitung von Internet- und mobilen Technologien, die Globalisierung der Wirtschaft, demographische Entwicklungen und die vielfältigen Wechselwirkungen, die sich aus den Veränderungen zum Ende des 20. Jahrhunderts ergaben, schufen neue und im Vergleich zum Industriezeitalter völlig andersartige Herausforderungen für Unternehmen.[14] Dies äußert sich bei Organisationen z. B. durch ständig sinkende Produkt- und Dienstleistungslebenszyklen, informierte Kunden mit abnehmender Loyalität, Digitalisierung und Beschleunigung der Kommunikationsmuster, volatile Preise, ständig steigende Anforderungen an die Qualifizierung der Mitarbeitenden oder zunehmende Compliance-Anforderungen.[15] Die Ausgangslage ist damit völlig anders als im Industriezeitalter. Die Problemstellung für das Management von Unternehmen hat sich von Effizienz- und Produktivitätssteigerung zum Umgang mit Komplexität hin verschoben.[16]

Allerdings wurde der strukturellen Problemverschiebung bis heute in der Managementtheorie und -praxis nicht umfassend und systematisch Rechnung getragen.[17] Das vorherrschende Managementverständnis orientiert sich nicht an Komplexität, sondern ist nach wie vor doktrinär an linearen, planbaren Effizienz- und Produktivitätsüberlegungen ausgerichtet.[18] Bestehende Management- und Organisationsmethoden der Effizienzbeherrschung werden

---

11 Vgl. z. B. (Kästner, 2009 S. VII).

12 Vgl. z. B. (Fries, 2008 S. 140).

13 Vgl. (Wikipedia, 2005). Kreativität kann als Grundbedingung für Innovation angesehen werden, vgl. (Kästner, 2009 S. VII).

14 Vgl. (Robbins et al., 2010 S. 13 ff.).

15 Vgl. z. B. (Hamel, 2007 S. 9 ff.) oder (Hope et al., 2003 S. 178 ff.).

16 Vgl. z. B. (Wüthrich et al., 2009 S. 27 ff.). Die Vernetzung und die Vernetzungsmöglichkeiten zwischen Menschen, Organisationen und technischen Geräten nehmen weiterhin exponentiell zu. Deshalb ist auch mit einer weiteren progressiven Zunahme der Komplexität zu rechnen, vgl. (Sargut et al.,2011 S. 24), (Wüthrich et al., 2009 S. 30 f.).

17 Vgl. (Wüthrich, 2014 S. 73).

18 Vgl. (Seidman, 2012).

kontinuierlich weiterentwickelt und verfeinert, ohne damit den erhofften Erfolg zu erzielen.[19] So erreichen beispielsweise die zahlreichen klassischen Reorganisationsprojekte in Unternehmen zur Anpassung an die Umweltdynamik häufig nicht die gesteckten Ziele.[20] Das hat zur Folge, dass erneut reorganisiert wird. Häufig wiederholt sich der Prozess – Reorganisieren wird damit zum Selbstzweck.[21] Ähnliche Entwicklungen sind auch in anderen Bereichen der Unternehmensführung zu beobachten, in denen die oben erläuterte Ressourcennutzungshaltung als grundlegendes Denk- und Handlungsmuster zur Problemlösung dient. Durch den jahrzehntelangen Erfolg im Industriezeitalter haben sich die Problemlösungsmuster zu nicht mehr hinterfragten Automatismen – also zu erworbenen Reflexen – ausgebildet und verselbständigt.[22] Zur heutigen Herausforderung der Komplexitätsbewältigung passt jedoch die 'Gesinnung der Ressourcenausnutzung'[23] mit ihren Kommando- und Kontrollmechanismen und ihrer eingeschränkten Effizienz- und Produktivitätszielsetzung nicht mehr – komplexe Problemstellungen können mit linear-kausalen Lösungsmustern nicht nachhaltig beantwortet werden.[24]

Der deutsche Soziologe Dirk Baecker fordert deshalb eine "Organisationstheorie, die selbstreferentiellen, paradoxiefähigen und oszillierenden Verhältnissen der Organisation gerecht wird".[25] Eine andere geistige Orientierung ist angezeigt. Der deutsche Neurobiologe Gerald Hüther spricht in diesem Zusammenhang von einem Übergang von der Ressourcenausnutzungskultur zu einer Potentialentfaltungskultur von Individuen in Gemeinschaften; individuelle, vernetzte Potentialentfaltung wäre dabei als Grundhaltung zur Lösungsfindung unserer heutigen nicht-linearen, komplexen Problemstellungen nötig.[26] Dazu präzisiert Hüther im Experteninterview:

---

19 Vgl. (Wüthrich et al., 2009 S. 23 ff.).

20 Vgl. (Ghislanzoni et al., 2010).

21 Vgl. (Röösli et al., 2011 S. 34).

22 Vgl. (Wüthrich et al., 2009 S. 22 ff.), vgl. auch (Denning, 2010 S. 26) und (Förster et al., 2007 S. 18 f.).

23 (Hüther, 2011c S. 145 ff.).

24 Vgl. (Senge, 2003 S. 11 ff.). Romhardt spricht von einer Vertrauenskrise der Gesellschaft in Bezug auf die Art und Weise des heutigen Wirtschaftens von Unternehmungen, vgl. (Romhardt, 2014).

25 (Baecker, 2011 S. 9).

26 Vgl. (Hüther, 2011c S. 150 ff.).

> "Potentialentfaltung, die auf Kosten von anderen geht, ist keine Potentialentfaltung. Weil wir als soziale Wesen unterwegs sind, kann ich nur dann von Potentialentfaltung sprechen, wenn es nicht auf Kosten von anderen geht. Das ist ein Imperativ, schon auf hirntechnischer Ebene."[27]

Mit der bisher bewährten Lösungsstrategie, vorhandene Ressourcen noch besser zu nutzen, ließe sich das aber nicht bewerkstelligen:

> "Für eine kurze Zeit mag das gutgehen, aber auf lange Sicht wird man wohl die Organisation dieser Gemeinschaft verändern müssen. [...] Aber überall dort , wo Angst geschürt, Druck gemacht, genau vorgeschrieben und peinlich überprüft und kontrolliert wird, wo Mitdenken nicht wertgeschätzt wird und eigene Verantwortung nicht übernommen werden kann, verliert der Innovationsgeist der Mitglieder einer solchen Gemeinschaft die thermische Strömung, die gebraucht wird, um seine Flügel zu entfalten."[28]

Dass die Ressourcenausnutzungshaltung in der heutigen komplexen Zeit ebenso in Bezug auf ökonomische Effizienz in Frage gestellt werden kann, zeigt im Sinne einer Indikation auch die langfristige negative Entwicklung des Return on Assets (ROA = Vermögensrendite) der US-amerikanischen Wirtschaft, die ihrerseits als eine der wichtigsten Kräfte der Weltwirtschaft gilt.[29] Der ROA misst, wie effizient die bilanziellen Vermögenswerte, d. h. die Kapitalressourcen eines Unternehmens, zur Erzielung einer Rendite eingesetzt werden,[30] vgl. dazu Abb. 1.

Neuartige Führungs- und Managementmuster sind also notwendig, um die vorhandenen, aber brachliegenden Potentiale und das Engagement der Menschen zu mobilisieren, weil mit der traditionellen Managementauffassung und der dazugehörigen Kommando- und Kontroll-Logik keine Potentialentfaltung ermöglicht wird und damit nachhaltige Problemlösungen in einer immer komplexer werdenden Organisationsumwelt nicht zum Tragen kommen. Das

---

[27] (unveröffentl. Transkript, Interview Hüther, 2012 S. 101, Zeile 1219 ff.).
[28] (Hüther, 2011c S. 180).
[29] Vgl. (Hagel et al., 2013 S. 6), (Wikipedia, 2004c).
[30] Vgl. (Sternberger-Frey, 2004 S. 51), (Wikipedia, 2004a).

traditionelle Managementmodell ist bei der Organisation menschlicher Arbeit in Unternehmen elementar auf Gehorsam, Pflichterfüllung und die Befolgung von Regeln angelegt.

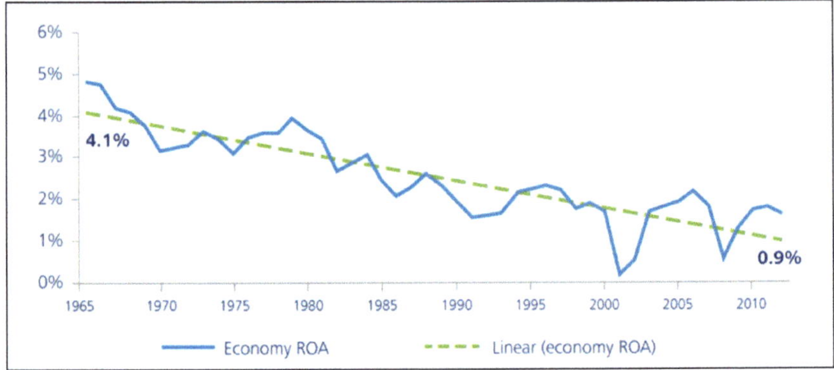

Abb. 1: Return on Assets (ROA) der US-amerikanischen Wirtschaft von 1965–2012[31]

Dies bringt das Henry Ford zugeschriebene Zitat "Warum kommt dauernd ein Gehirn mit, wenn ich nur um ein paar Hände gebeten habe?" pointiert zum Ausdruck.[32] Potentialentfaltung kann jedoch nicht angeordnet werden und ist im traditionellen Managementmodell schlicht nicht vorgesehen.[33]

Diverse internationale und über mehrere Jahre angelegte Studien belegen, dass nur ein geringer Teil der Beschäftigten ihr volles Engagement am Arbeitsplatz einbringt und ihr Potential entfaltet. Es gibt zwar länderspezifische Unterschiede und Variationen im Zeitvergleich über mehrere Jahre. Diese Unterschiede sind aber insgesamt gering. Zusammenfassend lässt sich sagen, dass rund 60 bis 70 Prozent der Beschäftigten bei ihrer Arbeit nicht voll engagiert sind. Dieses brachliegende Potential und die damit entstehenden Produktivitätseinbußen der Unternehmen werden allein in Deutschland auf bis rund 120 Milliarden Euro jährlich geschätzt.[34] Die Gründe für das niedrige Niveau des Beschäftigten-Engagements und der

---

31 Entnommen aus (Hagel et al., 2013 S. 6).

32 Vgl. (Förster et al., 2010 S. 37).

33 Vgl. (Wüthrich, 2011a S. 335), (Hamel, 2007 S. 8 f.), (Endres et al., 2014 S. 50).

34 Vgl. (Gallup, 2014 S. 11), (Brzoska, 2011 S. 1).

Potentialentfaltung am Arbeitsplatz werden unmissverständlich bei der Führung verortet.[35] Folgende Abbildung aus der Gallup Engagement Studie für 2013 demonstriert diesen Sachverhalt in deutschen Unternehmen:

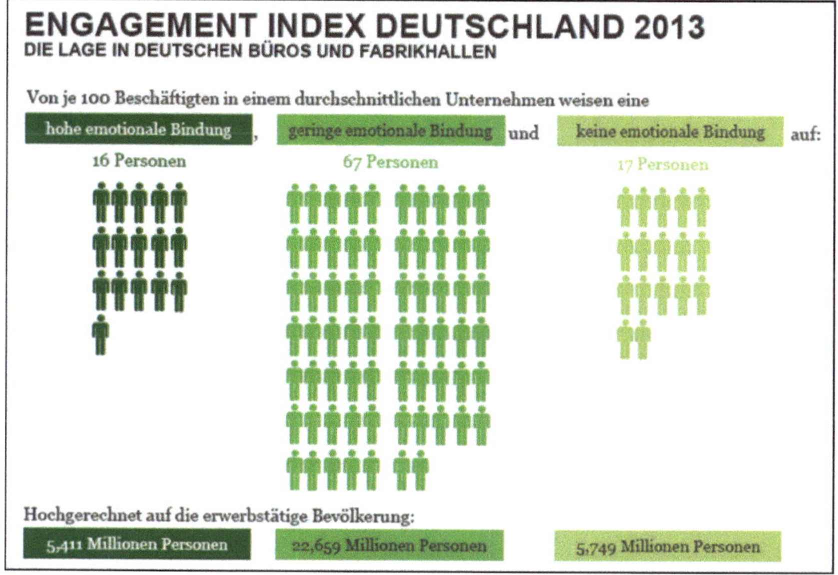

Abb. 2: Gallup Engagement Index Deutschland 2013[36]

Hans A. Wüthrich, Schweizer Managementforscher und Professor für Internationales Management an der Universität der Bundeswehr München, leitet daraus folgende Forderung ab:

> "Potenzialentfaltung stellt eine anspruchsvolle Führungsaufgabe dar, die nur gelingen kann, wenn wir unsere Energie nicht auf die Professionalisierung der Instrumente fokussieren, sondern von anderen Prämissen ausgehen und den Mut haben, Organisation und Führung neu zu denken."[37]

---

35 Vgl. (Laloux, 2014 S. 3 f.), (Beck et al., 2014), (LRN Corporation, 2012), oder (Towers Watson, 2014).

36 Entnommen aus (Gallup, 2014 S. 10).

37 (Wüthrich, 2011b S. 215). Der deutsche Soziologe und Managementforscher Frank E. P. Dievernich argumentiert analog, dass durch die vorrangige Orientierung an und den Ein-

Der überwiegende Teil der Managementpraxis hinkt dieser Forderung nach einer Potentialentfaltungskultur mit ihrer traditionellen, einseitigen Ausrichtung an Ressourcennutzung und der damit verbundenen Effizienzmaximierung hinterher.[38] Ähnlich wie die Oldtimer in Havanna ein überkommenes zeitliches Phänomen darstellen, kann dies als Managementanachronismus bezeichnet werden.

1.2 Stand der Potentialentfaltungs-Philosophie in der Managementlehre und -Praxis

Querdenker und Visionäre der Managementlehre äußern sich nicht nur kritisch zur aktuellen Führungspraxis, sondern auch zum gegenwärtigen Stand der Forschung sowie zur Aus- und Weiterbildung an den wirtschaftswissenschaftlichen Universitäten und Hochschulen.[39] Ghosal Sumantra, der 2004 verstorbene indische Wirtschaftswissenschaftler und gleichzeitig Wirtschaftswissenschaftskritiker der London Business School, beschrieb die Problematik mit den folgenden Worten:

> "In courses on corporate governance grounded in agency theory [...] we have taught our students that managers cannot be trusted to do their jobs – which, of course, is to maximize shareholder value – and that to overcome 'agency problems', managers' interests and incentives must be aligned with those of the shareholders by, for example, making stock options a significant part of their pay. In courses on organization design, grounded in transaction cost economics, we have preached the need for tight monitoring and control of people to prevent 'opportunistic behavior' [...]. In strategy courses, we have presented the 'five

---

satz von Managementinstrumenten der ursprüngliche Zustand einer Organisation konserviert und sogar noch verstärkt wird. Er formuliert daraus eine bedeutsame Folgerung in der Form einer Paradoxie, dass sich Organisation und Management zuerst verändern müssen, bevor sie Instrumente einsetzen, die sie verändern sollen, vgl. (Dievernich, 2007 S. 7). W. Edwards Deming, der amerikanische Pionier im Bereich von Qualitätsmanagement, bezeichnet den heute vorherrschenden Managementstil als den größten Produzenten von Abfall, dessen Kosten und Verluste nicht kalkulierbar seien, vgl. (Deming, 1994 S. 20).

38 Vgl. z. B. (LRN Corporation, 2012 S. 3 ff.), (Hamel, 2007 S. X).

39 Vgl. z. B. (Hamel, 2009 S. 3 ff.), (Denning, 2010 S. 9 ff.), (Wüthrich, 2003 S. 101 ff.).

> forces' framework [...] to suggest that companies must compete not only with their competitors but also with their suppliers, customers, employees, and regulators."[40]

Wüthrich argumentiert, dass die betriebswirtschaftliche Ausbildung an den Universitäten, Fachhochschulen und Business Schools hauptsächlich aus der Lehre praxisnahen Fachwissens und der Vermittlung einer spezifischen Art des Denkens bestehe. Die Ansätze würden oft einseitig auf der durch Effizienz und Effektivität getragenen ökonomischen Logik basieren und Erkenntnisse anderer wissenschaftlicher Disziplinen ausblenden. Dabei würden sie einen objektiven Wirklichkeits- und Wahrheitsanspruch suggerieren, der bei genauerem Hinsehen nicht haltbar sei. Ergebnis dieser Ausbildung seien nahezu uniform geschulte technokratische Handwerker.[41]

Der Brite Ralph Stacey, Professor für Management und Direktor des 'Complexity and Management Centre' an der Business School der Universität von Hertfordshire, moniert, dass der Mainstream der Organisations- und Managemententwicklungs-Literatur sowie Business Schools und Führungsentwicklungsprogramme von Unternehmen die Ansicht verbreiten, dass mit Managementinstrumenten die Kontrolle über Organisationen von der Spitze aus und zentral ausgeübt werden kann. Er bezeichnet dieses Denken als Fantasiewelt, die geschaffen wird, um die Illusion aufrecht zu erhalten, dass Einzelne die Kontrolle über eine Organisation haben könnten.[42] In einer komplexen und daher unvorhersehbaren Welt gäbe es keine objektiven Beobachter (Manager), welche mit rationalen Instrumenten für geeignete Ziele, Pläne und deren Verfolgung und Überwachung in ihren Organisationen sorgen können.[43]

---

40 (Ghosal, 2005 S. 75).

41 Vgl. (Wüthrich, 2003 S. 102 f.).

42 Vgl. (Stacey, 2007 S. 297 f.).

43 Vgl. (Stacey, 2012 S. 1 ff.). Karl Weick, amerikanischer Professor für Organisationsverhalten und -psychologie, begründet die aus diesem Denken resultierende Orientierung an Werkzeugen, die als Messresultate Momentaufnahmen (Schnappschüsse) erzeugen, mit der Schwierigkeit von Managern, die Prozesshaftigkeit von Organisationen zu verstehen. Wenn diese Schnappschüsse fälschlicherweise für wichtige Realitäten in Organisationen angesehen würden – was eine Kontrollillusion darstellt – steige die Wahrscheinlichkeit,

Der kanadische Management-Vordenker Henry Mintzberg hat der aus seiner Sicht problematischen Aus- und Weiterbildung von Business Schulen mit ihren MBA-Programmen ein ganzes Buch gewidmet mit der klaren Botschaft im Titel 'Manager nicht MBA's'.[44] Der avantgardistische Ökonom und Unternehmensberater Gary Hamel, der sich selbst als 'Management renegade' ('Management-Abtrünniger', Ü. d. V.) bezeichnet, kritisiert ebenfalls den Status Quo der Organisationslehre und -praxis auf der Ebene des Managementmodells:

> "What ultimately constrains the performance of your organization is not its operating model, nor its business model, but its management model."[45]

Hamel stellt die von ihm geforderte Innovation beim Managementmodell in einen nützlichen Gesamtkontext von Innovationsformen in Organisationen. Er unterscheidet in Form einer Pyramide vier Ebenen von Innovationen, vgl. Abb. 3. Die drei unteren Innovationsebenen (operative Prozessinnovation, Produkt- und Dienstleistungsinnovation und Strategieinnovation) bezeichnet er als Innovationsaktivitäten, die im heutigen dynamischen Marktumfeld keine nachhaltigen Wettbewerbsvorteile mehr bieten; selbst Strategien können relativ schnell und leicht imitiert werden. Diese drei Innovationsebenen sind zwar notwendig für das Bestehen einer Organisation, aber nicht hinreichend für eine langfristige Weiterentwicklung. Einzig die oberste Ebene, die Managementinnovation, hat das Potential für Problemlösungen, die nicht einfach nachzuahmen sind, da diese oberste Ebene eng mit der Organisationskultur verwoben ist und so auch das Verhalten und die Einstellungen der Organisationsmitglieder betrifft. Daher beeinflusst diese Innovationsebene auch alle drei darunterliegenden Innovationsebenen. In umgekehrter Richtung gibt es ebenfalls Wirkungen, die jedoch als schwächer angesehen werden. Obwohl Managementinnovation aus diesen Überlegungen heraus ein immenses Potential für nachhaltige Differenzierungsvorteile vorweisen kann,

---

dass an den falschen Dingen herumgebastelt werde, vgl. (Weick, 1995 S. 65) und (Weick, 2007).

44 Vgl. (Mintzberg, 2005).

45 Vgl. (Hamel, 2007 S. X). Hamel ist auch Mitbegründer von MIX (Management innovation exchange, 2010), einer Internetplattform, auf der Forscher und Praktiker sich über zukünftige Formen von Management austauschen.

wird diese Form von organisationaler Innovation in der Praxis nicht konsequent und umfassend angegangen.[46]

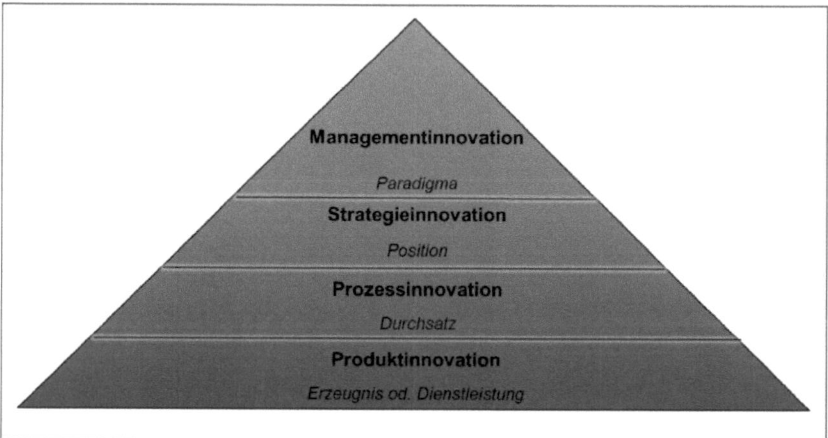

Abb. 3: Innovationspyramide in Organisationen[47]

Die Diskrepanz zwischen der als nötig erachteten musterbrechenden Managementinnovation und der faktischen Dominanz des ressourcennutzungsorientierten, klassischen Managementmodelles und seines enormen Verharrungsvermögens drückt der Brite Julian Birkinshaw, Professor an der London Business School, folgendermaßen aus:

> "On the one hand, the pace of change in the business world today feels faster than it has ever been. There is plentiful evidence of corporate failure, there is widespread distrust of senior executives, and there are many observers calling for dramatic changes in how organisations are run. On the other hand, the standard command-and-control based model of management, the one that has served us for more than a century, continues to dominate the business landscape."[48]

Der am Massachusetts Institute of Technology (MIT) tätige Forscher und Dozent Otto Scharmer bezeichnet schlanke, durchschnittliche Effizienzmaschinen in der heutigen Wirt-

46 Vgl. (Hamel, 2007 S. 32 ff.).
47 In Anlehnung an (Hamel, 2007 S. 32).
48 (Hope et al., 2011 S. V), vgl. auch (Birkinshaw, 2010).

schaftswelt als die dominante Organisationsform. Diese seien ohne Herz und ohne Seele und sie seien sich den Zielen ihrer Anspruchsgruppen und ihres Umfeldes nicht bewusst. Er sieht für die Zukunftsgestaltung von Organisationen einen grundlegenden Bedarf, einen neuen Bezugsrahmen des Wirtschaftens zu entwerfen. Dabei müssen Wirtschaftsschulen Programme aufsetzen, welche die heutigen Kernprobleme angehen und neu definieren, wie wir über Wirtschaft und unsere wirtschaftlichen Beziehungen denken.[49] Wüthrich argumentiert, dass eine radikal andere Führungshaltung notwendig sei, die von mündigen Mitarbeitern ausgehe und die Logik der einseitigen Effizienzorientierung überwinde.[50]

Diese systemisch orientierten Wirtschaftswissenschaftler sind Teil einer Speerspitze, die für Forschung, Lehre und Praxis neue Gestaltungsmuster für die Führung von Organisationen fordern.[51] Daneben melden sich auch Vertreter aus der Unternehmenspraxis zu Wort und engagieren sich in ihren Organisationen für eine Form von Management, die sich an der Potentialentfaltungsphilosophie orientiert.[52] Diese Avantgarde-Wissenschaftler verweisen auf solche Pionierunternehmen wie z. B. die Caritas Betriebsführungs- und Trägergesellschaft

---

[49] Vgl. (Scharmer, 2011 S. 39).

[50] Vgl. (Wüthrich, 2011b S. 212).

[51] Weitere Werke und deren Vertreter, welche dieser Speerspitze zugerechnet werden können, sind (Argyris et al., 2008), (Bruch et al., 2005), (Denning, 2010), (Dievernich, 2007), (Förster et al., 2007), (Gratton, 2004), (Hamel, 2012b), (Hope et al., 2003), (Keller et al., 2011), (Kohn, 1999), (Lapin, 2012), (Long, 2012), (Malik, 2011), (Martin, 2011), (Obolensky, 2010), (Pfeffer et al., 2006), (Pircher-Friedrich, 2007), (Senge et al., 2005), (Sprenger, 2010), (Surowiecki, 2007), (Weick, 1995), (Wüthrich et al., 2009). Dies ist eine exemplarische und keinesfalls abschliessende Aufzählung. Es ist auch festzustellen, dass es Protagonisten aus dem Hauptströmungs-Lager gibt, welche sich umzuorientieren beginnen. Als prominentes Beispiel sei hier der Harvard Professor Michael Porter erwähnt mit seinem neuen Konzept 'Shared Value', welches sich von den einseitigen, ressourcennutzungs- und wettbewerbsorientierten Strategiekonzepten von ihm aus früheren Tagen wegbewegt hin zu gesellschaftsverantwortlicher, nachhaltiger Unternehmensentwicklung, vgl. (Porter et al., 2011).

[52] Vgl. z. B. Dennis W. Bakke, Gründer des US Stromherstellers AES (Bakke, 2005), Vineet Nayar, CEO des indischen IT-Konzerns HCL (Nayar, 2010), Ricardo Semler, Inhaber und CEO des brasilianischen Technologie-Unternehmens Semco (Semler, 2003), Franz J. Stoffer, ehemaliger Geschäftsführer der CBT Caritas-Betriebsführungs- und Trägergesellschaft Köln (Stoffer, 2006), Henry Stewart, Gründer und CEO der IT- und Arbeitsplatzdesign-Firma Happy (Stewart et al., 2009), Jan Wallander, langjähriger CEO und Ehrenpräsident der schwedischen Svenska Handelsbanken (Wallander, 2003) oder Götz. W. Werner, Gründer und langjähriger CEO der deutschen Drogeriemarktkette dm drogerie-markt (Werner, 2006).

Köln (Organisation innerhalb des deutschen Caritas-Hilfswerkes)[53], den dm drogerie-markt (deutsche Drogeriemarkt-Kette)[54], HCL (indischer IT-Konzern)[55], Morning Star (US Tomatenverarbeiter)[56], Semco (brasilianisches Technologie-Unternehmen)[57], Southwest Airlines (US Fluggesellschaft)[58], Svenska Handelsbanken (schwedische Bank)[59], Toyota (japanischer Autobauer)[60], W. L. Gore (US Technologie-Unternehmen)[61] oder Whole Foods Markets (US Nahrungsmittel-Detailhandelskette)[62].

Diese Darstellungen illustrieren, dass es sich bei der geforderten Potentialentfaltungs-Orientierung nicht in erster Linie um eine Wissens-, sondern um eine Wahrnehmungs- und Einstellungsproblematik handelt. Daraus ergibt sich ein deutlicher Handlungsbedarf für die nachhaltige Gestaltung von Führung und Organisationen im Sinne der Initialisierung musterbrechender Managementinnovation.[63]

1.3 Klassisches Projektmanagement zementiert Ressourcennutzungshaltung

Wie kann Managementinnovation zur Ermöglichung von Potentialentfaltung erzielt werden, wenn das Denken in den klassischen Ressourcennutzungsansätzen verharrt?

Mit klassischem Projektmanagement sind solche paradigmatischen Managementinnovationen nicht zu bewerkstelligen, weil sich das Projektmanagement im Rahmen des klassischen Kommando- und Kontroll-Managementverständnisses bewegt. Viele gut gemeinte Organisa-

---

53 Vgl. z. B. (Wüthrich et al., 2009 S. 230 ff.).
54 Vgl. z. B. (Dietz et al., 2011), (Zupancic, 2000).
55 Vgl. z. B. (Hamel, 2012b S. 233 ff.).
56 Vgl. z. B. (Hamel, 2012a), (Kirkpatrick, 2011).
57 Vgl. z. B. (Hamel, 2007 S. 143 ff.), (Stüttgen, 2003 S. 114 ff.).
58 Vgl. z. B. (Hoffer Gittell, 2005), (Freiberg et al., 1998).
59 Vgl. z. B. (Hope et al., 2003 S. 54 ff.), (Kroner, 2011).
60 Vgl. z. B. (Denning, 2010 S. 118 ff.), (Deutschman, 2007 S. 99 ff.), (Liker, 2004).
61 Vgl. z. B. (Stüttgen, 2003 S. 167 ff.), (Wüthrich et al., 2009 S. 159 ff.).
62 Vgl. z. B. (Hamel, 2012b S. 37), (Hope et al., 2011 S. 43 f.).
63 Vgl. (Förster, 2012 S. 85). Der referenzierte Artikel stellt einen Bericht über die Management-Konferenz 'Lebendige Führung' vom 25.11.2011 in Zürich dar, welche das Thema 'Potenzialentfaltungshaltung in Organisationen' in interdisziplinärer Form im Fokus hatte.

tionsentwicklungsinitiativen scheitern, weil sie auf klassischem Projektmanagement basieren.[64] Musterbrechende Managementinnovation zeichnet sich aber gerade dadurch aus, dass sie genau diesen Rahmen verlässt. Der Rahmen selbst ist das Veränderungsthema. Für Wüthrich, Osmetz und Philipp ist es daher nicht erstaunlich, dass solche top-down verordneten und lediglich an den Oberflächenstrukturen ansetzenden Change-Programme bestenfalls begrenzte Wirksamkeit zeigen.[65] Die Anzahl von Veränderungsvorhaben, wie Organisationsentwicklungs-, Reorganisations- oder Performancesteigerungsprojekten, die ihre Ziele nicht oder nur teilweise erreichen, ist entsprechend hoch und liegt je nach Studie zwischen 40 und 75 Prozent.[66] Vor dem Hintergrund, dass Veränderungsfähigkeit und Innovationskraft allgemein als Kernkompetenzen für die Zukunftsfähigkeit von Organisationen betrachtet werden, stellt dies ein großes Problem dar.[67] Argyris argumentiert, dass es in den letzten Jahrzehnten einige hundert Bücher und Tausende von Artikeln von führenden Wissenschaftlern gab mit Erkenntnissen zur Etablierung von Organisationen, in denen sich das menschliche Potential entfalten und entwickeln kann. Er moniert, dass sich außer inkrementellen Fortschritten trotzdem nichts Wesentliches geändert hat: "... but the big questions we move not an inch. We are stuck. In fact, we are trapped."[68] Gefangen in einem reaktiven Aktionismus: Vor-

---

64 Vgl. dazu auch (Wheatley et al., 2011a S. 14 ff.).

65 Vgl. (Wüthrich et al., 2002 S. 50 f.).

66 Vgl. (Ghislanzoni et al., 2010), (KPMG, et al., 2009), (IBM Corporation, 2008). Dabei ist zu berücksichtigen, dass nicht nur musterbrechende Veränderungsinitiativen enthalten sind, sondern jegliche Arten von Veränderungsvorhaben, auch solche mit kleinerem Umfang.

67 Vgl. (IBM Corporation, 2008 S. 1 ff.). Die IBM-Studie weist auf den bedeutenden Aspekt hin, dass die Haupthindernisse für erfolgreiche Veränderungsinitiativen bei den sogenannten weichen Faktoren liegen, wobei der wichtigste von insgesamt elf harten und weichen Faktoren 'Veränderung von Einstellungen und Haltungen' darstellt, gefolgt von 'Unternehmenskultur' und 'unterschätzter Komplexität'. Vgl. auch (Wimmer, 2011 S. 16).

68 (Argyris, 2010 S. 198). Argyris führt diese Blockierung auf zwei parallel existierende Arten von sogenannten Handlungstheorien zurück, welche bei Organisationsmitgliedern und schliesslich bei den Organisationen selbst vorkommen: Die vertretene Theorie (engl. 'espoused theory') und die handlungsleitende Theorie (engl. 'theory-in-use'), wobei die vertretene Theorie das darstellt, was geäussert wird und in Dokumenten steht (Worte) und die handlungsleitende Theorie das ist, wie man tatsächlich handelt (Taten). Praktisch bei allen Organisationsmitgliedern und Organisationen wurden grosse Diskrepanzen festgestellt zwischen diesen beiden Denkhaltungen, ohne sich dessen bewusst zu sein (Argyris, 2010 S. 188 ff.), vgl. auch das Standardwerk 'Die lernende Organisation' von Argyris und Schön (Argyris et al., 2008). Es gibt einige Veränderungsansätze, die entwickelt wurden, um einen sogenannten paradigmatischen Wandel in Organisationen zu un-

nehmlich auf äußeren Druck werde mit einmaligen Interventionen reagiert. Damit würden Symptome bekämpft, die tieferliegenden Probleme jedoch verdrängt. Mit in periodischen Intervallen aufgesetzten Change-Programmen würde die Organisation kurzfristig irritiert, nachhaltiges Lernen finde nicht statt, Veränderung degeneriere zur Episode. So analysieren Wüthrich, Osmetz und Philipp die Situation.[69]

Mit 'Initialisierung von musterbrechender Managementinnovation' ist daher in der vorliegenden Arbeit kein Change Programm als einmalige Episode gemeint, sondern eine Organisationsform, die sich selbst schaffen und sich dynamisch und kontinuierlich weiterentwickeln kann. Der nächste Abschnitt formuliert die entsprechende Zielsetzung und die abgeleiteten Forschungsfragen der vorliegenden Untersuchung.

1.4 Zielsetzung und Forschungsfragen

Im Informationszeitalter werden Wissen und Kreativität nicht nur zum zentralen Wertschöpfungsfaktor, sondern auch zum primären Antrieb des gesellschaftlichen Wandels: "[...] the Industrial Era has focused on mining limited natural resources, whereas the Knowledge Era ushers in the possibilities of mining unlimited human resources, our minds."[70] Basierend auf nicht knappen, geistigen Wissens- und IdeenPotentialen, die mittels dynamischer Vernetzung inspirierte Kollaboration und Kreativität erzeugen können, eröffnet sich für Organisationen die Möglichkeit, mit einer neuen Logik der Potentialentfaltung zu operieren und Werte zu schaffen.[71] Damit diese Möglichkeiten menschlicher Potentialentfaltung im Wissenszeitalter genutzt werden können, müssen sich Menschen jedoch aktiv in Organisationen engagie

terstützen. Die Verfechter dieser Ansätze können auch zum Lager der Pioniere in der Managementlehre gezählt werden. Diese Change Management Vorgehensmodelle zeichnen sich auch durch die grundlegendende Gemeinsamkeit aus, dass sie einen system- oder komplexitätstheoretischen Hintergrund aufweisen. Vgl. dazu beispielhaft einige Vertreter von systemischen Veränderungskonzepten aus dem angelsächsischen und deutschen Raum: (Argyris et al., 2008), (Beer et al., 2000), (Bridges, 2003), (Bruch et al., 2005), (Capozzi et al., 2011), (Deutschman, 2007), (Doppler et al., 2008), (Ghislanzoni et al., 2010), (Kotter et al., 2002), (Königswieser et al., 2006), (Luecke, 2003), (Senge et al., 2011), (Radatz, 2009), (Wheatley et al., 2011b).

69 Vgl. (Wüthrich et al., 2002 S. 65 f.).

70 (Burrus, 1996 S. 286).

71 Vgl. (Burrus, 1997 S. 278), (Wüthrich, 2011b S. 213).

ren wollen, um ihre Potentiale einzubringen. Wie die Resultate des Gallup Engagement Indexes jährlich zeigen, ist dies bis heute in hohem Masse nicht der Fall, da das vorherrschende Kommando-und-Kontroll-Managementverständnis Potentialentfaltung verhindert statt fördert, vgl. S. 6 f.

Wie in den vorangehenden Abschnitten erläutert, gibt es einige neuere Management-Ansätze zur Potentialentfaltung, hervorgebracht von Vertretern der Avantgarde der Managementlehre. Aufgrund der problematischen und nicht erfolgversprechenden Situation beim Change Management bleibt indes die Frage ungelöst, wie eine Organisation dorthin gelangt, wenn sie nicht schon mit der Potentialentfaltungsphilosophie unterwegs ist. Wenn Veränderungen im gleichen traditionellen Change Management Modus ablaufen wie bisher – also im bestehenden Denk- und Handlungsmuster – kann sich auch kein Musterbruch einstellen. Die Veränderungsinitiative scheitert in einem solchen Fall im Ansatz, weil mit den Annahmen, Methoden und Problemlösungen eines Denk- und Handlungsmusters nicht ein anderes herbeigeführt, sondern das bestehende verfestigt wird. Wie kann es folglich zu einer Initialisierung eines musterbrechenden Wandels in Richtung Potentialentfaltung in Organisationen mit einer Ressourcenausnutzungsphilosophie kommen? Bei dieser Problemstellung herrscht noch eine Forschungslücke. Die vorliegende Arbeit hat deshalb das Ziel, an dieser Stelle anzusetzen und einen Beitrag zu leisten, um die Lücke zumindest ein Stück weit zu schließen. Sie wird die Phase der Initialisierung, also den Zeitraum des notwendigen Denkrichtungswechsels in einer Organisation, danach erkunden, welche Rahmenbedingungen nötig und unterstützend sind, um neue Wege einschlagen zu können. Mit den Worten von Kaduk, Osmetz und Wüthrich geht es bei der vorliegenden Untersuchung nicht um Change Management, sondern um die Initialisierung von 'Change the Management'.[72]

Veränderungen in Organisationen, so auch die Initialisierung von musterbrechender Managementinnovation, sind im Kern eine soziale Begebenheit; dabei geht es vordringlich um die Interaktion der Organisationsmitglieder und höchstens sekundär um Konzepte, Instrumente und Technologien. Linear-mechanistische Handlungsmuster und Inputbefehle, die bei Instrumenten und Maschinen durchaus zu vorhersagbarem Output führen, funktionieren

---

[72] Vgl. (Kaduk et al., 2013), vgl. auch (Wüthrich et al., 2002 S. 11).

nicht, wie es auch die zuvor erwähnten Studien über Veränderungsinitiativen aufzeigen. Zudem ist bei musterverändernden Managementinnovationen ein Wandel in den Köpfen der Organisationsmitglieder nötig. Aus diesen Erwägungen leiten sich die folgenden, für die vorliegende Untersuchung maßgebenden forschungsleitenden Fragestellungen auf zwei Ebenen ab, die ineinander greifen:

1. Ebene: Synoptische Strukturierung der Thematik 'Initialisierung musterbrechender Managementinnovation'

Wie lässt sich die Thematik der Initialisierung musterbrechender Managementinnovation in Richtung Potentialentfaltungshaltung so darstellen, dass sie in den wichtigsten Grundzügen fassbar wird, damit fruchtbare Zugänge geschaffen werden können zur Orientierung in der Thematik und zur Ableitung von Reflexions- und Handlungsmöglichkeiten?

Diese Frage soll in der Ergebnisform eines interdisziplinären Bezugsrahmens beantwortet werden.

2. Ebene: Veränderung von Denk- und Handlungsweisen von Organisationsmitgliedern

Die Neurowissenschaften beschäftigen sich mit der Fragestellung, wie unser Gehirn arbeitet und das menschliche Denken, Fühlen und Handeln funktioniert. In diesen Disziplinen sind in den letzten Jahren grundlegende Entdeckungen gemacht worden, welche in Verbindung mit system- resp. komplexitätstheoretischen Überlegungen relevant sein könnten für das Gestalten von musterbrechender Managementinnovation.

Daraus können zwei weitere Fragestellungen abgeleitet werden, die in direktem Bezug zu der oben erläuterten Forschungslücke stehen:

Lassen die Erkenntnisse der modernen Neurowissenschaften darauf schließen, dass musterbrechende Veränderungen in Organisationen überhaupt möglich sind, weil deren Mitglieder wandlungs- und anpassungsfähig sind?

Untersucht werden soll dabei die Grundsatzfrage, ob sich das Denken und Handeln von erwachsenen Menschen noch erheblich, d. h. musterbrechend ändern kann. Die unzureichende Veränderungsfähigkeit von Organisationsmitgliedern könnte als Begründung herangezogen werden für die hohe Quote des Scheiterns von Veränderungsinitiativen, denn das Ausmaß willentlicher Veränderungsfähigkeit beim Menschen ist wissenschaftlich umstritten. Begriffe wie biologischer oder genetischer Determinismus sowie die anhaltende Diskussion um die Willensfreiheit drücken diese Skepsis aus.[73] Die Meinung, dass sich Organisationsmitglieder nicht genügend ändern wollen und/oder können, ist entsprechend verbreitet.[74] Sollte die Frage nach der grundsätzlichen Möglichkeit von Veränderungsfähigkeit für musterbrechende Managementinnovation auf Basis der modernen Neurowissenschaften positiv beantwortet werden können, lässt sich die Anschlussfrage stellen nach den Nutzungsmöglichkeiten der neurobiologischen Erkenntnisse für musterbrechende Managementinnovation:

Wie lassen sich moderne neurowissenschaftliche Erkenntnisse für die Initialisierung von Managementinnovation nutzbar machen?

Mit dieser Fragestellung soll versucht werden, einen praxisorientierten Bezug der Untersuchung im Verständnis der Betriebswirtschaftslehre resp. Managementlehre als anwendungs–orientierte Sozialwissenschaft herzustellen.[75]

---

[73] Vgl. (Smith, 2011), (Roth, 2012), (Robbins et al., 2010 S. 85), (Headey, 2006 S. 14 ff.), (Pinker, 2002), (Dawkins, 2006), (Honnefelder et al., 2003).

[74] Vgl. (Tagwerker-Sturm, 2013), (Fourier, 2010).

[75] Vgl. (Zaugg, 2009 S. 8).

2 Wissenschaftstheoretische Grundlagen und Forschungsmethodik

Die im vorherigen Kapitel beschriebene Zielsetzung der vorliegenden Untersuchung und die daraus hergeleiteten Forschungsfragen bestimmen die wissenschaftstheoretische Fundierung der Arbeit sowie die herangezogene Forschungsmethodologie. Die folgenden Ausführungen setzen sich entsprechend mit epistemologischen Implikationen und methodologischen Ableitungen für den Forschungsprozess der vorliegenden Arbeit auseinander. Ein Forschungsdesign wird entwickelt, um die Forschungsfragen wissenschaftlich zu beantworten.

2.1 Paradigmenwechsel in der Managementlehre?

Wie in den vorangehenden Abschnitten erläutert, gibt es eine noch relativ kleine Gruppe von Pionieren in der Managementlehre, die sich an der Potentialentfaltung orientiert. Die vorliegende Arbeit möchte einen Beitrag zu dieser Avantgarde der Managementlehre leisten und diese dabei unterstützen, dass der Paradigmenwechsel oder Musterbruch in der Managementlehre von der Ressourcenausnutzungsphilosophie zur Potentialentfaltungsphilosophie sich etablieren kann.

Der Begriff des Paradigmas steht, wie eingangs zu dieser Untersuchung bereits vermerkt, generell für eine gemeinsame Weltsicht einer Gemeinschaft, die akzeptierte Theorien und Problemlösungsmuster anwendet.[76] Bei der vorliegenden Untersuchung geht es einerseits darum, die Schwachstellen der Ressourcennutzungshaltung aufzuzeigen und andererseits und in erster Linie darum, neuartigen Problemlösungsmustern basierend auf der Potentialentfaltungsphilosophie zum Durchbruch zu verhelfen. Das Phänomen eines Musterbruches hat somit zentrale Bedeutung in der vorliegenden Untersuchung.

---

[76] Vgl. (Kuhn, 1976 S. 186), (Kuhn, 1977 S. XIX), (Swedin, 2005 S. 154), (Luhmann, 1987b S. 7).

Den Vorgang eines Paradigmenwechsels in Wissenschaftsdisziplinen hat der Wissenschaftshistoriker und -theoretiker Thomas Kuhn in seiner 1962 erschienenen Schrift 'Die Struktur wissenschaftlicher Revolutionen' erforscht.[77] Kuhn argumentiert, dass ein Paradigmenwechsel selbst dann nicht erfolgt, wenn Fälle auftreten, die nicht in das bestehende Paradigma passen. Die bestehende Theorie werde stattdessen so lange modifiziert, bis die Anomalien auch hineinpassen. Dadurch würde die Theorie teilweise sehr ausufernd. Die Korrektur einer Diskrepanz an einer Stelle führe zu neuen Diskrepanzen an anderer Stelle. Nur in einer Krise, bei der die normale Problemlösung offensichtlich versage und eine neue Theorie eine Antwort zu geben scheine, komme es zu Paradigmenwechseln in der Wissenschaft, formuliert Kuhn die entscheidende Voraussetzung zur Überwindung eines Paradigmas zu Gunsten eines anderen. Für Kuhn wird jede Krise von zwei Phänomenen begleitet: Erstens würden Krisen stets mit einer Aufweichung des dominierenden Paradigmas und den zugehörigen Regeln beginnen, so dass es der Forschung möglich wird, zu neuartigen Erkenntnissen zu gelangen. Zweitens würden alle Krisen auf eine von drei Arten enden: Manchmal erweise sich die vorherrschende Forschung letzten Endes als fähig, die Krise zu überwinden. In anderen Fällen sperre sich das krisenerzeugende Problem auch gegen anscheinend radikal neue Ansätze. Dann werde das Problem 'archiviert' und künftigen Generationen überantwortet. Oder die Krise endet mit dem Übergang von einem krisenhaften zu einem neuen Paradigma, das die Anschauungen über das Fachgebiet, ihre Methoden und Ziele, verändere.

Die von Kuhn beschriebene 'Reparatur-Orientierung' (Verbesserung der bestehenden Theorie bei auftretenden Anomalien) wird heute auch in der Hauptrichtung der Managementlehre mit der oben erläuterten ständigen Verfeinerung der bestehenden Lösungsmuster als Antwort auf die immer schneller und intensiver auftauchenden aktuellen Problemstellungen von Organisationen sichtbar. Eine Krise ist offensichtlich vorhanden, mehr von derselben Problemlösung des Ressourcennutzungs-Paradigmas adressiert die heutigen Probleme jedoch nicht mehr geeignet, vgl. S. 3f.

---

77 Vgl. (Kuhn, 1976 S. 79 ff., 97 ff.), vgl. auch (Hüther et al., 2012 S. 9 ff.), (Wüthrich et al., 2009).

Albert Einstein formulierte für diese Situation das treffende Zitat: "Probleme kann man niemals mit derselben Denkweise lösen, durch die sie entstanden sind."[78] Um von der Ressourcennutzung zur Potentialentfaltung zu gelangen, ist ein anderes Denkmuster notwendig. Ob es zu Kuhns Variante eines ausgebreiteten Paradigmenübergangs und somit Neuaufbaus in der Managementlehre kommt, kann aber momentan noch nicht abschließend beurteilt werden. Ebenso schwierig vorauszusehen ist die zeitliche Dimension, also wann der sogenannte Tipping Point[79] (dt. Umkipp-Punkt) für einen Paradigmenwechsel von der Ressourcenausnutzungs- zur Potentialentfaltungs-Philosophie erreicht sein könnte.

Sumantra Ghosal vertritt die Auffassung, dass ein Paradigmenwechsel in der Managementlehre nur entstehen kann, wenn sich viele Forscher kollektiv darum bemühen,[80] denn der Zusammenhang von Paradigma und der Gemeinschaft, die ein Paradigma anwendet, ist zentral. Dies hat Ludwik Fleck in seinem erstmals 1935 erschienenen Buch 'Entstehung und Entwicklung einer wissenschaftlichen Tatsache'[81] und weiteren Schriften am deutlichsten herausgearbeitet.[82] Fleck führte den Begriff des 'Denkstils' ein, den Kuhn durch den heute oft verwendeten Begriff 'Paradigma' ersetzte.[83] Gleichzeitig formte Fleck den Begriff des 'Denkkollektives':

> "Definieren wir 'Denkkollektiv' als Gemeinschaft der Menschen, die im Gedankenaustausch oder in gedanklicher Wechselwirkung stehen, so besitzen wir in

---

78 (Einstein, o. J.).

79 Vgl. (Gladwell, 2002).

80 Vgl. (Ghosal, 2005 S. 88).

81 Vgl. (Fleck, 2012).

82 Vgl. (Schäfer et al., 2012 S. VII ff.). Fleck war polnischer Mediziner, Wissenschaftstheoretiker und Philosoph und gilt als Vertreter einer grundlegend konstruktivistischen Position; sein Buch wird als eines der Schlüsselwerke des Konstruktivismus eingeordnet, vgl. (Egloff, 2011 S. 65). Lange Zeit blieb Flecks Werk praktisch unbeachtet. Erst Kuhns Hinweis im Vorwort seiner oben erwähnten Schrift, dass Flecks Arbeit "viele meiner eigenen Gedanken vorwegnimmt" (Kuhn, 1976 S. 8), führte zur vertiefenden Auseinandersetzung mit Flecks soziologischer Erkenntnistheorie, vgl. (Schäfer et al., 1983 S. 9 f.). Heute gilt Flecks Arbeit als einer der wirkmächtigsten Klassiker der Wissenschaftstheorie, vgl. (Werner et al., 2011 S. 11), (Henschel, 2010 S. 4 f.), (Egloff, 2011 S. 74).

83 Vgl. (Henschel, 2010 S. 5).

ihm den Träger geschichtlicher Entwicklung eines Denkgebietes, eines bestimmten Wissensbestandes und Kulturstandes, also eines besonderen Denkstiles."[84]

Erkennen ist für Fleck niemals ein individueller Prozess, sondern stets das Ergebnis sozialer Tätigkeit. Da jeder Denkstil einer Denkgemeinschaft angehört, wird er zum (unbewussten) Denkzwang für das Individuum. Der Denkstil "bestimmt, 'was nicht anders gedacht werden kann'."[85] Das jeweilige Denkkollektiv entscheidet damit darüber, was als Tatsache gilt und was als Problem erkannt wird.[86] Die Problemwahl aber ist es gerade, welche die Sichtweise bei der Beobachtung des zu untersuchenden Gegenstandes determiniert.[87] Denkstil und Denkkollektiv sind somit bei Fleck die primären konstruktiven Akteure; an ihnen und durch sie ereignet sich wissenschaftliche Entwicklung.[88]

Obwohl insgesamt die inhaltlichen Analogien Kuhns im Vergleich zu Fleck augenfällig sind, ist bei Fleck der Gesichtspunkt der revolutionären Brüche weniger dominant. Bei ihm spielen besonders Ergänzungen und Entwicklungen der Denkstile eine Rolle, aus denen schließlich neuartige Denkstile hervorgehen können.[89] Durch die Interaktionen der Mitglieder eines Denkkollektives ergeben sich fortwährend Einflüsse auf den Denkstil. Fleck nennt diesen Austausch 'Denkverkehr' oder 'Gedankenkreislauf'.[90] Weil die Individuen eines Denkkollektives immer auch Mitglieder anderer Denkkollektive sind, z. B. Mitglied einer Wissenschafts- oder Religions- oder Politikgemeinschaft, gibt es nicht nur einen ständigen Gedankenkreislauf innerhalb eines Denkstiles, sondern auch zwischen Denkstilen.[91] Jeglicher Gedankenkreislauf "geschieht nie ohne Transformation, sondern immer mit stilgemäßer Umformung, intrakollektiv mit Bestärkung, interkollektiv mit grundsätzlicher Veränderung."[92] Dabei betont Fleck, dass wissenschaftliches Denken nie gefühlsfrei sein kann und dass die existieren-

---

84 (Fleck, 2012 S. 54 f.).
85 (Fleck, 2012 S. 130).
86 Vgl. (Fleck, 2012 S. 137), (Werner et al., 2011 S. 10).
87 Vgl. (Schäfer et al., 2012 S. XXII).
88 Vgl. (Egloff, 2011 S. 68).
89 Vgl. (Schäfer et al., 2012 S. XXXII f.), (Henschel, 2010 S. 5).
90 Vgl. (Fleck, 2012 S. 140), (Fleck, 2011a S. 267).
91 Vgl. (Fleck, 2011b S. 271). Individuen gehören bei wenigen oder keinem Denkkollektiv zu den Fachleuten (esoterischer Kreis) und bei mehreren Denkkollektiven zu den Laien (exoterischer Kreis), vgl. (Fleck, 2012 S. 138).
92 (Fleck, 2012 S. 145).

de Stimmung in einem Denkstil sowohl die Arbeitsweise als auch die Arbeitsergebnisse beeinflusst.[93] Ähnlich wie bei Kuhn liegt besonders in Unstimmigkeiten und Anomalien bei den bestehenden Problemlösungsmustern eines Denkkollektives ein Potential zur Neukonfiguration von Denkweisen oder Paradigmenwechseln.[94]

> "Es muss eine spezifische intellektuelle Unruhe und eine Wandlung der Stimmungen des Denkkollektives entstehen, die erst die Möglichkeit und die Notwendigkeit dazu schafft, etwas Neues, Abgeändertes zu sehen."[95]

Ein Musterbruch – oder in seiner Begrifflichkeit ein Denkstilwechsel – hängt also bei Fleck stark von den Wahrnehmungen und Stimmungen des Denkkollektives ab. Wie sieht das bei der Denkgemeinschaft der Managementforschung aus? Vermögen die skizzierten auftretenden Probleme und Anomalien eine Wandlung der Stimmungen dieser Forschungsgemeinschaft auszulösen? Ghosal sieht wesentliche Schwierigkeiten, indem er schreibt:

> "The currently dominant theories have so much commitment vested in them that the temptation of most scholars would be to incrementally adapt these theories, if and as necessary, rather than to start afresh on the more positive agenda. [...] All the way from the structure of PhD training to the requirements for publishing in top journals, form the criteria of faculty recruitment to the processes for granting tenure, the institutional structures within and around business schools are rigidly built around the dominant model."[96]

Es wird sich erst in Zukunft zeigen, ob es in der traditionellen Managementlehre zu einem umfassenden Denkstilwechsel kommt. Möglich ist jedoch auch eine Aufsplitterung in mehrere Denkstile und Denkkollektive.[97] Zum Beispiel könnten sich die als Avantgarde bezeichneten Pioniere der Managementlehre zu einem stabilen, eigenständigen Denkkollektiv mit veränderten Problemsichten, Annahmen und Methoden nachhaltig neben dem traditionellen Denkkollektiv etablieren. Die Begriffe 'Paradigma', 'Muster' und zusätzlich 'Denkstil' werden

---

93 Vgl. (Fleck, 2012 S. 188).
94 Vgl. (Henschel, 2010 S. 5), (Egloff, 2011 S. 68).
95 (Fleck, 2011b S. 229).
96 (Ghosal, 2005 S. 87), vgl. auch (Binswanger, 2010 S. 140 ff.), (Gloger, 2012).
97 Vgl. (Fleck, 2011a S. 289, 291 f.).

daher in dieser Arbeit synonym verwendet, ebenso Paradigmen- und Denkstilwechsel sowie Musterbruch.

Interessant zu beobachten ist, dass parallel zum Auftauchen einer Avantgarde in der Managementlehre auch traditionelle Grundgedanken der Volkswirtschaftslehre, z. B. das Menschenbild des Homo Oeconomicus und die Dominanz der Mathematik, kritisiert werden, da die darauf basierenden Modelle mechanistisch und reduktionistisch ausfallen und an der Komplexität von Gesellschaft und Menschen vorbeigehen.[98] Dabei fordert der österreichische Volkswirt und Journalist Hans Bürger auch die Berücksichtigung der Erkenntnisse der modernen Neurobiologie:

> "Welche Rolle spielen Vertrauen, Unsicherheit und Irrationalität [beim Wirtschaftsgeschehen, F. R.]? Um Antworten auf diese Fragen zu finden, müssen Feldversuche und Fallstudien durchgeführt werden, nicht zu vergessen die virtuelle Reise ins menschliche Gehirn. Die Anwendung der für die Wirtschaftswissenschaften neuen Methoden wird unumgänglich sein. Nur die Rückbesinnung der gescheiterten *Natur*wissenschaft 'Ökonomie' kann zu einer *Human*wissenschaft 'Ökonomie plus' führen."[99]

Noch weiter geht der US-amerikanische Physik-Nobelpreisträger Robert Laughlin, der argumentiert, dass generell bei den Wissenschaften die Ideologie des Reduktionismus am Ende angelangt sei.[100] Für Thomas Nagel, US-amerikanischer Philosoph der Erkenntnistheorie, greift der materialistische Reduktionismus – und damit eingeschlossen die Ressourcennutzungshaltung – zu kurz.[101] Aus der Perspektive einer anderen Wissenschaftsdisziplin kommt auch der britische Neurowissenschaftler Iain McGilchrist zu dem Schluss, dass das einseitige, reduktionistische Weltbild in Wissenschaft und westlicher Gesellschaft überwunden werden müsse.[102]

---

98 Vgl. beispielhaft (Sedláček, 2012), (Bürger, 2012), (Hancock et al., 2011) oder (Fehr et al., 2007 S. 43).
99 (Bürger, 2012 S. 25).
100 Vgl. (Laughlin, 2010).
101 Vgl. (Nagel, 2013 S. 12, 182).
102 Vgl. (McGilchrist, 2009).

Diese Ausführungen zeigen, dass Forderungen nach Musterbrüchen auch außerhalb der Managementlehre vernehmbar sind. Allesamt zielen sie auf eine Überwindung der Ressourcennutzungshaltung, indem sie den ungebremsten Verbrauch von natürlichen Ressourcen und die unübersehbaren ökologischen und sozialen Folgen des Ressourcenausnutzungsparadigmas in Frage stellen.[103]

2.2 Qualitative Sozialforschung und Konstruktivismus

Aufgrund der zu untersuchenden Fragestellungen mit der zentralen Thematik eines Musterbruches und der Kritik an einseitiger positivistischer, reduktionistischer Forschungsmethodologie in der traditionellen Managementlehre orientiert sich die vorliegende Arbeit am Verständnis der qualitativen Sozialforschung und bedient sich der Methodologie und Methoden dieser Forschungsrichtung. Bei der Untersuchung geht es somit nicht um eine positivistische, empirische Studie des Forschungsgegenstandes 'Initialisierung von musterbrechender Managementinnovation', bei der objektive Messbarkeitskriterien und statistische Signifikanz im Vordergrund stehen. Das Fundament für die qualitative Sozialforschung bildet das sogenannte 'interpretative Paradigma'. Dazu der Wissenschaftstheoretiker Siegfried Lamnek: "Das *interpretative* Paradigma versteht soziale Wirklichkeit als durch Interpretationen konstruiert."[104] Diese Qualifizierung und Einordnung der qualitativen Sozialforschung weist auf den deutenden und konstruierenden Grundton in ihrer Ausrichtung hin. Lamnek weiter:

> "Wenn Deutungen die gesellschaftliche Konstruktion der Wirklichkeit formen [...], muss auch die Theoriebildung über diesen Gegenstandsbereich als interpretativer Prozess, d. h. als rekonstruktive Leistung angelegt sein. Die Ansätze qualitativer Sozialforschung können als die methodologische Ergänzung der grundla-

---

[103] Vgl. (Paeger, 2006a).

[104] (Lamnek, 2005 S. 35). Im Gegensatz zum interpretativen Paradigma steht das normative Paradigma, welches eine quantitativ-standardisierende Forschung konstituiert und eine ausserhalb der Interpretationen existierende objektive Realität unterstellt. Der Begriff normatives Paradigma ist irreführend, da nicht ein normatives Wissenschaftsverständnis im Gegensatz zu einem analytischen Wissenschaftsverständnis gemeint ist. Lamnek erläutert, dass damit ein normatives Wirklichkeitsverständnis gemeint sei, was bedeute, dass soziale Wirklichkeit in Form von gesellschaftlichen Normen objektiv nachvollzogen werden könne, vgl. (Lamnek, 2005 S. 34).

gentheoretischen Position des interpretativen Paradigmas bezeichnet werden."[105]

Lamnek betont, dass es eine verbindliche oder einheitliche Methodologie qualitativer Forschung nicht gibt und die qualitative Forschungsmethodik durch Heterogenität gekennzeichnet ist.[106] Die Verfahrensweise der qualitativen Sozialforschung entspricht laut Lamnek auf inhaltlich-theoretischer Ebene am besten der soziologischen Theorie des 'Symbolischen Interaktionismus' des US-amerikanischen Sozialpsychologen Georg H. Mead. Bei dieser Methode sind es die Strukturen im Hier und Jetzt und weniger die Ursachen, die interessieren. Kommunikations- und informationstheoretische Ansätze werden dadurch stärker gewichtet und aus methodischer Sicht eher Relationen statt einzelne Variablen untersucht.[107]

Die vorliegende Untersuchung versteht sich auf Basis dieser Darstellungen als Teil der qualitativen Sozialforschung. Sie möchte einen Beitrag zur Wissenschaftsgemeinschaft und Praxis leisten, wo in der Empirie quasi noch ein 'blinder Fleck' vorhanden ist; es geht um einen explorativen, konzeptionellen Beitrag zur möglichen Schaffung von 'neuer Empirie'. Sie stellt folglich keinen quantitativ-statistischen Beweis von etwas Bestehendem dar, sondern einen Vorschlag für die Schaffung von etwas qualitativ Neuem. Dies weist zum Konstruktivismus hin als wissenschafts- und erkenntnistheoretischer Ausrichtung innerhalb der qualitativen Sozialforschung, die dieser Arbeit zu Grunde gelegt wird. Als Gegenüberstellung zu Positivismus und Realismus, die quantitativ ausgerichtet sind und von einer Welt ausgehen, welche unabhängig vom forschenden Beobachter existiert,[108] ist konstruktivistischen Ansätzen gemeinsam, "dass sie das Verhältnis zur Wirklichkeit problematisieren, indem sie konstruktive Prozesse beim Zugang zu dieser behandeln."[109] Der Kommunikationswissenschaftler, Psy-

---

105 (Lamnek, 2005 S. 35).

106 Vgl. (Lamnek, 2005 S. 27).

107 Vgl. (Lamnek, 2005 S. 37 ff.). Auf Georg H. Mead wird im Kapitel 5 nochmals näher eingegangen, da sein Denken auch von zentraler Bedeutung ist für das in der vorliegenden Untersuchung dargestellte Organisationsverständnis.

108 Vgl. (Flick, 2007 S. 100 f.), (Lamnek, 2005 S. 6 ff.).

109 (Flick, 2008a S. 151). Es gilt zu erwähnen, dass es innerhalb des Konstruktivismus verschiedene, heterogene Unterströmungen gibt. Für die Zwecke dieser Untersuchung muss darauf nicht eingegangen werden. Einen Überblick zum Konstruktivismus mit seinen di-

chotherapeut und Soziologe Paul Watzlawick unterstreicht die Möglichkeiten des Konstruktivismus für die Managementlehre und verweist zudem auf die Möglichkeit, "dass der Konstruktivismus eines Tages die Brücke zwischen den Natur- und Geisteswissenschaften schlagen könnte."[110] Die Managementlehre kann als Wissenschaftsdisziplin exakt an der Nahtstelle von Natur- und Geisteswissenschaften angesiedelt werden – sofern ihre Untersuchungsobjekte, nämlich Organisationen, als sozio-technische Systeme verstanden werden.[111] Argyris und Schön nennen die Konstruktion von neuen, erstrebenswerten Mustern oder Handlungstheorien in Organisationen die 'Schaffung von seltenen Ereignissen'.[112] Bei den zu beantwortenden Forschungsfragen in der Untersuchung geht es auch um die Reflexion über die Schaffung von neuen und daher noch seltenen Ereignissen. Im Kernpunkt des konstruktivistischen Erkenntnisinteresses stehen somit auch nicht länger ontologische 'Was-Fragen' der positivistisch-reduktionistischen Forschungsposition, sondern 'Wie-Fragen':

> "Zielpunkt der Erkenntnisbemühungen ist eine Umorientierung vom Sein zum Werden, vom Wesen einer Entität zum Prozess ihrer Entstehung. Es sind die Bedingungen, die eine Wirklichkeit erzeugen und überhaupt erst hervorbringen, die interessieren. [...] Wirklichkeit gilt als Resultat von Konstruktionsprozessen."[113]

Die Position des Forschers (Beobachters), so paradox es klingen mag, wird durch den Konstruktivismus in ein gewissermaßen 'objektiveres' Licht gerückt als in der klassischen positivistischen Anschauung, weil es gerade das Ansinnen des Konstruktivismus ist, dass es keine objektive Wahrheit gibt; alle Erkenntnis (auch wissenschaftliche) ist konstruiert und subjektiv. Mit den markigen Worten des Begründers der Kybernetik zweiter Ordnung und Mitbegründers des Konstruktivismus Heinz von Foerster ist "Objektivität [...] die Wahnvorstellung,

---

versen Richtungen und dessen Vertretern findet sich z. B. bei (von Foerster et al., 2010) oder (Pörksen, 2011b).

110 (Watzlawick, 2010 S. 106). Für die Wichtigkeit von integrativen Bemühungen zwischen Geisteswissenschaften und Naturwissenschaften plädiert im Interview mit dem Philosophen Metzinger auch Vittorio Gallese, italienischer Neurowissenschaftler und Mitentdecker der Spiegelneurone, vgl. (Metzinger, 2012 S. 260).

111 Vgl. (Jahnke, 2006 S. 19 ff.).

112 Vgl. (Argyris et al., 2008 S. 121).

113 (Pörksen, 2011b S. 21), ähnlich (Schmidt, 1987 S. 13).

Beobachtungen könnten ohne Beobachter gemacht werden."[114] Dies schließt intersubjektive Nachvollziehbarkeit keineswegs aus, der Anspruch auf absolute Wahrheit wird jedoch abgelehnt. Der deutsche Medienwissenschaftler Bernhard Pörksen führt dazu weiter aus:

> "Wenn das Erkannte strikt an den jeweiligen Erkennenden und die ihm eigene Erkenntnisweise gekoppelt wird, wenn der Beobachter, das Beobachtete und die Operation des Beobachtens nur in zirkulärer Einheit vorstellbar sind, dann unterminiert eine solche Sicht die Sehnsucht nach Gewissheit, relativiert jeden Erkenntnisanspruch entscheidend und weist auf ein weiteres Leitmotiv des Konstruktivismus hin: den *Abschied von absoluten Wahrheitsvorstellungen* und einem empathisch verstandenen Objektivitätsideal."[115]

Forschungsregulativ aus konstruktivistischer Sicht ist daher nicht die objektive Wahrheit, sondern die Viabilität der generierten Konstruktionen.[116] Das Gütekriterium bei konstruktivistischen Erkenntnissen ist somit die Nützlichkeit, d. h. die Orientierungsleistung konstruktivistischer Konzeptionen für menschliches Handeln.[117] Dazu formuliert Ernst von Glasersfeld, ein weiterer Begründer des Konstruktivismus:

> "Ganz allgemein betrachtet, ist unser Wissen brauchbar, relevant, lebensfähig [...], wenn es der Erfahrungswelt standhält. [...] Logisch betrachtet, heißt das aber keineswegs, dass wir nun wissen, wie die objektive Welt beschaffen ist; es heißt lediglich, dass wir *einen* gangbaren Weg zu einem Ziel wissen, das wir unter von uns bestimmten Umständen in unserer Erlebenswelt gewählt haben."[118]

Für von Glasersfeld bedeutet diese Anpassung von Wissen an die Erfahrungswelt keine Annäherung an die objektive Wirklichkeit, sondern bloß Lebens- oder Überlebensfähigkeit. Der österreichische Philosoph und Wissenschaftstheoretiker Paul Feyerabend habe dies für den Bereich der Wissenschaft am bündigsten formuliert. Gemäß Feyerabend seien Theorien –

---

[114] (von Foerster et al., 1998 S. 154).
[115] (Pörksen, 2011b S. 21 ff.).
[116] Vgl. (Flick, 2007 S. 103).
[117] Vgl. (Stüttgen, 2003 S. 33).
[118] (von Glasersfeld, 2012 S. 22 f.).

und ganz allgemein, rationale Erklärungen – Modelle.[119] Von Glasersfeld zitiert Feyerabend direkt: "Die Tatsache, dass ein Modell funktioniert, zeigt selbst nicht, dass die Realität wie das Modell strukturiert ist."[120] Ähnlich argumentiert Fleck, dass wir uns der Wirklichkeit nicht einmal asymptotisch nähern würden. Man dürfe nicht vergessen, "dass es überhaupt keine gewordene Wissenschaft gibt, sondern immer nur eine werdende."[121] Fleck schreibt dazu an anderer Stelle:

> "Es [das Erkennen, F. R.] ist ein tätiges, lebendiges Beziehungseingehen, ein Umformen und Umgeformtwerden, kurz ein Schaffen. Weder dem 'Subjekt' noch dem 'Objekt' kommt selbständige Realität zu; jede Existenz beruht auf Wechselwirkung und ist relativ."[122]

Es lässt sich mit von Glasersfeld resümieren, dass Handlungen, Begriffe und begriffliche Operationen dann viabel sind, wenn sie zu den Zwecken oder Beschreibungen passen, für die wir sie benutzen.[123] Die konstruktivistische Position des Erkenntnisgewinnes ersetzt den Maßstab der Objektivität durch ein Kriterium, das anzeigt, ob eine Theorie neuartige, alternative Sichtweisen und Handlungsoptionen eröffnen kann.[124] Dieser Aspekt der Gestaltung hat für den österreichischen Philosophen und konstruktivistisch orientierten Erkenntnistheoretiker Fritz Wallner einen hohen Wert, weil damit die Freiheitsgrade menschlichen Handelns ausgelotet und erweitert werden können.[125] Es zeigt sich damit auch, dass konstruktivistische Positionen Interdisziplinarität begrüßen oder, stärker formuliert, Interdisziplinarität eng mit

---

[119] Vgl. (von Glasersfeld, 1997a S. 12).

[120] (Feyerabend, 1987 S. 250) und vgl. (von Glasersfeld, 1997a S. 12). Interessant ist in diesem Zusammenhang die von Wallner getroffene Unterscheidung zwischen Wirklichkeit und Realität. Wirklichkeit existiere zwar, sei aber wissenschaftlich prinzipiell unzugänglich. Stattdessen erzeugen Wissenschaftler mit ihren Instrumenten und Methoden eine Realität, vgl. (Wallner, 1992 S. 43 ff.).

[121] (Fleck, 2011c S. 61).

[122] (Fleck, 2011c S. 54), vgl. auch (Nagel, 1991 S. 116 ff.).

[123] Vgl. (von Glasersfeld, 1997b S. 43).

[124] Vgl. (Stüttgen, 2003 S. 35).

[125] Vgl. (Wallner, 1992 S. 13 f.). An dieser Stelle macht Wallner auch die bemerkenswerte Aussage, dass die Trennung von Grundlagenwissenschaft und angewandter Wissenschaft relativiert werden müsse.

Konstruktivismus verbunden ist.[126] Der nächste Abschnitt beschäftigt sich mit Interdisziplinarität als einem weiteren, wesentlichen, forschungsmethodischen Grundpfeiler der vorliegenden Arbeit.

2.3 Interdisziplinarität des Forschungsvorhabens

Die folgenden wissenschaftstheoretischen Ausführungen zur Interdisziplinarität bauen auf der konstruktivistischen Grundhaltung der vorliegenden Untersuchung auf und thematisieren, warum sich Interdisziplinarität als notwendiges Mittel für komplexe Problemstellungen empfiehlt (Abschnitt 2.3.1). Zudem wird auf zusätzliche Aspekte eingegangen, die für das Design des Forschungsprozesses und ebenso für das Forschungsergebnis – einen interdisziplinären Bezugsrahmen für den Untersuchungsgegenstand – tragenden Charakter haben. Die Disziplinen, die für die Untersuchung herangezogen wurden, werden ebenfalls erläutert (Abschnitt 2.3.2).

2.3.1 Interdisziplinarität als Mittel für komplexe Problemstellungen

Wie bereits ausgeführt, stellt dieses Forschungsvorhaben keine zusätzliche, instrumentelle Beleuchtung von Veränderungsprozessen im Sinne des Change Managements dar. Die vorliegende Arbeit setzt vielmehr bereits bei den vorgelagerten Entwicklungen an und untersucht die Bedingungen, die nötig sind, um die Entstehung musterbrechender Veränderungen zu ermöglichen und zu unterstützen. Der Stimulus für diese Veränderungen entsteht durch soziale Interaktionen und ist somit ein komplexer Vorgang.[127] Die klassische (instrumentell-mechanistische) Managementlehre kann die Komplexität der Fragestellung nicht angemessen darstellen, da sie durch ihre Betrachtungsweise und Instrumentarien an die Kontroll- und Steuerungsmethoden gebunden ist, die aktuelle Probleme mitverursacht haben. Deshalb ist eine interdisziplinäre Betrachtungsweise notwendig. Dies korrespondiert mit einer Grundaussage von Fleck, dass interkollektiver (Disziplinen übergreifender) Denkverkehr grundsätzliche Veränderungen bewirkt, während ein intrakollektiver Gedankenkreislauf be-

---

[126] Vgl. (Deuringer, 2000 S. 13), (Schmidt, 1987 S. 72 f.).

[127] Vgl. (Baecker, 2014 S. 223), (Zaugg, 2009 S. 8), (von Foerster, 1997 S. 41 ff.), (Simon, 2007 S. 35 ff.).

stehende Muster verstärkt.[128] Wüthrich unterstreicht die Notwendigkeit der Interdisziplinarität mit der an Deutlichkeit nicht zu übertreffenden Aussage, dass die Managementlehre gut beraten sei, "ihren 'Autismus' zu überwinden und Erkenntnisse aus anderen Disziplinen ernstzunehmen,"[129] denn bekanntermaßen sind Problemstellungen oft nicht passend auf die disziplinären Grenzen zugeschnitten, sondern berühren mehrere Fachdisziplinen und erfordern daher Interdisziplinarität.[130]

Ähnliches fordert Sedláček, wenn er in Anlehnung an John Stuart Mill argumentiert, dass Ökonomen sich aus ihrem Gebiet herauswagen müssen, wenn sie Ökonomie wirklich verstehen wollen. Zudem könne nie vorhergesehen werden, aus welcher Quelle die Wissenschaft die Inspiration für ihre Weiterentwicklung erhalte.[131] Dabei verweist Sedláček auf Feyerabend und dessen bekannte Maxime "The only principle that does not inhibit [scientific, F. R.] progress is: anything goes."[132] Ein weiteres grundlegendes Zitat von Feyerabend lautet: "The consistency condition which demands that new hypotheses agree with accepted theories is unreasonable because it preserves the older theory, and not the better theory."[133] Er wendet sich damit gegen die Konsistenzbedingung für wissenschaftliche Theorien, weil gerade widersprüchliche und kontrainduktive Theorien zu Erkenntnisfortschritten beigetragen hätten. Feyerabend unterstreicht, dass wissenschaftlicher Erfolg nicht als Argument für den Einsatz einer standardisierten Herangehensweise zur Lösung neuartiger Problemstellungen gelten darf. Wissenschaftlicher Erfolg könne erst im Nachhinein festgestellt und nicht im Voraus durch die Anwendung von uniformen Prozessen bestimmt werden. Er plädiert für einen Methodenpluralismus in der Wissenschaft im Sinne eines ergiebigeren Erkenntnisge-

---

128 Vgl. (Fleck, 2012 S. 145), ähnlich (Feess , o. J.).

129 (Wüthrich, 2012a S. 159).

130 Vgl. (Jungert et al., 2013), (Hüther et al., 2012 S. 11), (Buckley, 1998 S. VII), (Vogeley, 2011), (Feess , o. J.), (Wikipedia, 2003b).

131 Vgl. (Sedláček, 2012 S. 17 ff.). Der Psychologe und Komplexitätsforscher Dietrich Dörner nennt den Analogieschluss als wichtigstes Verfahren bei der Suchraumerweiterung von komplexen Problemen (Dörner, 2010 S. 244). Analogieschlüsse sind bei interdisziplinären Themen besonders gut möglich bei der Übertragung von Resultaten von einer Disziplin auf eine andere.

132 (Feyerabend, 1993 S. 14). Interessant zu erwähnen scheint, dass Feyerabend freundschaftlich und intellektuell mit Thomas Kuhn verbunden war, vgl. (Metzner, 2001 S. 152).

133 (Feyerabend, 1993 S. 24).

winnes.[134] Damit vertritt er das sogenannte 'Proliferationsprinzip', das Theorie-Neukreationen oder Hypothesen vorsieht, die auch etablierten Theorien widersprechen dürfen, weil es dem Fortschritt der Wissenschaft dienen kann, wenn inkonsistent und kontrainduktiv vorgegangen wird.[135] Diese Betrachtungen von Feyerabend unterstützen Interdisziplinarität als eine Form der methodologischen Vielfalt in Forschungsdesigns. Eine vergleichbare Meinung vertritt der konstruktivistisch orientierte Organisationsforscher und -psychologe Karl Weick:

> "In unserem Theoretisieren über Organisationen werden wir uns nicht scheuen, zu spekulieren [...], uns um Interesse zu bemühen [...], Inkongruenz als Perspektive zu benutzen, zu reifizieren; Übertreibungen einzuschalten, abzuschweifen, zu glossieren, zu improvisieren, Alternativen zum Positivismus zu untersuchen, umzuformen, Intuition und alle möglichen andern Tricks, die helfen, der Trägheit der Phantasie entgegenzuwirken, zu gebrauchen."[136]

Das Einbeziehen von Resultaten aus anderen Disziplinen für Fragestellungen und den Forschungsprozess in der eigenen Fachdisziplin hält Wallner für etwas Selbstverständliches. Er geht sogar noch weiter und fordert, dass im Sinne der Interdisziplinarität auch Themen der eigenen Fachdisziplin in einen fremden Fachkontext gestellt werden oder ein fachfremdes Methodeninventar auf das eigene Gebiet angewendet wird (Verfahren der Verfremdung), um zu neuen Resultaten zu gelangen und um vor allem auch über den eigenen Forschungsbereich zu reflektieren.[137]

Eine weitere Denkschule, die sich in diese pluralistisch orientierten Forschungsauffassungen einreiht, ist der soziale Konstruktionismus. Er besagt, dass alles, was als real erachtet wird, sozial konstruiert ist.[138] So ist auch wissenschaftliches Wissen als Resultat relationaler Pro-

---

[134] Vgl. (Feyerabend, 1993 S. 2 ff.).

[135] Vgl. (Metzner, 2001 S. 153).

[136] (Weick, 1995 S. 42 f.), vgl. auch (Lave, et al., 1975) sowie (Davis, 1971).

[137] Vgl. (Wallner, 1992 S. 19 ff.).

[138] Vgl. (Gergen et al., 2009 S. 10 ff.). Der soziale Konstruktionismus hat massgebliche Überschneidungen mit der Denkschule des Konstruktivismus. So wird als zentrale Idee bei beiden Philosophien eine absolute, finale Wahrheit abgelehnt, sondern Wirklichkeit als konstruiert angesehen. Der Begründer des sozialen Konstruktionismus, der Amerikaner

zesse zwischen Personen zu verstehen.[139] Man beachte die Nähe zu Fleck. Ähnlich wie Feyerabend plädiert der soziale Konstruktionismus durchgängig für Methodenvielfalt in der Forschung. Gemäß Kenneth Gergen, Begründer des sozialen Konstruktionismus, herrsche in der traditionellen Wissenschaft der Glaube an die Möglichkeit vor, Wahrheit durch Methode zu finden. Aus konstruktionistischer Perspektive würden – wiederum kongruent mit Fleck – die vorherrschenden Forschungsmethoden hingegen die Annahmen und Werte einer bestimmten Gemeinschaft widerspiegeln. So erzeuge man mit den nicht konstruktionistischen Methoden das, was man zwar als Natur bezeichne; diese Methoden würden Natur aber nicht widerspiegeln. Durch neue Methoden und Formen könnten jedoch neue (konstruierte) Wirklichkeiten erzeugt und zugänglich gemacht werden. Denn ob die gestrige Forschung morgen nützlich sein werde, sei immer eine offene Frage. In diesem Licht seien konstruktionistische Wissenschaftler zunehmend weniger daran interessiert, die Vergangenheit mit dem Ziel der Zukunftsvoraussage auszuwerten. Stattdessen würden sie versuchen, direkt eine neue Zukunft zu schaffen.[140] Das wird durch eine Textpassage in der Zusammenfassung des Kapitels 'Forschung und Konstruktionspraxis' von Gergens Einführung in den sozialen Konstruktionismus erläutert:

Kenneth J. Gergen, Professor für Psychologie, äußert sich folgendermaßen zum Verhältnis von Konstruktivismus und sozialem Konstruktionismus: "Der Begriff 'Konstruktivismus' wird oft synonym mit 'Konstruktionismus' verwendet. Im Konstruktivismus gilt der individuelle Geist als Ursprung der Wirklichkeitserzeugung. Obwohl bestimmte Gemeinsamkeiten zwischen dieser Bewegung und dem Sozialen Konstruktionismus bestehen, werden wir [...] letzteren Begriff verwenden, um zu betonen, dass der Fokus unserer Aufmerksamkeit eben nicht auf Individuen liegt, sondern auf den Beziehungen als Orten der Wirklichkeitskonstruktion." (Gergen et al., 2009 S. 8), vgl. auch etwas ausführlicher (Gergen, 2002 S. 81 f.). Gergens sozialer Konstruktionismus wird in der von Bernhard Pörksen herausgegebenen Publikation 'Schlüsselwerke des Konstruktivismus' als eines der Schlüsselwerke aufgenommen und kommentiert, vgl. (Westmeyer, 2011). Dass sich selbst radikaler Konstruktivismus, welcher Konstruktionsvorgänge innerhalb informationell geschlossener, kognitiver Systeme lokalisiert, vgl. (Westmeyer, 2011 S. 417), und sozialer Konstruktionismus nicht ausschliessen müssen, kommt auch in einer Passage von Heinz von Förster zum Ausdruck, welcher als radikaler Konstruktivist gilt: "Ich und du erzeugen sich gegenseitig; keiner wird ohne den anderen; oder noch anders ausgedrückt: man sieht sich selbst mit den Augen des Anderen." (von Foerster, 1987 S. 155).

139 Vgl. (Gergen, 2002 S. 76).

140 Vgl. (Gergen et al., 2009 S. 77 ff.).

> "In dem Maße, in dem konstruktionistische Ideen in Forschungsgemeinschaften Einzug halten, entsteht Selbstreflexion, Enthusiasmus und Innovation. Die Sozialwissenschaften befinden sich zurzeit in einem Stadium wichtiger Transformationen. Die Zukunft ist offen – multiple Stimmen, Methoden und Werte. [...] Sie alle legen Wert auf einen konstruktionistischen Ansatz, um das Verständnis sozialer Wirklichkeiten zu erweitern und um dabei zu helfen, innerhalb der beteiligten Gemeinschaften Veränderungen anzustoßen."[141]

Der soziale Konstruktionismus stellt die Isolation in Einzelwissenschaften in Frage und bezeichnet es als seine Aufgabe, die disziplinären Grenzen zu verwischen. Gergen äußert sich folgendermaßen dazu:

> "Dialoge über Disziplinen hinweg, in denen multiple Wirklichkeiten zugelassen und wertgeschätzt werden, fördern letztendlich unser Wohlbefinden. [...] Außerdem steigt dadurch die Möglichkeit, dass Wissenschaftler und Wissenschaftlerinnen sich in ihren Arbeiten zu gesellschaftlich relevanten Angelegenheiten äußern."[142]

Die interdisziplinäre Anschauung des Konstruktivismus (einschließlich des sozialen Konstruktionismus) fördert die Möglichkeit, verschiedene Perspektiven zur Generierung heuristischer Potentiale einzunehmen, um einen Erkenntnisfortschritt zu erzielen.[143] Es entspricht einer Grundintention dieser Arbeit, Erkenntnisse aus verschiedenen Disziplinen zu neuartigen Sichten zu verbinden und Realitätskonstruktionen für die Forschungsgemeinschaft und Praxis zu generieren.

2.3.2 Für die Untersuchung herangezogene Wissenschaftsdisziplinen

Die Bedeutung und das vermutete Potential der herangezogenen Wissenschaftsdisziplinen und Theorien für die Themenstellung wurden heuristisch-konstruktivistisch durch den Verfasser der vorliegenden Arbeit ermittelt. Sie wurden vor allem durch Gespräche mit dem Betreuer der Arbeit und die Interviews mit den Experten angeregt und bestärkt. Des Weite-

---

[141] (Gergen et al., 2009 S. 94).
[142] (Gergen et al., 2009 S. 73).
[143] Vgl. (Deuringer, 2000 S. 13) und (Schmidt, 1987 S. 72 f.).

ren korrespondiert das Einbeziehen verschiedener Disziplinen mit den forschungsmethodischen Ausführungen zur Interdisziplinarität des vorherigen Abschnittes. Es sei an dieser Stelle darauf hingewiesen, dass die über den Forschungsprozess erarbeiteten, konzeptionellen Darstellungen und Überlegungen als Hypothesen zu betrachten sind, da eine empirische Überprüfung noch nicht vorliegt und im Rahmen dieser Untersuchung auch nicht geleistet werden kann. Die folgenden Überlegungen führen zu den relevanten Disziplinen, die in diese Arbeit integriert werden.

"Organizations are many things at once! They are complex and multifaceted. They are paradoxical."[144] Organisationen werden in der vorliegenden Arbeit als lebende, komplexe Systeme verstanden.[145] Dies ist eine deutliche und äußerst wichtige Unterscheidung zum traditionellen, mechanistischen Organisationsverständnis mit den beschriebenen linearen, berechenbaren Input-Output-Mechanismen, wie sie bei nicht lebenden, nicht komplexen Maschinen auftreten, zu denen Organisationen in der Mainstream-Managementlehre – wenn auch vielleicht unbewusst – immer noch gezählt werden.[146] Natürlich treffen die Eigenschaften von komplexen, lebenden Systemen auch auf Menschen als Organisationsmitglieder zu.[147] Basierend auf diesen Grundannahmen, soll sich die Forschungstätigkeit auf die Systemtheorie stützen, die für die Untersuchung von lebenden Systemen und von Systemverhalten in komplexen Kontexten einen geeigneten und tragenden Rahmen bildet.[148]

Die Systemtheorie ist eine interdisziplinäre und heterogene Wissenschaft, die sich mit dem Aufbau und Wirken von Systemen beschäftigt. Sie unterscheidet sich paradigmatisch von der klassischen Managementlehre. Deshalb ist die Systemtheorie bedeutsam für die vorliegende Untersuchung; an die Stelle geradlinig-kausaler Erklärungen treten zirkuläre Begründungen und statt isolierter Objekte werden Relationen zwischen ihnen betrachtet. Rekursivität, Paradoxien und die Vernetzungen zwischen Objekten und daraus entstehende Kreativität als Folge von Selbstorganisation sowie Emergenz sind inhärente Phänomene der Systemtheo-

[144] (Morgan, 1998 S. 3).
[145] Vgl. (Geiselhart, 2012 S. 65 ff.), (Rüegg-Stürm, 2003 S. 17 ff.).
[146] Vgl. (Fahrenwald, 2011 S. 153 f.), (Morgan, 1998 S. 17 ff.), (Faucher et al., 2008).
[147] Vgl. (Maturana et al., 2010 S. 192), (Willke, 1983 S. 19 ff.).
[148] Vgl. (Wüthrich, 2012b), (Simon, 1997b S. 13 ff.).

rie.[149] Sie vermag der in Organisationen vorherrschenden Komplexität besser Rechnung zu tragen als lineare Erklärungsmodelle, da Komplexität im Wesen aus Ambivalenz, Unschärfe, Zirkularität, Vielfalt und Optionalität besteht.[150]

Systemisches Denken ist aus unterschiedlichen Theoriegebäuden entstanden. Deshalb unterscheiden sich auch die Namen für diese Herangehensweise von Fachdisziplin zu Fachdisziplin (Systemtheorie, Kybernetik, Komplexitätswissenschaften und andere). Teilweise werden in den unterschiedlichen Disziplinen unterschiedliche Akzente bei den Fragestellungen gesetzt.[151] Für die Zwecke der vorliegenden Arbeit können die Begriffe Systemtheorie, Kybernetik und Komplexitätswissenschaften jedoch gleichbedeutend verwendet werden. Die Systemtheorie/Komplexitätswissenschaft wird heute in verschiedenen Einzeldisziplinen der Natur-, Geistes- und Sozialwissenschaften angewendet.[152] Auch einige Vertreter der Wirtschaftswissenschaften haben Erkenntnisse der Systemtheorie in ihren Forschungsarbeiten zu Grunde gelegt.[153] Diese Untersuchung versteht sich in diesem Sinne als Beitrag zu einer systemorientierten Managementlehre.

Gemäß Hans Ulrich, ehemals Professor an der Universität St. Gallen und Pionier auf diesem Forschungsfeld im deutschsprachigen Raum, befasst sich die systemorientierte Managementlehre als angewandte Wissenschaft mit den in der Praxis auftretenden Problemen bei der Führung von Organisationen. Sie erkennt explizit das Vorhandensein von Komplexität an und deutet damit auch auf die Grenzen quantitativer Forschungsmethoden zur Untersu-

---

149 Vgl. (Simon, 2007 S. 12 f.), (Krohn et al., 1987 S. 441 ff.), (Poser, 2012 S. 291 ff.). Poser verwendet an dieser Stelle auch den Begriff der 'Supervenienz', welcher die Bedeutung des Auftretens von irreduziblem, also auf Altes nicht rückführbarem Neuen hat.

150 Vgl. (Wüthrich et al., 2009 S. 25). Eine vertiefende Untersuchung zum Phänomen von Paradoxien bei komplexen Systemen, wie Familie, Organisationen oder Politik, findet sich bei (Simon, 2013).

151 Vgl. (Simon, 2007 S. 12), (Stüttgen, 2003 S. 59 f.).

152 Vgl. (Wikipedia, 2001b).

153 Beispielhaft und in keiner Weise vollständig vgl. (Baecker, 2002), (Beinhocker, 2006), (Bragdon, 2006), (Dörner, 2010), (Kelly, 1997), (Luhmann, 1987b), (Malik, 2004), (Radatz, 2009), (Rüegg-Stürm, 2003), (Senge, 2003), (Simon, 2009), (Stacey, 2001), (Wüthrich et al., 2009).

chung organisationaler Sachverhalte hin.[154] Der deutsche Wissenschaftstheoretiker Hans Poser fordert einen komplexitätstheoretischen Ansatz, um einerseits das Auftreten von unvorhersehbar Neuem und andererseits die Grenzen menschlicher Erkenntnis zu berücksichtigen. Er verweist dabei darauf, dass jede kausale Sicht versagt, sobald es sich bei dem Untersuchungsgegenstand um die Entwicklung biologischer, sozialer und kultureller Aspekte handelt.[155] Dies verbindet die konstruktivistische Forschungsmethodologie und das system- respektive komplexitätstheoretisch basierte Organisationsverständnis der vorliegenden Arbeit.[156]

Ein Muster oder Paradigma ist immer an die vorherrschenden Denkstrukturen gebunden, wie es in Flecks Begriff des Denkstiles treffend zum Ausdruck kommt. Ein Musterbruch oder Denkstilwechsel in Managementlehre und -praxis setzt folglich voraus, dass 'neu' gedacht wird. Das Denken und die Möglichkeiten, es zu verändern, bilden somit die Kernelemente für das Überwinden der Ressourcenausnutzungshaltung in Managementlehre und -praxis und damit auch für die Initialisierung musterbrechender Managementinnovation in Richtung Potentialentfaltung.

Um die Initialisierung von Managementinnovation zu ermöglichen, müssen die Denkmuster der Organisationsmitglieder berücksichtigt werden. "Ein Wandel wird nur ausgelöst durch eine Veränderung der Gedankenmuster, denn nur unser gewandeltes Bewusstsein schafft die Möglichkeit zu neuem Verhalten,"[157] erklärt Robert Kegan, US-amerikanischer Psychologe und Professor für 'Adult Learning und Professional Development' an der Harvard University. Auch Anna Maria Pircher-Friedrich hebt den Aspekt des Denkens hervor und verweist dabei auf den MIT-Professor Peter M. Senge: "Signifikante Veränderungen in der Lernfähigkeit einer Organisation ergeben sich nur, wenn die Art und Weise, wie Menschen denken und miteinander umgehen, verbessert wird."[158] Weiter führt Pircher-Friedrich aus:

---

[154] Vgl. (Ulrich, 1984 S. 168 ff.). Zaugg bezeichnet Betriebswirtschaftslehre als anwendungsorientierte Sozialwissenschaft, vgl. (Zaugg, 2009 S. 8).

[155] Vgl. (Poser, 2012 S. 281 ff.).

[156] Poser rechnet den Konstruktivismus den System- oder Komplexitätstheorien zu, vgl. (Poser, 2012 S. 291).

[157] (Kegan, 2014 S. 52).

[158] (Pircher-Friedrich, 2007 S. 20).

> "Dies setzt voraus, dass Sie in Ihrer Rolle als Führender, aber auch als Mitarbeiter die alten Paradigmen überdenken und als Folge kritischer Selbstreflexion der Organisation ein neues Leben – einen neuen Geist 'einhauchen'. [...] Führungsinstrumente und Veränderungsprozesse können jeweils nur so effizient sein, wie die Geisteshaltungen der Menschen, die sie initiieren und innerlich bejahen. Unternehmenswachstum setzt immer menschliches Wachstum voraus."[159]

Der amerikanische Pädagoge und Unternehmensberater William Bridges führt dazu eine Unterscheidung von 'Change' und 'Transition' ein: Erfolgreicher Wandel bedingt gemäß Bridges nicht nur organisationale Veränderungen (Change), sondern ist ebenso abhängig von den individuellen, psychologischen Veränderungen der Organisationsmitglieder (Transition); ohne wirksame Transition ist kein nachhaltiger, unternehmerischer Wandel möglich.[160]

Da bei der Initialisierung von Musterbrüchen im Management Denken und Umdenken im Zentrum stehen, wurde schon bei den forschungsleitenden Fragen auf die Neurowissenschaften verwiesen. Unter dem Begriff 'Neurowissenschaften' werden die Wissenschaften zusammengefasst, die sich mit dem Nervensystem und insbesondere mit dem Gehirn beschäftigen. Sie werden in der vorliegenden Arbeit eine elementare Basis bilden.[161] Im Rahmen dieser Forschungsarbeit sollen die Neurowissenschaften für die BWL-Forschungsgemeinschaft beim Thema Managementinnovation zugänglich gemacht werden, denn als eine der heutigen Leitwissenschaften können die Neurowissenschaften reichhaltige Impulse für die Humanwissenschaften bieten.[162] Der Transfer und die Aufbereitung im Sinne einer Inventarisierung von relevanten Erkenntnissen aus den Neurowissenschaften für die BWL- und Managementdisziplin ist als Beitrag zu einem interdisziplinären Brückenschlag zu verstehen, um der Komplexität der Problemstellung von Managementinnovation ganzheitlich zu begegnen.

---

[159] (Pircher-Friedrich, 2007 S. 20 f.).

[160] Vgl. (Bridges, 2003 S. 3 ff.), (Boaz et al., 2014), (von Kyaw, 2011 S. 34).

[161] Einzelne neurowissenschaftlichen Erkenntnisse und Erwägungen haben bereits Eingang in einige Dissertationen im Bereich der systemorientiertem Managementlehre mit konstruktivistischem Forschungsverständnis gefunden, vgl. z. B. (Cacaci, 2006 S. 20), (Naujoks, 1998 S. 25 f.), (Stüttgen, 2003 S. 73 ff.).

[162] Vgl. (Schwing, 2011 S. 11 f.).

Die einbezogenen Wissenschaftsdisziplinen weisen wechselseitige Überschneidungen mit der unterlegten, konstruktivistischen wissenschafts- und erkenntnistheoretischen Grundposition der Untersuchung auf. Sie sind miteinander verschränkt und somit einander grundsätzlich zugänglich und erschließbar. So gelten beispielsweise die chilenischen Neurobiologen Humberto R. Maturana und Francisco J. Varela als Konstruktivisten der ersten Stunde, wobei ihre neurobiologischen Entdeckungen großen Einfluss auf die Systemtheorie und den Konstruktivismus ausübten.[163] Heinz von Foerster, ein weiterer bedeutender Konstruktivist, entwickelte die Kybernetik zweiter Ordnung u. a. auf neurophysiologischer Basis.[164] Der österreichische Psychologieprofessor Günter Schiepek beschreibt die Gehirnwissenschaft im Rahmen einer Einordnung und Darstellung der sozialen Neurowissenschaft als systemische Neurowissenschaft.[165]

2.4 Wissenschaftstheoretische Einordnung eines Bezugsrahmens als Forschungsergebnis

Als Ergebnis und inhärenter Bestandteil der Untersuchung wird, wie bereits erwähnt, ein konzeptioneller, interdisziplinärer Bezugsrahmen entworfen, der das gesammelte, aufbereitete und generierte Wissen systematisch auf den Forschungsgegenstand 'Initialisierung von musterbrechender Managementinnovation' bezieht und dadurch interdisziplinäres Wissen (Systemtheorie/Komplexitätswissenschaften, Neurowissenschaften) mit dem Untersuchungsgegenstand verbindet. Es geht bei einem konzeptionellen Bezugsrahmen darum, das Denken über einen komplexen Sachverhalt, wie es das Untersuchungsthema darstellt, zu ordnen und Beziehungszusammenhänge aufzuzeigen.[166] Der deutsche Betriebswirtschaftsprofessor Werner Kirsch wählt zur wissenschaftstheoretischen Positionierung eines Bezugsrahmens folgende Formulierung:

---

[163] Vgl. (Poser, 2012 S. 291), vgl. dazu auch das Standardwerk von Maturana/Varela 'Der Baum der Erkenntnis' (Maturana et al., 2010).

[164] Vgl. (Pörksen, 2011a S. 319 ff.).

[165] Vgl. (Schiepek, 2009 S. 45 ff.).

[166] Vgl. (Deuringer, 2000 S. 15).

> "Ein theoretischer Bezugsrahmen ist lediglich die Vorstufe der Formulierung einer exakten Theorie. [...] In erster Linie dient ein theoretischer Bezugsrahmen dazu, das Denken über komplexe reale Systeme zu ordnen und in exploratorische Beobachtungen zu leiten, die mit der Zeit eine genügend große Zahl von Beobachtungsaussagen erbringen, um den Bezugsrahmen zu verfeinern und damit leichter exakte Theorien mit konkreten Gesetzeshypothesen formulieren zu können."[167]

Ein Bezugsrahmen stellt somit ein Aussagesystem über zugrundeliegende Zusammenhänge dar, die noch unzureichend strukturiert sind oder sich schlecht strukturieren lassen und sich einer Theoriebildung daher noch weitgehend entziehen.[168] Bei einem konzeptionellen Bezugsrahmen geht es nicht darum, einen Anspruch auf objektive Darstellung der Realität oder Wahrheit zu erheben. Dies würde der in dieser Arbeit vertretenen konstruktivistischen Wissenschafts- und Erkenntnisposition widersprechen.[169] Ein Bezugsrahmen stellt, das mag paradox klingen, immer auch eine Reduktion der Komplexität des Untersuchungsgegenstandes dar, damit unter Ausblendung von Unwichtigem eine Strukturierung des Themengebietes und Aufmerksamkeitslenkung erzielt werden kann. Das bedeutet, dass ein Bezugsrahmen als kontingente Konstruktion zu begreifen ist, die Zusammenhänge erschließt, die als wichtig erachtet werden.[170] "Kontingent ist etwas, was weder notwendig ist noch unmöglich ist; was also so, wie es ist [...], sein kann, aber auch anders möglich ist."[171] Es lässt sich demgemäß ableiten, dass ein Bezugsrahmen als Heuristik der explorativen Forschung angesehen werden kann, da in der Regel heuristische Forschung auf einem iterativen Problemlösungsprozess beruht, bei dem eine Fragestellung schrittweise durchdrungen wird.[172] Dieses iterative Momentum des Forschungsprozesses bezeichnet Kubicek "als einzige Möglichkeit, Verständnis und Beherrschung zumeist sehr komplexer Probleme unter den Bedingungen eines geringen Erkenntnisstandes zu verbessern."[173] Weiterhin handelt es sich bei explorativer Forschung

---

[167] (Kirsch, 1977 S. 116 f.).
[168] Vgl. (Stüttgen, 2003 S. 14), (Obring, 1992 S. 28), (Kubicek, 1977 S. 17).
[169] Vgl. (Deuringer, 2000 S. 23).
[170] Vgl. (Rüegg-Stürm, 2003 S. 14 ff.).
[171] (Luhmann, 1987b S. 152).
[172] Vgl. (Zaugg, 2009 S. 7 ff.).
[173] (Kubicek, 1977 S. 14).

mit dem ihr innewohnenden pluralistisch-offenen Forschungsverständnis weniger um die Verifikation bzw. Falsifikation von Hypothesen, sondern um die Hypothesenfindung und eventuell um Hypothesenverfeinerung.[174] Aus diesen Überlegungen folgt, dass es sich beim vorzustellenden Bezugsrahmen keineswegs um ein determiniertes Gerüst handelt, sondern um ein immer wieder zu hinterfragendes und entwicklungsfähiges Gedankengefüge.[175] Ein konzeptioneller Bezugsrahmen stellt folglich eine terminologisch-deskriptive Grundordnung dar, in die als wesentlich erachtete, zusätzliche Inhalte einbezogen werden können.[176] Ein solcher Bezugsrahmen eignet sich aus methodischer Sicht zur strukturierten Diskussion, zu Gedankenanstößen sowie zur Selbstreflexion.[177] Die Themenstellung und Zielsetzung der vorliegenden Untersuchung und die konstruktivistische Forschungsposition des Verfassers werden über das Ergebniskonstrukt eines Bezugsrahmens kohärent miteinander verbunden.

2.5 Triangulation und Experteninterviews im Forschungsprozess

2.5.1 Funktionalitäten und Bedeutung der Triangulation

Als Triangulation wird in den Sozialwissenschaften die Betrachtung eines Forschungsgegenstandes aus multiplen (mindestens zwei) Bezugspunkten bezeichnet.[178] Sie stellt damit eine methodologische Perspektive in der Sozialforschung dar, die auf pluralistischen Denk- und Handlungsmustern basiert und als heuristische Funktion der wissenschaftlichen Problembearbeitung dient:[179] "Triangulation is meant to be a heuristic tool for the researcher."[180] Es wird zwischen verschiedenen Formen der Triangulation unterschieden.[181] Dabei verfolgt Triangulation generell eine oder mehrere der folgenden, forschungsstrategischen Zielsetzungen: Ursprünglich wurde Triangulation in der qualitativen Sozialforschung vor allem zur Validierung verwendet. Sie kann auch zur Generalisierung von gefundenen Erkenntnissen dienen. Mittlerweile wird Triangulation häufig als Technik verwendet, um ein tieferes Ver-

[174] Vgl. (Zaugg, 2009 S. 12 f.).
[175] Vgl. (Cacaci, 2006 S. 51).
[176] Vgl. (Bleicher, 1985 S. 80).
[177] Vgl. (Bleicher, 1991 S. 51).
[178] Vgl. (Lamnek, 2005 S. 277) und (Flick, 2008b S. 309).
[179] Vgl. (Bleuß, 2011 S. 1).
[180] (Janesick, 1994 S. 6).
[181] Vgl. (Denzin, 2009 S. 301 ff.), (Flick, 2008b S. 311 ff.), (Janesick, 1994 S. 6).

ständnis des Forschungsgegenstandes zu erreichen.[182] Dazu erläutert Uwe Flick, Professor für Soziologie und Experte für qualitative Sozialforschung:

> "Der Fokus [der Triangulation, F. R.] hat sich [...] in Richtung der Anreicherung und Vervollständigung der Erkenntnis und der Überschreitung der (immer begrenzten) Erkenntnismöglichkeiten der Einzelmethoden verlagert."[183]

Die verschiedenen Ziele der Triangulation können nicht scharf voneinander abgegrenzt werden und überschneiden sich teilweise. Bis zu einem gewissen Grad kommen häufig alle Funktionalitäten der Triangulation zum Tragen. Dies gilt auch für die vorliegende Arbeit; das Hauptmotiv liegt jedoch in der Absicht, tiefere und ganzheitlichere Erkenntnisse für den Untersuchungsgegenstand zu gewinnen.[184] Lamnek fasst zusammen: "Durch die Triangulation kann Erkenntnisfortschritt erzielt werden."[185]

2.5.2 Interdisziplinäre Triangulation

Es wurde bereits an anderer Stelle ausgeführt, warum die Interdisziplinarität eine so große Bedeutung als Grundlage für das Forschungsdesign in der vorliegenden Arbeit hat. Zusätzlich stellt ein interdisziplinäres Forschungsdesign aus forschungsmethodischer Sicht eine Form von Triangulation dar – die interdisziplinäre Triangulation.[186] Die interdisziplinäre Triangulation zeichnet sich durch die Verbindung verschiedener, wissenschaftlicher Disziplinen bei der Auseinandersetzung mit einer komplexen Fragestellung aus.[187] Ein Ziel ist dabei, dass die Disziplinen mit ihren Sichtweisen, Theorien und Methoden zusammenwirken können, "um zu untersuchenden Strukturen und Prozessen zu gelangen."[188] In der vorliegenden Arbeit manifestiert sich die interdisziplinäre Triangulation in der Erschließung und Verbindung von komplexitätstheoretischen und neurowissenschaftlichen Erkenntnissen für den Untersuchungsgegenstand.

---

[182] Vgl. (Flick, 2008b S. 310 ff.), vgl. auch (Lamnek, 2005 S. 279).
[183] (Flick, 2007 S. 520).
[184] Vgl. (Lamnek, 2005 S. 279 f.).
[185] (Lamnek, 2005 S. 284).
[186] Vgl. (Janesick, 1994 S. 6).
[187] Vgl. (Lü, 2008 S. 51).
[188] Vgl. (Treumann, 1998 S. 157), (Lü, 2008 S. 51).

2.5.3 Methodologische Triangulation mit Experteninterviews

Die vorliegende Untersuchung basiert auf der relevanten Literatur aus Managementlehre, Systemtheorie und Neurowissenschaften sowie aus Expertengesprächen mit führenden Neurowissenschaftlern.

Die relevante Literatur kommt bei der Inventarisierung des Disziplinen-Wissens in den betreffenden Kapiteln zum Tragen. Ziel ist, den Stand der jeweiligen Wissenschaftsdisziplinen im Hinblick auf das Forschungsthema zu erfassen, zugänglich zu machen und die Relevanz aufzuzeigen. Die theoretische Literatur und empirische Ergebnisse in Bezug zum Untersuchungsgegenstand werden dabei dargestellt.[189] Diese bilden methodisch zugleich eine wichtige Basis für die Beantwortung der Forschungsfragen und die Entwicklung des Forschungsergebnisses.

Interviews mit Neurowissenschaftlern werden im Sinne eines generativen und validierenden Dialoges als forschungsmethodische Erweiterung durch den Forschungsprozess der Dissertation hindurch eingesetzt. In Übereinstimmung mit dem qualitativen Forschungsansatz werden qualitative Interviews geführt.[190] Konkret wird die Form der Experteninterviews eingesetzt.[191] Experteninterviews sind eine geeignete Quelle, um reichhaltige Informationen über noch wenig strukturierte Themenstellungen zu erhalten und zu generieren.[192] Im Unterschied zu quantitativen Interviews zeichnen sich qualitative Interviewformen dadurch aus, dass sie nicht standardisiert sind, sondern wesentlich offener gestaltet werden. Daher kann ein qualitatives Interview eher als Methode der Datengenerierung als der Dateneruierung oder der Datensammlung verstanden werden. Dies unterstreicht die Bedeutung des Interviews als Forschungsanlage, bei dem auf Basis des Wissens und der Erfahrung des Experten (Interviewten) durch die Interaktion zwischen ihm und dem Forscher (Interviewer) neues Wissen co-kreiert werden kann.[193] Diese generative Charakteristik von qualitativen Experten-

---

[189] Vgl. (Flick, 2007 S. 72 f.).

[190] Vgl. (Lamnek, 2005 S. 329 ff.).

[191] Vgl. (Flick, 2007 S. 214 ff.).

[192] Vgl. (Eisenhardt et al., 2007 S. 28).

[193] Vgl. (Schultze et al., 2011 S. 16), (Lamnek, 2005 S. 352). Interessant in diesem Zusammenhang ist auch die Wortherkunft von Interview: Ursprünglich ableitbar vom Lateinischen 'inter' – zwischen, sowie dem Französischen 'voir' – sehen. Frei auf Deutsch

interviews lässt sich stimmig in die konstruktivistisch geprägte Grundhaltung einfügen, auf der die vorliegende Arbeit basiert. Die Interviews mit den Experten wurden auf einem Tonträger aufgezeichnet und danach in einem Transkript, das als Datengrundlage dient, schriftlich festgehalten.

Die Ergänzung der Aufbereitung der relevanten Literatur durch Experteninterviews zur Beantwortung der Forschungsfragen und zur Generierung des Forschungsoutputs entspricht einer weiteren Form der Triangulation. Sie wird als methodologische Triangulation bezeichnet, wobei es sich hierbei um die Subvariante 'between method' handelt, bei der zwei verschiedene Methoden als unterschiedliche Bezugspunkte angewendet werden.[194] Wie bei der interdisziplinären Triangulation ist auch bei der methodologischen Triangulation das Hauptziel das Schaffen von zusätzlichen Erkenntnissen zum Forschungsgegenstand; daneben sollen auch Erkenntnisse aus der relevanten interdisziplinären Literatur validiert werden.[195] Deshalb werden die Erkenntnisse aus der Literatur und aus den Experteninterviews im Text strukturell weder voneinander getrennt noch sequentiell abgehandelt, sondern integrativ verwendet. In Anlehnung an multimethodische Formen in der Ethnographie, bei denen oft verschiedene Methoden integriert werden, lässt sich von impliziter Triangulation sprechen.[196]

In der konzeptionellen Forschung werden häufig und typischerweise mehrere Bezugspunkte verwendet; die Triangulation erlaubt durch ihre multiplen Perspektiven eine stärkere Untermauerung von Konstrukten und Hypothesen.[197] Flick argumentiert, dass sich die Triangulation als Ansatz der Geltungsbegründung der Erkenntnisse, die mit qualitativen Forschungsmethoden gewonnen würden, verwenden ließe. Dabei liege die Geltungsbegrün-

---

rückübersetzt: sich gegenseitig sehen oder ein Austausch von Sichten zwischen zwei oder mehr Personen, vgl. (Wikipedia, 2003c).

194 Vgl. (Flick, 2008b S. 310), (Lamnek, 2005 S. 278). Die zweite Subvariante methodologischer Triangulation wird als 'within method' bezeichnet. Ein Beispiel dafür wäre die Verwendung unterschiedlicher Skalen oder Indizes in einem Fragebogen, vgl. (Flick, 2008b S. 310).

195 Vgl. (Flick, 2008b S. 318), (Lamnek, 2005 S. 279).

196 Vgl. (Flick, 2008b S. 314). Explizite Triangulation bedeutet die sequentielle Trennung von mehreren eingesetzten Methoden, vgl. (Flick, 2008b S. 314).

197 Vgl. (Eisenhardt, 1989 S. 537 f.), (Flick, 2007 S. 520).

dung allerdings nicht in der Überprüfung von Resultaten, sondern in der systematischen Erweiterung und Vervollständigung von Erkenntnismöglichkeiten.[198] Der amerikanische Wissenschaftstheoretiker und Soziologe Norman Denzin unterstreicht, dass "triangulation [...] remains the soundest strategy of theory construction."[199]

2.6 Forschungsdesign im Überblick

Nach den Ausführungen zu den wissenschaftstheoretischen und forschungsmethodologischen Überlegungen, die den Rahmen für die Untersuchung bilden, zeigt die nachfolgende Abbildung das daraus abgeleitete Forschungsdesign der vorliegenden Untersuchung im Überblick.

Damit schließt Teil I der Untersuchung. In Teil II wird der interdisziplinäre Bezugsrahmen entwickelt und erläutert.

198 Vgl. (Flick, 2007 S. 520).

199 (Denzin, 2009 S. 300).

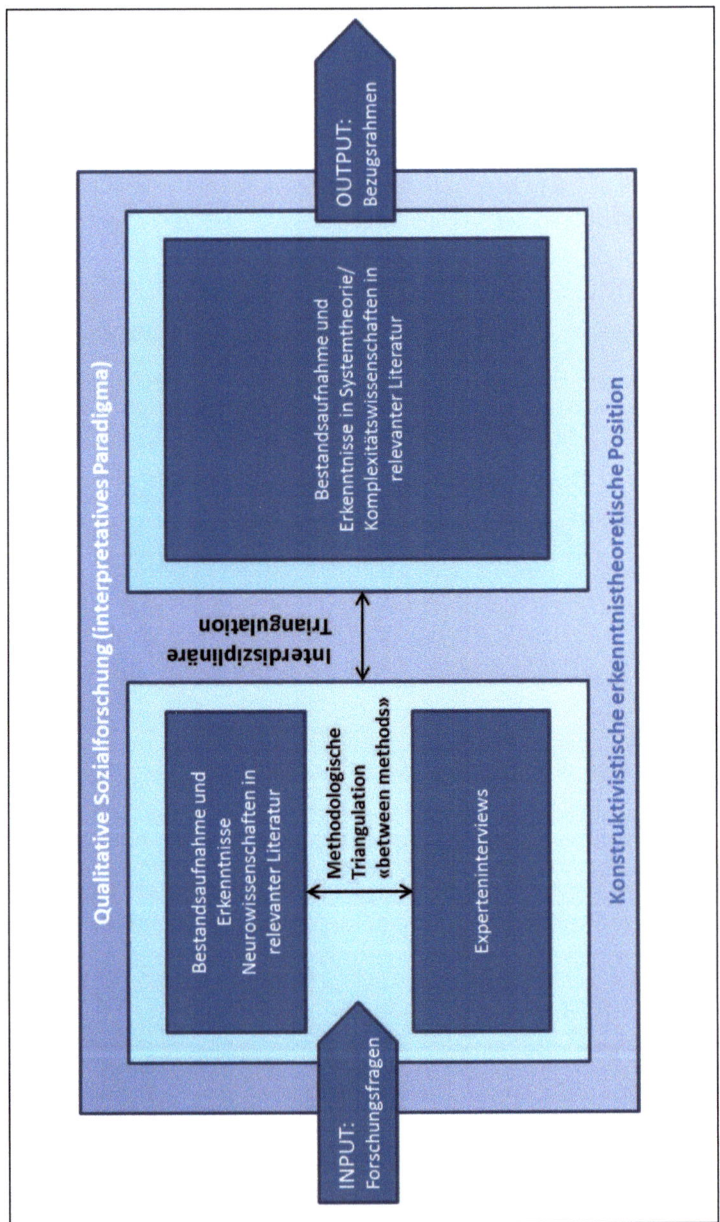

Abb. 4: Überblick Forschungsdesign

Teil II Herleitung eines interdisziplinären Bezugsrahmens

3 Bezugsrahmen im Überblick

Im Hauptteil der Untersuchung werden die verschiedenen Wissenschaftsdisziplinen, die dieser Arbeit zu Grunde liegen, im Sinne einer Inventarisierung überblicksartig dargestellt und die Kernelemente beschrieben, die für die Thematik integriert werden sollen. Ziel ist dabei, Konzepte und Erkenntnisse auch aus 'artfremden' Disziplinen für die Betriebswirtschafts- und Managementlehre, die für die Themenstellung der Untersuchung relevant sind, zugänglich und nutzbar zu machen.

Als leitende Struktur für die Untersuchung wird ein interdisziplinärer, konzeptioneller Bezugsrahmen entwickelt.[200] Die Wissenschaftsdisziplinen, auf denen die Arbeit basiert (Systemtheorie, Neurowissenschaften), stellen für sich selbst sehr weite, heterogene Forschungsdisziplinen dar. Dennoch soll hier der Versuch unternommen werden, für die Forschungsfragen relevante Aspekte aus diesen Disziplinen näher zu betrachten und miteinander zu verbinden. Es wird allerdings kein Anspruch darauf erhoben, die Grunddisziplinen umfassend darzustellen, da dies den Rahmen der Arbeit bei Weitem übersteigen würde. Vielmehr erfolgt die Aufnahme der verwendeten Aspekte aus den unterschiedlichen Wissenschaftsdisziplinen heuristisch auf Basis des konstruktivistischen Forschungsdesigns der Arbeit, aufgrund der Experteninterviews sowie des Austauschs mit dem Betreuer der vorliegenden Arbeit in iterativer Weise.

Die folgenden Ausführungen orientieren sich an Abb. 5, die den hier entwickelten Bezugsrahmen für die Thematik 'Initialisierung musterbrechender Managementinnovation' darstellt.

---

[200] Vgl. zu Zweck, Einsatz und wissenschaftsmethodischer Einordnung eines Bezugsrahmens die entsprechenden Ausführungen in Unterkapitel 2.4, S. 39 ff.

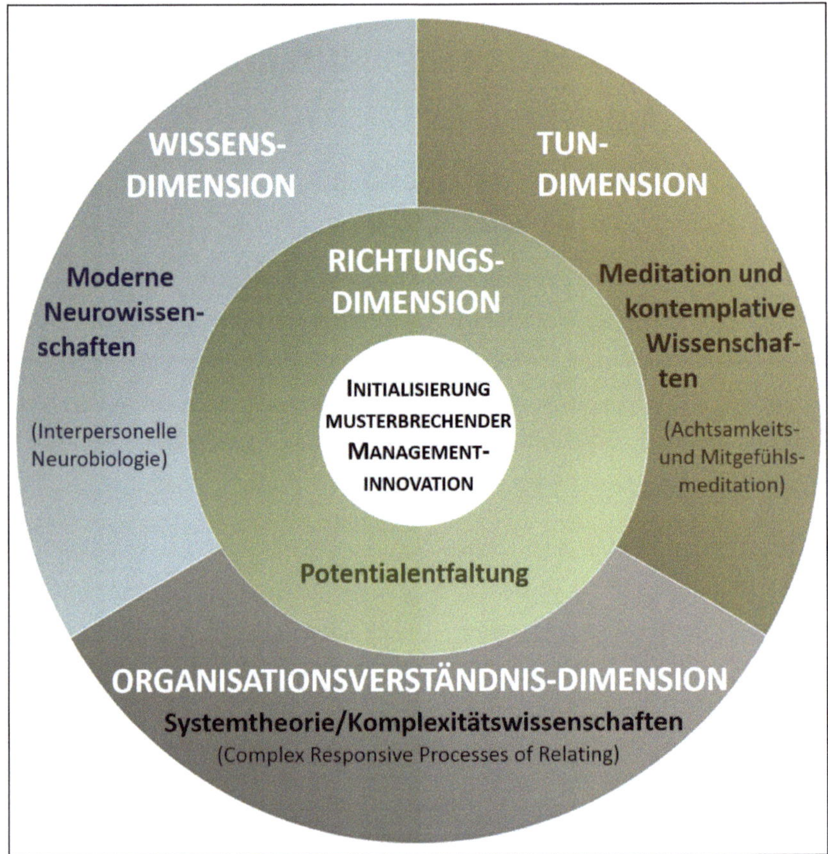

Abb. 5: Bezugsrahmen 'Initialisierung musterbrechender Managementinnovation'

Der Bezugsrahmen enthält die vier Dimensionen 'Wissens-Dimension', 'Organisationsverständnis-Dimension', 'Tun-Dimension' und 'Richtungs-Dimension', welche die Thematik 'Initialisierung musterbrechender Managementinnovation' erschließen. Es gibt beim Bezugsrahmen drei Kreissegmente, die das Zentrum umschließen: Die 'Wissens-Dimension', die 'Organisationsverständnis-Dimension' und die 'Tun-Dimension'. Sie ergänzen und beeinflussen sich wechselseitig und stellen Quellen für die Initialisierung von musterbrechender Managementinnovation in Richtung Potentialentfaltung dar. Diese drei Perspektiven sind somit die Mittel-Dimensionen für eine vierte Dimension – eine Zweck-Dimension – im Bezugsrahmen. Bei der vierten Dimension handelt es sich um die 'Richtungs-Dimension'. Potentialentfaltung ist dabei Ziel- oder Entwicklungsrichtung von musterbrechender Managementinnovation. Deshalb kreist die 'Richtungs-Dimension' im Inneren um das Grundthema des Bezugsrahmens 'Initialisierung musterbrechender Managementinnovation', das jedoch aus allen vier Dimensionen besteht.

Die vier Dimensionen lassen sich folgendermaßen grob umschreiben:

- Die *Wissens-Dimension* unterstreicht, dass für die erfolgreiche Initialisierung von musterbrechender Managementinnovation das Heranziehen von relevanten Wissensquellen unerlässlich ist. Diese Dimension stellt einen wesentlichen Teil des theorieleitenden, interdisziplinären Fundaments der Arbeit dar und basiert auf relevanten Erkenntnissen und Konzepten der modernen Neurowissenschaften, die heute zu den Leitwissenschaften zählen.[201] Die Annahmen über das Menschenbild spielen eine herausragende Rolle in Führungs- und Organisationsfragen.[202] Daher ist es ganz erheblich, auf welche Wissenszugänge man sich bei dieser Grundannahme stützt. Was hat die moderne Neurowissenschaft zum Wesen des Menschen zu sagen und was bedeutet das für die Initialisierung musterbrechender Managementinnovation? Um diese Aspekte geht es in der Wissens-Dimension. Das Konzept der interpersonellen Neurobiologie[203] wird dabei eine tragende Säule bilden.

- Das Thema der Arbeit bezieht sich auf einen organisationalen Kontext, auf eine Unternehmung oder auf eine Organisation im Allgemeinen. Daher wird die Auseinandersetzung mit Fragen des Organisationsverständnisses in der zweiten Dimension des Bezugsrahmens behandelt – in der *Organisationsverständnis-Dimension*. Wie in den Ausführungen in Kapitel 2 ersichtlich, orientiert sich die Arbeit an einer systemtheoretischen Managementlehre, die für das Organisationsverständnis grundlegend sein wird. Zudem ist es erforderlich, dass das Menschenbild basierend auf der Wissensdimension und das Organisationsverständnis kohärent sind. Daher wird sich die Organisationsverständnis-Dimension einerseits im Sinne des interdisziplinären Designs der Untersuchung mit systemtheoretischen Erwägungen beschäftigen und andererseits das darauf basierende komplexitätswissenschaftliche Organisationsverständnis 'Com-

201 Vgl. (Schwing, 2011 S. 12).
202 Vgl. (Wüthrich, 2011a S. 335 f.).
203 Vgl. z. B. (Siegel, 2012a).

plex Responsive Processes of Relating'[204] vorstellen, das mit dem aus der Wissens-Dimension abgeleiteten Menschenbild Hand in Hand geht.

- Die dritte Dimension wird als *Tun-Dimension* bezeichnet. Wie können die Erkenntnisse der modernen Neurowissenschaften mit dem entsprechenden Menschenbild für die Initialisierung musterbrechender Managementinnovation eingesetzt werden? Gibt es Möglichkeiten, moderne Konzepte der Neurowissenschaften und der Organisationstheorie mit praktischem Handeln zu verbinden? Kann die Neurowissenschaft ihrerseits dieses Handeln und seine Wirkungen erforschen? Dabei ist praktisches Handeln gemeint, das Veränderungen in der sozialen Interaktion in Organisationen in Richtung Managementinnovation hervorrufen kann. Denn obwohl die Art und Weise der Interaktion von Organisationsmitgliedern untereinander die Verhaltensmuster einer Organisation prägen, werden die zwischenmenschlichen Verhaltensweisen überwiegend "ganz automatisch und ohne bewusste Reflexion vollzogen."[205] Die Praxis der Meditation als Möglichkeit, Interaktionsmuster in Organisationen zu verändern, und die Erkenntnisse der kontemplativen Neurowissenschaft über die Meditationspraxis werden in der Tun-Dimension thematisiert.

- Die vierte Dimension des konzeptionellen Bezugsrahmens ist die *Richtungs-Dimension*. Wohin soll die musterbrechende Managementinnovation führen; welche Veränderungen sind sinnvoll? Diese Perspektive setzt sich mit der Ziel- oder Entwicklungsrichtung der Managementinnovation auseinander: Wie im einleitenden Kapitel dargestellt, geht es um den Musterbruch von der Ressourcenausnutzung zur Potentialentfaltung. Was kann Potentialentfaltung bedeuten? Welche Zusammenhänge sind bei der Potentialentfaltung zu beachten? Sind die drei anderen Dimensionen des Bezugsrahmens auf Potentialentfaltung ausgerichtet? Diese Fragestellungen gilt es, in der Richtungs-Dimension zu erörtern.

---

[204] Vgl. z. B. (Stacey, 2001).
[205] (Forgas, 1999 S. VIII).

Durch die Betrachtung von vier Perspektiven soll eine möglichst ganzheitliche oder zumindest relevante Beleuchtung des Untersuchungsgegenstandes möglich werden.[206]

Die nachfolgenden Kapitel stellen die vier Dimensionen des konzeptionellen Bezugsrahmens im Einzelnen dar.

---

[206] Vgl. (Rüegg-Stürm, 2003 S. 14 ff.).

4 Wissens-Dimension des Bezugsrahmens

4.1 Einführung und Inventarisierung Neurowissenschaften

Zur Einordnung der Wissens-Dimension sei an dieser Stelle der Bezugsrahmen einleitend abgebildet:

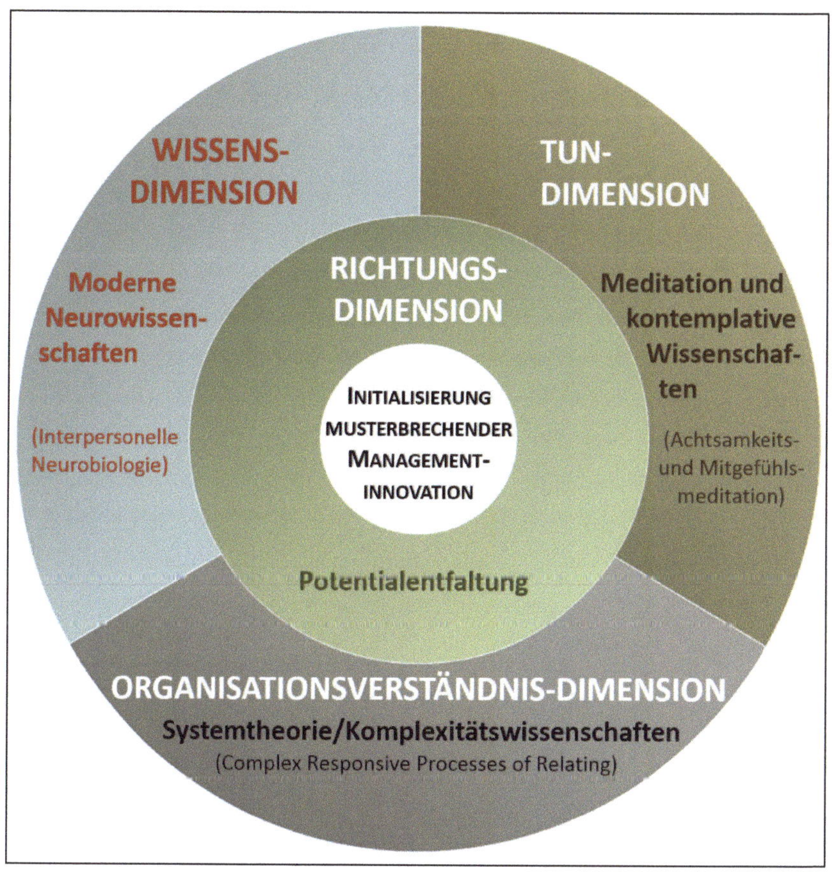

Abb. 6: Wissens-Dimension im Kontext des Bezugsrahmens

Die Neurowissenschaften gehören zu den am schnellsten wachsenden Forschungsgebieten.[207] Jährlich erscheinen über 60'000 neurowissenschaftliche Artikel.[208] Viele große Forschungsprojekte sind im Gange oder in Planung, z. B. das ambitionierte 'Human Brain Project' der EU mit einer Laufzeit von zehn Jahren und einem Budget von rund einer Milliarde Euro, welches das menschliche Gehirn umfassend auf allen Ebenen in einem Computermodell nachbilden will mit folgender Zielsetzung:

> "The Human Brain Project should lay the technical foundations for a new model of ICT-based brain research, driving integration between data and knowledge from different disciplines, and catalysing a community effort to achieve a new understanding of the brain, new treatments for brain disease and new brain-like computing technologies."[209]

Diese intensiven Aktivitäten in den Neurowissenschaften lassen erkennen, dass der Erkenntnisfortschritt in der Hirnforschung in verschiedener Hinsicht große Bedeutung hat, z. B. in der Medizin, in der Philosophie oder auch in politisch-ethischen Diskussionen. Das Forschungsgebiet der Neurowissenschaften ist entsprechend interdisziplinär ausgerichtet; der gemeinsame Fokus ist das Nervensystem.[210] Die Neurowissenschaften stellen also kein homogenes und einfach zu beschreibendes Wissenschaftsgebiet dar. Verschiedenste Disziplinen mit ihren eigenen Methoden und Fragestellungen sind daran beteiligt, z. B. Medizin, Physiologie, Biologie, Chemie, Physik, Informatik aber auch Gebiete aus den Sozial- und Geisteswissenschaften, wie Psychologie, Soziologie oder Philosophie.[211] Dabei gibt es verschiedene Analyseebenen, z. B. auf molekularer, zellulärer, systemischer, kognitiver oder verhaltensorientierter Ebene.[212] Das Interesse der Öffentlichkeit an diesem Thema ist groß; es findet breiten Raum in den Medien.[213]

---

[207] Vgl. (Bear et al., 2009 S. VII).
[208] Vgl. (The Human Brain Project, 2012).
[209] (Markram, 2012 S. 3).
[210] Vgl. (Bear et al., 2009 S. 4).
[211] Vgl. (Schwarz, 2007 S. 40).
[212] Vgl. (Monyer et al., 2004 S. 30) oder (Bear et al., 2009 S. X).
[213] Vgl. (Bear et al., 2009 S. VII).

Das hohe wissenschaftliche und öffentliche Interesse an den Neurowissenschaften weist auf ihre Bedeutung als Leitwissenschaft der heutigen Zeit hin. Deshalb gilt es, relevante Befunde aus den Neurowissenschaften auch für die Managementlehre zugänglich zu machen, also geeignet zu übertragen.[214] Das entspricht dem Anliegen der vorliegenden Untersuchung. Die Wissens-Dimension des Bezugsrahmens beschäftigt sich dazu mit modernen Theorien und Erkenntnissen der Neurowissenschaften und leitet Bezugspunkte für die Themenstellung der Initialisierung musterbrechender Managementinnovation ab.

Einige der wichtigsten Fortschritte der letzten Jahrzehnte in den Neurowissenschaften sind:

- Der Ende der sechziger Jahre des 20. Jahrhunderts beginnende Paradigmenwechsel, bei dem die Auffassung eines statischen Erwachsenengehirns durch neue Erkenntnisse eines sich lebenslang verändernden Gehirns ersetzt wurde. Dieses Phänomen wird als Gehirn- oder Neuroplastizität bezeichnet.[215] Neuroplastizität ist heute in den Neurowissenschaften weitestgehend akzeptiert und gehört zu den außergewöhnlichsten Entdeckungen des vergangenen Jahrhunderts.[216]

- Seit einigen Jahren weiß man, dass auch im erwachsenen Gehirn neue Nervenzellen gebildet werden. 1998 gelang dem schwedischen Neurologen Peter Ericsson der entsprechende Nachweis.[217] Man kennt aber die Bedeutung dieses Phänomens, das Neurogenese genannt wird, bis jetzt noch nicht genau.[218] Die weitere Erforschung der adulten Neurogenese stellt nach Einschätzung einiger Gehirnforscher eines der bedeutendsten Zukunftsthemen der Neurowissenschaften dar. Sie wird neben der oben beschriebenen synaptischen Plastizität auch zur Neuroplastizität gezählt.[219]

- Im Zusammenhang mit experimentellen Untersuchungen bei Affen entdeckte ein italienisches Forscherteam Mitte der 90er Jahre des letzten Jahrhunderts an der Univer-

---

[214] Vgl. (Schwing, 2011 S. 11 f.).
[215] Vgl. (unveröffentl. Transkript, Interview Hüther, 2012 S. 71, Zeile 17 ff.), (Kesselring, 2007 S. 413).
[216] Vgl. (Doidge, 2008 S. 10 f.).
[217] Vgl. (Schwarz, 2007 S. 89).
[218] Vgl. (Monyer et al., 2004 S. 33).
[219] Vgl. (Schwarz, 2007 S. 89 ff.).

sität in Parma zufällig ein Phänomen, das mit neurobiologischer, interindividueller Resonanz beschrieben werden kann.[220] Es handelt sich um das Phänomen der sogenannten Spiegelneuronen: "Nervenzellen, die im eigenen Körper ein bestimmtes Programm realisieren können, die aber auch dann aktiv werden, wenn man beobachtet oder auf andere Weise miterlebt, wie ein anderes Individuum dieses Programm in die Tat umsetzt [...]."[221]

- Die erst vor wenigen Jahren entwickelte Sequenzierung des menschlichen Genoms. Diese erlaubt neue Vorgehensweisen bei der Erforschung und Behandlung von neurologischen und psychischen Krankheiten.[222]

- Hohe Bedeutung auf der forschungsmethodischen Seite haben die seit Mitte der 1990er Jahren zur Anwendung gekommenen, nicht invasiven, bildgebenden Verfahren zur Untersuchung der Aktivität des menschlichen Gehirns.[223] Diese Verfahren haben den Neurowissenschaften zu einer hohen Popularität verholfen.

All diese, teilweise spektakulären Fortschritte dürfen nicht darüber hinwegtäuschen, dass viele Phänomene des Gehirns, des Geistes und des gesamten Nervensystems noch nicht einmal in Ansätzen erforscht sind.[224] Christian Hess, Schweizer Professor für Neurologie an der Universität Bern, äußert sich im Experteninterview dazu folgendermaßen:

> "Es ist auch so, dass wir weit vom dem entfernt sind, das Gehirn zu verstehen. Wir wissen gar nichts. Das Gehirn ist das komplexeste bekannte System vom

---

[220] Vgl. (Bauer, 2006 S. 21 ff.).
[221] (Bauer, 2006 S. 23).
[222] Vgl. (Bear et al., 2009 S. X).
[223] Vgl. (Thompson, 2010 S. IX).
[224] Vgl. (Mausfeld, 2007 S. 29). Es stellt sich über die vielen Entdeckungen der letzten Jahrzehnte in der Gehirnforschung auch heraus, dass das menschliche Gehirn viel komplexer ist, als sich die Neurowissenschaftler je vorstellen konnten und mit den steigenden Erkenntnissen über das Gehirn die Komplexität immer umfassender wird. Dies bemerkt Taylor bereits 1979, vgl. (Taylor, 1979 S. 23), es gilt aber auch heute und vermutlich in die weitere Zukunft. Viele Fragen über das Gehirn bleiben weiterhin unerklärt, vgl. (Zimmer, 2014).

> Universum. [...] Jeder, der daran forscht, muss sagen, wir sind noch sehr weit davon weg, das zu verstehen."[225]

Es gibt auch kritische Stimmen zu den Resultaten der bildgebenden Verfahren. Die Kritiker warnen davor, dass die Ergebnisse der Hirnscans überbewertet werden. So attestiert beispielsweise der Neurowissenschaftler Nikolaus Kriegeskorte von der University of Cambridge den bildgebenden Methoden eine gefährliche Verführungskraft, da sie das Prestige der harten Wissenschaft mit der breiten Anziehungskraft intuitiv erfassbarer Bilder verbinden.[226] So stellen die Resultate der funktionellen Magnetresonanztomographie (fMRT), ein wichtiges und häufig eingesetztes, bildgebendes Verfahren, die Hirnaktivität nicht direkt dar, sondern lediglich die Durchblutung im Gehirn.[227] Es handelt sich bei den bildgebenden Verfahren wissenschaftsmethodologisch um einen korrelativen Ansatz bei dem die dargestellten, bildhaften Aktivierungen, die über die bildgebenden Verfahren erzeugt werden, streng genommen keine Kausalerklärungen erlauben.[228] Daten aus den bildgebenden Verfahren können daher nicht direkt interpretiert werden. Um sie angemessen einordnen zu können, sind psychologische und biologische Modelle notwendig.[229]

Trotz dieser Relativierungen sind die Erkenntnisse der Neurowissenschaften beachtenswert. Insbesondere in den Sozial- und Geisteswissenschaften ist zu prüfen, ob und wie das Wissen über das menschliche Gehirn in die gängigen Annahmen und Konzepte integriert werden kann und soll, denn solche Erkenntnisse können auch das disziplineneigene Menschenbild verändern.[230] Der bekannte Neurobiologe und Nobelpreisträger Eric R. Kandel schreibt im Vorwort von 'Neurowissenschaften – Eine Einführung':

> "Das Verständnis der Gehirnfunktion wird daher für das 21. Jahrhundert wahrscheinlich die Bedeutung haben, die das Verständnis der Zellfunktion für das 19. Jahrhundert und das der Genfunktion für das 20. Jahrhundert hatte [...], denn

---

[225] (unveröffentl. Transkript, 1. Interview Hess, 2012 S. 48, Zeile 25 ff.).
[226] Vgl. (Hackenbroch, 2011).
[227] Vgl. (von Hopfgarten, 2012 S. 62 ff.).
[228] Vgl. (Jäncke, 2007 S. 131), ähnlich (Pauen, 2012 S. 21 ff.).
[229] Vgl. (Jäncke et al., 2012 S. 86).
[230] Vgl. (Bear et al., 2009 S. VII).

> die Neurobiologie stellt eine natürliche Brücke zwischen Geisteswissenschaften und Naturwissenschaften dar."[231]

In den letzten Jahren sind die Begriffe 'Neuroleadership' oder auch 'Neuromarketing' zunehmend in Artikeln, Büchern oder Seminaren anzutreffen. Im englischsprachigen Raum gibt es seit 2008 ein eigens dafür geschaffenes Wissenschaftsjournal mit dem Namen 'Neuroleadership Journal'. Dort heißt es in der ersten Ausgabe im Leitartikel zum Zweck des Journals:

> "Although management and leadership research in the past century has significantly enhanced our understanding of human workplace behavior, recent developments in neuroscience with the potential to significantly advance that research remain largely untapped. [...] The research objective of this field [Neuroleadership, F. R.] is to improve leadership effectiveness within institutions and organizations by developing a science for leadership and leadership development that directly takes into account the physiology of the mind and the brain." [232]

Eine Definition für 'Neuroleadership' liefert Elger:

> "Neuroleadership ist die Verbindung von neurowissenschaftlichen Erkenntnissen mit zum Teil bekannten Managementtheorien mit dem Ziel, gehirngerechter zu führen und bessere Ergebnisse zu erzielen. Neuroleadership befindet sich noch in der Entwicklung und ist noch keine in sich geschlossene Theorie."[233]

In der Diskussion um den neuen Begriff 'Neuroleadership' ist auch die Frage aufgetaucht, ob es sich dabei lediglich um alten Wein in neuen Schläuchen handelt. Konkret wurde gefragt, ob versucht werde, durch neurowissenschaftliche Begriffe bekannte Inhalte von Managementseminaren mit neuen Wörtern zu erklären und so 'Neuroleadership' als Verkaufsmasche einzusetzen.[234] Solche Trittbrettfahrertendenzen können, wie bei allen neuen Entwicklungen, sicherlich nicht ausgeschlossen werden. Sich deswegen aber der Thematik grundsätzlich zu verschließen, erscheint kontraproduktiv und fortschrittshemmend.

---

[231] (Kandel et al., 1996 S. VII).
[232] (Ringleb et al., 2008 S. 1).
[233] (Elger, 2009 S. 18).
[234] Vgl. (Elger, 2009 S. 16).

> "Hingegen halte ich es für höchst problematisch, den Fortschritt dadurch aufhalten zu wollen, dass man wissenschaftliche Erkenntnisse ignoriert und nicht wenigstens versucht, sie auf ihre Anwendungsfähigkeit hin zu überprüfen."[235]

In diesem Sinne versteht sich die vorliegende Forschungsarbeit auch als Beitrag zum noch neuen, aber wachsenden Gebiet der 'Neuroleadership'.[236]

Die nachfolgenden Unterkapitel 4.2 und 4.3 erörtern zwei Aspekte der Hirnforschung, die erst in jüngerer Vergangenheit entdeckt wurden: Es handelt sich um die Gehirn- oder Neuroplastizität und dieSpiegelneuronen. Im Hinblick auf die Veränderung bei Individuen sowie, Gemeinschaften und somitauch Organisationen spielen diese beiden Anlagen des Gehirns eine zentrale Rolle und sind damit auch für die Thematik 'Initialisierung musterbrechender Managementinnovation' von großer Bedeutung. Unterkapitel 4.4 verbindet die Erkenntnisse der Neuroplastizität und der Spiegelneuronen in der integrativen Theorie der interpersonellen Neurobiologie, die ein neuartiges Bild des Menschen zu zeichnen vermag. Das Kapitel schließt mit Überlegungen zur Eignung der Neurowissenschaften für die Initialisierung musterbrechender Managementinnovation (Unterkapitel 4.5).

4.2 Das adaptive Gehirn – Neuroplastizität

Die synaptische Gehirn- oder Neuroplastizität beschreibt die dynamische Veränderbarkeit von Nervenzellenverbindungen an ihren Kontaktstellen, den Synapsen. Solche synaptischen Veränderungen können viele Neuronen bis hin zu ganzen neuronalen Schaltkreisen umfassen.[237] Eine weitere Form von Neuroplastizität stellt die Neurogenese dar, also die Ausbildung von neuen Nervenzellen, die bis vor kurzem als unmöglich galt, aber heute erwiesen

---

[235] (Elger, 2009 S. 17).

[236] David Rock und Jeffrey Schwartz haben 2006 erstmals in einem Artikel der Zeitschrift 'strategy+business' den Begriff 'Neuroleadership' verwendet und Überlegungen dazu beschrieben (Rock et al., 2006). Es gibt neben dem Ansatz von Rock und Schwartz weitere, sich unterscheidende konzeptionelle Ausrichtungen, die unter dem Begriff 'Neuroleadership' gefasst werden, vgl. z. B. (Elger, 2009), (Peters et al., 2013). Die vorliegende Arbeit orientiert sich nicht an den bestehenden 'Neuroleadership'-Ansätzen, sondern nimmt eine andere, zusätzliche Perspektive ein.

[237] Vgl. (Kandel et al., 1996 S. 708).

ist. Jedoch sind Funktionsweise und Bedeutung der Neurogenese noch weitgehend unklar und müssen daher weiter wissenschaftlich untersucht werden.[238] Die Neurogenese wird deshalb in der vorliegenden Untersuchung nicht weiter vertieft. Abschnitt 4.2.1 geht auf wesentliche Prinzipien der Gehirnplastizität ein. In Abschnitt 4.2.2 wird die Funktionsweise von Lernen und Gedächtnis dargestellt, und Abschnitt 4.2.3 geht detailliert auf die Bedeutung der Neuroplastizität ein.

4.2.1 Wichtige Prinzipien der Neuroplastizität

Die Gehirnplastizität ist in den Neurowissenschaften ein noch verhältnismäßig junges Themengebiet. Entdeckt wurde sie dank der vor rund drei Jahrzehnten aufkommenden, bildgebenden Verfahren. Sie wird seither intensiv erforscht.[239] Es gibt einige grundlegende Prinzipien der Gehirnplastizität, die für die vorliegende Untersuchung eine hohe Bedeutung haben und hier in knapper Form wiedergegeben werden. Die Inhalte der Prinzipien sind in neurowissenschaftlichen Experimenten erforscht worden; die Bezeichnung der Erkenntnisse als Prinzip wird jedoch in der neurowissenschaftlichen Literatur meistens nicht explizit verwendet, sondern stammt vom Verfasser der vorliegenden Untersuchung.

1. Gleichzeitigkeitsprinzip

Das Gleichzeitigkeitsprinzip ist bekannt geworden als Hebbsche Lernregel 'Cells that fire together, wire together', benannt nach dem Psychologen Donald O. Hebb.[240] Im Experteninterview bezeichnet Hüther das Gleichzeitigkeitsprinzip auch als Hebbsches Paradigma.[241] Begley umschreibt dies folgendermaßen:

> "Wenn Nervenzellen gleichzeitig feuern, werden ihre synaptischen Verbindungen verstärkt, wodurch sich die Chance erhöht, dass das Feuern der einen Zelle das Feuern der anderen auslöst. Diese Eigenschaft der Nervenzellen lässt sich in der Maxime zusammenfassen: 'Zellen, die zusammen feuern, verstärken gegenseitig ihre Impulse.' Genauso, wie man Fahrspuren hinterlässt, wenn man immer wie-

---

[238] Vgl. (Monyer et al., 2004 S. 33).
[239] Vgl. (Zilles, 2003 S. 117 ff.).
[240] Vgl. (Keysers, 2013 S. 176 f.), (Kesselring, 2007 S. 416). .
[241] Vgl. (unveröffentl. Transkript, Interview Hüther, 2012 S. 85, Zeile 565).

> der auf der gleichen unbefestigten Straße fährt, und es dadurch bei nachfolgenden Fahrten immer leichter wird, in der Spur zu bleiben, so erhöht auch die ständige Stimulation der gleichen Signalkette die Chance, dass der gesamte Schaltkreis mit vereinter Kraft feuert."[242]

Das ist die Grundlage für die Ausbildung neuronaler Schaltkreise während der Gehirnentwicklung, bei Lernvorgängen sowie für das Gedächtnis auch im Erwachsenenalter.[243] Diese Schaltkreise werden auch neuronale Bahnungen genannt.

2. Ungleichzeitigkeitsprinzip

Das zweite dem Gleichzeitigkeitsprinzip entgegengesetzte Prinzip besagt, dass durch Reize, die im Gehirn zeitlich unabhängig voneinander erfolgen, verschiedene neuronale Areale oder Schaltkreise entstehen, d. h. dass Neuronen, die nicht gleichzeitig feuern, unabhängige Verbindungen eingehen.[244]

3. Effizienzprinzip

Gehirnzellen werden in zwei Schritten effizienter, wenn sie wiederholt aktiviert werden: Zuerst nimmt das Gehirnareal für eine neue Tätigkeit, die mehrfach ausgeführt wird, räumlich zu. Mit der Zeit werden die Gehirnzellen innerhalb des beanspruchten Gehirnareals effizienter und es werden weniger Zellen benötigt, um dieselbe Tätigkeit auszuführen. Als Beispiel führt Doidge folgende Illustration des Sachverhaltes an:

> "Wenn ein Kind zum ersten Mal am Klavier Tonleitern übt, setzt es zunächst den gesamten Oberkörper [...] ein, um eine Taste anzuschlagen. [...] Mit zunehmender Übung verwendet der angehende Pianist die überflüssigen Muskeln nicht mehr und setzt nur noch den Finger ein, der nötig ist, um den Ton zu erzeugen. Entsprechend verringert sich die Zahl der aktiven Gehirnzellen: Sind zunächst eine Unmenge von Zellen beteiligt, verringert sich die Zahl auf einige wenige, die

242 (Begley, 2007 S. 48 f.).
243 Vgl. (Kesselring, 2007 S. 416).
244 Vgl. (Doidge, 2008 S. 72).

> effektiv auf die Aufgabe angepasst sind. Je besser wir eine Tätigkeit beherrschen, desto effektiver nutzen wir unsere Gehirnzellen."[245]

Eine maßgebliche Konsequenz aus diesem neurobiologischen Prinzip ist, dass die Gehirnkapazität nicht weniger wird, je mehr wir lernen.[246]

4. Effektivitätsprinzip

In Experimenten konnte auch nachgewiesen werden, dass im Verlauf von Trainings die Signalübertragung in den Gehirnzellen nicht nur immer schneller wurde, sondern dass die Signale aufgrund der höheren Geschwindigkeit auch klarer und stärker wurden. Das ist ein wichtiger Punkt, denn ein stärkeres Signal erzeugt im Gehirn eine effektivere Wirkung. Dabei ist Aufmerksamkeit zentral, damit langfristige Veränderungen in Neuronenschaltkreisen erzielt werden.[247]

5. Konkurrenzprinzip

Neuronen können nur dann eine Wirkung erzielen, wenn sie sich miteinander verbinden. Ein einzelnes Neuron ist wirkungslos. Dennoch gibt es eine Form von Wettbewerb im Gehirn.[248] Begley schreibt dazu:

> "Für Funktionen, die wir häufiger benutzen, stellt das Gehirn mehr Gewebe zur Verfügung, und es begrenzt den Bereich, der für Aktivitäten verantwortlich ist, die seltener ausgeführt werden. Aus dem Grund vergrößert das Gehirn eines Geigers den Bereich, der die Fingerfertigkeit kontrolliert. Als Reaktion auf Hand-

---

245 (Doidge, 2008 S. 76), vgl. auch (unveröffentl. Transkript, 1. Interview Etzensberger, 2012 S. 2 f., Zeile 40 ff.).

246 Vgl. (Doidge, 2008 S. 46).

247 Vgl. (Doidge, 2008 S. 77), an dieser Stelle geht Doidge auch kurz auf das heute viel gehörte und häufig gepriesene Multitasking ein und bemerkt, dass es zwar möglich sei, die Aufmerksamkeit auf mehrere Tätigkeiten zu verteilen, jedoch führe die geteilte Aufmerksamkeit nicht zu dauerhaften Veränderungen in den Neuronenschaltkreisen; mit anderen Worten: Multitasking ist weder effektiv noch nachhaltig. Eine ähnlich kritische Haltung zu Multitasking vertreten z. B. (Medina, 2009 S. 91 ff.) oder (Kahneman, 2012 S. 36 f.).

248 Vgl. (Kesselring, 2007 S. 416).

> lungen und Erfahrungen erhöht das Gehirn in bestimmten Bereichen die Aktivität und dämpft sie in anderen."[249]

Doidge vergleicht das Phänomen der aktivitätsabhängigen Nutzung von Gehirnzellen, also die Verteilung der Gehirnkapazitäten, mit einem Konkurrenzkampf: Wenn ein Zellbereich nicht mehr benutzt werde für eine gewisse Gehirnaktivität, so werde er für eine andere Tätigkeit eingesetzt.[250] Diese Form von Konkurrenzprinzip ist sinnvoll: Gelangen keine Reize mehr zu bestimmten Nervenzellen, z. B. wenn jemand erblindet und dadurch keine Signale mehr von den Augen zu den Neuronen im sogenannten visuellen Cortex (Sehzentrum) kommen, übernehmen diese Zellen eine andere Aufgabe, sie verstärken zum Beispiel die Fähigkeiten des Hörens. Das bedeutet, dass über dieses Prinzip eine möglichst optimale Lastverteilung im neuronalen Netz selbstregulierend vollzogen wird und so nicht kleinere oder größere Nevenzellenareale beschäftigungslos sind.[251]

6. Paradoxonprinzip

Das Gehirn unterliegt dem neuroplastischen Paradoxon, welches das Gehirn nicht nur flexibler, sondern auch starrer machen kann. Diese Eigenschaft ist eine Folge des Konkurrenzprinzips:

> "Da Plastizität immer mit Konkurrenz einhergeht, entwickelt ein einmal aufgebautes neuronales Netzwerk ein Eigenleben und ist, wie eine Angewohnheit, schwer wieder abzulegen."[252]

Deshalb kann eine schlechte Angewohnheit durch das Lernen von neuen Handlungen nicht einfach ausgemerzt werden. Denn die schlechte Angewohnheit hat die Kontrolle über ein gewisses Gehirnareal, und immer wenn die unerwünschte Angewohnheit erneut ausgeführt wird, verstärkt sich diese neuronale Bahnung und verhindert, dass dieser Gehirnbereich für wünschenswertere Angewohnheiten genutzt wird:

---

[249] (Begley, 2007 S. 10 f.).
[250] Vgl. (Doidge, 2008 S. 68 f.).
[251] Vgl. (Begley, 2007 S. 169).
[252] (Duhigg, 2012 S. 25), (Doidge, 2008 S. 122, 128, 212 ff., 287 ff.).

"Daher ist es oft leichter, sich eine Angewohnheit zuzulegen, als sie sich wieder abzugewöhnen. [...] Es ist besser, etwas von Anfang an richtig zu lernen, ehe schlechte Angewohnheiten einen Wettbewerbsvorteil bekommen."[253]

Angelegte neuronale Bahnungen werden also durch wiederholten Gebrauch immer stärker und schneller, die Spur wird bildlich gesprochen tiefer (vgl. auch oben das Effizienz- und das Effektivitätsprinzip). Eine neue Bahnung zu erstellen wird schwieriger; damit verursacht die Neuroplastizität neben der Flexibilität, Neues zu lernen, auch die konträren Eigenschaften von Stabilisierung und Starrheit.

7. 'Use it or loose it' – Prinzip

Ebenfalls verwandt mit dem Konkurrenzprinzip ist das sogenannte 'Use it or loose it'-Prinzip. Dazu Hüther:

"[...] die Hirnforscher haben in den letzten Jahren eine Vielzahl von Beispielen zusammengetragen, die belegen, dass all jene neuronalen Verschaltungen und synaptischen Netzwerke im menschlichen Gehirn, die lange Zeit nicht oder nur noch selten benutzt werden, allmählich verkümmern."[254]

Hess kommentiert dieses Phänomen im Experteninterview folgendermaßen:

"Das Gehirn arbeitet quasi mit Elimination von einer riesigen redundanten Anzahl an Neuronen. Die [Bahnungen, F. R.], die gebraucht werden, überleben und die, die nicht gebraucht werden, sterben tendenziell ab."[255]

Ein Nichtgebrauch von neuronalen Bahnungen führt also zu deren Verlust.[256] Dies kann positive oder negative Konsequenzen haben; z. B. kann eine schlechte Angewohnheit, die (bewusst) länger nicht ausgeübt wird, zu deren Schwächung beitragen (Verlernen im positiven Sinne); anderseits kann der Verzicht auf positives Verhalten dazu führen, dass diese er-

---

253 (Doidge, 2008 S. 70).
254 (Hüther, 2009).
255 (unveröffentl. Transkript, 1. Interview Hess, 2012 S. 52, Zeile 154 ff.).
256 Vgl. (Kesselring, 2007 S. 416), ebenso im Interview (unveröffentl. Transkript, 1. Interview Kesselring, 2012 S. 36, Zeile 47 ff.).

wünschte Eigenschaft in den Hintergrund tritt. Generell ist dieses Prinzip ein essentieller Hinweis darauf, dass das Gehirn zur Aufrechterhaltung seiner Leistungsfähigkeit auch leisten muss, da es durch Nichtgebrauch an Potential einbüßt.[257]

8. Reziprozitätsprinzip

Das Reziprozitätsprinzip beschreibt die Eigenheit, dass neben erlebten Erfahrungen auch bloße Gedanken als geistige Prozesse eine physische Veränderung im Gehirn bewirken. Das Gehirn kann sich auch ohne Einwirkung der Außenwelt durch rein geistige Aktivität verändern.[258]

Das hat bedeutende Konsequenzen, auch in wissenschaftstheoretischer Hinsicht, und ist deshalb auch bei naturalistisch orientierten Neurowissenschaftlern umstritten, die sich auf den Standpunkt stellen, dass Geist und Gehirn etwas Identisches sind. Nach ihrer Auffassung verursachen neurale Prozesse geistige Vorgänge oder stellen – in noch zugespitzterer Auslegung – geistige Aktivität dar.[259]

Diese reduktionistische Auffassung wird immer stärker angezweifelt und wichtige Stimmen, wie beispielsweise der Neurologe und Nobelpreisträger Roger Sperry, vertreten die Ansicht, dass geistige Aktivität mehr umfasst als die bloße Aktivität im Gehirn.[260] Ähnlich äußert sich Varela, der bei Begley mit der Aussage zitiert wird, dass der geistige Zustand ebenfalls in der Lage sein müsse, den physischen Zustand des Gehirns zu verändern.[261] Richard Davidson, ein US-Neurowissenschaftler, der unter anderem untersucht, welche Auswirkungen Meditation auf das Gehirn haben kann, kommt ebenfalls zu dem Schluss, dass das Gehirn als Resultat geistiger Prozesse seine neuronalen Netzwerke verändert.[262] Auch Doidge argumentiert, dass alles, was man sich mit körperloser Fantasie vorstellt, körperliche Spuren hinterlässt.

257 Vgl. (Voelcker-Rehage, 2013 S. 21).
258 Vgl. (Begley, 2007 S. 11).
259 Vgl. (Tretter et al., 2010 S. 24 ff.).
260 Vgl. (Begley, 2007 S. 238 f.).
261 (Begley, 2007 S. 235).
262 Vgl. (Davidson et al., 2012 S. 175), vgl. auch (unveröffentl. Transkript, 1. Interview Etzensberger, 2012 S. 2 f., Zeile 79 ff.).

Gedanken haben eine physische Einwirkung auf die Verbindung von Nervenzellen.[263] Den entsprechenden Nachweis konnte Davidson in den 90er Jahren des letzten Jahrhunderts mit bildgebenden Verfahren erbringen.[264] Das bedeutet eine zirkuläre, reziproke Beziehung von Denken und Gehirn: das Gehirn beeinflusst das Denken, aber das Denken beeinflusst auch das Gehirn.[265] In diesem Sinne bedeutet Nachdenken immer auch die Möglichkeit zum Umdenken.[266]

4.2.2 Lernen und Gedächtnis: Neuroplastizität als hirnphysiologisches Korrelat

Gehirnplastizität ist aus Sicht der heutigen Neurowissenschaften die entscheidende hirnphysiologische Grundlage von Lernen und Gedächtnis.[267] Lernen und entsprechende neue Gedächtnisinhalte führen zu veränderten Neuronenverbindungen infolge von Erfahrung.[268] Das bedeutet letztlich nichts anderes als Veränderungen beim Individuum – als Basis für musterbrechende organisationale Veränderungen. Dieser Abschnitt zeigt die grundlegenden Mechanismen zum Verständnis dieses Zusammenhanges zwischen Neuroplastizität und Lernen sowie Gedächtnis summarisch auf. Es geht nicht um eine detaillierte neurowissenschaftliche Abhandlung, zu diesem Zweck gibt es umfassende Werke von Experten.[269]

Obwohl die Basiseinheiten des Gehirns, die Neuronen, relativ einfach und identisch aufgebaut sind, kann das menschliche Gehirn hochkomplexe Verhaltensweisen erzeugen, da es über eine äußerst hohe Anzahl von Nervenzellen verfügt. Es gibt im menschlichen Gehirn rund eine Billion (10hoch12) Nervenzellen, die miteinander über Synapsen kommunizieren

---

263 Vgl. (Doidge, 2008 S. 210).

264 Vgl. (Begley, 2007 S. 15).

265 Vgl. (Kesselring, 2007 S. 417), (Siegel, 2010a S. 47), (Davidson et al., 2012 S. 175).

266 Vgl. (Hüther, 2009 S. 10).

267 Vgl. (unveröffentl. Transkript, 1. Interview Hess, 2012 S. 54, Zeile 237 ff.), (unveröffentl. Transkript, 1. Interview Kesselring, 2012 S. 45, Zeile 395 ff.). Detailliert zu Gedächtnis und Lernen auf molekularer, zellulärer und verhaltensorientierter Ebene (Bear et al., 2009 S. 822 ff.), (Kandel et al., 1996 S. 643 ff.), (Kandel, 2009), (Markowitsch et al., 2006), (Thompson, 2010 S. 659 ff.), (Swaab, 2011 S. 319 ff.). Lange Zeit galt in der Neurowissenschaft, vor dem Paradigmenwechsel zur Neuroplastizität, dass ein Gehirn, welches lernt, zwar seine Arbeitsweise ändere, aber niemals seine Struktur, vgl. (Blech, 2008 S. 155).

268 Vgl. (unveröffentl. Transkript, Interview Hüther, 2012 S. 71, Zeile 17 ff.).

269 Vgl. z. B. (Kandel et al., 1996), (Bear et al., 2009) oder (Thompson, 2010).

können.[270] Während die Informationsübertragung innerhalb eines Neurons elektrisch abläuft, vollzieht sich die Impulsübertragung zwischen Nervenzellen im menschlichen Gehirn überwiegend als chemischer Vorgang. Das ist von großer Bedeutung, denn chemische Synapsen sind von Natur aus plastisch; sie können sich ändern, ihre Aktivität verstärken oder verringern, sich auflösen oder neu bilden. Elektrische Synapsen können das hingegen nicht, sie sind starr und unveränderlich. Wäre das Nervensystem aus rein elektrischen Synapsen aufgebaut, wäre weder Lernen noch das Speichern neuer Erinnerungen möglich.[271] Beim Lernen oder beim Speichern im Gedächtnis verändern sich folglich die Synapsen. Die Lernprozesse materialisieren sich also an den Synapsen.[272] Die Zahl der möglichen Nervenzellenverbindungen im menschlichen Gehirn veranschaulicht Thompson folgendermaßen:

> "Ein bestimmtes Neuron im Gehirn kann mehrere tausend synaptische Kontakte mit anderen Nervenzellen aufweisen. Wenn also das menschliche Gehirn 10hoch12 Neuronen enthält, so besitzt es mindestens 10hoch15 (eine Billiarde) Synapsen. [...] Die Vielfalt der Verknüpfungen im menschlichen Gehirn erscheint daher fast unbegrenzt."[273]

Diese hohe Zahl von Verbindungsmöglichkeiten im menschlichen, neuronalen Netzwerk deutet auf eine große, realisierbare Variabilität von Einstellungen und Verhalten für einen individuellen Menschen hin.[274]

Obwohl Thompson Lernen als Erwerb von Informationen oder motorischen Fertigkeiten und Gedächtnis als deren Anwendung definiert, sind die beiden Vorgänge eng miteinander verwoben. Das Lernen kann dabei als erster Schritt von Gedächtnisleistungen betrachtet werden.[275] Muster und die Erregbarkeit von unzählig vielen, synaptischen Verbindungen ändern

---

[270] Vgl. (Kandel et al., 1996 S. 22).
[271] (Thompson, 2010 S. 47 f.).
[272] (Korte, 2012 S. 59).
[273] (Thompson, 2010 S. 3).
[274] Vgl. (Endres et al., 2014 S. 162 ff.).
[275] Vgl. (Thompson, 2010 S. 359), ähnlich definiert Lernen und Gedächtnis (Kandel et al., 1996 S. 668). Obwohl diese Autoren die beiden Begriffe Lernen und Gedächtnis separat definieren, verwenden sie die Begriffe fast ausschliesslich zusammen und es gibt auch keine separaten Strukturen zur Erläuterung der Funktionsweise der beiden Begriffe in

sich in Abhängigkeit von Erfahrung. Das bedeutet, dass Lernen und Gedächtnis lebenslange Anpassungen der Verschaltungen im Gehirn an die Umwelt mit sich bringen.[276] Damit bestimmt letztlich die Art der Lebensführung die Vorgänge im Gehirn, was eine offensichtliche tiefgreifende Differenz zur Maschine darstellt.[277] Unterschiedliche Schaltsysteme und Gehirnstrukturen sind bei verschiedenen Aspekten des Lernens und des Speicherns im Gedächtnis beteiligt.[278] Zudem kann sich die Art und Weise, in der bestimmte Informationen gespeichert werden, im Laufe der Zeit ändern.[279] Es wird zwischen deklarativem (explizitem) und nicht deklarativem (implizitem) Gedächtnis mit ihren jeweiligen Unterarten unterschieden. Vgl. dazu Abb. 7:

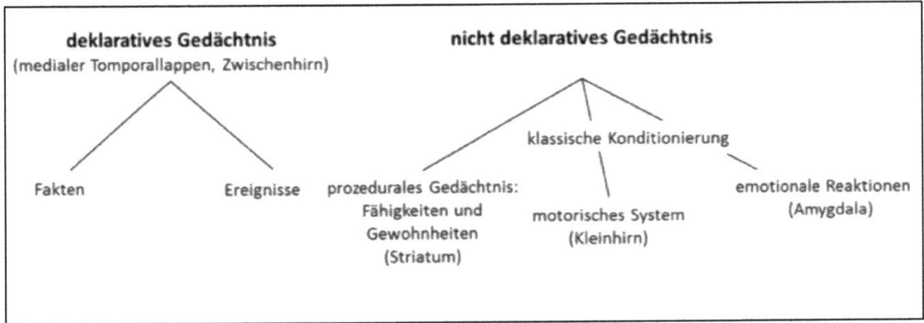

Abb. 7: Explizites und implizites Gedächtnis[280]

Das deklarative Gedächtnis ist unterteilt in das Gedächtnis für Fakten und in das Gedächtnis für Ereignisse, welches das autobiografische Gedächtnis mit einschließt.[281] In der Alltagssprache wird das deklarative Gedächtnis meist synonym mit Gedächtnis verwendet.[282] Durch das Gedächtnis wird die Schaffung eines Wissensrahmens erst möglich, und zwar mit Informationen über die eigene Umwelt und Erfahrungswelt, über die Mitmenschen und über au-

---

diesen Lehrbüchern. Dies deutet auf die enorme Verzahnung dieser Gehirntätigkeiten hin.

276 Vgl. (Bear et al., 2009 S. 822).

277 Vgl. (Hilbrecht, 2010 S. 1).

278 Vgl. (Thompson, 2010 S. 359), (Kandel et al., 1996 S. 668).

279 Vgl. (Bear et al., 2009 S. 822), (Kandel et al., 1996 S. 669).

280 Entnommen aus (Bear et al., 2009 S. 823).

281 Vgl. (Medina, 2009 S. 139), (Siegel, 2010b S. 153), (Thompson, 2010 S. 370 f.). Spezifisch zu autobiografischem Gedächtnis vgl. (Markowitsch et al., 2006).

282 Vgl. (Bear et al., 2009 S. 823).

tobiografische Fakten und Konstrukte, an die wir uns erinnern, über die wir nachdenken und die wir in neuer und flexibler Weise kategorisieren können. Beim Abrufen von Eindrücken aus dem deklarativen Gedächtnis entsteht das Gefühl, dass etwas aus der Vergangenheit ins Bewusstsein geholt wird. Damit eine Information in das deklarative Gedächtnis gelangt, muss eine Hirnstruktur mit der Bezeichnung Hippocampus aktiviert sein. Diese Hirnregion integriert eingehende Informationen aus verschiedenen Sinnesorganen in unterschiedlichen Gehirnbereichen sowie Emotionen und ermöglicht durch die Zusammenführung das Entstehen eines Gesamteindrucks, einer expliziten Erinnerung. Für die Aktivierung des Hippocampus und die daraus resultierende Integrationsleistung ist bewusste Aufmerksamkeit nötig.[283] Ohne Aktivierung des Hippocampus verbleiben Erfahrungen im nicht deklarativen Gedächtnis. Damit ergeben diese Erfahrungen, obwohl vorhanden, keinen expliziten Gesamteindruck. Erinnerungen des nicht deklarativen Gedächtnisses werden nicht Bestandteil unseres expliziten Faktenwissens, sie tragen nicht zum bewussten Teil unserer eigenen Geschichte bei und vermitteln damit auch kein Gefühl erinnerter Vergangenheit. Dennoch haben implizite Erinnerungen einen direkten Einfluss auf unsere Wahrnehmung; sie beeinflussen unsere subjektiven Gefühle, die wir in der Realität im Hier und Jetzt haben und ebenso die Selbstwahrnehmung von Moment zu Moment. Dieser Einfluss ist dem Bewusstsein jedoch nicht zugänglich.[284] Das nicht deklarative Gedächtnis lässt sich gemäß Abb. 7 weiter unterteilen. Das prozedurale Gedächtnis spielt eine wesentliche Rolle. Es ist das Gedächtnis für Fähigkeiten, Gewohnheiten und Verhaltensweisen, z. B. Klavier zu spielen, eine Frisbeescheibe zu werfen oder Schuhe zu binden. Das nicht deklarative Gedächtnis umgeht die bewusste Erinnerung; Fertigkeiten, Reflexe und emotionale Assoziationen funktionieren jedoch reibungslos. Das Beispiel Fahrradfahren möge dies veranschaulichen: Wahrscheinlich erinnert man sich nicht an den genauen Tag, an dem man das erste Mal alleine auf dem Fahrrad gefahren ist (deklarativer Teil des Gedächtnisses). Das Gehirn erinnert sich aber, was zu tun ist, wenn man auf einem Fahrrad sitzt (prozeduraler Teil des Gedächtnisses).[285] Deklaratives und nicht deklaratives Gedächtnis können gegenseitige Wechselwirkungen haben, so kann ständige Wiederholung deklaratives in nicht deklaratives Gedächtnis umwandeln. Z. B. muss ein Fahr-

---

[283] Vgl. (Siegel, 2010b S. 153).
[284] Vgl. (Kandel, 2009 S. 307 ff.), (Bear et al., 2009 S. 839 ff.), (Siegel, 2010b S. 153 ff.).
[285] Vgl. (Bear et al., 2009 S. 823 f.).

schüler beim Autofahren zuerst bewusst überlegen, was er macht, mit häufiger Wiederholung werden die nötigen Bewegungen zunehmend unbewusst ausgeführt und das Autofahren automatisiert. Dieses Beispiel verdeutlicht, dass viele Lernerfahrungen deklarative wie auch nicht deklarative Elemente beinhalten können.[286]

Verschiedene Arten des Gedächtnisses lassen sich zudem anhand der zeitlichen Dimension kategorisieren. Es werden das Arbeitsgedächtnis, das Kurzzeitgedächtnis und das Langzeitgedächtnis unterschieden. Vgl. dazu Abb. 8.

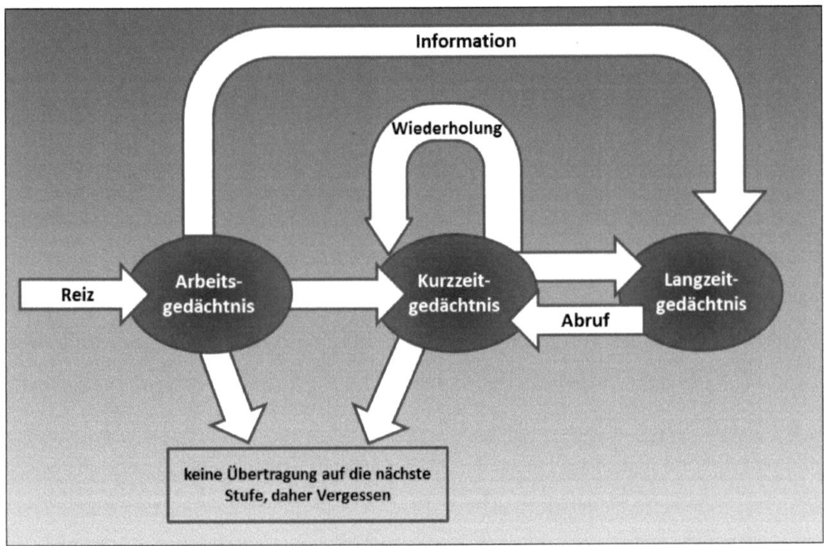

Abb. 8: Zeitliches Gedächtnis[287]

Die Aufnahme von Information in das Arbeitsgedächtnis ist ein temporärer, flüchtiger Prozess mit begrenzter Kapazität. Im Arbeitsgedächtnis befindet sich, vereinfacht ausgedrückt, die Information, die man gerade 'im Kopf' hat, z. B. ein Gedanke, ein visueller Eindruck oder

286 Vgl. (Kandel et al., 1996 S. 681).

287 In Anlehnung an (Thompson, 2010 S. 360), ähnlich (unveröffentl. Transkript, 2. Interview Kesselring, 2012 S. 114, Zeile 245 ff.). Es werden nicht von allen Neurowissenschaftlern dieselben zeitlichen Gedächtniseinteilungen vorgenommen oder es werden Begriffen unterschiedliche Bedeutungen zugeordnet, vgl. (Bear et al., 2009 S. 824).

eine Bewegung, die man unmittelbar macht.[288] Aufmerksamkeit ist dabei Voraussetzung.[289] Ein Teil der Informationen aus dem Arbeitsgedächtnis gelangt in das Kurzzeitgedächtnis, beispielsweise eine Telefonnummer, die in nächster Zeit benötigt wird. Es ist auch möglich, dass Informationen direkt in das Langzeitgedächtnis übertragen werden. Beispielsweise durch einen hoch emotionalen Zustand – etwa nach einem Autounfall – kann die normale Schranke zum Langzeitgedächtnis direkt überwunden werden.[290] Normalerweise werden Inhalte des Kurzzeitgedächtnisses allerdings durch Wiederholungen in das Langzeitgedächtnis überführt.[291] Das geschieht durch einen zellulären Mechanismus, der als Langzeitpotenzierung (LTP) bezeichnet wird.[292] Dabei kommt es nicht nur zu einer Verstärkung von bestehenden Synapsen, sondern zur Ausbildung neuer synaptischer Verbindungen, folglich zur Überführung der Informationen in einen dauerhaften Speicher.[293] Konstituierend für die Langzeitpotenzierung ist die Notwendigkeit einer simultanen Erregung (Feuern) von prä- und postsynaptischen Neuronen, was einen direkten Hinweis auf die Richtigkeit der Hebbschen Lernregel darstellt (cells that fire together, wire together).[294] Beim Vorgang der Langzeitpotenzierung ist es je nach Autor erwiesen (Kandel) oder es wird vermutet (Thompson), dass auch Gene mittels Genexpression mit am Vorgang beteiligt sind.[295] Folgende Abbildung illustriert die Langzeitpotenzierung.

---

[288] Vgl. (Bear et al., 2009 S. 826), (Siegel, 2010a S. 422).

[289] Vgl. (Markowitsch et al., 2006 S. 64). Thompson setzt das Arbeitsgedächtnis sogar dem Bewusstsein gleich, was auf die enorme Nähe oder gar Überschneidung von Aufmerksamkeits- und Arbeitsgedächtnisprozessen hinweist, vgl. (Thompson, 2010 S. 360), ähnlich (Hanson et al., 2010 S. 238).

[290] Vgl. (Kandel, 2009 S. 289).

[291] Vgl. (Medina, 2009 S. 135 ff.), (Thompson, 2010 S. 360).

[292] Vgl. (Kandel et al., 1996 S. 699), (Bear et al., 2009 S. 813 ff.), (Kandel et al., 1996 S. 699 ff.). Es gibt auch den umgekehrten Effekt, die Langzeitdepression (LTD): Wenn Neuronen asynchron feuern, können ihre synaptischen Verbindungen geschwächt oder verloren gehen (Bear et al., 2009 S. 815).

[293] Vgl. (Kandel, 2009 S. 285), auch (Siegel, 2012b S. 48), andere Autoren sprechen von Langzeitpotenzierung ohne explizite Erwähnung von Synapsenbildung, also von einer möglichen Teilung von Synapsen mit der Ausbildung von mehr synaptischen Kontaktstellen (Bear et al., 2009 S. 813 ff.) oder langzeitigen Verstärkungen der bestehenden Synapsen (Thompson, 2010 S. 410).

[294] Vgl. (Kandel et al., 1996 S. 700).

[295] Vgl. (Kandel, 2009 S. 285 ff.), (Thompson, 2010 S. 408 ff.).

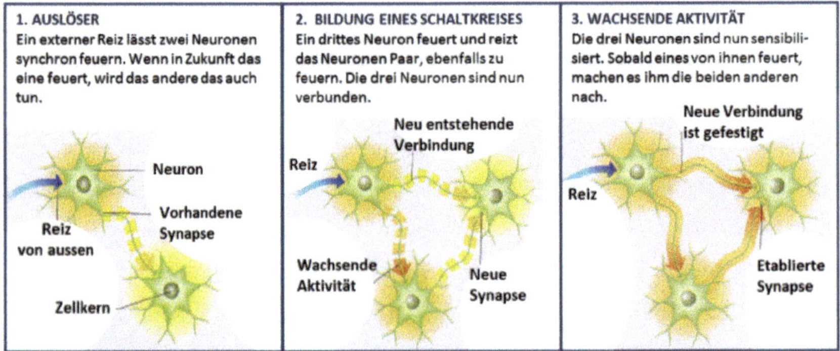

Abb. 9: Langzeitpotenzierung[296]

Andere Bedingungen, neben Wiederholung und emotionaler Erregung, bei denen es zum gleichzeitigen Feuern von Neuronen und damit zur möglichen synaptischen Verstärkung und Neubildung kommen kann, sind neue, überraschende Wahrnehmungen und die sorgsame, gezielte Aufmerksamkeit.[297] Für die komplexeren Formen von Lernen und Langzeitspeicherung, d. h. für das deklarative Gedächtnis ist, wie schon oben beschrieben, die Aktivierung des Hippocampus entscheidend.[298] Deklarative Erinnerungen werden mittels Hippocampus abgelegt und aufgerufen, sie sind jedoch über das Gehirn verteilt gespeichert. Jede Erinnerung wird in dem Areal gespeichert, in dem sie ursprünglich entstand. Beim Erinnern werden im Wesentlichen jene neuronalen Muster aktiviert, die beim Erleben gebildet wurden.[299]

Die Konsolidierung im Langzeitgedächtnis bedeutet im Vergleich zum Kurzzeitgedächtnis eine robuste Verankerung der Erinnerung über Jahre oder Jahrzehnte, die auch Narkosen und normale Unebenheiten, die das Leben mit sich bringt, übersteht.[300] Hingegen ist es nicht

---

[296] Entnommen aus (Carter, 2010 S. 156).

[297] Vgl. (Siegel, 2010b S. 40).

[298] Vgl. (Kandel et al., 1996 S. 699 ff.). Weiter bemerkenswert zum Hippocampus ist, das dieser neben dem Riechkolben eine der zwei Gehirnstrukturen ist, in welcher auch beim Menschen nachweisbar Neurogenese festgestellt werden konnte, also die Bildung von neuen neuralen Stammzellen, welche sich zu Neuronen ausbilden können. Wie bereits erwähnt, ist die Neurogenese ein Phänomen, das bis in die 1990er Jahre als unmöglich galt, vgl. zur Neurogenese z. B. (Bear et al., 2009 S. 783), (Siegel, 2010a S. 54), (Gage et al., 2008) oder (Hölzel et al., 2011b S. 41).

[299] Vgl. (Carter, 2010 S. 156).

[300] Vgl. (Bear et al., 2009 S. 862).

so, dass das Abrufen von Erinnerungen immer genau dieselben Neuronenschaltkreise aktiviert, die beim Lernen und Speichern gebildet wurden. Zwischenzeitliche Erfahrungen mit entsprechenden, neu gebildeten Neuronenschaltkreisen können ältere Schaltkreise überlagern und beim Abrufen der Erinnerung zumindest teilweise mitaktiviert werden. Zudem beeinflussen vorhandene Emotionen beim Abrufen von Erinnerungen ebenfalls die Wahrnehmung der Erinnerung. Und jedes Abrufen verändert wiederum die erneute Speicherung der Erinnerung. Das bedeutet, dass die als relativ stabil geltenden Erinnerungen des Langzeitgedächtnisses nicht bewusst wahrgenommenen Dynamiken und Verzerrungen ausgesetzt sind:

> "Es [das Gehirn, F. R.] sucht in seiner Welt einen Sinn, indem es sich darum bemüht, neue und früher aufgenommene Informationen zu verknüpfen; das bedeutet, dass die neuen Informationen ständig bereits vorhandene Darstellungen umgestalten. Das derart neu gestaltete Ganze wird dann wiederum gespeichert. [...] Neue Kenntnisse können auf ältere Erinnerung ausstrahlen und sich mit ihnen verflechten, als wären uns beide gemeinsam begegnet."[301]

Das Aufrufen einer Langzeiterinnerung ist die Verschmelzung von gemachter und gespeicherter Erfahrung mit der Gegenwart (Erinnerungen aus dem Langzeitgedächtnis werden in das Jetzt des Arbeitsgedächtnisses gerufen). Thompson charakterisiert diesen Vorgang folgendermaßen:

> "Die Ausführung – wenn wir beispielsweise unsere Erinnerungen wiedergeben oder bei motorischen Fertigkeiten offenbar immer geschickter werden – ist das Nettoergebnis all dieser [Lern- und Gedächtnis-, F. R.] Vorgänge."[302]

Der US-amerikanische Neurowissenschaftler und Professor an der University of California in Los Angeles (UCLA), Daniel Siegel, argumentiert, dass das Gedächtnis sich nicht in einem statischen Zustand befindet, sondern durch aktive Prozesse charakterisiert ist:

> "Even the most 'concrete' experiences [...] are actually dynamic representational processes. Remembering is not merely the reactivation of an old engram; it is the

---

[301] (Medina, 2009 S. 144), ähnlich (Siegel, 2012b S. 48 ff.).
[302] (Thompson, 2010 S. 360).

> construction of a new neural net profile with features of the old engram and elements of memory from other experiences, as well as influences form the present state of mind."[303]

Summarisch lässt sich festhalten, dass die Erkenntnisse über Lernen und Gedächtnis deutlich darstellen, wie stark unser Gehirn sich erfahrungsabhängig formiert und sich die in der Vergangenheit ausgebildeten Neuronenschaltkreise mit den gegenwärtigen Stimuli, seien diese von außen oder von innen, verbinden und so zu Verhalten führen. Dabei erfolgen Lernen und Speicherung im Gedächtnis im gesamten Gehirn. So werden im Gehirn fortwährend neue Verschaltungen angelegt, was nichts anderes als Lernen und Gedächtnis darstellt und somit Anpassung an Lebenserfahrungen bedeutet, um letztendlich im entsprechenden Kontext lebensfähig zu bleiben.[304]

4.2.3 Bedeutung der Neuroplastizität

Der Stellenwert der Neuroplastizität gilt als äußerst hoch, da ihre Entdeckung und Akzeptanz einen Paradigmenwechsel bei den Neurowissenschaften darstellen.[305] Hüther äußert sich im Experteninterview dazu wie folgt:

> "Ich glaube, dass dieses Konzept der Neuroplastizität vielleicht das revolutionärste Konzept ist, was es innerhalb der Hirnforschung in den letzten hundert Jahren gegeben hat. Es hat die Hirnforscher auch selber überrascht, weil sie natürlich mit einem ganz anderen Paradigma bis Ende der neunziger Jahre noch gearbeitet haben. Und es sind dann erst durch die Einführung der bildgebenden Verfahren, also der Computertomographie, der funktionellen Kernspintomographie, plötzlich Einsichten gewonnen worden, die es vorher in dieser Weise hätte nicht geben dürfen."[306]

Dieser Musterbruch bei den Neurowissenschaften hat auch einen bedeutenden Einfluss auf das Menschenbild in Bezug auf die Lern- und Veränderungsfähigkeit. Denn die Frage, ob sich

---

303 (Siegel, 2012b S. 51).
304 Vgl. (Bear et al., 2009 S. 862), (Medina, 2009 S. 57).
305 Vgl. (Kesselring, 2007 S. 413).
306 (unveröffentl. Transkript, Interview Hüther, 2012 S. 71, Zeile 4 ff.).

ein erwachsenes Gehirn verändern kann, wurde bis Anfang der 70er Jahre des letzten Jahrhunderts in den Neurowissenschaften gar nicht gestellt. Seit 1913 und somit praktisch seit der Entstehung der Neurowissenschaften galt die Lehrmeinung des spanischen Neuroanatoms und Nobelpreisträgers Santiago Ramon y Cajal, dass im Gehirn eines Erwachsenen die Nervenbahnen starr seien. Über ein halbes Jahrhundert blieb dies das vorherrschende Paradigma der Neurowissenschaften, das auch in den Lehrbüchern vermittelt wurde. Die Lehrmeinung der sogenannten Lokalisationstheorie betrachtete das Gehirn als eine Ansammlung von programmierten Modulen mit festgelegtem Platz, die ausschließlich ganz bestimmte Funktionen übernehmen.[307] Damit galt auch das ausgewachsene Gehirn in seiner Gesamtheit als fest verdrahtet und unveränderbar.[308] Doidge beschreibt, dass eine Art neurologischer Nihilismus die gesamte Kultur erfasste und auch das Menschenbild einschränkte mit Auswirkungen bis in die heutige Zeit. Dabei verglich man das lebendige Gehirn in der anfänglich einseitig naturwissenschaftlich geprägten Hirnforschung mit einer genialen Maschine, die zwar enorm leistungsfähig ist, sich aber nicht ändern oder weiterentwickeln kann.[309] Plastizität war somit in den Neurowissenschaften lange Zeit paradigmatisch ausgeschlossen.[310] Bemerkenswerterweise gab es in der Psychologie schon viel früher Hinweise auf eine Form- und Veränderbarkeit des erwachsenen Gehirns.[311] In den eigentlichen Neurowissen-

307 Vgl. (Doidge, 2008 S. 23).

308 Vgl. (Davidson et al., 2012 S. 161), (Begley, 2007 S. 5 ff.).

309 Vgl. (Doidge, 2008 S. 9 f.).

310 Vgl. (Davidson et al., 2012 S. 162 ff.). Die wissenschaftliche Entwicklung des Themas Neuroplastizität ist insofern auch im übertragenen Sinn äußerst interessant für die vorliegende Arbeit, da es sich um eine eigentliche wissenschaftliche Revolution handelt, mit all den anfänglichen Nichtbeachtungen, Widerständen und Ablehnungen der vorherrschenden Lehrmeinung der neurowissenschaftlichen Gemeinschaft. Ohne das Stellen von neuartigen Fragen und das Experimentieren mit neuen Methoden durch ein paar mutige Forscher wäre es vermutlich kaum zu diesem Musterbruch gekommen. Somit ist die Neurowissenschaft selbst ein gutes Beispiel für die Initialisierung einer musterbrechenden Innovation in einer Gemeinschaft und dem Durchdringen der neuen Denkweise in diesem Denkkollektiv. Vgl. (Begley, 2007) und (Doidge, 2008) für ausführliche Darstellungen des Plastizitäts-Paradigmenwechsels in der Neurowissenschaft. Die Ausführungen sind als konkrete Beispiele sehr kongruent zu den Darstellungen von Kuhn und Fleck zu Musterbrüchen in der Wissenschaft, vgl. (Kuhn, 1976 S. 104 ff.), (Fleck, 2011b S. 229).

311 Dazu gehören u. a. Namen wie William James, Sigmund Freud oder Donald O. Hebb, vgl. z. B. (Begley, 2007 S. 5), (Doidge, 2008 S. 219), (Siegel, 2010b S. 40 ff.), (Kesselring, 2007 S. 416), (unveröffentl. Transkript, Interview Hüther, 2012 S. 85, Zeile 564 ff.). In diesem spezifischen historischen Kontext ist Psychologie (als Geisteswissenschaft) von den ur-

schaften begann der Paradigmenwechsel von der seit den Anfängen der Hirnforschung dominanten Lokalisationstheorie zur Plastizitätstheorie Ende der 60er Jahre des letzten Jahrhunderts.

Heute ist die Gehirnplastizität ein weitgehend akzeptiertes Phänomen in der neurowissenschaftlichen Gemeinschaft.[312] Hüther stellt dazu fest, dass das menschliche Gehirn weitaus plastischer sei, als man sich das noch bis vor wenigen Jahren hätte vorstellen können.[313] Für ihn ist "die zeitlebens vorhandene Fähigkeit, einmal im Hirn entstandene Verschaltungen und damit die von ihnen bestimmten Denk- und Verhaltensmuster, selbst scheinbar unverrückbare Grundüberzeugungen und Gefühlsstrukturen, wieder zu lockern, zu überformen und umzugestalten", was das menschliche Gehirn besonders auszeichnet.[314] "[...] wenn immer Menschen ihr Hirn anders nutzen, verändern sich auch diese zugrundeliegenden Strukturen."[315] Etzensberger setzt Neuroplastizität schlicht dem Wort Lernen gleich.[316] Kesselring äußert im Experteninterview, dass das Gehirn das Organ des Lernens sei und seine Hauptaufgabe darin bestehe, die Welt zu interpretieren; das Gehirn ermögliche, sich in der Welt zu bewegen.[317] Thomas Fuchs, ein deutscher Neurowissenschaftler und Philosoph, bringt das Phänomen der Neuroplastizität dediziert auf den Punkt: "Das menschliche Gehirn ist nicht nur das komplexeste, sondern auch das anpassungsfähigste Organ, das wir kennen."[318] Der Komplexitätsforscher, Physiker und Nobelpreisträger Philip W. Anderson charakterisiert das Gehirn als komplexes, adaptives System:

---

sprünglich rein naturwissenschaftlichen Neurowissenschaften abgegrenzt. Bei den heutigen modernen, interdisziplinären Neurowissenschaften stellen ebenfalls Gebiete der Psychologie und Soziologie einen Teil der Gehirnforschung dar, vgl. z. B. (Kandel et al., 1996 S. VIII), (Ramachandran, 2007 S. 97) oder (Siegel, 2010b S. V f. Vorwort von Daniel Goleman).

[312] Vgl. exemplarisch (unveröffentl. Transkript, 1. Interview Hess, 2012 S. 51, Zeile 117 ff.), (Siegel, 2010b S. 5), (Ott, 2010 S. 177), (Schwartz et al., 2012), (Arden, 2010).

[313] Vgl. (Hüther, 2011c S. 45), (Davidson et al., 2012 S. 161).

[314] (Hüther, 2011a S. 23).

[315] (unveröffentl. Transkript, Interview Hüther, 2012 S. 71, Zeile 17 ff.), ähnlich (unveröffentl. Transkript, 1. Interview Hess, 2012 S. 60, Zeile 457 ff.).

[316] Vgl. (unveröffentl. Transkript, 1. Interview Etzensberger, 2012 S. 1, Zeile 11 ff.).

[317] Vgl. (unveröffentl. Transkript, 1. Interview Kesselring, 2012 S. 36, Zeile 32 ff.).

[318] (Fuchs, 2009 S. 154).

> "The primary CAS [Complex Adaptive System, F. R.] is the brain itself, which we can study with an eye to learning how it works and imitating it; or, as natural scientists, because it is the least understood object around."[319]

Wenn auch ein Großteil der Neurowissenschaftler diese hohe Veränderbarkeit und Anpassungsfähigkeit als grundlegendes Prinzip aufgenommen hat, gibt es innerhalb der Neurowissenschaften und auch in anderen Disziplinen, wie z. B. in der Psychologie oder in der Biologie, andere Anschauungen von renommierten Wissenschaftlern, die, wie im Einleitungskapitel bereits erwähnt, von einer äußerst eingeschränkten willentlichen Veränderbarkeit beim Menschen im Erwachsenenalter oder einer hohen genetischen Determiniertheit ausgehen.[320] Ebenso werden in der Managementlehre eigenschaftstheoretische Konzepte angewendet und gelehrt, die Personen mit ihren Eigenschaften und Persönlichkeiten in hohem Masse auf Ihre Vererbung determinieren.[321] Die vorliegende Untersuchung schließt sich der modernen und durch aktuelle Forschungsergebnisse stark an Bedeutung gewonnenen Auffassung der Gehirnplastizität an mit den entsprechend vorhandenen Potentialen für eine Veränderbarkeit und Anpassungsfähigkeit von menschlichen Einstellungen und Verhalten. So schreibt Doidge über die Bedeutung der Neuroplastizität:

> "Auch die Geistes-, Sozial- und Humanwissenschaften, die sich mit der menschlichen Natur beschäftigen, sind betroffen, genau wie alles, was mit Lernen zu tun hat. In jede dieser Disziplinen muss die Erkenntnis Eingang finden, dass sich die Struktur des Gehirns von einem Menschen zum anderen unterscheidet und dass sie sich im Lauf eines Lebens verändert."[322]

---

[319] (Anderson, 1997 S. 13). Weitere massgebliche Neurowissenschaftler aus dem deutschen und angelsächsischen Raum, welche die Gehirnplastizität explizit postulieren und auf die grundlegende Bedeutung der Plastizität des Nervensystems für die Erhaltung von Lern- und Anpassungsfähigkeit hinweisen sind exemplarisch (Gegenfurtner, 2011), (Herschkowitz, 2010 S. 94 ff.), (Kandel et al., 1996), (Maturana et al., 2010 S. 182 ff.), (Medina, 2009), (Sacks, 2011), (Siegel, 2012b) oder (Spitzer, 2008). Alle Interviewpartner der vorliegenden Studie, welche ebenso führende Experten auf diesem Gebiet sind, vertreten nachdrücklich diese Ansicht.

[320] Vgl. z. B. (Roth, 2007 S. 211 ff.), (Pinker, 2002), (Dawkins, 2006).

[321] Vgl. z. B. (Robbins et al., 2010 S. 84 ff.).

[322] (Doidge, 2008 S. 11).

Bei einem Verständnis von Management als Gestalten, Lenken und Entwickeln zweckorientierter, sozialer Institutionen[323], wie es dieser Arbeit zu Grunde liegt, kommt dieser Feststellung für die Managementlehre hohe Bedeutung zu.

4.3 Das Gehirn als Beziehungsorgan

Für die Realisierung musterbrechender Managementinnovation ist die oben erläuterte Gehirnplastizität eine wichtige, hoffnungsvolle Erkenntnis. Sie stellt die neurowissenschaftlich evidente Basis dar, aufgrund der ein Individuum überhaupt in der Lage ist, 'neu zu denken' und sich somit auch anders zu verhalten. Zweifelsohne reicht dies noch nicht aus für eine Veränderung des Verhaltens aller Mitglieder einer Institution in Bezug auf die Führungs- oder Managementmechanismen und folglich auch in Bezug auf das Führungs- und Geführtenverhalten. Dieser Abschnitt mit seinen Unterabschnitten zeigt neurobiologische Grundlagen auf für Empathie und Mitgefühl, die Übertragung von Emotionen und Intentionen sowie Imitationshandlungen von einem Individuum auf andere Individuen, wie dies in sozialen Kontexten wie einer Organisation notwendig ist für einen kollektive Denk-, Haltungs- und Verhaltenswechsel. Die Entwicklung von sozialen Emotionen wie Mitgefühl ist bedeutsam für gelingende, soziale Interaktion und für die Aufrechterhaltung von mentaler und physischer Gesundheit.[324] In organisationalen Transformationsprozessen, in denen naturgemäß große Unsicherheiten herrschen, ist dies von besonderer Bedeutung. Generell stellen Führungssituationen und alle Koordinations- und Kooperationsformen in Organisationen soziale Beziehungen dar, die vom Gelingen gegenseitiger, empathischer Interaktion abhängen. Das Gehirn als soziales Organ wird deshalb in den folgenden Abschnitten zum Thema gemacht.

4.3.1 Neuronale Grundlagen sozialer Übertragung – die Spiegelneuronen

Die Entdeckung der Spiegelneuronen Ende des letzten Jahrhunderts durch Giacomo Rizzolatti und sein Forschungsteam ist noch ziemlich jung. Marco Iacoboni, US-amerikanischer Neurowissenschaftler und bedeutender Experte zum Thema Spiegelneuronen, beschreibt deren Entdeckung folgendermaßen:

---

323 Vgl. (Rüegg-Stürm, 2003 S. 6).
324 Vgl. (Klimecki et al., 2012).

> "Spiegelneurone liefern zweifellos zum ersten Mal in der Geschichte eine plausible neurophysiologische Erklärung für komplexe Formen der sozialen Wahrnehmung und Interaktion. Indem sie uns die Handlungen anderer Menschen erfassen lassen, helfen Spiegelneuronen uns auch, die tieferen Beweggründe hinter diesen Handlungen, die Absichten anderer Personen zu ergründen. Die empirische Untersuchung von Absicht und Vorsatz hatte lange als so gut wie unmöglich gegolten, denn Intentionen wurden als 'zu mental' erachtet, als dass man sie mit empirischen Methoden hätte untersuchen können. [...] Die Spiegelneuronenforschung gibt [...] jedem, der wissen will, wie wir einander verstehen, eine ganz Menge zu denken."[325]

Die Spiegelneuronen wurden zufällig bei Versuchen von Rizzolatti und seinem Forscherteam an Affen, den Makaken, entdeckt.[326] Hauptstudienobjekt war ein Gehirnbereich innerhalb

---

[325] (Iacoboni, 2009 S. 13 f.). Etwas später beleuchtet er in seinen Ausführungen, dass der französische Philosoph Maurice Merleau-Ponty, der zu Beginn des 20. Jahrhunderts gelebt hat, viele grundlegende Wirkungsaspekte des Spiegelneuronensystems vorweggenommen hat, vgl. (Iacoboni, 2009 S. 25 ff., 275 ff.). Merleau-Ponty gehörte der philosophischen Strömung der Phänomenologie an, welche von Edmund Husserl gegründet wurde. Weitere wichtige Vertreter neben Maurice Merleau-Ponty sind Martin Heidegger, Emmanuel Lévinas oder Jean-Paul Sartre, vgl. als Einführung in die Phänomenologie (Zahavi, 2007). Als bedeutende Neurowissenschaftler vertreten u. a. Francisco J. Varela oder Thomas Fuchs eine phänomenologisch beeinflusste Grundhaltung, vgl. beispielsweise (Varela et al., 1995), (Varela, 1999), (Fuchs, 2009) oder (Fuchs, 2008). Anzumerken gilt hier, dass es verschiedene erkenntnisphilosophische Positionen über die Interpretation der Spiegelneurone gibt. Dies ist nicht weiter verwunderlich, da es generell bei Erkenntnissen über das Gehirn um Erkenntnisse unseres Erkenntnisorganes geht, und die Spiegelneurone speziell in die philosophisch und erkenntnistheoretisch bedeutungsvolle Unterscheidung von eigenem Selbst und Selbstbewusstsein in Abgrenzung zu fremdem Selbst und Fremdbewusstsein hineingreifen. Es würde den Rahmen der vorliegenden Arbeit sprengen, diese im Kontext der Forschungserkenntnisse der Gehirnforschung heterogenen, überlappenden und teilweise zirkulären erkenntnistheoretischen und philosophischen Betrachtungen widerzugeben, vgl. dazu u. a. vertiefend (Zaboura, 2009), (Holderegger et al., 2007).

[326] Die Erkenntnisse aus den Forschungsergebnissen über Spiegelneuronen mit Makaken können – zumindest partiell – auf den Menschen übertragen werden. Es sind Schlussfolgerungen, da bei Menschen und Menschenaffen aus ethischen Gründen keine invasiven Methoden der Gehirnforschung angewendet werden, wie dies beispielsweise bei den Makakenexperimenten der Fall ist. Die Forschung bedient sich beim Menschen vor allem bildgebender Verfahren, welche das Vorhandensein von Spiegelneuronen indirekt bele-

des prämotorischen Kortexes mit der Bezeichnung F5. Dieser Bereich ist auf die Kodierung eines bestimmten, motorischen Verhaltens der Hand der Makaken spezialisiert, d. h. er enthält Neuronen für bestimmte Handbewegungen, wie beispielsweise das Greifen und das zum Mund führen von Nahrung, die bei der Ausübung dieser Handbewegungen feuern. Die Forscher bemerkten zufällig, dass diese Neuronen im F5-Areal schon bei der bloßen Beobachtung von Handlungen und ohne eigene Handbewegung feuerten: Während andere Affen oder ein Forscher die Versuchsaufgabe (Ergreifens einer Nuss und zum Mund führen) ausführten, waren bei Makaken, welche dem Experiment nur zuschauten, neuronale Potentiale im Gehirnbereich F5 registriert worden; diese Affen hatten unbeabsichtigt noch die Elektroden implantiert und die Aufzeichnungsgeräte waren noch eingeschaltet.[327] Diese Entdeckung wies auf das überraschende Phänomen einer neurobiologischen Resonanz hin. Die Nervenzellen, die bei der bloßen Beobachtung von Handlungen Aktivität zeigen, werden als Spiegelneuronen bezeichnet. Das Feuern von Spiegelneuronen tritt nicht nur bei Beobachtung ein, sondern bei jeder Wahrnehmung von Vorgängen bei anderen. Beim Menschen beispielsweise treten entsprechende Spiegelneuronen in Resonanz, wenn gehört wird, wie über eine Handlung gesprochen wird. Die Aktivierung der Spiegelneurone erfolgt unwillkürlich, simultan und ohne Nachdenken. Ob die Handlung selbst auch durch den Beobachter nachvollzogen wird, bleibt ihm freigestellt. Hierzu gibt es einen neuronalen Sperrmechanismus. Er übt eine Kontroll- oder Steuerungsfunktion über die Spiegelneuronen aus und kann diese in ihrer Wirkung hemmen. Es wäre höchst ineffizient, wenn Individuen durch die Spiegelnervenzellen ständig alle beobachteten Handlungen nachahmen müssten. Durch diesen Sperrmechanismus führt eine beobachtete Handlung nicht sofort und unabwendbar zu einem Vollzug der Handlung des Beobachters. Die Feuerungsenergie übersteigt dabei einen bestimmten Schwellenwert nicht und es kommt somit nicht zu einer motorischen Simulation der Handlung, sondern nur zu einer neuronalen Simulation des Gesehenen.[328] Hingegen kann sich der

gen und ihre Wirkung noch ausgeprägter und weitläufiger beschreiben als bei den Makaken, vgl. (Zaboura, 2009 S. 65, 80), ähnlich (Rizzolatti et al., 2008 S. 113, 124 ff., 130 f), (Fuchs, 2009 S. 195), (Iacoboni, 2009 S. 32, 36), (Kempmann, 2005 S. 5 f.).

[327] Vgl. (Kempmann, 2005 S. 2) oder (Keysers, 2013 S. 16 ff.), (Iacoboni, 2009 S. 18 f.), (Bauer, 2006 S. 23).

[328] Vgl. (Zaboura, 2009 S. 66), die neuronalen Grundlagen des hemmenden Sperrmechanismus erläutert (Rizzolatti et al., 2008 S. 153 f.) auch (Breithaupt, 2009 S. 43 ff.), den Begriff 'Superspiegelneuronen' für den Sperrmechanismus verwendet (Iacoboni, 2009 S. 211 ff.).

Beobachter nicht dagegen wehren, dass die in Resonanz versetzten Spiegelneuronen eine innere Vorstellung des Beobachteten erzeugen: Indem er ein inneres Simulationsmodell erlebt, versteht er ohne zu überlegen und spontan, was der andere tut.[329]

Eine aufschlussreiche Facette der Funktion von Spiegelneuronen ist, dass sie nur dann angesprochen werden, wenn ein biologischer Akteur, also ein lebendes, handelndes Wesen beobachtet wird. Das haben Experimente beim Affen als auch beim Menschen gezeigt. Dieses Phänomen weist auf den sozialen Charakter der Spiegelneurone hin, denn weder eine virtuelle Hand noch andere, nicht lebende Gegenstände konnten mit ihren Aktionen die Spiegelneuronen aktivieren.[330] Insgesamt zeigen diese Experimente die bedeutende Rolle des motorischen Wissens für das Verstehen der Handlungen von anderen.[331]

Diese Wirkungsweise der Spiegelneuronen hat Implikationen für das Verhalten von Menschen in sozialen Gemeinschaften und entsprechend auch in Organisationen. Es war vor allem Vittorio Gallese aus Rizzolattis Forscherteam, der die Erkenntnisse nicht mehr rein naturwissenschaftlich eingeordnet, sondern geeignete Analogien zwischen Philosophie, Phänomenologie und Neurobiologie gefunden hat.[332] Die Aktivierung der Spiegelneuronen erlaubt es dem Beobachter, so Gallese, die ausgeführten Bewegungen und Emotionen des Beobachteten, präreflexiv, vorsprachlich und unmittelbar mitzufühlen. Diese durch die Wirkung der Spiegelneuronen geschaffene Empathie bildet die biologische Basis von Intersubjektivität.[333] Spiegelnervenzellen ermöglichen dadurch einen überindividuellen, gemeinsamen Verständnisraum:

> "Da dieser Mechanismus allen Menschen eigen ist, stellt das System der Spiegelnervenzellen ein *überindividuelles neuronales Format* dar, durch das ein *gemeinsamer zwischenmenschlicher Bedeutungsraum* erzeugt wird. Da der Inhalt dieses gemeinsamen menschlichen Bedeutungsraumes Programme für alle typischen, erfahrungsgemäß auftretenden Sequenzen des Handelns und Empfindens inner-

[329] Vgl. (Bauer, 2006 S. 23 ff.).
[330] Vgl. (Fuchs, 2009 S. 195 f.), (Rizzolatti et al., 2008 S. 107), (Bauer, 2006 S. 38).
[331] Vgl. (Rizzolatti et al., 2008 S. 107 ff.), (Keysers, 2013 S. 16 ff.).
[332] Vgl. (Iacoboni, 2009 S. 26 ff.).
[333] Vgl. (Breithaupt, 2009 S. 41 f.).

> halb der eigenen Spezies enthält, [...] stellt der [...] 'shared meaningful intersubjective space' auch die Basis dessen dar, was wir (Ur-)Vertrauen nennen."[334]

Spiegelneuronen werden auch für eigene Spiegelungen gebraucht, also für die Selbstwahrnehmung. Es ist bis heute nicht erwiesen, was 'Huhn und was Ei' ist, die Selbstwahrnehmung oder das Erkennen der Absichten, das Hineinversetzen in das Gegenüber und die mögliche Imitation seiner Handlungen. Unabhängig davon ist die Bedeutung des Spiegelmechanismus für Reflexion und Selbstreflexion erkennbar.[335] Die Wechselwirkungen zwischen eigenem und fremdem Selbst, die durch das Spiegelnervenzellensystem erzeugt werden, sind eine wichtige Grundlage für soziale Interaktionen; der gemeinsame Bedeutungsraum vernetzt die involvierten Menschen.[336] Der vom Anthropologen und Psychologen Michael Tomasello eingeführte Begriff 'joint attention' (geteilte Aufmerksamkeit) lässt sich in Verbindung mit dem 'shared meaningful intersubjective space' bringen: Das im gemeinsamen Bedeutungsraum erzeugte gegenseitige Mitschwingen durch die Spiegelneuronensysteme der Akteure (gegenseitige Resonanz in Bezug auf Intentionen, Emotionen, Verstehen, Vertrauen) schafft die Grundvoraussetzungen für die 'joint attention', die die Entstehung kooperativer und auch kultureller Entwicklung ermöglicht.[337] Beachtenswert für die interindividuelle Verständigung ist die sogenannte 'joint action' (gemeinsames Handeln), die der 'joint attention' nachgelagert ist. Dazu bedarf es neben dem unbewussten Resonanzsystem der Spiegelnervenzellen auch der bewussten Wahrnehmung anderer. Eine als gemeinsam verstandene Handlung im Sinne von 'joint action' kann erst in diesem Bewusstseinsstatus erfolgen. Solche gemeinsamen Handlungen stellen effiziente, kooperative Zusammenarbeitsprozesse dar bei der Bewältigung von Aufgaben im gemeinsamen Kontext. Auf diese Weise kann eine auf dem Mit-

---

[334] (Bauer, 2006 S. 166 f.). Bauer weist darauf hin, dass Konzept und Begriff für 'shared meaningful intersubjective space' von Vittorio Gallese stammen. Vgl dazu auch (Rizzolatti et al., 2008 S. 136 f., 156, 191 f.).

[335] Vgl. (unveröffentl. Transkript, Interview Hüther, 2012 S. 95 ff., Zeile 976 ff.), (Ramachandran, et al., 2009 S. 50).

[336] Vgl. (unveröffentl. Transkript, 1. Interview Etzensberger, 2012 S. 32, Zeile 1215 ff.), (Iacoboni, 2009 S. 276).

[337] Vgl. zur Evolution und Bedeutung menschlicher Kooperation exemplarisch auch (De Waal, 2011), (Nowak, 2012), (Tomasello, 2010), (Tomasello, 2011).

schwingen der Spiegelsysteme basierende, hohe Flexibilität im Denken und Handeln der miteinander verbundenen Akteure entstehen.[338]

Das Spiegelneuronensystem wird wegen seiner Disposition zur Nachahmung auch als äußerst bedeutsam für das Lernen eingestuft.[339] Neben der Nachahmung von einfachen Handlungen werden auch komplexere Formen der Imitation durch das Spiegelneuronensystem gesteuert. Das ist möglich, da die Spiegelneuronen einzelne Bestandteile und somit kleinere Bewegungseinheiten erkennen und in der Lage sind, diese zu komplizierteren Gesamthandlungen zu integrieren. Dem so gewonnenen Aktionsverständnis wird eine wichtige Rolle für verschiedenste Formen von sozialem Lernen zugeschrieben.[340] Fuchs folgert daraus, dass das Spiegelneuronensystem damit die Grundlage für das Imitations- und Modelllernen darstelle, einer für die Kulturentwicklung zentralen menschlichen Fähigkeit.[341]

Die Entdecker des Spiegelnervenzellensystems und weitere Wissenschaftler sind aufgrund entsprechender Experimente und abgeleiteter, konsistenter, theoretischer Überlegungen überzeugt von der hohen Bedeutung der Spiegelneuronen bei der Evolution der menschlichen Sprache. Rizzolatti und Sinigaglia formulieren:

> " [...] dass [...] die fortschreitende Entwicklung des Spiegelneuronensystems eine entscheidende Komponente für das Auftreten und die Evolution der menschli-

---

[338] Vgl. (Zaboura, 2009 S. 86 ff.). Siehe zu 'joint attention' auch (Fuchs, 2009 S. 204), (Tomasello, 2006 S. 80 ff.), (Bauer, 2006 S. 55, 105) sowie zur zentralen Bedeutung von gelingenden Beziehungen für Gruppenerfolg, basierend auf dem Spiegelneuronensystem (Seligman, 2012 S. 44).

[339] Vgl. (Kesselring, 2011 S. 6).

[340] Vgl. (Zaboura, 2009 S. 92 ff.). Ähnlich beschreiben den Zusammenhang von Nachahmen und Lernen (Rizzolatti et al., 2008 S. 152 ff.). Sie unterstreichen dabei die Wichtigkeit eines Kontrollsystems der Spiegelnervenzellen (Sperrmechanismus, vgl. oben S. 80) bei der Thematik der Nachahmung. (Maturana et al., 2010 S. 214 ff.) weisen ebenfalls auf die außerordentliche Wichtigkeit von Nachahmen und Lernen hin, bezeichnen dabei das Nervensystem als den zentralen Vermittler dafür, halten aber fest, dass sich nicht einfach sagen lässt, wie das funktioniert – ihr grundlegendes Werk 'Der Baum der Erkenntnis' ist erstmalig 1984 rund ein Jahrzehnt vor der Entdeckung der Spiegelneurone erschienen.

[341] Vgl. (Fuchs, 2009 S. 196).

> chen Fähigkeit zum Kommunizieren war, zunächst mit Gesten und dann mit Worten."[342]

Bauer argumentiert, dass sich die Sprache im Verlauf der Entwicklung des Menschen offensichtlich aus den motorischen Systemen des Gehirns entwickelt hat, also aus dem Verstehen von Gesten und Handlungen, wie es die Spiegelneuronen ermöglichen. Die Fähigkeit der Sprache, schnelle und intuitive Verständigung zu erzeugen, ist seines Erachtens den Spiegelneuronen zu verdanken. Die Sprache sei Teil des Resonanzsystems, durch das – als Folge der Beobachtung anderer – in uns selbst Handlungsszenarien initialisiert werden.[343] Auch Maturana und Varela betonen die große Bedeutung der menschlichen Sprache als Folge der evolutionären Entwicklung des Nervensystems. Mit Sprache erzeuge der Mensch das Selbst und seine Umstände. Auf diese Weise entstehe Bedeutung (Sinn) als eine Beziehung von sprachlichen Unterscheidungen, wobei Bedeutung beim Menschen Teil der Anpassung ausmache:[344]

> "Wir menschlichen Wesen sind nur in der Sprache menschliche Wesen, und weil wir über die Sprache verfügen, gibt es keine Grenzen dafür, was beschrieben, vorgestellt und miteinander in Zusammenhang gebracht werden kann. Und dies durchsetzt grundsätzlich unsere gesamte Ontogenese [individuelle Entwicklungsgeschichte, F. R.] als Individuen, vom Gehen über Einstellungen bis zur Politik."[345]

Wie die Entdeckung der Neuroplastizität stellt auch die Entdeckung der Spiegelneuronen einen Paradigmenwechsel innerhalb der Neurowissenschaften dar.[346] Dazu Rizzolatti und Sinigaglia:

---

[342] (Rizzolatti et al., 2008 S. 162), vgl. auch (Kesselring, 2011 S. 5 f.).

[343] Vgl. (Bauer, 2006 S. 75 ff.), ähnlich (Iacoboni, 2009 S. 89 ff.), (Metzinger, 2012 S. 244 ff.), grundlegende Beiträge zu Spiegelneuronen und der Entwicklung des Gehirns und der Sprache, vgl. (Keysers, 2013 S. 83 ff.), (Stamenov, et al., 2002).

[344] Vgl. (Maturana et al., 2010 S. 228).

[345] (Maturana et al., 2010 S. 229).

[346] Vgl. (Keysers, 2013 S. 18). An dieser Stelle sei vermerkt, dass Spiegelneuronen dieselbe strukturelle Funktionsweise aufweisen wie alle anderen Nervenzellen. Sie unterscheiden sich von anderen Neuronen nur durch die Art der Verschaltung, vgl. (Keysers, 2013 S. 31).

> "Die starre Abgrenzung zwischen perzeptiven, kognitiven und motorischen Prozessen entpuppt sich am Ende als weitgehend künstlich: Nicht nur scheint die Wahrnehmung in die Dynamik der Handlung verwickelt und stärker artikuliert zu sein, als man bisher gedacht hat, vielmehr ist das *agierende Gehirn* auch und vor allem ein *verstehendes Gehirn*."[347]

Das impliziert noch weitergehende Konsequenzen. Die beiden Autoren erörtern, dass dieses Verstehen von anderen in erster Linie von unseren motorischen Fähigkeiten abhängt, auf die sich viele der so gefeierten, kognitiven Fähigkeiten stützen. Dem Wesen der Spiegelneuronen sei es zu verdanken, dass wir nicht nur als individuelle, sondern auch und vor allem als gemeinschaftliche Subjekte handeln. All dies zeige auf, wie tief verwurzelt die Beziehung ist, die uns mit den anderen verbindet, oder andersherum, wie bizarr es sei, sich ein 'ich' ohne ein 'wir' vorzustellen.[348] Dazu Gallese:

> "Empathy is deeply grounded in the experience of our lived body, and it is this experience of our lived body, that enables us to directly recognize others not as bodies endowed with a mind but as *persons* like us."[349]

Die Spiegelneuronen stellen nicht die einzige Möglichkeit zum Verstehen von Handlungen anderer dar. Kognitive Prozesse, also bewusste Gedanken, können ebenfalls zu einem Verstehen von anderen führen. Diese beiden Formen von Verstehen unterscheiden sich jedoch:

> "Nur in der ersten [Form von Verstehen, F. R.] führt das beobachtete motorische Ereignis zu einer Einbeziehung des Beobachters in erster Person, die ihm gestattet, es unmittelbar zu erleben, als ob er selbst der Ausführende wäre, und seine

---

347 (Rizzolatti et al., 2008 S. 13 f.). Vertiefend führen Maturana und Varela die hohe zirkuläre Bedingtheit zwischen dem Nervensystem und komplexen Bewegungsmustern bei der jeweiligen evolutionären Entwicklung von Lebewesen aus (Maturana et al., 2010 S. 156 ff.). Gallese führt im Zusammenhang mit der Zirkularität zwischen Nervensystem und Bewegungsmustern in einem Interview mit Metzinger aus, dass ein wichtiger Unterschied zwischen Menschen und Affen der höhere Grad der Rekursion sein könnte, den das Spiegelneuronensystem, neben weiteren neuronalen Systemen, für Handlungen in unserer Spezies erreiche, vgl. (Metzinger, 2012 S. 254 f.).

348 Vgl. (Rizzolatti et al., 2008 S. 14 f.), ähnlich (Hüther, 2011c S. 26).

349 (Gallese, 2003 S. 176).

> Bedeutung vollkommen zu verstehen. Die Tragweite dieses 'als ob' hängt vom motorischen Wissen des Beobachters ab, sowohl seinem eigenen wie dem der Spezies."[350]

Damit wird die geistige Funktion, das Verhalten des anderen vorherzugsagen und zu verstehen, auf die neuronale Repräsentation von Körper und Handeln des Beobachters verlagert, mit anderen Worten verkörperlicht. Die Abgrenzung zwischen Selbst und anderem und zwischen Geist und Körper wird bei diesem Prozess durchlässig. Im Gegensatz dazu nehmen kognitive, bewusste Gedanken über den anderen eine abstrakte Beobachtungsperspektive der dritten Person ein.[351]

4.3.2 Zusammenhang der Spiegelneuronen mit emotionaler und sozialer Intelligenz

Die Darstellungen zu den Spiegelneuronen führen direkt zu den vom US-amerikanischen Psychologen und Wissenschaftsjournalisten Daniel Goleman bekannt gemachten Begriffen der 'emotionalen Intelligenz' und der 'sozialen Intelligenz'.[352] Die beiden Begriffe sind verwandt, die Aspekte der sozialen Intelligenz sind im Wesentlichen im Konzept der emotionalen Intelligenz enthalten.[353] Vgl. dazu Abb. 10.

Goleman misst den Spiegelneuronen eine fundamentale Bedeutung für soziale Fähigkeiten zu. Er zitiert auch den Entdecker der Spiegelneuronen, Giacomo Rizzolatti, der aussagt, dass Menschen mit Hilfe der Spiegelneuronen andere Menschen nicht durch begrifflich strukturierte Überlegungen verstehen, sondern durch Fühlen. In der Neurowissenschaft werde dieser Zustand einer gemeinsamen Schwingung als emphatische Resonanz bezeichnet, da eine

---

350 (Rizzolatti et al., 2008 S. 142 f.).

351 Vgl. (Keysers, 2013 S. 40, 233 f.).

352 Vgl. (Goleman, 1996), (Goleman, 2008). Die beiden Begriffe stammen jedoch beide nicht von Goleman. Idee und Konzept von emotionaler Intelligenz gehen auf (Gardner, 1983) und (Salovey, et al., 1990) zurück, vgl. (Goleman, 1996 S. 58 f., 69). Der Begriff soziale Intelligenz wurde erstmals vor bald hundert Jahren von (Thorndike, 1920) verwendet, vgl. (Goleman, 2008 S. 20).

353 Vgl. (Stein et al., 2009 S. 157 ff.), (Kang et al., 2006 S. 101 ff.), (Goleman, 2008 S. 493), (Salovey et al., 1990).

Verbindung von Gehirn zu Gehirn ein zwei oder mehrere Personen umfassendes Netzwerk bilde:[354]

> "Durch diese Kopplung der Gehirne bewegen sich die Körper im Gleichtakt; die Gedanken gehen in die gleiche Richtung, die Gefühle gleichen sich einander an. Indem die Spiegelneuronen eine Brücke zwischen individuellen Gehirnen schlagen, erschaffen sei ein lautloses Duett, das ebenso subtile wie wirkungsvolle Austauschprozesse ermöglicht."[355]

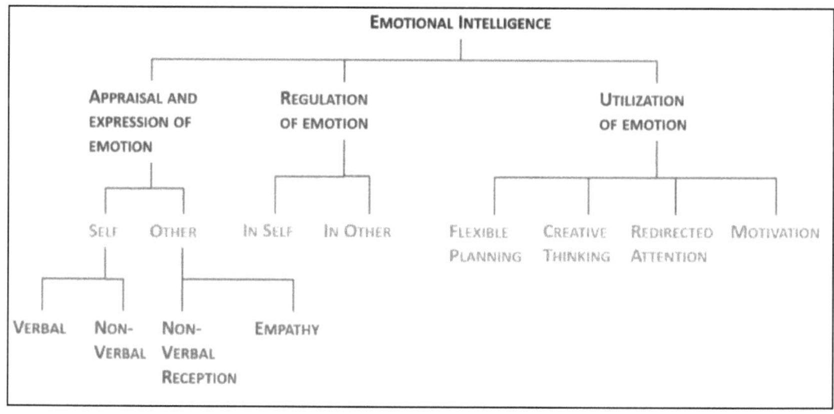

Abb. 10: Konzeptualisierung von Emotionaler Intelligenz[356]

Als Folge von interindividuellen Wahrnehmungs- und Verstehensprozessen spielt das soziale Gehirn mit den Spiegelneuronenverbänden eine ebenso zentrale Rolle bei Meinungsbildungs- und Überzeugungsprozessen in sozialen Interaktionen.[357]

Für emotionale Intelligenz sowie soziale Intelligenz reichen aber Spiegelneuronen nicht aus; sie sind zwar gemäß Goleman notwendig aber nicht hinreichend. Um dies deutlich zu machen unterscheidet er zwei neuronale Schaltkreise, die beide für soziale Intelligenz zum Zuge kommen müssen. Der Schaltkreis, den er als unteren Pfad bezeichnet, arbeitet automatisch und affektiv. Die Spiegelneuronen sind wesentlicher Bestandteil des unteren, unbe-

---

354 Vgl. (Goleman, 2008 S. 68 f.).

355 (Goleman, 2008 S. 70).

356 Entnommen aus (Salovey, et al., 1990 S. 190).

357 Vgl. (Berns, 2010 S. 9).

wussten und gefühlsauslösenden Pfades. Der als oberer Pfad bezeichnete Schaltkreis hat eine andere Arbeitsweise, er ergänzt den unteren durch willentliche Kontrolle und Absicht. Dabei operiert er mit geringerer Geschwindigkeit. Der obere Pfad lässt sich somit als kognitiv und willentlich charakterisieren (vgl. auch oben zum Verstehen von anderen im 'erste-Person-Modus' im Unterschied zum 'dritte-Person-Modus'). Zu erwähnen ist dabei, dass die dichotome Darstellung der beiden Pfade als stark vereinfachend zu bezeichnen ist. In Wirklichkeit gibt es viele Verbindungen und Abhängigkeiten zwischen den beiden Schaltkreisen. Wesentlich ist, dass für soziale Intelligenz beide Pfade aktiviert werden müssen, weder rein emotionale Reaktionen noch rein kognitive Handlungen führen zu gelingender sozialer Interaktion.[358] Alle diese Aspekte des sozialen Gehirns verbinden sich mit dem Thema musterbrechender Managementinnovation, welches zu seinem Entstehen gelingende soziale Interaktion benötigt mit entsprechenden Verstehens- und Überzeugungsprozessen.

4.3.3 Neuroplastizität und soziales Gehirn

Die Plastizität des Gehirnes spielt auch bei den sozialen Schaltkreisen des Gehirnes eine Rolle. Sie bewirkt, dass Menschen auch im Erwachsenenalter die Fähigkeit haben, Empathie und Mitgefühl gegenüber anderen Personen (und sich selbst) zu entwickeln. Menschen haben die Möglichkeit, die Voraussetzungen für gelingende soziale Interaktionen zu verbessern (und auch zu verschlechtern, da Plastizität grundsätzlich in beide Richtungen gehen kann). Die Schaltkreise des sozialen Gehirnes können erfahrungsabhängig beeinflusst und transformiert werden.[359] In Kapitel 6 der vorliegenden Arbeit wird näher auf diese Aspekte eingegangen.

4.3.4 Bedeutung der Spiegelneuronen

Der einflussreiche US-amerikanische Soziologe, Ökonom und Publizist Jeremy Rifkin weist den Entdeckungen der Hirnforschung in jüngster Zeit, insbesondere den Spiegelneuronen,

---

[358] Vgl. (Goleman, 2008 S. 479 f.).

[359] Vgl. (Keysers, 2013 S. 65), (Zaboura, 2009 S. 89), (Iacoboni, 2009 S. 51 f., 227 ff.). Jüngere Studien zu neurophysiologischen Korrelaten von Empathie und Mitgefühl verstärken die Evidenz der Neuroplastizität des sozialen Gehirns, vgl. z. B. (Schneider et al., 2012), (Klimecki et al., 2012), (Gruber, 2010), (Lamm et al., 2010), (Singer, 2009), (Singer et al., 2009), (Lamm et al., 2007), (Cozolino, 2007 S. 367 ff.).

gekoppelt mit neuen Resultaten der Entwicklungspsychologie eine bahnbrechende Bedeutung im Hinblick auf das Menschenbild zu. Die Erkenntnisse zwängen dazu, die lange gültigen Vorstellungen von der egoistischen, utilitaristischen Natur des Menschen zu überdenken. Die allmählich aufkommende Erkenntnis, dass Menschen dem Wesen nach eine emphatische Spezies seien, habe weitreichende Folgen für unsere Gesellschaft.[360] Weiter führt Rifkin zu den Spiegelneuronen aus:

> "Die Entdeckung der Spiegelneuronen hat Biologen, Philosophen, Sprachwissenschaftler und Psychologen gezwungen, den cartesianischen Geist-Körper-Dualismus neu zu überdenken, der den Verstand von körperlichen Wahrnehmungen und Empfindungen abgespalten und zu einer eigenständigen körperlosen Kraft erklärt hat. [...] Die weitere Erforschung der Spiegelneuronen könnte so weitreichende Folgen für die Psychologie haben wie die Erforschung der DNS für die Biologie."[361]

Vilayanur S. Ramachandran, Professor am Lehrstuhl für Psychologie und Neurowissenschaft an der University of California in San Diego, schreibt zum Stellenwert der Spiegelneuronen:

> "We suggest that the existence of mirror neurons endowed with the properties allowing for complex remapping from one domain into another, has endless potential not only to neuroscientists, but to clinicians, anthropologists, sociologists, and psychologists. It provides a foundation from which we as humans are distinct from all the other animals, in our abilities to interact socially, understand other people's thoughts and emotions, communicate using complex language, and the ability to reflect on ourselves."[362]

Thomas Metzinger, Professor für Philosophie an der Universität Mainz mit den Hauptarbeitsgebieten Philosophie des Geistes, Neurowissenschaften, Wissenschaftstheorie und

---

[360] Vgl. (Rifkin, 2010 S. 13), ähnlich (Siegel, 2010b S. 59 f.). Zur Bedeutung und Wirkung von Spiegelneuronen und Empathie bei Führungskontexten in Organisationen vgl. auch (Serpa, 2012).

[361] (Rifkin, 2010 S. 70 f.). Vgl. auch (Ramachandran et al., 2009 S. 39 f.).

[362] (Ramachandran et al., 2009 S. 56).

Neuroethik, bringt die Evidenz der modernen Neurowissenschaften, insbesondere auch die Entdeckung der Spiegelneuronen, wie folgt zum Ausdruck:

> "Die Neurowissenschaft leistet einen Beitrag zum Menschenbild: Als leibliche Wesen sind wir alle in einem vorsprachlichen, intersubjektiven Bedeutungsraum miteinander verbunden [...]."[363]

Menschliche Gehirne können sich nur entwickeln und ihre Potentiale entfalten, wenn sie Teil eines Netzwerkes anderer Gehirne sind.[364] Hüther äußert sich im Experteninterview folgendermaßen:

> "Wir könnten kein Bewusstsein entwickeln, dazu braucht man den anderen zum Spiegeln. Man muss sich in dem anderen gesehen fühlen, sonst kann man nicht wissen, wer man ist. [...] Und damit kann man durchaus sagen, dass es das einzelne Hirn eines Menschen gar nicht gibt, sowie es wahrscheinlich auch gar keinen einzelnen Menschen gibt."[365]

Diese Erkenntnisse haben Konsequenzen für die wissenschaftliche Erforschung des Gehirns. Denn um das Gehirn verstehen zu können, ist Wissen über das lebendige Gehirn erforderlich, das in eine Gemeinschaft mit anderen Gehirnen eingebettet ist.[366] Diese Position führt Kesselring im Experteninterview aus:

> "Das Wesentliche ist, dass das Gehirn ein soziales Organ ist. Das ist ein Organ für die Organisation des Sozialen, zentral wichtig. Es gibt kein Gehirn in Isolation, hat es nie gegeben. Darum ist Vieles, was wir in neurophysiologischen Experimenten untersuchen, ein Artefakt, ein Kunstprodukt. In der Natur oder in der Führung [...], kommt ein isoliertes Gehirn gar nicht vor. Und das müssen wir besser ver-

---

363 (Metzinger, 2012 S. 247).
364 Vgl. (Welzer, 2012 S. 64).
365 (unveröffentl. Transkript, Interview Hüther, 2012 S. 97 f., Zeile 1070 ff.).
366 Vgl. (Cozolino, 2007 S. 22), (Korittko, 2011), (Rowson, 2011 S. 10 ff.), (Fuchs, 2009 S. 214 ff.).

> stehen. Wir müssen auch neurophysiologisch lernen, Experimente zu konzipieren, die uns etwas über diese Interaktion vermitteln. Das ist mein Anliegen."[367]

Diese Einschätzungen von Vertretern aus verschiedenen Wissenschaftsdisziplinen zeigen, dass die Entdeckung der Spiegelneuronen – wie bereits die Entdeckung der Neuroplastizität – einen gewichtigen Einfluss auf das Menschenbild ausüben kann und in der wissenschaftlichen Forschung berücksichtigt werden sollte.[368] Die Theorie der interpersonellen Neurobiologie basiert auf diesen neueren Erkenntnissen der Neurowissenschaften, sowohl der Spiegelneuronen als auch der Neuroplastizität, und integriert diese in eine kohärente und ganzheitliche Theorie. Das nächste Unterkapitel thematisiert die interpersonelle Neurobiologie.

4.4 Interpersonelle Neurobiologie

Daniel Siegel begründete den Forschungszweig der interpersonellen Neurobiologie in den 90er Jahren des letzten Jahrhunderts und vereinigte dabei Wissenschaftsvertreter aus Neurobiologie, Soziologie, Psychologie, Computerwissenschaften, Linguistik und Genetik.[369] Dabei versuchen diese Fachrichtungen mit dieser Initiative, die Kluft zwischen Medizin, Biologie und den Sozialwissenschaften zu überbrücken. Die Theorie der interpersonellen Neurobiologie stützt sich auf Erkenntnisse aus diesen Disziplinen und integriert sie. Insbesondere sind aus neurowissenschaftlicher Sicht die Theorie der Neuroplastizität und der Spiegelneuronen wesentliche Eckpfeiler der interpersonellen Neurobiologie. Ebenso zieht der Ansatz Kenntnisse aus der Systemtheorie hinzu.[370] Der interdisziplinäre Forschungszweig hat grundlegende Bedeutung für das Verständnis der Verbindungen von Gehirn, Geist und Beziehungen und

---

[367] (unveröffentl. Transkript, 1. Interview Kesselring, 2012 S. 42, Zeile 268 ff.). Vgl. auch (unveröffentl. Transkript, 2. Interview Etzensberger, 2012 S. 137, Zeile 225 ff.), (unveröffentl. Transkript, 1. Interview Hess, 2012 S. 49, Zeile 65 ff.).

[368] Es gibt auch Meinungen, darunter auch vertreten von Neurowissenschaftlern, dass die Spiegelneuronen in ihrer Bedeutung überschätzt werden, vgl. z. B. (Siefer, 2010), (Lingnau et al., 2009), (Hickok, 2009), (Gallese et al., 2011), (Baecker, 2014 S. 33 f.). Spiegelneuronen müssen und werden weiter erforscht werden. Sie sind eines der Themen, welches in der Neurowissenschaft in den vergangenen Jahren am meisten Aufmerksamkeit hatte und weiterhin haben wird, vgl. (Kilner et al., 2013).

[369] Vgl. (Siegel, 2010b S. 51).

[370] Vgl. (Siegel, 2012a S. 28-12).

somit auch für das Menschenbild mit entsprechenden maßgebenden Konsequenzen für das Zusammenwirken von Menschen, auch in Organisationskontexten.[371]

4.4.1 Das Dreieck von Geist, Gehirn und Beziehungen

Die Perspektive der interpersonellen Neurobiologie ist dreidimensional, da sie Geist, Gehirn und Beziehungen zu verbinden versucht. Gemäß Siegel stellt die interpersonelle Neurobiologie einen Ansatz dar, um neue Erkenntnisse aus verschiedenen Disziplinen zu diesen drei verwobenen Aspekten von Geist, Gehirn und Beziehungen zu integrieren, die sonst isoliert nebeneinander stehen. Siegel hat der oben erwähnten, interdisziplinären Arbeitsgruppe zu Beginn ihrer Arbeitstätigkeit folgende Arbeitsdefinition von Geist vorgeschlagen: "Der Geist ist ein verkörperter und relationaler Prozess, der den Fluss von Energie und Information regelt [Übersetzung F. R.]."[372] Die Wissenschaftler aus den verschiedenen Domänen konnten mit dieser Definition an ihre jeweiligen Forschungspraxen in ihren Disziplinen anschließen und damit war ein wichtiger, kleinster gemeinsamer Nenner gefunden als Plattform für die interdisziplinäre Weiterentwicklung des Themas. Konkret hat die Definition zur Konsequenz, dass der Geist nicht als eine unikausale Folge von Gehirnaktivität gesehen wird, sondern rekursive, wechselseitige Wirkungen zwischen Gehirn und Geist und ebenso zwischen Geist und Beziehungen vorausgesetzt werden.[373]

Die oben aufgeführte Definition bildet die Grundlage für einen Ansatz, der von Beziehungen zwischen Menschen bis zu synaptischen Verbindungen innerhalb eines Nervensystems alles umfasst. Das sind Bereiche, welche die Realität der subjektiven, geistigen Lebenswelt von Menschen hervorbringen. Damit geht es darum, zu ergründen, was es heißt, Mensch zu sein. Ziel dieses Ansatzes ist es, einerseits Wissen zur Verfügung zu stellen zum besseren Verständnis, was Wohlergehen ist, und andererseits Möglichkeiten zu entwickeln, um Wohlergehen zu fördern. Die Ideen des Ansatzes der interpersonellen Neurobiologie sind in drei grundlegenden Prinzipien organisiert:[374]

---

[371] Vgl. (Siegel, 2010a S. 19).
[372] Vgl. (Siegel, 2010b S. 52). Vgl. zur Verkörperung des Geistes auch (Herbert et al., 2012).
[373] Vgl. (Cozolino, 2007 S. 17 ff.).
[374] Vgl. (Siegel, 2012b S. 3 ff.).

1. Ein Kernaspekt des menschlichen Geistes ist ein verkörperter und relationaler Prozess, der den Energie- und Informationsfluss in einem Gehirn und zwischen Gehirnen reguliert.

2. Der Geist als eine emergente Eigenschaft des Körpers und von Beziehungen wird durch interne neurophysiologische Prozesse und relationale Erfahrungen gebildet. D. h. dass der Geist ein Prozess ist, welcher vom Nervensystem im Körper und durch Kommunikationsmuster innerhalb von Beziehungen entsteht.

3. Die Struktur und die Funktion des sich stets entwickelnden Gehirnes resultieren daraus, wie Erfahrungen, insbesondere zwischenmenschliche Interaktionen, die genetisch[375] programmierte Reifung des Nervensystems formen.

Einfach ausgedrückt, heißt das, dass menschliche Beziehungen neuronale Beziehungen formen und beide zum Geist beitragen. Der Geist ist mehr als die Summe der Teile und mehr als bloße Gehirnaktivität, was in der Essenz Emergenz bedeutet. Innerhalb der interpersonellen Neurobiologie werden Geist, Gehirn und Beziehungen als drei Aspekte von Energie- und Informationsfluss verstanden. Das Gehirn stellt als integrierenden Teil des gesamten Körpers den verkörperten Mechanismus dar, der den Energie- und Informationsfluss bildet; die Beziehungen bilden das gegenseitige Teilen des Flusses und der Geist ist der emergente, selbstorganisierende Prozess, der den Energie- und Informationsfluss reguliert. Demnach entwickelt sich der Geist in der Interaktion dieser beiden Aspekte (Gehirn und Beziehungen) des menschlichen Lebens. Das Individuum als Träger des Geistes enthält so neben dem 'ich' auch ein 'wir'.[376] Geist, Gehirn und Beziehungen sind keine drei separaten Elemente, sie sind

[375] Gene sind in ihrer Wirkung weit weniger deterministisch angelegt, als bis in jüngste Vergangenheit angenommen. vgl. z. B. (Kesselring, 2011 S. 5 f.), (unveröffentl. Transkript, Interview Hüther, 2012 S. 74, Zeile 139 ff.). Weiterführende Arbeiten zu diesem Thema, das als Epigenetik oder Gen-Expression bezeichnet wird, vgl. (Bauer, 2008), (Kegel, 2011), (Lipton, 2011), (Blech, 2012).

[376] (Siegel, 2010b S. 224), (Goleman, 2013 S. 136). Eine interessante Übereinstimmung zu diesem Ergebnis aus den Neurowissenschaften stellt das bereits in Fussnote 138 verwendete Zitat des Konstruktivisten von Förster dar: "Ich und du erzeugen sich gegenseitig; keiner wird ohne den anderen; oder noch anders ausgedrückt: man sieht sich selbst mit den Augen des Anderen." (von Foerster, 1987 S. 155).

drei Aspekte einer Realität. Ihre wechselseitigen Verbindungen formen ein Realitätsdreieck.[377] Die folgende Abbildung stellt diesen Triangel als Einheit dar:

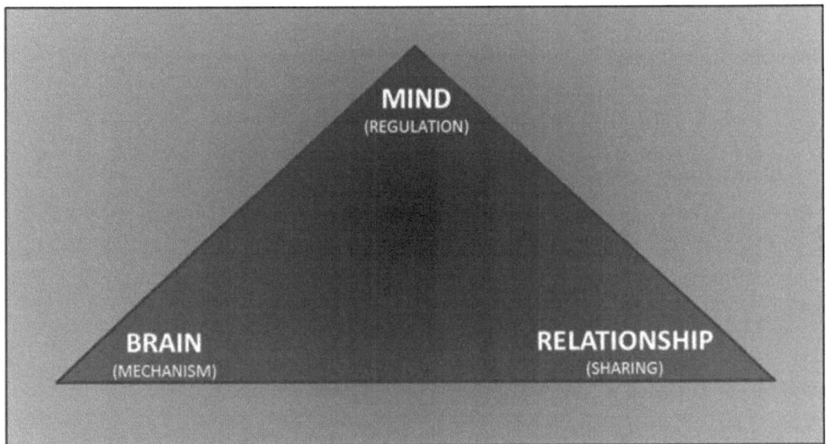

Abb. 11: Triangel von Geist, Gehirn und Beziehungen[378]

Auf den Energie- und Informationsfluss als konstituierendes Element zwischen Geist, Gehirn und Beziehungen in der interpersonellen Neurobiologie soll im nächsten Abschnitt näher eingegangen werden.

4.4.2 Energie- und Informationsfluss in der interpersonellen Neurobiolgie

Die entscheidenden Aspekte des Energie- und Informationsflusses zwischen Geist, Gehirn und Beziehungen innerhalb der interpersonellen Neurobiologie können überblicksartig folgendermaßen charakterisiert werden:[379]

Energie ist generell die Fähigkeit, eine Aktivität auszuführen. In der Physik wird Energie auf verschiedenen Wegen untersucht und beschrieben. Neuronale Energie wird beispielsweise beim Denken, Sprechen, Hören oder Lesen gebraucht. Information symbolisiert oder repräsentiert etwas anderes als die Information selbst. Ein Wort beispielsweise, das wir lesen oder hören, ist ein Informationspaket. Die geschriebenen Buchstaben oder die Schallwellen, wel-

[377] Vgl. (Siegel, 2012b S. 1 ff.), (Siegel, 2012a S. 28-12 f.).
[378] Entnommen aus (Siegel, 2012b S. 8).
[379] Vgl. (Siegel, 2012b S. 5-45).

che das Wort formen, sind nicht die Dinge selbst, auf welche sie verweisen. In den Neurowissenschaften wird die Bedeutung, d. h. der Informationsgehalt, oft als Repräsentation bezeichnet. Im Gehirn kann mittels technischer Verfahren beim Lesen oder Hören eines Worts ein neuronaler Energiefluss beobachtet werden. Hingegen kann die Bedeutung des Wortes, folglich die Repräsentation, nicht direkt im Gehirn gemessen werden. Der Bedeutungs- oder Informationsgehalt hängt vom Geist des Subjektes (erste Person) ab. Energie und Information beeinflussen sich gegenseitig. So kreiert der Geist aus dem Energiefluss Information und die Information führt erneut zu Aktion, d. h. wiederum zum Einsatz von Energie in modifizierter und anpassungsfähiger Weise. Menschen sind als Subjekte in der Lage, den Energie- und Informationsfluss von einem Moment zum anderen als dynamischen und flüssigen Prozess wahrzunehmen. Sie können diesen Prozess nicht nur beobachten, sondern auch beeinflussen, wie sich die entsprechenden Muster entfalten. Die Regulation des Geistes kann neue Muster des Energie- und Informationsflusses kreieren, die ihrerseits wieder beobachtet und modifiziert werden können. Dieser Prozess ist die Essenz der subjektiven Erfahrung des Lebens. Der Geist ist einerseits verkörpert, was bedeutet, dass der Energie- und Informationsfluss innerhalb des Körpers eines Subjektes reguliert wird, andererseits ist der Geist ein relationaler Prozess, d. h. Energie und Information fließen zwischen und durch Menschen und der Fluss wird bei diesem geteilten Austausch reguliert und modifiziert. Der Geist wird durch Beziehungen geschaffen, auch durch diejenigen, die wir mit uns selbst haben. Der Geist ist ausgedehnter als das Gehirn, wird durch Beziehungen geformt und ist voller Möglichkeiten.[380]

Siegel verweist immer wieder auf die Fruchtbarkeit und Übertragbarkeit der Komplexitätswissenschaften auf die Neurowissenschaften, ebenso betrachtet Kesselring die Systemtheorie als wichtige Grundlagenwissenschaft der Neurowissenschaften.[381] Bei den nachfolgenden

[380] Vgl. (Siegel, 2010b S. 52 ff.), (Kornfield, 2008 S. 42). Siegel weist darauf hin, dass wir bis heute nicht wissen, wie die physikalischen Eigenschaften von feuernden Neuronen und die subjektive Erfahrung von Bewusstsein einander gegenseitig kreieren, vgl. (Siegel, 2012b S. 11). Eine interdisziplinäre Einführung zum Bewusstsein bietet (Dietrich, 2007). Eine sehr konzise Übersicht zu Formen des Bewusstseins findet sich bei (Kesselring, 2013a).

[381] Vgl. z. B. (Siegel, 2010b S. 68 ff., 281 f.), (Siegel, 2012b S. 192 ff.), (Kesselring, 2007 S. 414).

Betrachtungen geht Siegel spezifisch aus der Perspektive von komplexen Systemen auf den Energie- und Informationsfluss zwischen Geist, Gehirn und Beziehungen ein:[382] Bei komplexen Systemen ergeben die Interaktionen der Elemente des Systems einen emergenten Prozess, wobei der Prozess nicht auf die einzelnen Komponenten des Systems reduziert werden kann. Es gibt keinen Programmierer und kein Programm; die Eigenschaft von Emergenz in komplexen Systemen entsteht durch Selbstorganisation. Dabei ist eine Rückbezüglichkeit enthalten: Ein selbstorganisierender, emergenter Prozess reguliert das, wodurch er selbst entsteht. Im konkreten Falle von menschlichem Leben ist das zu untersuchende System der Energie- und Informationsfluss. Es wird deutlich, dass der Energie- und Informationsfluss in Beziehungen geteilt wird und durch das verkörperte Gehirn läuft. In diesem System von Körpern mit ihren komplexen, internen und externen Interaktionen entsteht der emergente Prozess des Geistes, der den Energie- und Informationsfluss reguliert. Werden Beziehungen als ein zwischen Menschen geteilter Fluss von Energie und Information verstanden, so wird deutlich, wie wichtig Kommunikation und Interaktion als Träger dieses Flusses sind.[383]

4.4.3 Aufmerksamkeit und Neuroplastizität

Ein Mittel, um den Energie- und Informationsfluss zu regulieren, ist die Aufmerksamkeit. Der Informationsfluss wird durch Aufmerksamkeit kanalisiert. Das kann bewusst (fokale Aufmerksamkeit) oder unbewusst (nicht fokale Aufmerksamkeit) erfolgen. Das Gehirn und der Beziehungskontext beeinflussen die Art der Aufmerksamkeit. Und der Geist als regulierender Prozess formt wiederum die Aufmerksamkeitsaktivität. Aufmerksamkeit organisiert in vielfacher Weise die interne und interpersonelle Welt.[384] Das geistige Phänomen der Aufmerksamkeit und die aufmerksamkeitsunterstützende Gehirnregion des präfrontalen Kortexes[385] und ihre Wechselwirkungen haben folglich eine grundlegende Bedeutung für die interpersonelle Neurobiologie. Damit ist das Reziprozitätsprinzip von S. 65 f. angesprochen. Aufmerk-

---

382 Vgl. (Siegel, 2012a S. 28-12 ff.). Es sei an dieser Stelle auch auf Kapitel 5 verwiesen, welches sich noch detaillierter mit Systemtheorie und komplexen Systemen auseinandersetzt.

383 Aufschlussreich und bemerkenswert ist in diesem Zusammenhang, dass, wie es der Konstruktivist Watzlawick formuliert, "sogenannte Wirklichkeit das Ergebnis von Kommunikation ist." (Watzlawick, 2013 S. 7).

384 Vgl. (Siegel, 2012a S. 28-15).

385 Vgl. (Medina, 2009 S. 85 f.).

samkeit als mentaler Prozess ist der Schlüssel und Auslöser von neuroplastischen Prozessen im Gehirn.[386] Siegel schreibt dazu: "Attention is the driving force of change and growth."[387] Dabei ist der präfrontale Kortex aktiviert. Die Art, wie Aufmerksamkeit eingesetzt wird, formt die physischen Strukturen des Gehirns. Schwartz verwendet für den bewussten Einsatz von Aufmerksamkeit zur Veränderung von hirnphysiologischen Strukturen die Begriffe 'directed mental force' und 'directed neuroplasticity'.[388] Das veranschaulicht einprägsam die Möglichkeit, dass Menschen das Potential haben, durch aufmerksame, geistige Prozesse die Gehirne zu verändern und damit wiederum die geistigen Vorgänge, wie beispielsweise Denkmuster und Haltungen, zu beeinflussen.[389] Über transformierte Denkmuster und Haltungen kommt es auch zu verändertem Verhalten und veränderten Interaktionen. Die systematische Anwendung von Aufmerksamkeits- und Achtsamkeitsübungen haben in therapeutischen Kontexten deutliche Ergebnisse hervorgebracht, einerseits im subjektiven Empfinden der Patienten und andererseits in wissenschaftlichen Studien, die auf veränderte physiologische Gehirnstrukturen hinweisen.[390] Bewusst aufmerksame, mentale Prozesse sind nicht nur geeignet, um bei krankhaften psychologischen oder neurologischen Zuständen zu helfen, sondern sind auch im Sinne der Salutogenese nach Aaron Antonovsky wirksam und dienen folglich der Gesunderhaltung, der Erhöhung des Wohlergehens oder der Stärkung der Gesundheit.[391] Eine gelenkte Neuroplastizität durch gelenkte Aufmerksamkeit ist dementsprechend nicht an krankhafte Zustände gebunden.

---

386 Vgl. z. B. (Siegel, 2010b S. X ff.), (Schwartz et al., 2003 S. 18), (Arden, 2010 S. 18 ff.), (Davidson et al., 2012 S. 173 ff.), (Lutz et al., 2008a), (Slagter et al., 2011), (Hüther et al., 2012 S. 72).

387 (Siegel, 2012a S. 7-4).

388 Vgl. (Schwartz et al., 2003 S. 18). Siegel verwendet für 'directed mental force' den Begriff 'focal attention' in Abgrenzung zu 'nonfocal attention'. 'Focal attention' bedeutet Aufmerksamkeit mit Bewusstsein und 'nonfocal attention' ist unbewusste Aufmerksamkeit. Bei unbewusster Aufmerksamkeit ist der Hippocampus nicht am Prozess mitbeteiligt, d. h. dass das Erfahrene nicht im deklarativen Gedächtnis gespeichert wird und damit später nicht bewusst und gezielt abrufbar ist, vgl. (Siegel, 2012a S. 7-1 ff.) und die Ausführungen zu Lernen und Gedächtnis auf S. 66 ff. in der vorliegenden Arbeit.

389 Vgl. (Davidson et al., 2012 S. 162).

390 Vgl. z. B. (Brown et al., 2007), (Brown et al., 2003), (Hölzel et al., 2011b), (Davidson et al., 2003), (Kabat-Zinn, 2003), (Lutz et al., 2008a), (Schwartz et al., 1996), (Segal et al., 2002). Die Auswirkungen von Meditation werden in Kapitel 6 der vorliegenden Arbeit vertiefend behandelt.

391 Vgl. (Antonovsky, 1997), vgl. auch (Ott, 2012 S. 88).

Diese Erkenntnis wird im Sport schon länger eingesetzt. Mentales Training ist nichts anderes als das Einüben eines mentalen Prozesses zur Verstärkung der Fitness und Leistungsfähigkeit.[392] Grundsätzlich können gelenkte, mentale Prozesse zu gelenkten, neuroplastischen Veränderungen führen, welche die Gesundheit und Leistungsfähigkeit unabhängig vom Ausgangsniveau stärken.[393] Das ist nichts anderes als Lernen und ständige Weiterentwicklung – mit einem Wort: Potentialentfaltung. Welche Formen von Lernen über gelenkte, aufmerksame mentale Prozesse erzielt werden, wird in Kapitel 6 (Tun-Dimension) dieser Untersuchung näher erläutert.

Wie oben beschrieben, kommt dem Bereich des präfrontalen Kortexes eine herausragende Stellung bei gelenkten Aufmerksamkeitsprozessen zur Beeinflussung der Neuroplastizität als Grundlage für Haltungs- und Verhaltensveränderungen zu. An dieser Stelle soll – hauptsächlich in Anlehnung an Siegel und Schwartz – ein Überblick gegeben werden, warum dies so ist:[394]

Die Präfrontalregion des menschlichen Gehirns ist für viele Aufgaben verantwortlich, die einzigartig für die menschliche Spezies sind. Sie integriert die Funktionen anderer Hirnregionen, da sie Verbindungen zu diesen besitzt. In einer gröberen Aufteilung können zwei Areale des präfrontalen Bereichs unterschieden werden: Erstens der Seitenbereich der Präfrontalregion, er wird dorsolateraler Präfrontalkortex genannt und ist für das Arbeitsgedächtnis entscheidend. Damit ist er für die Ausführung von wichtigen Exekutivfunktionen zuständig, indem er die Selbstregulation unseres Verhaltens ermöglicht und unsere momentane Aufmerksamkeit reguliert. Zweitens der mittlere Bereich der Präfrontalregion, der orbitomediale Präfrontalkortex[395], er erhält Signale aus dem gesamten Gehirn und Körper. Eine besondere Rolle spielt dabei die Inselrinde (Inselkortex). Sie ist Vermittler von Signalen aus allen Großbereichen des Gehirns und des Rückenmarkes. Es wird davon ausgegangen, dass der mittlere Präfrontalbereich die Informationen der Inselrinde in Bezug auf unsere Emotionen

392 Vgl. z. B. (Slagter et al., 2011 S. 2), (Suinn, 1997).

393 Vgl. (Brown et al., 2007 S. 218 ff.), (Walsh et al., 2006 S. 228), (Ott, 2010 S. 164).

394 Vgl. (Siegel, 2010a S. 63 ff.) und (Schwartz et al., 2003 S. 331 ff.), auch (Hüther, 2011a S. 122 ff.), (Arden, 2010 S. 18, 183 ff.), (Cozolino, 2007 S. 73 ff.), (Kesselring, 2011 S. 8).

395 Dabei werden dem orbitomedialen Präfrontalkortex noch andere, sehr nahe liegende Gehirnstrukturen zugerechnet, vgl. (Siegel, 2010a S. 64).

und unseren körperlichen Zustand nutzt, um Repräsentationen des Geistes anderer Personen kreieren zu können. Die mittleren Präfrontalbereiche sind sowohl für die zwischenmenschliche Kommunikation als auch für die Eigenbetrachtung unabdingbar. Diese mittlere Präfrontalregion verbindet und integriert daher die kognitiven, gefühlsmäßigen und auch körperlichen Prozesse sowie die sozialen Prozesse miteinander. Eine ausgewogene Integration all dieser Prozesse ist das Resultat eingestimmter Beziehungen und der auf die eigenen Erfahrungen gerichteten Aufmerksamkeit von Moment zu Moment. Die Präfrontalregion (dorsolateraler und orbitomedialer Präfrontalkortex) spielt für dieses selbstregulierende Gleichgewicht eine wesentliche Integrationsrolle. Eine Verbesserung der Integration, sei es von einem pathologischen Zustand (Therapie) oder aus einem nicht kranken Zustand (Salutogenese) heraus, bedingt Aufmerksamkeit, also die Aktivierung des dorsolateralen Präfrontalkortexes. Durch fokale Aufmerksamkeit mit entsprechender Beteiligung des dorsolateralen Präfrontalkortexes auf ein spezifisches Attribut hin, z. B. eine Farbe, wird auch die Aktivität derjenigen Gehirnregion verstärkt, die das Attribut repräsentiert, d. h. der Gehirnbereich, der automatisch Farbe verarbeitet (ohne fokale Aufmerksamkeit, infolgedessen auch unbewusst), ist bei willentlichem Fokussieren der Farbe deutlich stärker aktiviert. Generell ist die Aktivität eines Gehirnschaltkreises für eine bestimmte Aufgabe markant erhöht, wenn fokussierte Aufmerksamkeit auf diese Aufgabe gerichtet wird. Aufmerksamkeit beeinflusst die physischen Strukturen und Aktivitäten des Gehirns direkt. Mit bewusster Aufmerksamkeit können wir die Gehirnaktivität formen, indem wir mehr oder weniger Aufmerksamkeit auf bestimmte Tätigkeiten lenken, was die entsprechenden Gehirnschaltkreise mehr oder weniger aktiviert, d. h. dass die involvierten Synapsen mehr oder weniger feuern. Da ein Set von Synapsen, das immer wieder gemeinsam feuert, die Synapsenverbindungen verstärkt (cells that fire together, wire together), ist Aufmerksamkeit ein äußerst wichtiger Faktor bei der Neuroplastizität (vgl. auch die Ausführungen der vorliegenden Arbeit zu Langzeitgedächtnis und Langzeitpotenzierung auf S. 70 ff.). Starke synaptische Verbindungen in neuronalen Netzwerken führen dazu, dass Vorgänge schließlich auch ohne fokussierte Aufmerksamkeit präzise ausgeführt werden können. Wird bei einer eingeübten Fertigkeit, wie beispielsweise dem Autofahren, vom Autopilotmodus in einen bewussten, auf das Autofahren fokussierten Modus gewechselt, ist der präfrontale Kortex wieder stärker aktiviert. Dadurch wird es möglich, Vorgänge zu modifizieren oder neue Vorgänge miteinzubeziehen. Die neurowissenschaftliche Evidenz der Möglichkeit, mittels Achtsamkeit willentlich die Gehirnaktivität zu modulieren, bedeutet in der Praxis, dass wir nicht passive Empfänger, sondern aktive Teilnehmer unseres eigenen Wahrnehmungsprozesses sind.[396] Mentale Zustände sind so nicht nur für die physische Aktivität des Gehirnes relevant, sondern tragen in Form von Aufmerksamkeit auch stärker zur Wahrnehmung eines Stimulus bei als der Stimulus selbst.

Aufmerksamkeit steuert die Sinneswahrnehmung des Gehirnes; zudem ist die Aufmerksamkeit der Mechanismus des Geistes, der den Ausdruck von Willen bewirkt. Der mentale Prozess der Aufmerksamkeit kann mit dem Satz 'der Geist steht über dem Gehirn' beschrieben werden, weil in ihm das Potential liegt, Neuroplastizität willentlich zu formen. Merzenich und deCharms ziehen daraus den folgenden Schluss:

> "This leaves us with a clear physiological fact [...] moment by moment we choose and sculpt how our ever-changing minds will work, we choose who we will be the next moment in a very real sense, and these choices are left embossed in physical form on our material selves."[397]

Hier kann eine Verbindung zu Paul Watzlawick aufgezeigt werden, der sich auf den Standpunkt stellt, dass der systemische Ansatz auf der Situation im Hier und Jetzt und auf der Art und Weise basiert, in der Menschen miteinander interagieren.[398]

Da Aufmerksamkeit ein intern generierter Prozess ist, hat die moderne Neurowissenschaft Schlussfolgerungen aus ihren Forschungsexperimenten abgeleitet, die sich mit Einsichten aus bestimmten östlichen Philosophien und Praktiken decken: Introspektion oder willentliche Aufmerksamkeit kann das Profil von geistigen Zuständen neu entwerfen; Aufmerksamkeit macht Neuroplastizität möglich. Fokussierte Aufmerksamkeit ist die relevante Aktivität, die gezielte neuroplastische Veränderungen im Gehirn bewirkt.[399]

---

[396] Vgl. (Kanwisher et al., 2000 S. 91) zitiert in (Schwartz et al., 2003 S. 337). Die Parallelen zum Konstruktivismus sind unverkennbar.

[397] (Merzenich et al., 1996 S. 62).

[398] Vgl. (Hücker, 2007 S. 55).

[399] Vgl. (Schwartz et al., 2003 S. 331 ff.). Das Phänomen der aufmerksamkeitsinduzierten Neuroplastizität und der Rolle des Präfrontalkortexes wurde seit Ende des letzten Jahrhunderts mit unterschiedlichen Experimenten in diversen massgeblichen Studien untersucht, vgl. z. B. (Corbetta et al., 1990), (Merzenich et al., 1996), (Kanwisher et al., 1998), (O'Craven et al., 2000), (de Fockert et al., 2001), (Fuster, 2008), (Rossi et al., 2008),

Die modernen Neurowissenschaften inklusive der interpersonellen Neurobiologie entwerfen damit ein Menschenbild, das den Menschen nicht als steuerbaren Reiz-Reaktions-Mechanismus sieht und demnach auf eine Maschine reduziert, sondern als lebendes und lernendes Individuum zeichnet, das nur in sozialen, auf Gegenseitigkeit basierenden Kontexten, also mittels Beziehungen, lebens- und entwicklungsfähig ist.

4.5 Neurowissenschaften und Initialisierung von Managementinnovation

Die oben diskutierten neurowissenschaftlichen Erkenntnisse sind nicht nur in den Neurowissenschaften selbst von hoher Relevanz und stellen neue Paradigmen in dieser wissenschaftlichen Disziplin dar. Auch für die vorliegende Untersuchung sind diese Befunde von grundlegender Bedeutung. Die Natur des Menschen, die aus den vorgestellten Ergebnissen abgeleitet werden kann, hat in dreifacher Hinsicht Konsequenzen für die Initialisierung von musterbrechender Managementinnovation in Richtung Potentialentfaltung:

1. Die Ausgestaltung von Management, verstanden als Führen, Lenken und Gestalten von sozialen Gemeinschaften, hängt elementar – bewusst oder unbewusst – vom Menschenbild ab. Musterbrechende Managementinnovation ist daher auch wesentlich auf musterbrechende Annahmen über das Wesen der Menschen angewiesen.[400] Die dargestellten, neurowissenschaftlichen Erkenntnisse inklusive der Theorie der interpersonellen Neurobiologie entwerfen ein Menschenbild, das nicht dem der klassischen Wirtschaftswissenschaften – dem Homo oeconomicus – entspricht.[401] Die darin

(Mantini et al., 2009), (Asplund et al., 2010), (Passingham et al., 2012). Auf die Meditation als spezielle Form von aufmerksamkeitsorientiertem mentalem Prozess wird in Kapitel 6 näher eingegangen.

[400] Für die Managementlehre als Sozialwissenschaft sind die Grundannahmen über den Menschen ein zentraler Einflussfaktor für die Generierung von Theoriekonstrukten, vgl. z. B. (Wüthrich, 2011a S. 335), (Hug, 2013 S. 3 ff.).

[401] Der Homo oeconomicus der klassischen Wirtschaftswissenschaften kennzeichnet sich als egozentrischer, rationaler und nutzenmaximierender Agent, welcher mechanistisch auf Anreize reagiert, vgl. z. B. (Panther et al., 2004), (Stefani, 2008 S. 12), (Pennekamp, 2012), (Kirchgässner, 2008 S. 270).

verankerten Erkenntnisse über das Wesen des Menschen stellen folglich eine Möglichkeit zur notwendigen Überwindung des geltenden klassischen Menschenbildes dar. Die vorliegende Arbeit stützt sich deshalb auf ein Bild des Menschen, wie es in der interpersonellen Neurobiologie gezeichnet wird, als Voraussetzung geänderter Grundannahmen für die Initialisierung musterbrechender Managementinnovation.

2. Die dargestellten Befunde der Neurowissenschaften zeigen den Menschen als grundsätzlich lebenslang wandlungs- und anpassungsfähiges sowie beziehungsbezogenes Wesen. Das menschliche Gehirn ist als soziales Organ und als Organ der Möglichkeiten zu verstehen.[402] Es ist das Organ des Lernens und der Interpretation der Welt.[403] Der mentale Prozess der Aufmerksamkeit schafft die Möglichkeit, das Gehirn willentlich zu verändern, daher ist es auch als Organ der Freiheit und als Organ der Transformation zu erachten.[404] Diese signifikanten Anlagen unseres menschlichen Gehirnes und Geistes eröffnen Wege für die Initialisierung von musterbrechender Managementinnovation in Richtung Potentialentfaltung.[405]

3. Eine forschungsleitende Grundsatzfragestellung der vorliegenden Untersuchung, vgl. Unterkapitel 1.4, lautet:

   Lassen die Erkenntnisse der modernen Neurowissenschaften darauf schließen, dass musterbrechende Veränderungen in Organisationen überhaupt möglich sind, weil deren Mitglieder wandlungs- und anpassungsfähig sind?

   Diese Grundsatzfrage lässt sich aufgrund der Erkenntnisse der modernen Neurowissenschaften bejahen.

---

402 Vgl. (Cozolino, 2007 S. 24).

403 Vgl. (Kesselring, 2011 S. 1).

404 Vgl. (Fuchs, 2009 S. 77 ff.).

405 Hier besteht wiederum eine Rekursivität (ein Phänomen, dem wir immer wieder begegnen bei komplexen Sachverhalten und Systemen, bei Fragen der Erkenntnistheorie, aber auch bei neurowissenschaftlichen Aspekten). Bei der Betrachtung von Potentialentfaltung als möglichem Resultat von verändertem, potentialentfaltendem Einsatz des Gehirnes wird das (veränderte) Gehirn zum Resultat seiner eigenen (verändernden) Aktivitäten. Auf das Wesen der Potentialentfaltung geht Kapitel 7 dieser Untersuchung näher ein.

Ein musterbrechender Übergang von der Ressourcenausnutzungshaltung zur Potentialentfaltungshaltung in Organisationen mit Hilfe der Berücksichtigung von Forschungsresultaten der modernen Neurowissenschaften fordert ein Organisationsverständnis, das mit dem Wesen der Menschen in Bezug auf Geist, Gehirn und Beziehungen übereinstimmt, wie es die interpersonelle Neurobiologie entwickelt hat. Die Organisationsverständnis-Dimension des Bezugsrahmens beleuchtet diese Thematik im folgenden Kapitel unter Einschluss komplexitätswissenschaftlicher sowie sozialpsychologischer Überlegungen.

5 Organisationsverständnis-Dimension des Bezugsrahmens

Das Kapitel beginnt mit einer Darstellung des Bezugsrahmens und der Einordnung der Organisationsverständnis-Dimension in diesen:

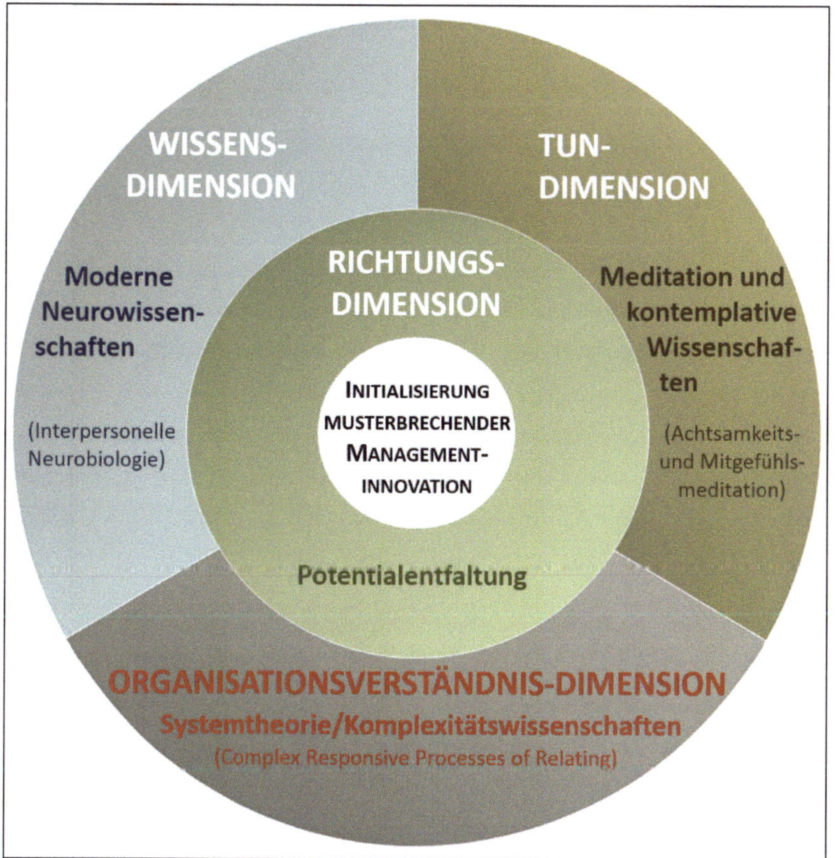

Abb. 12: Organisationsverständnis-Dimension im Kontext des Bezugsrahmens

Dieses Kapitel leitet ein mögliches Organisationsverständnis für die Initialisierung musterbrechender Managementinnovation her. Dabei muss das Organisationsverständnis drei zentrale Forderungen erfüllen. Erstens ist aufgrund der Überlegungen zur Interdisziplinarität und des gewählten Forschungsdesigns ein systemtheoretischer Ansatz heranzuziehen, vgl. auch Abschnitt 2.3.2, S. 34 ff. Zweitens muss ein systemtheoretischer Ansatz für den Untersuchungsgegenstand, der eine soziale Situation darstellt, explizit an sozialen Phänomenen ausgerichtet sein, d. h. der Ansatz fragt nach dem Systemcharakter des Sozialen.[406] Und drittens sollen das Organisationsverständnis und das Menschenbild, das aus den in der Wissens-Dimension dargestellten Erkenntnissen der modernen Neurowissenschaft hervorgeht, kohärent sein.

5.1 Überlegungen für die Selektion eines systemtheoretischen Organisationsverständnisses

Da es sich bei Organisationen um sozio-technische Systeme handelt, und die Initialisierung musterbrechender Managementinnovation eine soziale Begebenheit in einer Organisation darstellt, ist es von hoher Bedeutung, dem Sozialen im Organisationsverständnis systematisch und explizit Rechnung zu tragen. Daraus lässt sich folgern, dass sich eine soziologische Systemtheorie als geeigneter Zugang anbietet. Anzumerken gilt hierbei, dass der interdisziplinäre Ansatz der vorliegenden Arbeit durch die Berücksichtigung einer explizit soziologisch orientierten Systemtheorie für das Organisationsverständnis um soziologische Aspekte erweitert wird.

Es gibt unterschiedliche Ansätze, entwickelt von bedeutenden Vertretern der Sozial- und Geisteswissenschaften in den vergangenen Jahrzehnten, die als soziologische Systemtheorien klassifiziert werden. Drei grundlegende Werke oder Entwicklungslinien hatten dabei eine breite Wirkung und wurden oder werden noch immer weiter entwickelt. Es handelt sich dabei um den systemorientierten Strukturfunktionalismus von Talcott Parsons, die Systemtheorie von Niklas Luhmann und um komplexe adaptive Systeme (Complex Adaptive

---

406 Vgl. (Villányi et al., 2009a S. 337).

Systems) initiiert von Walter Buckley.[407] Diese Theorien lassen sich auf die allgemeine Systemtheorie und Kybernetik zurückführen.[408] Im Folgenden sollen die Begründungen für die Eignung oder Nicht-Eignung der erwähnten drei Theorien für den vorliegenden Untersuchungsgegenstand dargelegt werden. Darauf aufbauend, wird die Theorie des 'Complex Responsive Processes of Relating', die als Organisationsverständnis innerhalb des Bezugsrahmens zu Grunde gelegt wird, vertiefend erläutert.

5.1.1 Systemorientierter Strukturfunktionalismus nach Parsons

Talcott Parsons gilt als einer der Begründer der modernen Sozialwissenschaften und seine Theorie als Klassiker der Soziologie.[409] Seine Arbeit orientiert sich an bedeutenden anderen Soziologen, wie Marshall, Durkheim, Pareto und Weber, und entwickelte sich als handlungstheoretische soziologische Konzeption zu dem weiter, was schließlich als Strukturfunktionalismus bezeichnet wird. Parsons geht in seiner Forschung der Frage nach, wie die Gesellschaft über die Bildung von sozialen Institutionen (Strukturen) und deren Funktionen Gleichgewichte erreichen kann.[410] Die Einordnung der Parsonschen Theorie als soziologische Systemtheorie ist nur bedingt und teilweise richtig. Parsons macht zwar Bezüge zur Kybernetik, diese haben aber keinen zentralen Stellenwert in seinem Strukturfunktionalismus. "Sein Operieren mit dem Systembegriff geht nicht auf Versuche zurück, ein allgemeines Systemkonzept auf soziologische Fragestellungen anzuwenden."[411]

Das bedeutet, dass das Gedankengut von Parsons nicht als eigentliche systemtheoretische Konzeption gedeutet werden kann. Der inhaltliche Zugriff von Parsons beschränkt sich auf systemtheoretische oder kybernetische Konzepte, die auf mechanistische, organismische und strukturerhaltende Gleichgewichtszustände begrenzt sind. Diese haben aus heutiger

---

[407] Dies stellt eine heuristische Auswahl durch den Verfasser dar nach Sichtung einiger soziologischer Grundlagenwerke wie beispielsweise (Münch, 2004), (Brock et al., 2009), (Baecker, 2005), (Abels, 2004).

[408] Vgl. (Stüttgen, 2003 S. 61), (Villányi et al., 2009b S. 34 f.), (Brock et al., 2012 S. 214).

[409] Vgl. (Sukale, 2002 S. 1). Das Werk von Talcott Parsons erhebt den Anspruch zur soziologischen Universaltheorie, vgl. (Abels, 2004 S. 224).

[410] Vgl. (Brock et al., 2012 S. 191 ff.). Auf das umfangreiche Werk von Parsons kann und muss hier nicht weiter eingegangen werden, vgl. dazu z. B. (Jensen, 1980), (Parsons, 1971), (Parsons, 1951).

[411] (Villányi et al., 2009a S. 345).

Sicht nicht genügend Erklärungskraft für soziale Systeme wie Organisationen. Sie entsprechen daher nicht dem Stand der modernen Systemtheorie, die Phänomene wie Selbst-Referenzialität, Emergenz oder Selbstorganisation explizit thematisiert.[412] Daher ist das Theoriegebäude von Parsons als Grundlage für das Organisationsverständnis im Bezugsrahmen der vorliegenden Untersuchung nicht adäquat.

5.1.2 Die Systemtheorie von Luhmann

Niklas Luhmann hat sein eigenes Werk als ehemaliger Schüler von Parsons u. a. in der Auseinandersetzung mit dessen soziologischer Konzeption aufgebaut und umfassend als soziologische Systemtheorie entwickelt.[413] Zu Beginn der Untersuchung, mit der einsetzenden Beschäftigung mit dem Luhmannschen Gedankengebäude, schien seine Systemtheorie sozialer Systeme das geeignete Werk zu sein für ein grundlegendes Verständnis von Organisationen im Rahmen der vorliegenden Themenstellung.[414] Dafür gibt es einige gewichtige Gründe. Obwohl Luhmanns Systemtheorie nicht unumstritten ist, hat sie im deutschsprachigen Raum eine hervorragende Bedeutung erlangt und wird von renommierten Wissenschaftlern aus den Sozialwissenschaften getragen und weiterentwickelt.[415] Luhmann gilt hier als einer der bedeutendsten Soziologen. Er baute sein Werk u. a. mit Bezug zum Kybernetiker und Konstruktivisten Heinz von Foerster, zum Anthropologen Gregory Bateson, zum Mathematiker Georg Spencer Brown und wesentlich zu wichtigen Ergebnissen von Maturana und Varela über lebende Systeme auf.[416] Die Systemtheorie von Luhmann ist wissenschaftsmethodologisch konstruktivistisch aufgebaut; er selbst hat die konstruktivistische Orientierung stark

---

[412] Vgl. (Buckley, 1998 S. 2), (Villányi et al., 2009a S. 348).

[413] Vgl. (Münch, 2004 S. 133), (Brock et al., 2012 S. 214).

[414] Es geht in der vorliegenden Arbeit, ähnlich wie bei Parsons, nicht darum, das beeindruckende Werk von Niklas Luhmann vertiefend darzustellen und sich damit ausführlich auseinanderzusetzen. Das ist einerseits für den gegebenen Rahmen in keiner Art und Weise möglich und andererseits auch nicht notwendig. Für einen vertiefenden Einstieg vgl. z. B. (Luhmann, 1987b), (Berghaus, 2011).

[415] (Villányi et al., 2009a S. 382). Als bedeutende Wissenschaftler, die an Luhmanns Werk anknüpfen, gelten z. B. Dirk Baecker, Elena Esposito, Peter Fuchs, Andreas Göbel, André Kieserling, Armin Nassehi, Rudolf Stichweh, Gunther Teubner, Helmut Willke u.a.m., vgl. (Wikipedia, 2001a).

[416] Vgl. (Berghaus, 2011 S. 25).

betont.[417] Vor diesem Hintergrund liegt es nahe, dass Luhmanns Systemtheorie anfänglich als geeignete Grundlage für die vorliegende Untersuchung erschien.

Eine Gegenüberstellung von Luhmanns Theorie mit den Ergebnissen der modernen Neurowissenschaften zeigt jedoch, dass einige zentrale Elemente inkompatibel sind.[418] Das gilt insbesondere für die Betrachtungen und die Rolle des Menschen. Für Luhmann mag der Mensch "für sich selbst und für Beobachter als Einheit erscheinen, aber er ist kein System."[419] Der Mensch habe Anteil an verschiedenen Systemtypen; sein Körper sei ein biologisches, sein Bewusstsein ein psychisches System.[420] Damit stützt er sich auf ein dualistisches Konzept von Körper und Geist.[421] Der Mensch ist in Luhmanns Theorie keine Ganzheit und daher auch keine Analyseeinheit. Deswegen ist in seinem systemtheoretischen Gedankengebäude auch kein Menschenbild nötig.[422] So bestünden soziale Systeme auch nicht aus Menschen, sondern aus Kommunikationen: "Der basale Prozess sozialer Systeme, der die Elemente produziert, aus denen diese Systeme bestehen, kann [...] nur Kommunikation sein."[423] Die Spaltung des Menschen in ein biologisches und ein psychisches System und der

---

[417] Vgl. z. B. (Luhmann, 1990 S. 9). Die Theorie wurde in rund dreißig Jahren von Luhmann immer weiterentwickelt und ist zwar in höchstem Masse abstrakt, aber gleichzeitig auch äußerst durchkonstruiert, differenziert und in sich konsistent. Luhmann verfolgte das Ziel, eine Theorie der Gesellschaft in Form einer Systemtheorie zu entwerfen, vgl. (Luhmann, 1997 S. 11). Für diese Systemtheorie erhob er den Anspruch, eine Universaltheorie darzustellen für den Bereich des Sozialen, d. h. für die Gesellschaft sowie für alle gesellschaftlichen Teilbereiche, vgl. (Luhmann, 1987a S. 163) und (Berghaus, 2011 S. 25).

[418] Es soll betont werden, dass es – ganz im konstruktivistischen Sinne – nicht um richtig oder falsch geht, sondern um Passung.

[419] (Luhmann, 1987b S. 67 f.). Luhmann begründet diese Konstruktionen oder Dekonstruktionen des Menschen im Folgenden logisch und konsistent. Aus Platzgründen wird hierauf nicht näher eingegangen, da es hier nicht um eine Widerlegung geht, sondern einzig darum, warum diese Konstruktionen von Luhmann nicht geeignet erscheinen für die Integration in den vorliegenden konzeptionellen Bezugsrahmen.

[420] Vgl. (Berghaus, 2011 S. 33).

[421] Vgl. (Klassen, 2004 S. 97).

[422] Vgl. (Villányi et al., 2009a S. 390). In einem Interview äußerte Luhmann einmal "Menschenbilder, sowas Grausliches." (Luhmann et al., 1991 S. 132), vgl. auch (Luhmann, 1994 S. 55). Dabei muss betont werden, dass Luhmann weder menschenfeindlich noch inhuman war. Es geht bei seiner Theorie einfach darum, dass man sich von der Analyseeinheit 'Mensch' verabschieden muss, vgl. (Berghaus, 2011 S. 33).

[423] Vgl. (Luhmann, 1987b S. 192).

Ausschluss des Menschen als Element eines sozialen Systems sind mit den neueren neurowissenschaftlichen Erkenntnisse von Siegel, Hüther, Kesselring, Hess, Damasio, Varela, Fuchs, Rizzolatti, Davidson, Cozolino, Bauer, Schwartz u. a., auf die sich die vorliegende Untersuchung stützt, nicht in Übereinstimmung zu bringen:

- Die Entdeckung der Spiegelneuronen bedeutet, dass zwischen Menschen eine direkte Verbindung besteht. Cozolino verwendet für die Verbindung zwischen Menschen den Begriff 'Soziale Synapse', wenn sich der Geist einer Person mit dem Geist einer oder mehreren anderer Personen trifft.[424] Durch die Spiegelneuronen können Menschen Gefühle und Absichten von anderen Menschen direkt erkennen und wiederum direkt darauf reagieren, auch ohne sprachliche Kommunikation. Es wird vermutet, dass sich Sprache sogar durch Empathie und Imitation entwickelt hat, die ihrerseits Fähigkeiten sind, bei denen die Spiegelneuronen das physiologische Substrat sind.[425] Der Mensch gehört damit nicht wie bei Luhmann zur Umwelt eines sozialen Systems, sondern zum sozialen System selbst. Die Beziehungen zwischen Menschen sind dabei die Verbindungen der Mitglieder im sozialen System.[426]

- Die interpersonelle Neurobiologie (die u. a. auch auf der Entdeckung der Spiegelneuronen basiert und darauf verweist[427]) definiert das Gehirn als verkörpert (embodied brain); die Trennung von Geist und Körper wird aufgehoben. Eine Aufteilung des Menschen in ein biologisches System und ein psychisches System, wie sie Luhmann vornimmt, widerspricht dieser Auffassung. Der Mensch, der nur in einer Gemeinschaft existieren kann, wird als Ganzheit betrachtet.[428]

Daraus folgt, dass die Luhmannsche Systemtheorie für die vorliegende Untersuchung als grundlegendes Organisationsverständnis nicht geeignet ist und deshalb eine komplexitäts-

---

[424] Vgl. (Cozolino, 2007 S. 12 ff.).

[425] Vgl. detailliert zum Wesen von Spiegelneuronen S. 78 ff.

[426] Ebenfalls kritisch zum Ausschluss des Menschen aus dem sozialen System äußert sich der System- und Organisationstheoretiker Russell Ackoff, vgl. (Ackoff et al., 2009 S. 11).

[427] Vgl. z. B. (Cozolino, 2007 S. 233 ff.), (Siegel, 2010a S. 433 ff.).

[428] Vgl. dazu die eingehenderen Darstellungen zur interpersonellen Neurobiologie auf S. 91 ff.

theoretische Alternative herangezogen werden muss.[429] Der nächste Abschnitt wird daher auf 'Complex Adaptive Systems' als weitere Entwicklungslinie der soziologischen Systemtheorie eingehen und ihre Eignung für die vorliegende Untersuchung prüfen.

5.1.3 Complex Adaptive Systems

Der Begriff 'Complex Adaptive Systems' (CAS) geht auf den amerikanischen Soziologen Walter Buckley zurück. In seinem 1968 erschienen Artikel 'Society as a complex adaptive system'[430] verwendet er den Begriff erstmals, wobei zentrale Gedanken für sein Verständnis von Gesellschaft als komplexem, adaptiven System bereits in seinem ein Jahr früher publizierten Buch 'Sociology and modern systems theory'[431] enthalten sind. Buckley grenzte sich mit seinem Konzept explizit von den Gleichgewichtsannahmen und der Strukturerhaltung von gesellschaftlichen Systemen, wie sie Parsons vertrat, ab.[432]

Das 1984 gegründete Santa Fe Institute, ein gemeinnütziges US-Forschungs- und Lehrinstitut, hat die Grundlagen von Buckley zu komplexen adaptiven Systemen aufgenommen und weiter entwickelt, wie es Murray Gell-Mann, Nobelpreisträger in Physik und wichtiger Exponent des Santa Fe Institutes, vermerkt.[433] Das Institut verfolgt das Ziel, durch interdisziplinäre Grundlagenforschung eine Theorie komplexer adaptiver Systeme in Physik, Biologie, Technik und Sozialwissenschaften zu entwickeln. Auf der aktuellen Homepage des Santa Fe Institutes steht zur Vision: "Complex problems require novel ideas that result from thinking

---

[429] Es sei an dieser Stelle darauf hingewiesen, dass Luhmann mit größter Wahrscheinlichkeit nicht von der Entdeckung der Spiegelneuronen wusste. Diese wurde erst kurz vor seinem Tode im Jahre 1998 gemacht. 1996 wurde erstmals über die Entdeckung der Spiegelneuronen bei Affen publiziert (Rizzolatti et al., 1996). Ein Jahr später hat Luhmann sein rund dreißigjähriges Gesamtwerk mit dem mehr als tausend Seiten umfassenden Zweibänder 'Die Gesellschaft der Gesellschaft' beendet (Luhmann, 1997), so dass es praktisch ausgeschlossen ist, dass die Entdeckung der Spiegelneuronen bei Affen einen Einfluss auf sein Werk nehmen konnte. Mit den Forschungserkenntnissen der interpersonellen Neurobiologie, auf deren Ergebnisse sich diese Arbeit ebenfalls stützt, verhält es sich analog.

[430] Vgl. (Buckley, 1968). Dieser Artikel wurde 1978 auf Deutsch publiziert, vgl. (Buckley, 1978) und 2008 mit einer Einführung von Schwendt und Goldstein wieder aufgelegt, (Buckley et al., 2008).

[431] Vgl. (Buckley, 1967). Rund drei Jahrzehnte später veröffentlichte er sein letztes Buch 'Society – a complex adaptive system: essays in social theory', vgl. (Buckley, 1998).

[432] Vgl. (Villányi et al., 2009a S. 350).

[433] Vgl. (Gell-Mann, 1994 S. 19 ff.).

about non-equilibrium and highly connected *complex adaptive systems* [Hervorhebung, F. R.]"[434] Die Theorie komplexer adaptiver Systeme ist zum anerkannten Forschungsgegenstand geworden. Die momentanen Forschungsschwerpunkte des Santa Fe Institutes sind u. a. kognitive Neurowissenschaft, Computersimulation in Physik und Biowissenschaften, ökonomische und soziale Wechselwirkungen, evolutionäre Dynamik, Netzwerkdynamik und Robustheit. Einige wichtige Vertreter sind neben Murray Gell-Mann, Brian Goodwin, John H. Holland, Stuart Kauffman, Christopher Langton, Robert May, W. Brian Arthur u.a.m.[435]

Mit den Forschungstätigkeiten des Santa Fe Institutes sind die soziologisch orientierten Überlegungen von Buckley zu 'Complex Adaptive Systems' auf weitere Disziplinen ausgeweitet worden. Zudem werden nun forschungsmethodisch – ermöglicht durch die progressiv angestiegene Rechenleistung von Computern – computationale Modellierungen eingesetzt.[436] John Holland gibt folgende Definition für komplexe adaptive Systeme wie sie für die computationalen Modellierungen beim Santa Fe Institute gebräuchlich ist: "Complex adaptive systems (cas) are systems that have a large number of components, often called agents, that adapt or learn as they interact."[437] Weil die Verhaltensweisen von 'Complex Adaptive Systems', wie sie das Santa Fe Institute erforscht, mittels Computersimulationen erfolgen, stellen die Agenten entsprechende Computerprogramme dar. Diese Programme agieren aufgrund eines Sets von Interaktionsregeln, die sie als Computerinstruktionen in Form von Bitfolgen erhalten, also als ein Repertoire digitaler Symbole.[438] Es sind Interaktionsmuster (digitale Symbole) von verschiedenen Agenten als Systemteilnehmer berücksichtigt, die sich über die Interaktion mit anderen Agenten im Zeitablauf auch dynamisch anpassen können. Aus den Interaktionen der Agenten tauchen auf der Systemebene Muster auf, die nicht auf die einzelnen Interaktionen reduzierbar sind.[439] Die grundlegende Struktur eines (computationalen) 'Complex Adaptive Systems' kann folgendermaßen zusammengefasst werden:[440]

---

[434] Vgl. (Santa Fe Institute, 2014).
[435] Vgl. (Wikipedia, 2006).
[436] Vgl. (Miller et al., 2007 S. 55 ff.).
[437] (Holland, 2006 S. 1).
[438] Vgl. (Stacey, 2001 S. 73).
[439] Vgl. (Miller et al., 2007 S. 44 ff.).
[440] Vgl. (Stacey, 2001 S. 71 ff.), vgl. auch (Stacey et al., 2000 S. 106 ff.).

- Das System kann eine große Zahl von individuellen Agenten umfassen.

- Diese Agenten interagieren miteinander unter Beachtung von Regeln (digitalen Symbolen), welche die Interaktionen zwischen den Agenten auf lokaler Ebene organisieren. D. h. dass ein Agent ein Set von Regeln darstellt, das bestimmt, wie dieser Agent mit einer Anzahl von anderen Agenten interagieren wird. Die Interaktion ist lokal in dem Sinne, dass es kein systemweites Set von Regeln gibt, das die Interaktion bestimmt. Die einzigen Regeln sind die auf der Ebene des Agenten selbst.

- Die Agenten wiederholen ihre Interaktionen unaufhörlich unter Bezugnahme auf ihre Regeln; das bedeutet, dass Interaktion interaktiv, rekursiv und selbstbezüglich ist.

- Die Interaktionsregeln der Agenten sind so formuliert, dass sich die Agenten aneinander anpassen. Die Interaktion ist nicht linear und diese Nicht-Linearität drückt sich in der Varietät der Regeln der interagierenden Agenten aus.

- Eine laufende Varietät der Regeln wird durch zufällige Mutation und überkreuze Wiederholungen erzeugt.

Diese Beschaffenheit von 'Complex Adaptive Systems' kann als Befähigung zu Möglichkeiten betrachtet werden. Erstens ergibt sich die Möglichkeit, dass Kontinuität und Transformation gleichzeitig und spontan auftreten können. Zweitens resultiert daraus, dass es der Prozess der Interaktion ist, der die intrinsische Kapazität hat, Interaktion als Kontinuität und Transformation gleichzeitig zu gestalten.[441] In einem 'Complex Adaptive System', nun explizit verstanden als sozio-kulturelle Gemeinschaft, stellen die Agenten menschliche Individuen dar, die miteinander in Beziehung stehen und interagieren. In den Worten von Buckley:

> "Die Untersuchungseinheit einer dynamischen Analyse ist deshalb die systemhafte Matrix von interagierenden, zielsuchenden, entscheidenden Individuen [...]. In diesem Lichte gesehen, wird Gesellschaft als ein kontinuierlicher morphogenetischer Prozess angesehen, durch den wir in die Lage versetzt werden, unter einem einheitlichen Konzept die Entwicklung von Strukturen, ihre Aufrechterhal-

---

[441] Vgl. (Buckley, 1978 S. 285), (Stacey, 2001 S. 70).

tung und ihren Wandel zu verstehen. Darüber hinaus ist es wichtig zu erkennen, dass aus dieser Matrix nicht nur *Sozial*struktur entsteht, sondern auch *Persönlichkeits*strukturen und *Sinn*strukturen."[442]

Insbesondere der Engländer Ralph Stacey, Professor für Management, und seine Kollegen des Complexity and Management Centres der britischen Universität Hertfordshire haben seit Beginn des 21. Jahrhunderts die Arbeiten von Buckley und des Santa Fe Instituts über Complex Adaptive System aufgegriffen und weiterentwickelt, spezifisch für einen Führungs- und Organisationskontext unter expliziter Berücksichtigung vor allem soziologischer, aber auch psychologischer und erkenntnisphilosophischer Komponenten bei den menschlichen Agenten in ihren Interaktionen.[443] Sie haben damit die soziologischen Ideen von Buckley und die computationalen Entwicklungen des Santa Fe Institutes bei 'Complex Adaptive Systems' in der sozio-kulturellen Ausprägung von Systemen wieder zusammengebracht, ausgebaut und verfeinert. Sie nennen ihre Weiterentwicklung 'Complex Responsive Processes of Relating' (CRPR).[444]

Bevor auf das Konzept der Hertfordshire Schule vertiefend eingegangen wird, soll festgehalten werden, warum die Entwicklungslinie von 'Complex Adaptive Systems' als soziologische Systemtheorie als geeignet zur Weiterverwendung für die vorliegende Untersuchung beurteilt wird. 'Complex Adaptive Systems' repräsentiert eine hoch interdisziplinäre, moderne systemtheoretische Theorie, die, wie aus den oben stehenden Ausführungen zu entnehmen ist, auf den komplexitätsrelevanten Annahmen von Nicht-Linearität, Selbstbezüglichkeit, Emergenz und Selbstorganisation basiert. Interessanterweise liegt der Ursprung von 'Complex Adaptive Systems' beim Soziologen Buckley, d. h. dass CAS seit der Initiierung durch Buckley immer auch ein spezifisches Interesse an sozio-kulturellen Systemen und den zu Grunde liegenden sozialen Interaktion der beteiligten Menschen (Agenten) gezeigt hat. Bezüglich des Menschenbildes weisen die Ausführungen zu 'Complex Adaptive Systems' keinen

---

[442] (Buckley, 1978 S. 287). Bei sozio-kulturellen 'Complex Adaptive Systems' werden die menschlichen Agenten auch als sogenannte 'purposeful agents' bezeichnet, sie stellen ein 'uni-minded system' dar und ein sozio-kulturelles System mit 'purposeful agents' gilt als 'multi-minded system', vgl. (Gharajedaghi, 2011 S. 11 ff.), (Backhausen, 2009 S. 27).

[443] Vgl. (Stacey, 2001 S. 5 ff.).

[444] Vgl. z. B. (Stacey et al., 2000 S. 186).

Widerspruch zu den Ergebnissen der modernen Neurowissenschaften auf, wie sie im vorangegangenen Kapitel beschrieben wurden. Somit sind alle drei bei Unterkapitel 5.1 formulierten Bedingungen für ein Organisationsverständnis erfüllt, um CAS in Form von 'Complex Responsive Processes of Relating' der Hertfordshire Schule weiter zu verfolgen und zu vertiefen. Es wird dabei auch betrachtet, zu welchem Grade eine Kohärenz zwischen der interpersonellen Neurobiologie und 'Complex Responsive Processes of Relating' besteht. Dadurch soll geklärt werden, inwieweit die Organisationsverständnis-Dimension anschlussfähig ist an die Wissens-Dimension im vorliegenden konzeptionellen Bezugsrahmen.

5.2 Complex Responsive Processes of Relating (CRPR)

5.2.1 Einführung

Um menschliche Interaktionen in Organisationen zu erfassen beziehen sich Stacey et al. mit der Theorie des 'Complex Responsive Processes of Relating' wie schon erwähnt auf Erkenntnisse der Komplexitätswissenschaften (spezifisch 'Complex Adaptive Systems'), Soziologie, Psychologie und Erkenntnisphilosophie.[445] Für die Managementlehre des angelsächsischen Raumes stellt das eine pionierhafte Kreation einer Komplexitätstheorie dar, die spezifisch über menschliches Denken und Kommunizieren in Organisationen geschaffen wurde.[446] Diese facettenreiche, noch relativ junge Komplexitätstheorie für Organisationen ist im deutschsprachigen Raum bis heute praktisch unbekannt und noch nicht rezipiert resp. diskutiert worden.

Stacey realisierte in seinen Tätigkeiten in der Zeit vor der Gründung des Complexity and Management Centres als Führungsverantwortlicher, Berater und Dozent, dass die gelehrten, zur Verfügung gestellten und eingesetzten Konzepte und Werkzeuge zur Führung und Steuerung von Organisationen nicht zum beabsichtigten Erfolg führten.[447] Er ortet die Gründe für das Scheitern dieser Ansätze bei dem linear-kausalen Denken, das aus der klassischen Physik

---

[445] Es ist eine systematische Reihe von Büchern der Vertreter der Hertfordshire Schule zu 'Complex Responsive Processes of Relating' entstanden, vgl. (Stacey et al., 2000), (Stacey, 2001), (Streatfield, 2001), (Griffin, 2002), (Shaw, 2002), (Mowles, 2011).

[446] Vgl. (Suchman, 2002a).

[447] Vgl. (Stacey et al., 2000 S. 205 ff.).

stammt und tief eingeprägt ist im 'dominant discourse'[448], wie Stacey die dominante Hauptströmung der heutigen Managementlehre nennt.[449] Organisationen seien in der Meinung der Vertreter des dominanten Diskurses zu abstrakten Systemen verkommen, in denen die gewöhnliche, gelebte Realität von Menschen, aus denen Organisationen bestehen, aus dem Blick verschwinden würde. Gemäß der Hauptströmung der Managementlehre sollten Führungspersönlichkeiten und Manager ihre Organisationen objektiv beobachten und Werkzeuge rationaler Analyse verwenden, um geeignete Ziele und strategische Visionen zu wählen. Sie sollten Veränderungsvorhaben, das Organisationsdesign und die Prozesse formulieren, um die Implementierung der strategischen Ziele durch Aktionspläne und Maßnahmen zu kontrollieren und sicherzustellen.[450]

Ein zentraler Kritikpunkt an der traditionellen Mainstream-Managementlehre ist dabei die Auffassung vom wissenden Manager und den übrigen Organisationsmitgliedern, die Regeln zu befolgen hätten, damit die festgelegten Unternehmensziele erreicht würden. Diese tayloristisch-mechanistischen Grundelemente der vorherrschenden Managementlehre betrachte menschliche Aktion quasi paradigmatisch impliziert als reflexhafte Reaktion auf einen Reiz (Stimulus) in Übereinstimmung mit der behavioristischen Psychologie. Die rein mechanistisch-reflexhafte Ausführung von Tätigkeiten im Sinne von Effizienz ist das Ziel; Varietät und Handlungsvielfalt sei in der Grundphilosophie dieser Managementlehre möglichst auszuschließen, weil dies die Effizienz untergraben würde. Dieses abstrakte und linear-kausale Denken, das eine Ergebniskontrolle für die Führungsverantwortlichen bezwecke, aber heute nicht mehr erwirke, müsse überprüft werden.[451]

---

[448] Vgl. (Stacey, 2012 S. VIII).

[449] Vgl. (Suchman, 2002b S. 17).

[450] Vgl. (Stacey, 2012 S. 1).

[451] Vgl. (Stacey et al., 2000 S. 62 f.). Eine ähnlich kritische Position zur Rolle der Führungskraft als unabhängiger Beobachter, welche nicht zu Objektivität, sondern zu Realitätsentfremdung führe, stellen auch Wüthrich/Winter/Philipp fest. Für sie stellt die damit verbundene Abgeschiedenheit des Top-Managements ein zentrales Problem heutiger Organisationen dar. Ihre Argumentation untermauern sie mit einem direkten Zitat von Fritz B. Simon, welches hier wegen der trefflichen Formulierung ausschnittsweise wiedergegeben werden soll, vgl. (Wüthrich et al., 2001 S. 23 ff.): "Hierarchische Strukturen basieren auf der Prämisse, dass derjenige, der in der Hierarchie am weitesten oben steht, den grössten Überblick hat. Er wird im Vergleich zu denen da unten als ein privilegierter Beobachter angesehen, der im Idealfall über alle wichtigen Informationen verfügt. [...] Kon-

Es gehe um eine Fokusverschiebung der Aufmerksamkeit von dem abstrakten, auf Plan- und Kontrollierbarkeit basierenden Makrolevel hin zu den Details der Mikrointeraktionen, die von Moment zu Moment stattfinden zwischen lebenden Individuen in Organisationen. Das Potential für Transformation in Organisationen liege – so die Hertfortshire-Schule – in den Mikrointeraktionen. Deshalb müssten die gewöhnlichen, täglichen, menschlichen Interaktionen in das Zentrum der Betrachtungen und Erklärungen gestellt werden.[452] Statt von den Mikroprozessen der Organisationsdynamik zu abstrahieren und sie zu übergehen, würden diese Organisationsdynamiken zum Ausgangspunkt des Verständnisses darüber, wie Organisationen sich gleichzeitig erhalten und verändern und welche Rolle Führungsaktivitäten bei diesem Paradoxon von Stabilität und Veränderung spielen.[453] Stacey et al. plädieren konsequenterweise für eine forschungsmethodologische Haltung, die nicht von einem außenstehenden, objektiven Beobachter ausgeht, sondern die den Beobachter als Forscher (und ebenso als Führungskraft) als Teil der stattfindenden, sozialen Interaktionsprozesse und daher als direkt in das Organisationsgeschehen Involvierten sieht. 'Detached involvement' nennen sie ihre paradoxe Forschungshaltung.[454] Dabei soll ein soweit wie möglich losgelöster Denkmodus bei der Betrachtung der konkreten, sich gegenseitig bedingenden Interaktionsprozesse eingenommen werden. Dieser Ansatz steht im Gegensatz zu einer Sicht von außen auf die Organisation als Ganzes mit objektivem Blick für linear-kausale Zusammenhänge und die damit verbundene Möglichkeit von Interventionen, die sich auf das Gesamtsystem auswirken sollen, z. B. mittels neuer Strategie oder neuem Steuerungs- und Kontrollinstrument.[455]

---

struktivismus und Systemtheorie zeigen uns aber ziemlich deutlich, dass die Idee, man könne alle Informationen über ein solch komplexes System wie ein Unternehmen oder einen Markt haben, irrig ist. [...] Der Manager steht nicht außerhalb des Spielfeldes, und er sieht weder all die anderen Figuren, die mit ihm auf dem Feld stehen, noch weiss er, welche Schachzüge möglich sind, ja, er kann nicht einmal sicher sein, dass am nächsten Tag noch dieselben Spielregeln gelten" (Simon, 1997a S. 133 f.).

[452] Vgl. (Mowles, 2011 S. 238 f.) und (Stacey et al., 2000 S. 129 f.).

[453] Vgl. (Stacey, 2012 S. 1 ff.).

[454] Vgl. (Stacey et al., 2005 S. 2).

[455] Vgl. (Stacey et al., 2005 S. 4 f.), (Wüthrich et al., 2001 S. 84 ff.).

5.2.2 Verbindung von Complex Adaptive Systems und humanwissenschaftlicher Interaktionstheorie

Die oben aufgeführten Überlegungen von Stacey et al. lassen erkennen, dass sich ihre Theorieentwicklung für ein zeitgemäßes Organisationsverständnis einerseits auf die Theoriegebäude von (computationalen) 'Complex Adaptive Systems' der Santa Fe Schule stützt. Andererseits integriert sie in direkter Anwendung soziologische/sozialpsychologische Interaktionstheorien. Bei ihren Argumentationen für die Übertragung von Erkenntnissen der Erforschung von CAS auf 'Complex Responsive Processes of Relating' beziehen sich die Vertreter der Hertfordshire Schule u. a. auf Kauffman (Biologe), Goodwin (Biologe), Holland (Informatiker), Langton (Biologe), Gell-Mann (Physiker) und Prigogine (Physikochemiker).[456] Dabei basiert ein' Complex Adaptive System' auf den Überlegungen und der Grundstruktur wie in Abschnitt 5.1.3 beschrieben.

Bei den Interaktionen der abstrakten – weil computationalen – Agenten von Complex Adaptive Systems knüpfen Stacey et al. an und übertragen die Phänomene der computationalen Agenteninteraktion auf menschliche Interaktion in Gemeinschaften, insbesondere auf Organisationen. Stacey sieht keinen Grund, warum diese Ergebnisse aus den Untersuchungen zu 'Complex Adaptive Systems' nicht zum Verstehen von menschlicher Interaktion eingesetzt werden können, vor allem, da Symbole (Gesten, Sprache) in dieser Interaktion eine wichtige Rolle spielen. Stacey folgert, dass die Interaktion zwischen Mustern digitaler Symbole eine abstrakte Analogie für menschliche Interaktion auf Basis spezifisch sozio-kultureller Symbole bildet. Interaktionen in sozio-kulturellen Gemeinschaften, wie sie Organisationen darstellen,

[456] Vgl. z. B. (Stacey et al., 2000 S. 109 ff.), (Stacey, 2001 S. 69 ff.), (Shaw, 2002 S. 20, 66 ff.), (Mowles, 2011 S. 240 ff.), (Stacey, 2012 S. 149). Prigogine hat zwar über seine Theorien die Komplexitätstheorie des Santa Fe Institutes beeinflusst, aber selbst nicht dort geforscht. Die Ergebnisse der verschiedenen Vertreter des Santa Fe Institutes sind nicht vollständig kongruent und homogen; Stacey und seine Mitstreiter integrieren die Ergebnisse in unterschiedlichem Ausmaß in ihre Überlegungen zu 'Complex Responsive Processes of Relating', teilweise argumentieren sie kritisch und sehen eine Übertragbarkeit nicht als gegeben. Eine detaillierte Auseinandersetzung mit ihren Argumentationen und Begründungen darüber geht über den Rahmen dieser Untersuchung hinaus. Vgl. dazu z. B. (Stacey et al., 2000 S. 106 ff.).

sind jedoch komplementär aus einer humanwissenschaftlichen Perspektive zu betrachten.[457] 'Complex Responsive Processes of Relating' bezieht sich in der Folge hauptsächlich auf Georg H. Meads sozialpsychologische Interaktionstheorie.[458] Mead war ein US-amerikanischer Soziologe, Sozialpsychologe und Philosoph, der zwischen 1894 und 1831 an der Universität in Chicago als Professor lehrte.[459]

Wegen der hervorragenden Bedeutung wird im folgenden Abschnitt auf wesentliche Grundzüge von Meads Werk, wie sie von Stacey et al. in der Theorie von 'Complex Responsive Processes of Relating' aufgenommen werden, eingegangen.[460]

5.2.3 Integration der Interaktionstheorie von Mead in Complex Responsive Processes in Relating

Das umfangreiche sozialpsychologische Werk von Mead lässt sich für die vorliegenden Zwecke nur in groben Umrissen nachzeichnen.[461] Mead hat seine Ansichten von 1900 an in einer äußerst einflussreichen Vorlesung über Sozialpsychologie in Chicago dargelegt. Meads Sozialpsychologie wurde in Europa lange kaum beachtet und wird der amerikanischen Tradition des pragmatischen und sozialbehavioristischen Denkens zugeordnet. Erst nach dem 2. Welt-

---

[457] Vgl. (Stacey, 2001 S. 71 f.). Stacey weist an dieser Stelle darauf hin, dass er die Interaktion von Entitäten (abstrakten Agenten) im computationalen 'Complex Adaptive Systems-Modell' als Übertragung für Interaktion zwischen Menschen aufnimmt. So besteht keine Übertragung des Programmierers des computationalen CAS-Modells in die Betrachtungen der menschlichen Interaktion bei 'Complex Responsive Processes of Relating'. Es gibt für Stacey keine Möglichkeit, außerhalb von menschlicher Interaktion zu stehen, um ein Programm für diese zu designen, weil wir alle Teilnehmer in dieser Interaktion sind.

[458] Vgl. z. B. (Stacey et al., 2000 S. 171 ff.), (Shaw, 2002 S. 168 f.), (Mowles, 2011 S. 69 ff.). Neben Mead werden bei 'Complex Responsive Processes of Relating' u. a. auch die soziologischen Theorien des Deutschen Norbert Elias und des Franzosen Pierre Bourdieu referenziert, vgl. z. B. (Shaw, 2002 S. 72 ff.), (Griffin, 2002 S. 153 ff.), (Stacey, 2007 S. 295 f.), (Mowles, 2011 S. 193 ff.). Bei der vorliegenden Untersuchung wird nicht weiter auf diese soziologischen Werke eingegangen, da dies den Rahmen der Arbeit sprengen würde. Vgl. dazu z. B. (Elias, 2010), (Bourdieu, 1990).

[459] Vgl. (Mead, 1973 S. 2), (Wikipedia, 2003a).

[460] Bereits Buckley hat auf die Bedeutung von Meads Theoriegebäude für komplexe adaptive Systeme hingewiesen, vgl. (Buckley, 1998 S. 166 ff.).

[461] Georg H. Mead gilt auch als Begründer des Symbolischen Interaktionismus, welcher in der qualitativen Sozialforschung eine bedeutende forschungsmethodologische Grundlage darstellt, vgl. (Lamnek, 2005 S. 37 ff.) und die entsprechenden Ausführungen in Kapitel 2 der vorliegenden Untersuchung.

krieg kamen seine Ideen auch in Europa zur Geltung. Seine Einsichten haben unverminderte Aktualität.[462] Der größte Einfluss auf Meads Rezeption im deutschsprachigen Raum geht vom in der Gegenwart weltweit einflussreichen Philosophen und Soziologen Jürgen Habermas aus, der Meads Theorie an zentraler Stelle in seine 'Theorie des kommunikativen Handelns' einfließen lässt.[463] Habermas beurteilt Meads Einfluss als "in der Tat zentral für meinen ganzen Ansatz".[464] Mead zeigt in seiner pionierhaften Arbeit, dass Geist (mind) und Identität (self) gesellschaftliche Erscheinungen sind und versucht, die Unzulänglichkeiten der Individualpsychologie durch die Einbeziehung gesellschaftlicher Kategorien zu korrigieren.[465] Hier soll eine wichtige Passage aus der Einleitung von Charles W. Morris in Meads 'Mind, Self & Society' (dt. Geist, Identität und Gesellschaft) wiedergegeben werden:

> "Im Gegensatz zur traditionellen Psychologie vernachlässigt er nicht den gesellschaftlichen Prozess, in dem sich die menschliche Entwicklung abspielt; im Gegensatz zum traditionellen Sozialwissenschaftler vernachlässigt er auch nicht die biologische Ebene des gesellschaftlichen Prozesses [...]. Beide Extreme werden dadurch vermieden, dass er sich auf einen gesellschaftlichen Prozess sich gegenseitig beeinflussender biologischer Organismen bezieht, in dessen Ablauf durch die Interiorisierung der Übermittlung von Gesten [...] Geist und Identität entstehen. Ein drittes Extrem, den biologischen Individualismus, vermeidet er durch die

---

462 Vgl. (Mead, 1973 S. 2 ff.). Der Sozialbehaviorismus von Mead darf nicht mit dem Behaviorismus in der Psychologie nach John B. Watson verwechselt werden, der jegliches Verhalten auf einfache Reiz-Reaktions-Muster zurückführt (im eigentlichen Sinne linear-kausale, daher äusserst reduktionistische Erklärungsansätze für menschliches Verhalten). Im Gegenteil, Mead hält die Auffassung Watsons für unzulänglich und grenzt sich deutlich von ihr ab: "Diese allgemeinen Bemerkungen galten unserer Methode. Sie ist behavioristisch, sieht jedoch im Gegensatz zum Behaviorismus Watsons auch jene Teile der Handlung, die der Beobachtung von außen nicht zugänglich sind, und betont die Handlung des menschlichen Wesens innerhalb seiner natürlichen gesellschaftlichen Situation." (Mead, 1973 S. 46).

463 Vgl. (Wikipedia, 2002)

464 (Habermas zit. nach Horster, 1990 S. 30).

465 Vgl. (Mead, 1973 S. 17 ff.), wobei die Grundideen dazu bereits 1912 ausgereift waren, also vor rund hundert Jahren.

> Anerkennung der gesellschaftlichen Natur des zugrundeliegenden biologischen Prozesses, durch den sich Geist entwickelt."[466]

Dies weist auf zusätzliche Aspekte hin, die Stacey et al. bei 'Complex Responsive Processes of Relating' neben den bereits erörterten komplexitätstheoretischen Charakteristika anwenden. Die folgenden Ausführungen zu Meads Sozialpsychologie und deren Integration in 'Complex Responsive Processes of Relating' stützen sich im Wesentlichen in Form einer zusammenfassenden Übersetzung auf Staceys Übernahme von Meads Theorie und dessen Grundlagenwerk 'Geist, Identität und Gesellschadft'.[467]

5.2.3.1 Unbewusste Kooperation und Konkurrenz

Mead betrachtet die menschliche Gemeinschaft als Folge der Evolution von sozialen Säugetieren in Wechselwirkung mit dem sich entwickelnden Nervensystem. Daher untersucht er zuerst Interaktionen bei Säugetieren. Diese Interaktionen laufen unbewusst, d. h. ohne Selbstbewusstsein der Individuen, ab. Soziale Säugetiere verfügen jedoch über soziale Fähigkeiten. Zum Beispiel gehen Hunde durch konkrete Verhaltensweisen in einer spielerischen, aggressiven, kooperativen oder kompetitiven Weise wechselseitig aufeinander ein; dies stellt eine rudimentäre Form von sozialem Verhalten dar. Bei Tieren definiert Mead einen sozialen Akt als Geste bei einem Tier, die bei dem anderen Tier eine Antwort hervorruft; beide Gesten zusammen erzeugen eine Meinung oder Sinn für beide Tiere. Z. B. knurrt der eine Hund und das führt vielleicht auch zu einem Knurren oder zur Flucht oder zu einem unterwürfigen Ducken des anderen. Die Bedeutung oder der Sinn ist für beide Tiere beim ersten sozialen Akt des Knurrens und Gegenknurrens ein Kampf, während es beim zweiten sozialen Akt Sieg des einen über den anderen ist und beim dritten unmittelbare Dominanz und Unterordnung. Mead argumentierte, das Sinn nicht in der Geste allein liegt, sondern im sozialen Akt als Ganzes. Bedeutung entsteht also in der reagierenden (responsive) Interaktion zwischen Akteuren. Im Umkehrschluss folgt daraus, dass Sinn nicht zuerst bei einem Individuum entsteht, um nachfolgend in einer Aktion ausgedrückt zu werden. Sinngehalt wird nicht von einem

---

[466] (Mead, 1973 S. 18 f.).

[467] Vgl. (Stacey, 2001 S. 77-89) und (Mead, 1973). Im Weiteren wurde für diesen Abschnitt folgende Sekundärliteratur über Meads Sozialpsychologie herangezogen: (Joas, 1980), (Wagner, 1993), (Wenzel, 1990), (Röver, 2008), (Gehrke, 2007).

Individuum auf das andere übertragen; er entsteht in der Interaktion zwischen den beiden. Bedeutung ist nicht an ein Objekt gebunden, sondern wird fortwährend in der Interaktion kreiert. Mead beschreibt die Geste als ein Symbol, da sie auf eine Bedeutung hinweist. Aber die Bedeutung liegt nicht nur im Symbol an sich. Der Sinn erscheint nur in der Antwort auf die Geste und entsteht darum im gesamten sozialen Akt von Geste und Antwort. Bei dieser Betrachtung entsteht Sinn in der Handlung der lebendigen Gegenwart, in der die unmittelbare Zukunft (Antwort) zurückhandelt auf die unmittelbare Vergangenheit (Geste), um ihre Bedeutung zu ändern. Bedeutung ist nicht einfach in der Vergangenheit (Geste) lokalisiert oder in der Zukunft (Antwort), sie liegt in der zirkulären Interaktion zwischen den beiden in der lebendigen Gegenwart. Auf diese Weise ist die Gegenwart nicht einfach ein Punkt, sondern hat eine Zeitstruktur.[468] Mead argumentiert, dass die Gesten-Antworten-Muster von Kooperation und Konkurrenz eine Form von Gesellschaft konstituiert hat, die in der Natur vorkommt. Dabei bezieht er sich auf tierische und menschliche Gemeinschaften. Es ist wichtig anzufügen, dass es sich in Wirklichkeit nicht um eine isolierte, soziale Interaktion handelt, es gibt einen kontinuierlichen Prozess von Gesten und Antworten. Jede Geste ist eine Antwort auf eine frühere Geste, welche wiederum eine Antwort auf eine noch frühere Geste ist; dabei wird Geschichte konstruiert, vgl. dazu Abb. 13.

Jeder Interaktion ging also eine ganze Geschichte anderer Gesten und Antworten voraus und auf sie folgen weitere Gesten-Antworten-Interaktionen. Wenn die fundamentalen Aspekte von sozialer Interaktion zwischen zwei Individuen beschrieben werden, ist das eine Vereinfachung. Soziale Interaktionen finden selbstredend auch zwischen mehr als zwei Individuen statt. Mead betont die Wichtigkeit der Gruppe oder der Gesellschaft als Ganzes für seine Sozialpsychologie:

---

[468] Vgl. zum zeitlichen Aspekt des Phänomens Gegenwart oder Jetzt auch die beiden Neurowissenschaftler Hanson und Mendius, welche das Jetzt selbst in der Wahrnehmung eines Individuums als bewegliche Zeitspanne beschreiben, vgl. (Hanson et al., 2010 S. 263) und dabei auf Forschungsstudien von Neurowissenschaftlern und Philosophen verweisen, vgl. (Lutz et al., 2002), (Thompson, 2007). Die Phänomene Gegenwart oder Jetzt und Zeit sind enorm komplexe Themen, welche sowohl in Naturwissenschaften und Geisteswissenschaften großes Forschungsinteresse und vielfältigste Ergebnisse sowie Interpretationen hervorrufen. Die vorliegende Untersuchung kann sich aus Platzgründen nicht detaillierter mit dem Wesen der Zeit auseinandersetzen und basiert bei Betrachtungen darüber auf der zitierten Literatur.

> "Die Sozialpsychologie untersucht die Tätigkeit oder das Verhalten des Individuums, so wie es in den gesellschaftlichen Prozess eingebettet ist [...]. [...] Vielmehr gehen wir von einem gesellschaftlichen Ganzen, einer komplexen Gruppenaktivität aus, innerhalb derer wir (als einzelne Elemente) das Verhalten jedes einzelnen Individuums analysieren. [...] Für die Sozialpsychologie ist das Ganze (die Gesellschaft) wichtiger als der Teil (das Individuum), nicht der Teil wichtiger als das Ganze; der Teil wird im Hinblick auf das Ganze; nicht das Ganze im Hinblick auf den Teil oder die Teile erklärt."[469]

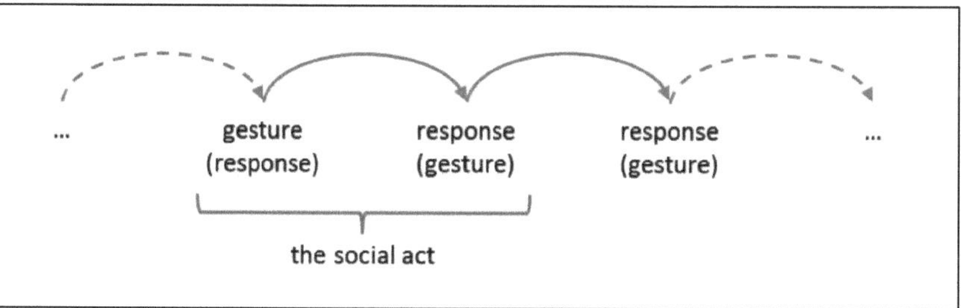

Abb. 13: Continuous social interactions (gestures and responses)[470]

Das Agieren und Interagieren findet in einem physikalischen Kontext statt, der einen fördernden, neutralen oder hemmenden Einfluss auf die Interaktion ausübt. Die Interaktion beeinflusst ihrerseits den physischen Kontext. Z. B. kann eine große Herde von Pflanzenfressern eine Vegetation abgrasen, was dazu führen kann, dass sich eine andere Vegetation entwickelt und anderen Lebewesen eine Grundlage bietet.

5.2.3.2 Bewusste Kooperation und Konkurrenz

Mead ist der Ansicht, dass sich Menschen aus Säugetieren entwickelt haben müssen mit ähnlichen sozialen Strukturen, wie sie bei heute lebenden Säugetieren, wie oben beschrieben, auch vorhanden sind. Seine Argumentation lässt sich folgendermaßen darstellen: Die

---

469 (Mead, 1973 S. 45).

470 Entnommen aus (Luoma, 2007 S. 286).

Säugetiervorfahren der Menschen haben ein Nervensystem entwickelt, das sie befähigte, so mit anderen über Gesten zu kommunizieren, dass die Gesten in ihnen selbst wie auch bei den Beobachtern der Gesten die gleichen neuronalen Reaktionen hervorrufen. So erzeugt das Knurren eines Tieres bei ihm selbst die gleichen flüchtigen Gefühle, wie ein Gegenknurren eines anderen Tieres. Dabei fühlt er das Gleiche, wie das Tier, dem das Knurren als Geste galt. Die Geste als Symbol erhält damit eine völlig andersartige Rolle. Mead hat eine solche Geste als signifikantes Symbol bezeichnet. Ein signifikantes Symbol ruft die gleiche Antwort bei dem, der eine Geste vollzieht, hervor, wie bei dem Gegenüber, dem die Geste gilt. Das bedeutet, dass es signifikante Symbole für den Ausführenden der Geste möglich machen, zu 'wissen', was er tut oder mit anderen Worten, zu fühlen, was er beim Gegenüber auslöst.

5.2.3.3 Der Körper und Gefühle

Durch die Fähigkeit, zu fühlen, was eine Geste in einem anderen Menschen auslöst, wird es möglich, intuitiv etwas über den Umfang möglicher Antworten des anderen zu erkennen. Diese Fähigkeit, im eigenen Körper etwas Ähnliches zu erfahren wie das, was ein anderer erfährt als Reaktion auf eine Geste, wird zur Grundlage von Wissen und Bewusstsein. Gemäß der Theorie von Mead ist der Körper und damit auch das Nervensystem zentral, um zu verstehen, wie Individuen zu Wissen über andere gelangen. Mead bezeichnet Interaktionen ausdrücklich als Aktionen zwischen Körpern. Er vertritt die Ansicht, dass jede Erklärung über Interaktion konsistent sein muss mit den Fähigkeiten des Nervensystems. Das Nervensystem muss es demjenigen, der eine Geste ausführt, ermöglichen, dass die Geste bei ihm eine ähnliche Antwort hervorruft, wie bei dem, dem die Geste gilt. Das erläutert Mead mit folgendem Beispiel:

> "Ruft jemand einer gefährdeten Person schnell etwas zu, so hat er in sich selbst die Haltung des Wegspringens ausgelöst, obwohl die Handlung nicht stattfindet. Er selbst ist nicht in Gefahr, doch sind in ihm jene spezifischen Elemente präsent, die wir mit dem Begriff Sinn umschreiben. Im Hinblick auf das Zentralnervensys-

> tem bedeutet das, dass man die Stränge erregt, die das tatsächliche Wegspringen auslösen würden."[472]

Der gesamte soziale Akt und damit auch der in ihm liegende Sinn kann antizipativ erfahren werden, indem der gesamte Akt im handelnden Individuum selbst ausgeführt wird, was Möglichkeiten eröffnet, über eine Geste im Voraus zu reflektieren und zu wählen, ob sie ausgeführt werden soll. Zudem hat der Antwortende seinerseits dieselbe Möglichkeit, über seine Reaktionen zu reflektieren, und zu wählen, wie er reagieren will. Der Beginn einer Geste kann vom Gegenüber als Indikation wahrgenommen werden, wie sich weitere Gesten nach seiner Antwort entwickeln können. Auf diesem Weg indizieren die beiden Individuen, wie sie einander begegnen in dem kontinuierlichen Kreis, bei dem eine Geste eine Antwort hervorruft, welche wiederum eine Geste darstellt und so weiter. Diese Fähigkeit hat das offensichtliche Potential für verfeinerte Kooperation.

5.2.3.4 Bewusstsein und Bedeutung

Die Resonanzkapazität, die in einem Individuum dieselbe Reaktion hervorruft, wie im Gegenüber, ist eine rudimentäre Form von Bewusstsein, die wie auch der gemeinsam geschaffene Sinn in der sozialen Konversation von Gesten auftritt. Damit entsteht auch das Potential für verfeinerte Zusammenarbeit. Menschliche soziale Formen und menschliches Bewusstsein treten gemeinsam auf und formen sich gegenseitig. Das eine ist ohne das andere nicht möglich. Wenn Individuen in dieser Form interagieren, ist es möglich, vor dem Ausführen einer Geste inne zu halten. In einer Art eines privaten Rollenspiels (Rollenspiel mit sich selbst), entstanden durch wiederholte Erfahrungen von öffentlicher Interaktion (Interaktion mit anderen), erlernt ein Individuum, die Haltung des anderen einzunehmen. Damit wird simuliert, welche Reaktion auf die Geste folgen könnte: Wird sie Aggression hervorrufen, Furcht, Flucht oder Unterwerfung. Was sind die Konsequenzen in diesen Fällen? Diese Simulation läuft ab, bevor die Geste zu Ende geführt wurde und zuweilen auch schon, bevor sie begonnen wurde.

---

[472] (Mead, 1973 S. 136), vgl. auch die engl. Originalversion (Mead, 1934 S. 96). Mead verstarb 1931. Seine Theorie, dass das Nervensystem die Fähigkeit besitzt, Zustände von anderen Individuen im eigenen Körper zu erahnen, ist mindestens sechzig Jahre vor der Entdeckung der Spiegelneuronen von ihm begründet worden.

Auf diese Art entwickelt sich rudimentäres Denken in der Form von privatem Rollenspiel, indem der Körper neuronale Reaktionen auf seine eigenen Gesten erfährt. Mead sagt, dass Menschen fundamental rollenspielende Tiere sind. Dieses Argument betont die Wichtigkeit des Spielens bei der Evolution von verfeinerten Formen der Kooperation, d. h. von verfeinerten Formen von Gesellschaften. Bis zu diesem Punkt setzt die Argumentation noch nicht voraus, dass eine Sprachfähigkeit vorliegt. Das simultane, private und öffentliche Rollenspiel läuft ohne Sprache ab. Stattdessen greift es auf das Medium der signifikanten Symbole zurück, das sind z. B. Gefühle, Körperzustände oder Aktionen. Zusammen ergeben sie eine 'Konversation von Gesten in signifikanten Symbolen'.

Darauf basierend, argumentierte Mead, dass die vokale Geste besonders gut dazu geeignet ist, dieselben Gefühle, Körperzustände oder Aktionen bei sich selbst und bei anderen hervorzurufen. Das liegt daran, dass Menschen ihre eigenen Laute in ähnlicher Weise selbst hören können, wie sie von anderen gehört werden, während beispielsweise Gesichtsausdrücke, von dem Menschen, der sie macht, selbst nicht gesehen werden können, das Gegenüber sie hingegen sehr deutlich wahrnimmt. Die Entwicklung von verfeinerten Mustern von wörtlichen Gesten, also die sprachliche Form von signifikanten Symbolen, ist von grundlegender Bedeutung für die Entwicklung von Bewusstsein und von verfeinerten Formen von Gesellschaften. Bewusstsein als Form von Geist und Gesellschaft spiegeln sich im Medium der Sprache wider. Da Sprechen und Hören körperliche Aktivitäten sind und Körper nie ohne Gefühle sind, darf dabei nicht vergessen werden, dass das Medium der Sprache immer auch ein Medium der Gefühle ist. Bei privaten und öffentlichen Rollenspielen jedes Teilnehmers in einer sozialen Handlung sind neben den Gesten immer die verkörperten Gefühle vorhanden und die Körper der Teilnehmer weisen bei der Interaktion eine direkte Resonanz zueinander auf. Die simultanen und öffentlichen Konversationen von Gesten finden durch das Medium der signifikanten Symbole, vor allem durch Sprache, statt und es ist diese Kapazität für symbolische Mediation von kooperativer Aktivität, die Menschen wesentlich von Tieren unterscheidet.[473] Sinn wird damit vor allem durch Gesten und Antworten in Form von sprachli-

[473] Tomasello kommt in seiner 'Evolutionären Anthropologie' zu kongruenten Schlüssen, wie sich Sprache aus Gesten entwickelt hat in der menschlichen Kommunikation basierend auf dem Vermögen des rekursiven Erkennens geistiger Zustände (ich weiss, dass du weisst, dass ich weiss), was zum Verstehen individueller Intentionalität und zur Fertigkeit

chen Symbolen konstituiert, wobei die Symbole auch immer Gefühlszustände verkörpern. Bewusstsein und Geist entstehen durch Gesten ausführende und Antworten gebende Aktivität von Körpern in Interaktion und sind damit Teil des gesellschaftlichen Prozesses. Mead hat die soziale Bedingtheit von Geist in seiner Theorie unter Bezugnahme des verkörperten Nervensystems hergeleitet und schließlich als zentralen Aspekt verankert:

> "Es ist absurd, Geist einfach aus der Sicht des einzelnen menschlichen Organismus zu sehen. Denn obwohl dort sein Sitz ist, handelt es sich um ein wesentlich gesellschaftliches Phänomen; sogar seine biologischen Funktionen sind primär gesellschaftlicher Natur. Die subjektive Erfahrung des Einzelnen muss mit der natürlichen, sozial-biologischen Tätigkeit des Gehirns verknüpft werden, wenn man Geist annehmbar erklären will; und das kann nur dann geschehen, wenn die gesellschaftliche Natur des Geistes anerkannt wird. [...] Wir müssen Geist daher so verstehen, dass er aus dem gesellschaftlichen Prozess erwächst und sich in ihm entwickelt, innerhalb der empirischen Matrix des gesellschaftlichen Zusammenspiels. [...] Die durch das menschliche Gehirn ermöglichten Erfahrungsprozesse werden nur durch eine Gruppe sich gegenseitig beeinflussender Individuen möglich: nur für einzelne Organismen, die Mitglieder einer Gesellschaft sind, nicht aber für einen einzelnen Organismus, der von anderen Organismen isoliert ist."[474]

---

und Motivation geteilter Intentionalität befähigt hat in der Entwicklungsgeschichte. Lernen, Flexibilität und Aufmerksamkeit für das Gegenüber werden dabei als grundlegende Merkmale der menschlichen Kommunikation genannt, vgl. (Tomasello, 2011 S. 20 ff.). Dies wiederum ist kohärent mit der von Rizzolatti und Sinigaglia beschriebenen Bedeutung der Spiegelneuronen bei der Entwicklung der menschlichen Kommunikation zuerst mit Gesten und später auch mittels Sprache, vgl. (Rizzolatti et al., 2008 S. 162). Auch Maturana und Varela betonen aus biologischer Sicht die enorme Bedeutung der menschlichen Sprache als Folge der evolutionären Entwicklung von rekursiver sozialer Interaktion zur Koordination von Handlungen, vgl. (Maturana et al., 2010 S. 227 ff.), (Maturana, 1994) und (Maturana, 1987 S. 295 ff.).

[474] (Mead, 1973 S. 174 f.). Ähnlich und pointiert dazu Fuchs: "Das Gehirn allein vermag gar nichts. [...] Kultur existiert somit mehr *zwischen* Gehirnen als *in* ihnen." (Fuchs, 2013 S. 50 f.).

In Meads Theoriegebäude ist der menschliche Geist weder der Gesellschaft vorangegangen noch umgekehrt, die Gesellschaft dem menschlichen Geist. Ebenso sind menschliche Gemeinschaften nicht möglich ohne menschlichen Geist und menschlicher Geist ist nicht möglich in der Abwesenheit von menschlicher Gemeinschaft.

5.2.3.5 Die soziale Haltung

Mead geht noch weiter in seiner Argumentation und erörtert, wie sich das private Rollenspiel weiterentwickelt in zunehmend komplexeren Formen. Mit steigender Anzahl von Interaktionen mit anderen nehmen die möglichen Rollen und die Bereiche von möglichen Antworten zu, die in die rollenspielende Aktivität eingehen, die der Geste vorausgeht. Auf diesem Weg entwickelt sich die generelle Fähigkeit, die Haltung von anderen einzunehmen. Jeder, der in einer Konversation von Gesten engagiert ist, kann systematisch und generalisiert die Haltung des anderen einnehmen; diese Rollenübernahme des anderen nennt Mead den 'generalisierten anderen' (generalized other). Schließlich entwickeln Individuen die Fertigkeit, die Haltung der ganzen Gruppe oder Gesellschaft zu übernehmen. Mead nennt das 'Game'; das Individuum übernimmt die Haltungen der Gruppe (der am Spiel Beteiligten), erkennt die Beziehungen zwischen den Teilnehmern und ist sich der Zugehörigkeit zur Gruppe bewusst. Mit Hilfe der Verständlichkeit der verschiedenen Rollen und der Fähigkeit zur Rollenübernahme kann das Individuum die soziale Perspektive der Gruppe einnehmen. Mead beschreibt die Einnahme der sozialen Perspektive des Individuums folgendermaßen:

> "The social perspectives exist in the experience of the individual in so far as it is intelligible, and it is its intelligibility that is the condition of the individual entering into the perspectives of others, especially of the group."[475]

Damit haben sich Wesen entwickelt, die fähig sind, die soziale Haltung einer Gruppe bei ihren Gesten und Antworten, also bei ihren Interaktionen, einzunehmen. Das resultiert in einem sehr elaborierten Prozess kooperativer Interaktion. Es existiert ein bewusstes, soziales Verhalten mit zunehmend feinerem Sinn für Bedeutung und einer steigenden Fähigkeit zur effizienten Anwendung von Werkzeugen, um den Kontext gestalten zu können, in dem die interagierenden Menschen leben.

---

[475] (Mead, 1926 S. 78). Vgl. auch (Baecker, 2014 S. 25 f.).

5.2.3.6 Das Entstehen von Identität

Der nächste Schritt im evolutionären Prozess ist die Verbindung von Haltungen von spezifischen anderen und der ganzen Gruppe mit einem 'mich' (engl. 'me'). D. h. dass sich die Fähigkeit entwickelt, die Haltung von anderen nicht nur bei den eigenen Gesten einzunehmen, sondern auch in Bezug auf sich selbst. Mead legt dar, "that a 'me' is inconceivable without an 'I'."[476] Das 'mich' ist die Konfiguration der Gesten und Antworten der anderen und der ganzen Gruppe in Bezug auf sich selbst als Subjekt, also dem 'ich' (engl. 'I'). Es hat sich mit dem 'mich' die Fähigkeit entwickelt, sich selbst als Objekt zu erfahren, einem 'mich', und dies ist die Fertigkeit, die Haltung der Gruppe nicht nur bei den Gesten einzunehmen, sondern auch im Bezug auf die eigene Person. Zur Beziehung zu sich selbst im Kontext der gespiegelten Haltung der Gruppe macht Mead folgende Aussage:

> "Der Einzelne erfährt sich – nicht direkt, sondern nur indirekt – aus der besonderen Sicht anderer Mitglieder der gleichen gesellschaftlichen Gruppe oder aus der verallgemeinerten Sicht der gesellschaftlichen Gruppe als Ganzer, zu der er gehört. [...] Wo man aber auf das reagiert, was man an einen anderen adressiert, und wo diese Reaktion Teil des eigenen Verhaltens wird, wo man nicht nur sich selbst hört, sondern sich selbst antwortet, zu sich genauso wie zu einer anderen Person spricht, haben wir ein Verhalten, in dem der Einzelne sich selbst zum Objekt wird."[477]

Eine Identität als Beziehung zwischen 'mich' und 'ich' ist aufgetaucht sowie ein Bewusstsein über diese Identität, d. h. Selbst Bewusstsein.[478] In dieser Interaktion ist das 'ich' die Antwort auf die Gesten der Gruppe zu sich selbst, dem 'mich'. Das 'mich' ist die Haltung der anderen zum 'ich'.

---

[476] (Mead, 1913 S. 374). Mead verwendet im Englischen 'me' und 'I', vgl. (Mead, 1934 S. 173). In der deutschen Übersetzung seines Hauptwerkes wird für 'me' die Nomenklatur 'ICH', für 'I' die Nomenklatur 'Ich' verwendet, vgl. (Mead, 1973 S. 216). Diese Nomenklatur ist etwas umständlich, 'mich' kommt dem 'me' näher und 'ich' entspricht 'I', daher wird in der vorliegenden Arbeit diese Terminologie gewählt.

[477] (Mead, 1973 S. 180 f.).

[478] 'Self' wird in der deutschen Version von 'Mind, self & society' mit 'Identität' übersetzt, vgl. (Mead, 1934) sowie (Mead, 1973). Die vorliegende Arbeit folgt dieser Übersetzung.

Mead betont, dass dieses 'ich' zu seiner Wahrnehmung der Haltung der Gruppe bei sich (dem 'mich') nicht in vorgegebener Weise antwortet, es ist immer potentiell unvorhersehbar in dem Sinne, dass es nicht determiniert ist, wie das 'ich' dem 'mich' antwortet. Jedes Individuum kann deshalb auf viele verschiedene Arten reagieren auf seine Wahrnehmung der Sichten von anderen auf es selbst. Mit diesem Entwicklungsschritt ist eine vollständig menschliche Gesellschaft entstanden und gleichzeitig mit vollständigem Geist der Individuen sind auch vollständige Identitäten entstanden. Keines dieser Phänomene ist fundamentaler als das andere, keines kann existieren ohne das andere. Das Soziale in menschlichen Dimensionen ist ein hochgradig komplexer Prozess von kooperativer Interaktion zwischen Menschen mit dem Vehikel von Symbolen, um gemeinsame Aktivitäten zu unternehmen.[479] Solche elaborierte Interaktion könnte nicht stattfinden ohne selbst-bewussten Geist von Individuen und umgekehrt könnte ein selbst-bewusster Geist nicht existieren ohne diese elaborierte Form von Kooperation. Es könnte deshalb kein privates Rollenspiel mit stiller Konversation eines Körpers mit sich selbst geben, wenn es keine öffentliche Interaktion in derselben Form gäbe. Mit den Worten von Mead:

> "The self [Identität, F. R.] is essentially a social process going on with these two distinguishable phases ['mich' und 'ich', F. R.]. If it did not have these two phases there could not be conscious responsibility, and there would be nothing novel in experience."[480]

---

[479] Cozolino weist auf die gegenseitige Beeinflussung von größeren sozialen Gruppen im Verlaufe der Evolution und der größeren Fläche der Hirnrinde hin, um zunehmend komplexere Interaktionsmuster und Symbole zu verarbeiten: "Diese Koevolution von Sprache *und* Gehirn ermöglichte die Entwicklung höherer Ebenen des symbolischen und abstrakten Funktionierens. Mit anderen Worten, Beziehungen sind fundamentale und notwendige Bausteine in der Evolution des heutigen menschlichen Gehirns." (Cozolino, 2007 S. 24).

[480] (Mead, 1934 S. 178). Eine zu Mead korrespondierende Position vertritt der deutsche Sozialpsychologe Harald Welzer: "Individualisierung und Sozialisierung sind also keineswegs Gegensätze, sondern fallen zusammen. Ontogenese und Soziogenese sind lediglich zwei Aspekte ein- und desselben Vorgangs." (Welzer, 2012 S. 76). Welzer ist zusammen mit H. J. Markowitsch Co-Autor von 'Das autobiographische Gedächtnis: Hirnorganische Grundlagen und biosoziale Entwicklung', vgl. (Markowitsch et al., 2006). U. a. ist er Direktor des Centers for Interdisciplinary Memory Research in Essen. Übereinstimmend mit Welzer, stellt sich die Entwicklungstheorie des Bewusstseins des Psychologen Stanley Greenspan

Geist, Identität und Gesellschaft sind sich gegenseitig bedingende, gleichwertige Prozesse in dialogorientierter Form.[481] Diese Prozesse, die immer Körper und Gefühle einschließen, machen menschliche Erfahrung aus, wobei die Prozesse von Geist und Identität auch außerhalb von individuellen Körpern zwischen Menschen, in der Beziehung zwischen ihnen, stattfinden.[482] Harald Welzer schreibt dem autobiografischen Gedächtnis für diese wichtigen Synchronisierungsprozesse zwischen Individuum und Gemeinschaft bei der menschlichen Spezies eine hervorragende Rolle zu:

> "Das autobiografische Gedächtnis ist also eine bio-psycho-soziale Instanz, die das Relais zwischen Individuum und Umwelt, zwischen Subjekt und Kultur stellt. [...] Das autobiografische Gedächtnis erlaubt nicht nur, Erinnerungen als *unsere* Erinnerungen zu markieren, sondern es bildet auch die temporale Feedbackmatrix unseres Selbsts, mit der wir ermessen können, wo und wie wir uns verändert haben und wo und wie wir uns gleichgeblieben sind. Und es bietet eine Abgleichmatrix zu den Zuschreibungen, Einschätzungen und Beurteilungen unserer Person, die unser soziales Umfeld unablässig praktisch vornimmt."[483]

In dieser Theorie existieren individueller Geist und Identität, aber sie entstehen in der Beziehung zwischen Menschen und nicht innerhalb eines isolierten Individuums.[484] Jedoch werden die Prozesse von Geist und Identität in einem Körper durch Gefühlszustände erfahren. In diesem Zusammenhang ist es wichtig zu betonen, dass das private Rollenspiel mit stiller

---

dar, welcher entwickeltes Bewusstsein sozusagen mit Empathie gleichsetzt wenn er es umschreibt als, "die Fähigkeit, die grundlegenden menschlichen Emotionen in uns selbst und anderen zu erfahren und, bezogen auf unsere Familie, unsere Gesellschaft, unsere Kultur und unsere Umwelt, über sie zu reflektieren." (Greenspan et al., 1997 S. 153).

481 Vgl. auch (von Brück, 2012 S. 138). Von Brück stellt dar, dass die Wirklichkeit ein Resultat interaktiver Wahrnehmungsprozesse ist, was bedeutet, dass wir Wirklichkeit nicht 'haben', sondern 'schaffen'; die Wirklichkeit wird bestimmt durch Konsens gesellschaftlicher Normen. Diese Position, welche mit Meads Ansatz konvergent ist, weist auch auf die Nähe zur konstruktivistischen Sichtweise bei der Meadschen Sozialpsychologie hin.

482 Vgl. auch (Hüther, 2011c S. 186 f.), (Kornfield, 2008 S. 42).

483 (Welzer, 2012 S. 78).

484 Vgl. (Hüther, 2011c S. 26). Damit sind mit dem heutigen neurobiologischen Wissen direkt die Spiegelneuronen angesprochen.

Konversation des Geistes und der Identität – es spricht das 'ich' und das 'mich' hört zu[485] – nicht auf Basis einer durch Erfahrung statisch im Gedächtnis repräsentierten und vorgegebenen Realität determiniert ist. Es ist vielmehr eine fortlaufende, spontane Aktion mit sich wiederholenden Aktionsmustern von Kontinuität, Gleichheit und Identität. Gleichzeitig kann es eine potenzielle Transformation dieser Identität bewirken. Wie die Interaktion zwischen Körpern, also das Soziale, ist die Interaktion eines Körpers mit sich selbst beides, also einerseits Repetition von Gewohnheiten und andererseits auch das Potential für Veränderung. Der Prozess kreiert stets neue bedeutungsvolle Erfahrungen. Dabei wird die fundamentale Wichtigkeit des Individuums beibehalten und der fundamentalen Wichtigkeit des Sozialen Rechnung getragen. Kontinuität und potenzielle Transformation sind immer gleichzeitig präsent. Für Stacey sind diese Prozesse "the basic forms of what I am calling Complex Responsive Processes of Relating."[486] Abb. 14 bildet 'Complex Responsive Processes of Relating' ab. Stacey weist explizit darauf hin, dass Meads Interaktionstheorie keinesfalls in die Nähe von sozialem Determinismus gebracht werden darf. Wenn beim Individuum eine Antwort auf eine Geste von einem anderen hervorgerufen wird, dann ist die hervorgerufene Antwort nicht von außen determiniert. Meads Diskussion über das 'ich' macht die Nicht-Determiniertheit deutlich. Sie trägt das Potential zur Nicht-Reflexhaftigkeit oder zur nicht linear-kausalen Handlungsreaktion in sich. Dass er in der Lage ist zu denken, bevor er antwortet, macht gerade das Wesen des Menschen aus, er kann also 'Denken' zwischen Geste und Antwort schieben, was zu alternativen Antworten und damit zu Aktionsvarietät befähigt. Das gibt dem Individuum Autonomie, die zwar nicht absolut ist, sondern relativ, da Individuen immer auch gegenseitig voneinander abhängen, so sind Menschen sowohl autonome als auch interdependente Wesen.[487]

---

[485] Vgl. (Mead, 1987 S. 424).

[486] (Stacey, 2001 S. 89).

[487] Vgl. (Stacey, 2001 S. 91), auch (Mead, 1973 S. 131 ff.). Diese Form der Interdependenz zwischen Mitgliedern von Gruppen, welche nicht absolut ist, und der Autonomie des einzelnen Mitgliedes einer Gruppe, welche auch keinesfalls absolut ist, korrespondiert mit den maßgeblichen Darstellungen zu Freiheit und freiem Willen des zeitgenössischen Philosophen Peter Bieri, vgl. (Bieri, 2011a). Hüther verwendet für dieses Phänomen, dass Mitglieder von Gemeinschaften gleichzeitig verbunden und frei sind, den Terminus 'individualisierte Gemeinschaften', vgl. (Hüther, 2011c S. 46 ff.). Der Neurowissenschaftler und Mitentdecker der Spiegelneuronen Gallese begründet und unterstreicht auf Basis

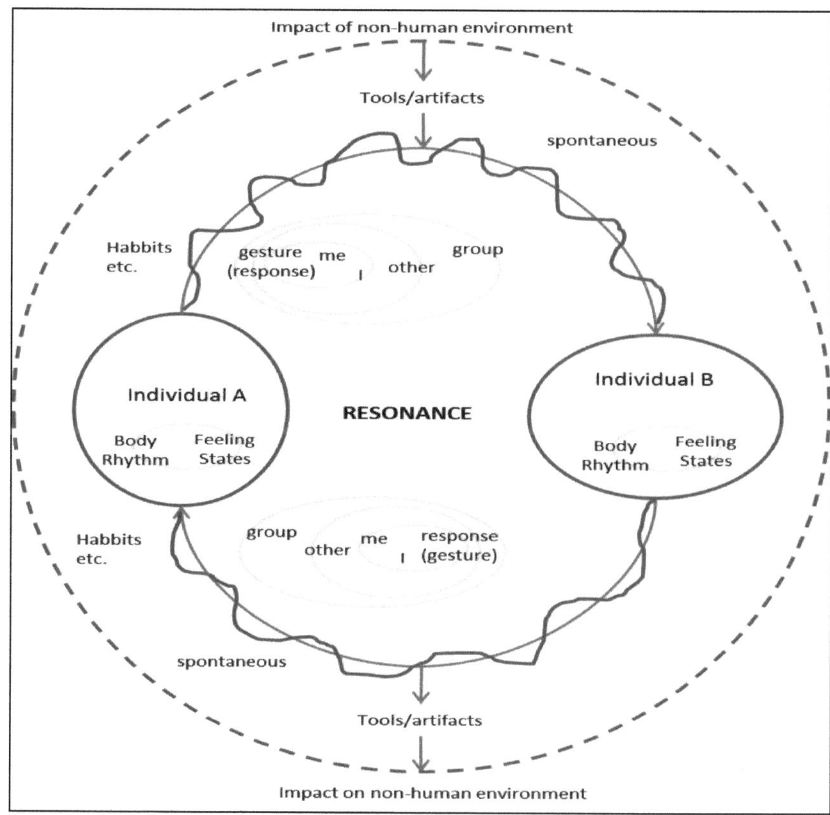

Abb. 14: 'Complex Responsive Processes of Relating' als Emergenz des Individuums und des Sozialen[488]

Die Handlung des 'ich' kann somit grundsätzlich nicht im Vorhinein bestimmt werden:

> "I want to call attention particularly to the fact that this response of the 'I' is something that is more or less uncertain. The attitudes of others which one assumes as affecting his own conduct constitute the 'me', and that is something that

der Wirkungsweise von Spiegelneuronen das 'I' und 'me' von Mead in folgender Weise: "There are indeed at least 2 types of identity to be explained: (1) the identitiy we experience as *individual* organisms by means of which the self is uniquely individuated (i-identity), and (2) the identity we experience in *other individuals*, by means of which the self is identified within a larger community of other beings (s-identity)." (Gallese, 2003 S. 172).

488 Entnommen aus (Stacey, 2001 S. 97).

is there, but the response to it is as yet not given. [...] The 'I' gives the sense of freedom, of initiative."[489]

Die Ausprägungen von 'mich' und 'ich' sind dabei von Individuum zu Individuum verschieden stark ausgebildet:

"We speak of a person as a conventional individual; his ideas are exactly the same as those of his neighbors; he is hardly more than a 'me' under the circumstances; his adjustments are only the slight adjustments that take place, as we say, unconsciously. Over against that there is the person who has a definite personality, who replies to the organized attitude in a way, which makes a significant difference. With such a person it is the 'I' that is the more important phase of the experience. Those two constantly appearing phases are the important phases in the self."[490]

Stacey folgert daraus, dass deshalb eine Antwort gleichzeitig durch eine Geste eines anderen hervorgerufen und durch die Geschichte, Biologie, Individualität und Sozialisation des Antwortenden gewählt oder abgerufen wird. Damit schließt die Antwort im lebendigen Jetzt (in the living present) Geschichte, Kontext und körperliche Interaktion ein; die Quelle von möglicher Veränderung ist nicht beim Individuum allein lokalisiert, sondern entsteht aus allen Faktoren gemeinsam.[491] Diese Perspektive sei in gewissem Sinne der des sozialen Konstruktionismus ähnlich, insbesondere, da beide ihre Überlegungen anhand von menschlichen Beziehungen konkretisieren.[492] Es gäbe aber bedeutende Unterschiede. Bei Mead existiere kei-

[489] (Mead, 1934 S. 176 f.).

[490] (Mead, 1934 S. 200).

[491] Diese Überlegungen zur Verhaltensflexibilität bei sozialen Interaktionen und zum Einfluss des Kontextes der Interaktion von Mead und Stacey werden gestützt durch die neurowissenschaftlichen Ergebnisse der Empathieforschung, vgl. (Singer, et al., 2009 S. 88 ff.). Hüther/Spannbauer sehen in der Förderung der Interaktion der Mitglieder einer Systems die Möglichkeit, dass neues Potenzial freigesetzt und entfaltet werden kann, (Hüther et al., 2012 S. 12).

[492] (Stacey, 2001 S. 91 f.). Mead wird je nach Autor auch zu den sozialen Konstruktionisten gezählt, vgl. z. B. (Van der Lans, 2001 S. 23), oder als einflussreicher Vordenker für diese Richtung, vgl. z. B. (Burr, 2003 S. 193), (Lock et al., 2010 S. 11). Wichtig ist dabei, zu beachten, dass seine Konstruktion von Gesellschaft das Individuum und das Soziale immer als eine Ebene betrachtet hat im Unterschied zur Hauptströmung der sozialen Konstruk-

ne Aufspaltung zwischen Individuum und Sozialem wie so oft beim sozialen Konstruktionismus, bei dem die soziale Ebene der individuellen Ebene vorausgehe und dieser übergeordnet sei.[493] Das Individuum gehe bei Mead nicht verloren und daher bleibt es auch verantwortlich für seine Aktionen. Wenn man die Fähigkeit besitze, die Haltung der anderen bei sich selbst hervorzurufen und damit die Fähigkeit zum privaten Rollenspiel durch Denken und Reflexion besitzt, dann habe man die Pflicht zur Verantwortung für seine Handlungen

---

tionisten, welche das Soziale als prioritär definiert und das Individuum somit vollständig im Sozialen aufgeht: "Wir bestehen auseinander" (Gergen, 2002 S. 174).

493 Vgl. zur Überwindung des Dualismus zwischen Individuum und Sozialem bei Mead auch (Jörissen, 2000 S. 59): "Kern des Meadschen Identitätsbegriffs ist die Bemühung um ein Subjektverständnis, welches den kartesianischen Dualismus von Ich *(res cogitans)* und Welt *(res extensa)* auf allen Ebenen überwindet und ein [...] Vermittlungsmodell an dessen Stelle setzt. Daher kann für Mead kein *unmittelbares* Selbstverhältnis existieren: jede mögliche Beziehung zu sich selbst setzt eine entsprechende Welt voraus, aus der heraus bzw. über die vermittelt das Individuum sich gewinnt, indem es sich in Prozessen der Haltungs-, Rollen- oder Perspektivenübernahme ihre Strukturen und Inhalte aneignet." Auch Maturana betont ausdrücklich, dass es aus seiner Sicht selbst biologisch gesehen "keinen Widerspruch zwischen dem Sozialen und dem Individuellen gibt. Das Soziale und das Individuelle sind im Gegenteil faktisch untrennbar miteinander verbunden." (Maturana, 1987 S. 301). Eine analoge Position kommt bei Merleau-Ponty, einem der Hauptverteter der phänomenologischen Richtung innerhalb der Philosophie, zum Ausdruck: "The communication or comprehension of gestures come about through the reciprocity of my intentions and the gestures of others, of my gestures and intentions dicernible in the conduct of other people. It is as if the other person's intention inhabited my body and mine his." (Merleau-Ponty, 1945/1962). Vittorio Gallese, Mitglied von Rizzolattis Forschungsgruppe der Spiegelneuronen, macht unter Rückgriff auf die Spiegelneuronen dazu folgende Aussage: "Self and other relate to each other, as they both represent opposite extensions of the same correlative and reversible system *self/other*. The observer and the observed are part of a dynamic system governed by *reversibility rules*." (Gallese, 2003 S. 176). Auch die Position des konstruktivistischen deutschen Soziologen Peter Hejl geht in dieser bedeutenden Fragestellung in dieselbe Richtung und soll hier widergegeben werden: "Wenn man über die Charakteristika sozialer Systeme nachdenkt, dann wird deutlich, dass das Merkmal, das sie am stärksten von anderen Systemen unterscheidet, die notwendige Ausbildung von parallelisierten Zuständen in den interagierenden lebenden Systemen ist. Diese parallelisierten Zustände lebender Systeme, die man als physiologische Basis sozial erzeugter gemeinsamer Realitäten, von Sinn und Bedeutung, annehmen kann, sind Resultate sozialer Interaktion und die Bedingung weiterer Interaktionen der gleichen Art. Obwohl es nicht möglich ist, die Entstehung dieser Zustände dadurch zu rekonstruieren, dass man *isolierte* Individuen betrachtet, weshalb *jeder Reduktionismus ausgeschlossen* ist, können diese Zustände auch nicht erklärt werden, wenn die Individuen nicht berücksichtigt werden. Wegen dieser zentralen Rolle sozial ausgebildeter Zustände der lebenden Systeme *schlage ich vor, soziale Systeme als 'synreferentiell'* zu bezeichnen." (Hejl, 1987 S. 327).

gegenüber anderen, selbst wenn man nicht wissen könne, was die Konsequenzen dieser Handlungen sein werden. Moralische Verantwortung sei gleichzeitig individuell und sozial. Es gäbe keine Verschiebung von ethischer Verantwortung vom 'ich' zum 'wir', wie oft von Vertretern sozial-konstruktionistischer Positionen argumentiert würde. Mead habe mit Nachdruck auf das Soziale als moralische Ordnung und auf die ethische Verantwortung des Einzelnen innerhalb dieser Ordnung verwiesen.[494] Eine Textpassage von Mead soll dies verdeutlichen:

> "Meiner Meinung nach fühlen wir alle, dass man die Interessen anderer auch dann anerkennen muss, wenn sie den eigenen Interessen entgegenstehen, und dass der dieser Erkenntnis folgende Mensch nicht etwa sich selbst opfert, sondern zu einer umfassenderen Identität wird."[495]

5.2.3.7 Keine Aufsplitterung zwischen Individuum und Sozialem

Die Vermeidung der Aufsplitterung zwischen Individuum und Sozialem als Analyseebene bei Mead durch die Bildung seines Identitäts- und Geistesbegriffes in seiner sozialpsychologischen Theorie unterscheidet sich fundamental von dem Mainstreamdenken in Managementlehre und -praxis.[496] Wie im Unterkapitel 5.2 bereits ausgeführt, basiert der Mainstream-Standpunkt der Managementlehre darauf, dass Führungskräfte und Manager als Individuen die Organisation und die Umwelt der Organisation analysieren können und über ihre Entscheidungen und die daraus folgenden Aktionen die Organisation in linear-kausaler Weise in die richtige Richtung lenken können. Das ist einerseits ein mechanistisches, auf Linearität basierendes und andererseits ein individualistisches Denkgebäude: Das Individuum kommt zuerst; das Individuum verändert soziale Situationen. Es existiert eine Aufspaltung in die individuelle Ebene und die soziale Ebene. Diese individualistische Sichtweise auf Kosten einer Sichtweise, die Beziehungen in das Zentrum der Betrachtungen stellt, ist ein Hauptgrund für die Kritik von Stacey et al. an der dominanten Hauptströmung der heutigen Managementlehre:

---

494 Vgl. (Stacey, 2001 S. 91 f.).
495 (Mead, 1973 S. 437).
496 Vgl. zu den Betrachtungen der Anlayseebenen von menschlichem Sozialverhalten auch (Stacey et al., 2000 S. 171 ff.).

> "This is the easy route to follow, of course, because it is so consistent with the individual-centered psychological assumptions underlying the dominant discourse."[497]

Gerade umgekehrt verhält es sich mit dem sozialen Konstruktionismus nach Gergen. Dem Sozialen wird Priorität eingeräumt; die Individuen werden ausschließlich über das Soziale definiert.

> "Social constructionism traces commitments to the real and the good to social processes. As proposed, what we take to be knowledge of the world grows from relationship, and is embedded not within individual minds but within interpretive and communal traditions. In effect, there is a way in which constructionist dialogues celebrate relationships as opposed to the individual, connection over isolation, and communion over antagonism."[498]

Das Individuum ist rein sozial konstruiert, es hat in diesem Sinne keine Autonomie und damit auch keine Verantwortung.[499] Die Ausgangsebene für Handlungen ist somit das Soziale, in dem das Individuum als relationales Selbst (noch) enthalten ist. Das Individuum entsteht aus dem Sozialen. Die Position des sozialen Konstruktionismus nach Gergen vermeidet wie Mead eine Aufspaltung in individuelle und soziale Ebene, da das Individuum rein sozial konstruiert ist. Es lässt sich insgesamt feststellen, dass die Meadsche Theorie und der soziale Konstruktionismus bedeutende Überschneidungen haben.[500] Es wird jedoch deutlich, dass das Selbst bei Gergen nicht wie bei Mead gleichzeitig aus einem 'me' (soziale Dimension) und einem

---

497 (Stacey et al., 2000 S. 164). Bei der dominanten Strömung in der Managementlehre sind bei Stacey et al. auch 'complexity writers' adressiert, welche die Rolle der entscheidenden und handelnden Führungskraft als unabhängiger, aussenstehender Beobachter nicht problematisieren. Dieser Aspekt ist auch Ursache für die Kritik des Systembegriffes als Begriff des Mainstreamdenkens in der Managementlehre von den Vertretern der Hertfordshire Schule im Gegensatz zum Gebrauch im deutschsprachigen Raum – hier vielmehr als Abgrenzung zum Mainstream verstanden – wie er auch in der vorliegenden Arbeit verwendet wird.

498 (Gergen, 1999 S. 122).

499 Vgl. (McNamee et al., 1999 S. 18 ff.), (Shotter et al., 1999 S. 154).

500 Gergen bezieht sich sowohl zustimmend als auch kritisch auf Meads Theorie, vgl. z. B. (Gergen, 2002 S. 157 ff.), (Gergen, 1999 S. 124 f.). Zu einer Auseinandersetzung von Gergens Kritik an der Sozialpsychologie von Mead vgl. (Stacey, 2001 S. 56 ff.).

'ich' (individuelle Dimension) besteht, sondern dass es ein ausschließlich relationales Selbst ist.[501]

Daraus folgt, dass das Organisationsverständnis des 'Complex Responsive Processes of Relating', das sich auf Meads konstruktionistische Sozialpsychologie stützt, keine Vorrangigkeit von Individuum oder Sozialem vorsieht, da es keine Aufspaltung von individueller und sozialer Ebene gibt. Ebenso ist weder das Individuum noch die Gesellschaft von Verantwortung entbunden, beide sind für soziale Prozesse der Interaktion verantwortlich.[502] Es handelt sich folglich um Interaktionen im lebendigen Jetzt von reflexionsfähigen Individuen, deren Geist und Identitäten sozial, d. h. interpersonal, entstehen und sich weiterentwickeln.

5.3 Complex Responsive Processes of Relating und Initialisierung von Managementinnovation

Abschließend soll in diesem Kapitel die Eignung von 'Complex Responsive Processes of Relating' als Organisationsverständnis für den konzeptionellen Bezugsrahmen der vorliegenden Untersuchung zusammenfassend beurteilt werden. Die vorangehenden Ausführungen lassen folgende Schlüsse zu:

1. Durch das explizite Heranziehen von Grundlagen der Systemtheorie, konkret 'Complex Adaptive Systems', trägt 'Complex Responsive Processes of Relating' dem Phänomen Komplexität gezielt Rechnung. D. h. Nicht-Linearität, Unvorhersehbarkeit, Emergenz, Paradoxien, Selbstorganisation und Selbstbezüglichkeit sind Bestandteil der Theorie.

---

501 Vgl. (Gergen, 2002 S. 175). Dass das Selbst nicht ausschliesslich sozial konstruiert ist bei Meads Sozialpsychologie, ist schließlich der Hauptkritikpunkt von Gergen an Meads Theorie, vgl. (Gergen, 2002 S. 159).

502 Ähnlich zum Thema Verantwortung drückt sich Hejl aus: "Eine unsere Erkenntnismöglichkeiten und die damit bei uns liegenden Chancen und Gefahren berücksichtigende Sozialtheorie darf nicht den Bezug auf Individuen verlieren. Wo dies geschieht, werden wir als Resultat höchst spezifischer, sozialer Prozesse im Namen der Objektivität oder Modernität aus unserer Verantwortung für unser Handeln und Denken entlassen und der Chancen beraubt, uns eine nach unseren Kriterien bessere Realität zu konstruieren." (Hejl, 1987 S. 333).

2. 'Complex Responsive Processes of Relating' verweisen über die Integration von Meads Theorie auf die nicht-lineare Natur spezifisch menschlicher Interaktion in Organisationen. Sie beschreiben, wie Muster gebildet werden durch Denken, Fühlen und Verhalten von Organisationsmitgliedern und wie in diesen Interaktionsmustern Kontinuität und Transformation entstehen können als zusammengehörendes, d. h. kohärentes Resultat selbstorganisierender Prozesse.[503] Die Kohärenz entsteht dabei ohne zentrales Design, ohne Plan oder Vision. Visionen, Pläne und dergleichen können gewissermaßen als Form der lokalen Interaktion von Mächtigeren in der Organisation betrachtet werden. Kohärenz bei menschlicher Interaktion und Aktion bedeutet auch, dass es um Selbstorganisation von widersprüchlichen Bedingungen geht.[504]

3. Die hohe Kongruenz von 'Complex Responsive Processes of Relating' über die Interaktionstheorie von Mead zu Erkenntnissen der modernen Neurowissenschaften ist schon mehrmals beleuchtet worden. Meads Theorie, an der er im ersten Drittel des vergangenen Jahrhunderts gearbeitet hatte, wird durch die heutige neurowissenschaftliche Forschung, insbesondere durch die Spiegelneuronen und die interpersonelle Neurobiologie, mit ihren gegenwärtigen Methoden und Instrumenten auf breiter Basis unterstützt und bestätigt.[505]

Damit zeigt sich, dass 'Complex Responsive Processes of Relating' als Organisationsverständnis wichtige Elemente und Erkenntnisse der Komplexitätswissenschaften mit den modernen neurowissenschaftlichen Befunden zum Menschen als denkender und handelnder Einheit in einer Organisation in komplementärer, kohärenter Weise verbindet. Bei einer derartigen Auffassung von Interaktion in Verbindung mit der Theorie komplexer adaptiver Systeme

---

[503] Vgl. (Suchman, 2006a S. 40), (Suchman, 2002a S. 2).

[504] Vgl. (Stacey, 2001 S. 72).

[505] In hohem Masse kongruent zu Meads sozialpsychogischem Zugang zeichnen Maturana und Varela die Entwicklungslinien zu menschlichen Gesellschaften über Kommunikation in Form von Sprache aus einer biologisch-erkenntnistheoretischen Perspektive, vgl. (Maturana et al., 2010 S. 221 ff.), ebenso (Maturana, 1987 S. 295 ff.).

handelt es sich um ein völlig andersartiges Organisationsverständnis mit vollkommen anderen Möglichkeiten als beim Mainstream der Managementlehre.[506]

Aufgrund dieser Eigenschaften von 'Complex Responsive Processes of Relating' wird diese Theorie als passend und geeignet für den Bezugsrahmen der Initialisierung musterbrechender Managementinnovation angesehen.

---

[506] Vgl. (Stacey, 2001 S. 72). Der Konstruktivist und Wissenschaftsphilosoph Krohn verwendet den Ausdruck Selbstorganisation als übergeordnetes Kennzeichen für unterschiedliche Theorien zu Selbstorganisation, Konstruktivismus, Synergetik oder Autopoiese. Für ihn stellt Selbstorganisation einen umfassenden Paradigmenwechsel in den Wissenschaften insgesamt dar, vgl. (Krohn et al., 1987 S. 441). Dem trägt ein Organisationsverständnis wie 'Complex Responsive Processes of Relating' für die Managementlehre Rechnung.

6 Tun-Dimension des Bezugsrahmens

6.1 Einführung

Die Berücksichtigung des Menschen als sozialem, kooperativem Wesen mit einem Geist, der mit Hilfe des verkörperten Gehirns sozial geformt und interpersonell herausgebildet wurde, (Menschenbild) und die Betrachtung der Organisation als soziale Gemeinschaft, die aus konkreten Interaktionen zwischen Individuen in der lebendigen Gegenwart besteht (Organisationsverständnis), ist zentral für die Analyse von Handlungsmöglichkeiten in der vorliegenden Untersuchung. Bei Handlungsmöglichkeiten, die diese Aspekte nicht berücksichtigen, handelt es sich vermutlich nicht um Handlungen zur Unterstützung eines Musterbruches, sondern eher um die Erhaltung oder gar Verfestigung des aktuellen Zustandes bei Führung und Management in Organisationen.[507]

Die im wahrsten Sinne des Wortes *notwendigen* Handlungsmöglichkeiten sind also in entgegengesetzter Richtung zu den linear-kausalen, fremdkontrollorientierten – d. h. quasi für einen externen Beobachter bestimmten – Ansätze und Tools der klassischen Managementlehre zu suchen. Die klassischen Methoden der Managementlehre kann man mit Linder-Hofmann und Zink als äußere Formen bezeichnen. Die entgegengesetzte, gesuchte Richtung ist dementsprechend eine innere Form.[508] Musterbrechende Managementinnovation – und das gilt generell für Transformation in Organisationen – bedeutet vor allem Transformation bei den Organisationsmitgliedern (Führungspersonen und Mitarbeitende). "When a company transforms itself, 90% of that transformation takes place inside the people and 10% is process change and reorganization."[509] Der Gehalt der inneren Form beruht im Gegensatz zu Fremdkontrolle auf Selbstkontrolle, was Selbsterkenntnis und Selbstbewusstsein bedingt.

---

[507] Diese Gefahr ist groß, da sich das existierende Muster der Ressourcenausnutzung tief in den Denkstrukturen eingeprägt und sich damit verselbständigt hat im Sinne eines reflexhaften Automatismus, vgl. (Wüthrich, 2003 S. 101 f.), (McGilchrist, 2009), (Malik, 2004 S. 149).

[508] Vgl. (Linder-Hofmann et al., 2002), auch (Boaz et al., 2014).

[509] (Sugarman, 2001).

Innere Form bedeutet Klarheit und Achtsamkeit. Das sind mentale Fähigkeiten und solche lassen sich nicht einkaufen oder delegieren. "Achtsamkeit ist kein Konzept, sondern ein trainierbarer Geisteszustand."[510] Geisteszustände müssen selbst angeeignet und ständig trainiert werden, indem ein Individuum sich systematisch mit sich selbst auseinandersetzt.[511] Dazu ist ein neues, höherentwickeltes Bewusstseinsniveau auf der Individualebene und gleichzeitig auf der Gemeinschaftsebene nötig.[512] Scharmer diagnostiziert, "that the quality of the results that we create in any kind of social system is a function of the quality of awareness, attention or consciousness that the participants in the system operate from."[513] In Anlehnung an ein bekanntes Zitat von Einstein (vgl. auch S. 21) können die derzeitigen Managementmuster nicht mit demselben Bewusstseinsniveau überwunden werden, durch welche sie geschaffen wurden. Bisher wurde Qualität und Niveau von Bewusstsein und Aufmerksamkeit in der Managementlehre jedoch fast vollständig ignoriert.[514] Aus diesem Grund erscheint es aussichtsreich, bei dieser Thematik anzusetzen, da man sie einerseits als Voraussetzung und gleichzeitig als Potentialität interpretieren kann, und sie andererseits einen Musterbruch darstellt, worauf die vorliegende Untersuchung themeninhärent angelegt ist.

Meditation ist eine jahrtausendealte Praxis und Haltung zur systematischen Schulung und stetiger Weiterentwicklung geistiger Fähigkeiten wie Achtsamkeit, Aufmerksamkeit, Bewusstsein, aber auch Gelassenheit, Empathie und Mitgefühl (in der westlichen Zivilisation jedoch seit der Aufklärung verkümmert und aus der Wissenschaft verbannt).[515] Deshalb soll im Folgenden vertiefend Meditation als Handlungsmöglichkeit untersucht werden, da sie, das Potential besitzen könnte, die Initialisierung musterbrechender Managementinnovation als neue Denk- und Handlungspraxis wegweisend und tiefgreifend zu unterstützen.[516] Medi-

---

[510] (Romhardt, 2014).

[511] Vgl. (Linder-Hofmann et al., 2002 S. 38 ff.).

[512] Vgl. (Laloux, 2014), (Scharmer, 2014).

[513] (Scharmer et al., 2013), vgl. auch (Rowson, 2011 S. 24 ff.), (De Bono, 2010 S. 13), (De Bono, 2008b), (Davenport et al., 2001 S. 3).

[514] Vgl. (Scharmer, 2014).

[515] Vgl. (unveröffentl. Transkript, 2. Interview Etzensberger, 2012 S. 143, Zeile 467 ff.), (Walach, 2012 S. 91 ff.). Erst seit kürzerer Zeit ist Meditation zu einem wissenschaftlichen Forschungsthema geworden, vor allem in den kontemplativen Neurowissenschaften.

[516] Damit soll nicht zum Ausdruck gebracht werden, dass Meditation die einzige Handlungsmöglichkeit darstellen muss im Kontext der Initialisierung musterbrechender Manage-

tation als Bewusstseinsschulung und ihre neurowissenschaftliche Erforschung stellen den Kern der Tun-Dimension für den in der vorliegenden Untersuchung zu entwickelnden konzeptionellen Bezugsrahmen dar.

6.2 Meditation als proaktive Handlungsmöglichkeit zum Bewusstseinswandel

Einleitend soll die folgende Abbildung die Verbindung der Tun-Dimension (mit dem Fokus auf Meditation und ihrer neurowissenschaftlichen Erforschung) mit den anderen Themen im Bezugsrahmen wiedergeben:

mentinnovation. Es handelt sich bei Meditation jedoch um eine Aktivität zur Entwicklung von sogenannten Metakompetenzen beim Denken und Handeln. Sie nimmt deshalb eine übergeordnete Sonderstellung ein, vgl. (unveröffentl. Transkript, 2. Interview Etzensberger, 2012 S. 143, Zeile 467 ff.), (Goleman, 2013 S. 115). Auf dieses Phänomen wird im Verlaufe dieses Kapitels vertiefender eingegangen. Es würde die Grenzen der vorliegenden Untersuchung sprengen, mögliche Einzelaktivitäten oder -aktionen in den Bezugsrahmen aufzunehmen und zu thematisieren.

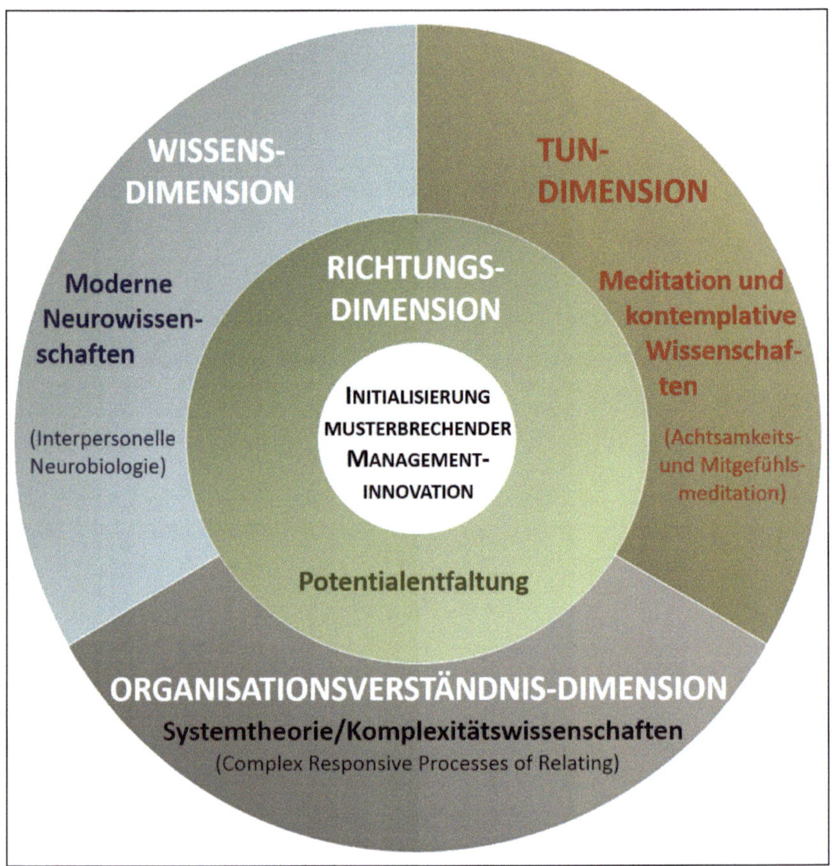

Abb. 15: Tun-Dimension im Kontext des Bezugsrahmens

6.2.1 Unterschiedliche Anschauung über Bewusstsein

Der oben angesprochene nötige Bewusstseinswandel auf eine höhere Ebene und die Fragestellung, wie er erreicht werden könnte, bedürfen der Auseinandersetzung über die unterschiedlichen Anschauungsformen von Bewusstsein in der westlichen Wissenschaft und Gesellschaft sowie in östlichen Traditionen, insbesondere der buddhistischen Psychologie.

Die westliche wissenschaftliche Bewusstseinsliteratur und die buddhistischen psychologischen Aufsätze erkennen beide die menschliche Fähigkeit für höher entwickelte Bewusstseinsformen an. Die evolutionäre Entwicklung des Bewusstseins beginnt mit körperlichen

Empfindungen und schreitet über bestimmte Wahrnehmungs- und Emotionsdimensionen zu immer komplexeren mentalen Zuständen fort und führt beim Menschen zu einem integrativen Verständnis des Selbst und der Natur.[517] Die beiden Neurobiologen Gerald Edelman (Nobelpreisträger für Medizin im Jahre 1972) und Giulio Tononi fassen dieses höher entwickelte Bewusstsein, das den Menschen von anderen Lebewesen unterscheidet, folgendermaßen zusammen:

> "With emergence of higher-order consciousness, true subjectivity emerges with its narrative and metaphorical powers and concepts of self, and of past and future, with interlacing fabric of beliefs and desires that can be expressed. Fiction becomes possible."[518]

Ein bedeutender Unterschied zwischen der westlichen und östlichen Bewusstseinsanschauung ist jedoch, dass die westlich orientierte Bewusstseinsliteratur zu großen Teilen bis heute – im Gegensatz zu den modernen Erkenntnissen der kontemplativen Neurowissenschaften, wie sie folgend in dieser Untersuchung dargestellt werden – keinen Unterschied macht zwischen der Fähigkeit für höhere bewusste Erfahrung und ihrer Anwendung im Hinblick auf den Vorgang des Bewusstseins über das Bewusstsein.[519] Das menschliche, höhere Bewusstseins wird also nicht weiter ausdifferenziert. Von Menschen wird in der traditionellen psychologischen sowie klassischen neurowissenschaftlichen Bewusstseinsforschung und generell im westlichen Denken implizit oder explizit angenommen, dass sie immer bewusste Wesen sind. Aufgrund dieser Annahme gibt es kaum Überlegungen über die Möglichkeit, das den Menschen eigene, höhere Bewusstsein systematisch zu erweitern. Der normale (nicht krankhafte) Modus ist demnach, dass Menschen, wenn sie nicht schlafen, bei Bewusstsein sind. Diese undifferenzierte Haltung zum höheren, menschlichen Bewusstsein führte in der Folge auch nicht zu einer elaborierten, systematischen innenorientierten Selbstreflexions- und Reflexionskultur und -praxis in der aufgeklärten westlichen Gesellschaft.[520]

---

[517] Vgl. (Grossmann, 2008 S. 186).

[518] (Edelman et al., 2000 S. 205).

[519] (Grossmann, 2008 S. 185 ff.).

[520] Vgl. (Walsh et al., 2006 S. 232 ff.), (Grossmann, 2008 S. 192), (Linder-Hofmann et al., 2002 S. 60 ff.), (Walach, 2012 S. 77 ff.). Elsholz und Keuffer argumentieren, dass Achtsamkeit per se schon eine Forschungshaltung sei. Der Blick nach innen, als notwendige

Der deutsche Religionswissenschaftler und Meditationsexperte Michael von Brück führt dazu aus, dass das Problem darin bestehe, dass Menschen ihre Gedanken und Begriffsbildungen für das Wirkliche halten und damit die Dinge verfälscht wahrnehmen, nämlich getrennt von Dualitäten, aufgerieben durch Urteile, die Einseitigkeiten und Verstrickungen bewirken. Begriffe seien zwar nützlich, um die Vielfalt der Sinneseindrücke zu ordnen und zu filtern, aber sie repräsentierten nicht das, was ist, sondern erzeugten Stereotype und Projektionen. Sie würden den Blick auf das Gegenwärtige, d. h. auf das spontan Neue verhindern. Personen aus dem westlichen Kulturkreis sähen das Neue aufgrund starrer Begriffsmuster immer durch den Filter des Vergangenen, was zwar Kohärenz zwischen alten und neuen Wahrnehmungen erzeuge und dementsprechend eine ganz wichtige psychische Funktion habe, aber das Neue als solches könne so nicht wahrgenommen werden. Das sei ein Problem der falschen und nicht aufmerksamen Wahrnehmung. Michael von Brück ist der Meinung, dass wir das ändern könnten. Diese Wahrnehmung zu verändern und frei zu machen, sei der Sinn von Achtsamkeitsmeditation. Achtsamkeit bedeute, größere Zusammenhänge wahrzunehmen. Oder wie wir heute gern sagen würden, systemisch vernetzt zu leben, zu denken, zu fühlen und zu handeln.[521]

Im buddhistischen Ansatz gibt es verschiedene Ebenen von menschlichem, höherem Bewusstsein. Z. B. haben Menschen die Fähigkeit, sich über mentale Zustände und äußerliche Erfahrungen im gegenwärtigen Moment bewusst zu sein, d. h. Achtsamkeit zu praktizieren. Als Grundannahmen der buddhistischen Psychologie ist diese Fähigkeit allerdings nur beschränkt entwickelt und wird nicht häufig angewendet. Menschen operieren meistens im

---

Ergänzung zu der nach aussen gerichteten Forschung, habe mit der Aufklärung im Westen eine Abwertung als rein religiöse Praxis erfahren und sei in den privaten Bereich verbannt worden, vgl. (Elsholz et al., 2012 S. 158).

521 Vgl. (von Brück, 2012 S. 142 ff.). Er betont in diesem Zusammenhang, dass die Schulung von Wahrnehmung und Bewusstsein nur über den Körper geht, weshalb das Körperbewusstsein der Anfang von allem ist, wenn man Bewusstsein gestalten will, weil Bewusstsein und Körper nicht trennbar sind. Deshalb sind z. B. Übungen mit dem Atem so bedeutend bei der Achtsamkeitsmeditation. Der Atem fungiert als Scharnier zwischen Körper und Bewusstsein, d. h. dass man durch den Atem sowohl den Körper als auch das Bewusstsein beeinflussen kann, vgl. dazu auch (Grossmann, 2008 S. 183 f.).

Autopilotmodus.[522] Dabei sind die Menschen Gefangene gewohnheitsmäßiger Denk-, Gefühls- und Verhaltensmuster. In der persönlichen Erfahrung bedeutet das: Unsere Wahrnehmung im Alltagsbewusstsein ist vernebelt von Angewohnheiten und zementierten Überzeugungen einerseits und automatisierten Reaktionen andererseits.[523] Dabei sind wir uns der gegenwärtigen, unmittelbaren Erfahrung nicht bewusst und absorbiert von Gedanken oder grübelndem Nachsinnen vor allem bezogen auf die Vergangenheit oder die Zukunft, und sind uns auch dessen nicht bewusst.[524] Dieses Fehlen von bewusster Aufmerksamkeit wird im Buddhismus als Quelle eines verschachtelten Gefüges von Wünschen, Überzeugungen und Fiktionen betrachtet. Gemäß buddhistischem Denken ist deshalb eine Kultivierung der Achtsamkeit zur unvoreingenommenen Wahrnehmung des Selbst und der Welt nötig. Dieser differenziertere Ansatz von höherem Bewusstsein und die daraus abgeleitete Kultivierung eines achtsamen Geistes können negative Funktionalitäten des menschlichen, höheren Bewusstseins verhindern und die positiven Metaqualitäten weiterentwickeln.[525]

Die fehlende Differenzierung und systematische Anwendung des menschlichen, höheren Bewusstseins in der wissenschaftlich-westlichen Denkweise im nicht kranken oder nicht

[522] Vgl. (Wilson, 2002) über die menschliche Tendenz, dass unsere Aktionen, einschliesslich Denken, Fühlen und Beurteilen, überwiegend getrieben sind von unbewussten, automatischen Prozessen. Ähnlich (Wüthrich et al., 2001), (Langer, 1989).

[523] Vgl. (Assmann, 2012 S. 64).

[524] Die Meinung, dass bei Menschen der normale (ungeschulte) Geisteszustand signifikant unterentwickelt, unkontrolliert und dysfunktional ist, und dies nicht erkannt wird, es jedoch Möglichkeiten gibt, differenzierte höhere Bewusstseinsstufen zu entwickeln, wird zunehmend auch in der westlichen Psychologie vertreten, vgl. z. B. (Walsh et al., 2006 S. 235 f.), (Hunter et al., in press S. 5), (Alexander et al., 1990), (Kegan et al., 2009), (Seligman, 2012). Es lässt sich in diesem Zusammenhang anmerken, dass Freud die westliche Welt schockiert hat mit seiner Aussage "[...] man is not even master of his own house, his own mind." (Freud, 1962 S. 252, deutsche Originalversion 1930). Pöppel und Wagner bezeichnen den normalen, ungeschulten Geist als die Versklavung des Bewusstseins, vgl. (Pöppel et al., 2012 S. 154). Ricard bezeichnet ihn als inneres Geplapper, vgl. (Singer et al., 2008 S. 78). Sie alle sehen die Meditationspraxis als bedeutende Möglichkeit sich von der Versklavung des Bewusstseins oder des inneren Geplappers zu befreien, vgl. (Pöppel et al., 2012 S. 155 f.) und (Singer et al., 2008 S. 78 ff.). Die buddhistische Auffassung hat schon seit Jahrtausenden die Position vertreten, dass der normale, untrainierte Geist unkontrolliert ist und damit Ursache von Fehleinschätzungen, psychologischem Leiden und Pathologie. Deshalb wurden entsprechende Meditationsmethoden entwickelt, um den Geist zu kultivieren, vgl. (Walsh et al., 2006 S. 235).

[525] Vgl. (Walsh et al., 2006 S. 232 ff.).

schlafenden Zustand hat dazu geführt, dass in der westlichen Wissenschaft Bewusstseinszustände erkannt und erforscht wurden, die zu therapieren sind, z. B. Depression, Stress, Aufmerksamkeitsdefizit-/Hyperaktivitätsstörungen, Zwangsstörungen, u. a. Das Ziel ist, einen krankhaften Zustand in einen nicht kranken zu therapieren. Das Potential von differenzierten, nicht kranken Bewusstseinszuständen im Sinne der Salutogenese wird systematisch nicht erkannt. Die Möglichkeit der Transformation von nicht krank zu gesund oder auch zu glücklich wird nicht bewusst adressiert.[526] Abb. 16 zeigt die unterschiedlichen Anschauungen westlicher und östlicher Psychologie zum Bewusstsein.

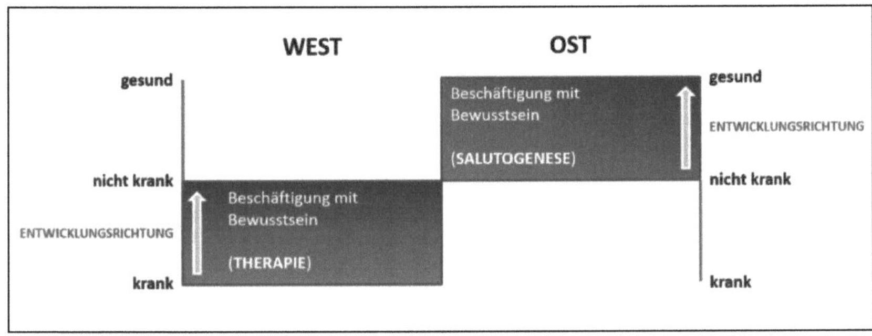

Abb. 16: Unterschiedliche Anschauungen von Bewusstsein in der westlichen und östlichen Psychologie

Wir nehmen dadurch in der westlichen Welt kulturtradiert das vorhandene Reflexionspotential nicht wahr und verbleiben im Autopilotmodus. Reflexhaftes Handeln dominiert – systemtheoretisch ausgedrückt stellt dies einen positiven Feedbackloop dar.[527] Der Neurowissenschaftler McGilchrist spricht von einer zunehmend mechanistischen, fragmentierten und dekontextualisierten Welt, verursacht durch die ungehinderte Aktion der linken Hemisphäre des Gehirns der Menschen v. a. in der westlichen Kultur und somit auch überindividuell in diesem Kulturkreis und dessen Institutionen und Organisationen.[528] Auch Kesselring diagnos-

---

[526] Vgl. (Wallace, 2012b S. 185 ff.), (Ott, 2010 S. 164), (Kornfield, 2008 S. 60 f.).

[527] Vgl. (Wüthrich, 2003 S. 104) und umfassend zur Notwendigkeit von Reflexion (Wüthrich et al., 2001).

[528] (McGilchrist, 2009 S. 6). Der Autor geht in seinem Werk vertiefend auf die Funktionen der beiden Hirnhemisphären ein und weist darauf hin, dass bei allen Gehirnzuständen beide Gehirnhälften involviert sind und gebraucht die digitale Unterscheidung in linke und rechte Gehirnhälfte als vereinfachende Metapher im Sinne einer einseitig rationalistischen Ausrichtung des westlichen Denkens seit der Aufklärung bei Individuum und Ge-

tiziert eine hirnhemisphärische Linksdominanz in der heutigen Zeit.[529] Damit direkt verbunden ist das aufkommende Bewusstsein der Menschen von getrennten, unabhängigen Individuen im Zuge von Aufklärung, Newtonscher Physik und Darwinismus.[530] Hüther und Spannbauer beschreiben diese Sicht mit folgenden Worten:

> "Die Vorstellung, jeder sei seines eigenen Glückes Schmied und alles sei machbar, ist fester Bestandteil des Weltbildes, des Menschenbildes und des Selbstbildes der meisten Menschen des abendländischen Kulturkreises. Diese weit verbreitete innere Einstellung und Überzeugung [...] ist so fest in unseren Gehirnen verankert, dass wir sie weitgehend unbewusst und unreflektiert in unserem gesamten Denken, Fühlen und Handeln weitergeben – nicht nur an Erwachsene, mit denen wir in Beziehung treten, sondern auch an unsere Kinder."[531]

Auch Siegel betont, dass die Art der eigenen Wahrnehmung durch das Phänomen der Neuroplastizität kulturell geprägt wird: "Culture shapes synapse formation and brain architecture."[532] Ähnlich stellt von Brück fest, dass Kultur die Selbstprägung der Wahrnehmungsmuster in einer Gemeinschaft sei.[533] Neben individuell unterschiedlichen Tendenzen der eigenen Wahrnehmung als Individuum gibt es somit vor allem kulturell unterschiedliche Tendenzen

sellschaft, welche vor allem – aber keinesfalls ausschliesslich – von der linken Gehirnhälfte hervorgerufen wird und sich wie in einem Spiegelkabinett immer noch weiter verstärkt, vgl. (McGilchrist, 2009 S. 10). Zu einer ähnlichen Einschätzung der reflexhaften, aber unreflektierten Selbstverstärkung im Bereich der Mainstream Managementlehre gelangt (Malik, 2004 S. 112 f.). Zu kulturell-soziologischen Einflüssen auf die Ausbildung der Hirnhemisphären, vgl. (Baecker, 2014 S. 23 f.).

529 Vgl. (Kesselring, 2011 S. 7).

530 Vgl. (Ceming, 2012 S. 30).

531 (Hüther et al., 2012 S. 7). Die Emanzipierung von einer überindividuellen, ordnenden Macht (vor allem der Religion) in der damaligen Zeit zu selbstbewussten, verantwortlichen Individuen ist grundsätzlich positiv zu werten. Jedoch hat damit einhergehend auch die Entwicklung in Richtung eines unabhängigen, egozentrischen Individuums (Hyper-Individualismus) enorme Ausmaße angenommen, vgl. (von Meiborn, 2012 S. 83). Dies ist auch in heutigen ökonomischen Systemen und deren Krisen, wie z. B. bei der letzten Finanz- und Wirtschaftskrise, sichtbar, wo sich eine überbordende individualisierte Nutzenmaximierung in Form von Gier ausbreiten und als eine der Ursachen das ganze System an den Rand des Unterganges treiben kann, vgl. (Brodbeck, 2012 S. 49 ff.), (Thielemann, 2008).

532 (Siegel, 2012a S. 42-3).

533 Vgl. (von Brück, 2012 S. 137).

der Selbstwahrnehmung. Zu diesem Schluss kommen auch Studien, welche bei der westlichen Kultur ein individualistischeres, unabhängigeres Selbstbild erkennen, während es in östlichen Kulturen kollektivistischer ist.[534] Hier setzt auch eine Kritik des Mitentdeckers der Spiegelneuronen, Vittorio Gallese, an, der auf den Erkenntnissen der Spiegelneuronen basierend zwei Typen von Identität ableitet, analog zu Meads 'I' and 'me':

> "Yet, the dominant view in contemporary cognitive science is to reiteratively put most efforts in clarifying what are the formal rules structuring a *solipsistic* mind. A much less effortful and deep inquiry is devoted to investigate, on the one hand, what triggers the *sense of identity* that we experience in our relations with the 'other' selves populating the world we live in, and to clarify, on the other hand, how a disruption of this intersubjective social identity might engender psychosis."[535]

Dies ist ein Hinweis auf das Phänomen der kollektiven Selbstverstärkung auf Basis der Wechselwirkungen zwischen der kollektiven Beobachtung und Wahrnehmung, d. h. zwischen dem, was als wahr gilt (Wissenschaft) und dem kollektiven Verhalten (Kultur). Die kritische Feststellung von Gallese steht im Einklang mit McGilchrists und Siegels Argumentationslinie sowie der kulturell geprägten linkshemisphärischen Neuroplastizität. In die gleiche Richtung geht der Befund deutlicher individualistischer Tendenzen in der westlichen Welt, wo die Dominanz der einseitig individualistischen Ausrichtung der kognitiven Wissenschaften beheimatet ist. Ebenso kritisieren Hüther und Spannbauer das heutige Wissenschaftsverständnis als zu beschränkt und einseitig für die Lösung der bestehenden Probleme. Es sei vielmehr nötig, pluralistische Wissenschaftserkenntnisse zu ermöglichen, die in einer holistischen Weltsicht münden würden.[536] Die deutsche Sprache habe für dieses transformierte, be-

---

[534] Vgl. (Schwägerl, 2012 S. 83 ff.), (Buckley, 1998 S. 7).

[535] (Gallese, 2003 S. 172).

[536] Wie es beispielsweise bei verschiedenen Theorien, auf welchen die vorliegende Untersuchung basiert, bereits fruchtbar angewendet wird. Es sind dies die Forschungsrichtungen und Konzepte der interpersonellen Neurobiologie, 'Complex Responsive Processes of Relating' und neurowissenschaftliche Untersuchungen über spirituelle Praktiken, auch als kontemplative Neurowissenschaften bezeichnet, welche westliche Wissenschaft mit buddhistischer Schulung des Geistes verbinden. Es ist gerade die Meditationspraxis, welche zu Bewusstseinszuständen von vollkommener Verbundenheit führen kann, also ganz

wusstgewordene Gefühl der Verbundenheit kein treffendes Wort, im Englischen stehe dafür der Ausdruck Connectedness.[537]

In der Konsequenz bedeutet dies auch die Reintegration von inneren Erfahrungen in die moderne Wissenschaft, die sich seit der Aufklärung bis heute auf die Sinneserfahrung der äußeren Welt richtet und deswegen eine Erfahrungsdimension von Wirklichkeit negiert. Folglich ist es an der Zeit, die Dimension der inneren Erfahrung als epistemologischen Zugang zur Wirklichkeit wissenschaftlich zu thematisieren.[538] Der deutsche Hirnforscher Wolf Singer sieht in der westlich-wissenschaftlichen, linear-kausalen Denkweise ebenfalls eine Sackgasse zur Lösung der heutigen komplexen Problemstellungen und plädiert für eine dringende Integration von westlichen und östlichen Anschauungen, da er der Überzeugung ist, dass trainierte mentale Stärke, wie sie in der östlichen Tradition verankert ist, prädestiniert ist, einen Beitrag zur Überwindung besagter Probleme zu leisten.[539] Der wissenschaftliche Schulterschluss zwischen Naturwissenschaften und östlichen Geisteswissenschaften und die Integration beider Denkweisen hat das Potential, entscheidende Beiträge zu ganzheitlichen Problemlösungen zu leisten.[540] Walach sieht für dieses Ansinnen, das erst in den Anfängen steht, u. a. die folgenden, wichtigen Begründungen:

> "Wissenschaft zielt auf die *ganze* Wirklichkeit ab. Wird die Spiritualität aus dieser Wirklichkeit ausgeblendet, wird die Wissenschaft ihrer eigenen Zielsetzung nicht gerecht. [...] Die Probleme, vor denen wir heute stehen, scheinen mit Mitteln der modernen Rationalität alleine nicht lösbar zu sein. Andernfalls hätten wir jetzt weder eine ökologische noch eine wirtschaftliche noch eine politische Krise."[541]

Dieses problematische Denkmodell in der Wissenschaft wirke sich auf die Managementlehre so aus, dass die heutige Hauptströmung der Managementlehre sich zu einer allgemeinen,

---

im Sinne des Wesens von Connectedness, vgl. beispielhaft (Siegel, 2012c S. 54), (Ceming, 2012 S. 37 f.), (Hanson et al., 2010 S. 253 ff.), (Ott, 2010 S. 114 ff.).

537 Vgl. (Hüther et al., 2012 S. 8 ff.). Ein weiterer deutscher Hirnforscher, Ernst Pöppel, geht von der Natur als Einheit aus, von der Verbundenheit von Biologie und soziokultureller Lebenswelt, vgl. (Pöppel et al., 2012 S. 10).

538 Vgl. (Walach, 2012 S. 91 ff.), (Scharmer, 2014).

539 Vgl. (Singer, 2012a S. 248 ff.).

540 Vgl. (Wallace, 2012b S. 188).

541 (Walach, 2012 S. 92).

beliebigen Sozialtechnologie entwickelt habe, die alles ergreife, was dienlich erscheine, um Menschen zu instrumentalisieren, so Linder-Hofmann und Zink. Deshalb fordern auch sie ein Umdenken. Sie betonen dabei, dass es nicht um einen Ersatz gehe, sondern um ein Sowohl-als-Auch. In diesem Sowohl-als-Auch würde nicht nur eine Addition, sondern eine Synthese liegen.[542] Der Unternehmensberater Laurens van den Muyzenberg konstatiert in einem gemeinsam mit dem Dalai Lama verfassten Buch, dass die Lösung der heutigen Probleme eine neue Form von Führung erfordere, welche die Dinge so sähe, wie sie wirklich seien.[543] Von Brück äußert sich zur menschlichen Wirklichkeitswahrnehmung mit folgenden Worten:

> "Alles ist gefiltert. Diesen Filter genau kennenzulernen, zu verstehen und zu reinigen, ist eine unabdingbare Aufgabe, die zugleich analytisch und experimentell vollzogen werden kann, wenn wir wissen wollen, warum wir so fühlen oder solche Empfindungen hervorbringen, wie wir sie hervorbringen, und wenn wir diese zu kultivieren bzw. zu steuern lernen wollen. Das ist die klassische Frage der Meditation [...]."[544]

Damit ist die Erweiterung der äußeren Form um die von Linder-Hofmann und Zink beschriebene innere Form gemeint. Die östliche Tradition, vor allem der Buddhismus, hat dafür ein seit zweieinhalb Jahrtausenden erprobtes Meditationssystem entwickelt und als inneres Werkzeug für die Veränderung des menschlichen Bewusstseins bereitgestellt.[545] Durch das durch Meditation entwicklungsfähige höhere Bewusstsein, das sich in geistigen Fähigkeiten wie Achtsamkeit, Gelassenheit, Emotionsregulation und Mitgefühl niederschlägt, können Wahrnehmung, Einstellungen und Verhaltensweisen transformiert werden.[546] In der Folge besteht dadurch das Potential, die Qualität der Interaktion von Organisationsmitgliedern unmittelbar zu verbessern, nämlich in der Realität des Hier und Jetzt.

Nach diesen Darstellungen von Erkenntnissen und Betrachtungen zur nötigen Weiterentwicklung des menschlichen höheren Bewusstseins und der Reintegration von Mediation als

---

[542] Vgl. (Linder-Hofmann et al., 2002 S. 34 ff.).
[543] Vgl. (Dalai Lama XIV. et al., 2008 S. 15).
[544] (von Brück, 2012 S. 136).
[545] Vgl. (Ceming, 2012 S. 38).
[546] Vgl. (Brooks, 2013).

Schulungsform des Bewusstseins in die westliche Wissenschaft und Gesellschaft soll nun Meditation vertiefend behandelt werden.

6.2.2 Definition, Abgrenzungen und Hintergründe zu Meditation

Weitere Bezeichnungen für Meditation sind mentales Training, Schulung des Geistes oder spirituelle Praktiken. Diese Begriffe werden in der vorliegenden Untersuchung synonym verwendet. Es finden sich in der Literatur unterschiedliche Definitionen von Meditation, wobei einige zentrale Aspekte der Meditation praktisch überall auffindbar sind.[547] Die beiden US-amerikanischen Meditationsforscher Roger Walsh und Shauna Shapiro schlagen eine Definition vor, welche die Schwerpunkte verschiedener Ansätze integriert:

> "The term *meditation* refers to a family of self-regulation practices that focus on training attention and awareness in order to bring mental processes under greater voluntary control and thereby foster general mental well-being and development and/or specific capacities such as calm, clarity, and concentration."[548]

Sie grenzen dabei Meditation von anderen Selbstregulierungsstrategien und Therapien wie Selbsthypnose, Visualisierung oder Psychotherapie ab. Diese würden nicht das Training von Aufmerksamkeit, Achtsamkeit und Mitgefühl in den Mittelpunkt stellen, sondern vorwiegend auf das Verändern von mentalen Inhalten abzielen, d. h. auf eine Änderung der Objekte der Aufmerksamkeit und Achtsamkeit wie Gedanken, Bilder oder Emotionen.[549] Meditation zielt dagegen direkt auf Aufmerksamkeit, Achtsamkeit und Mitgefühl und dient dazu, das Bewusstsein zu erweitern und eingefahrene Denkmuster und Verhaltensweisen zu überwinden.[550] Das Ziel von Meditation ist, durch Schulung des Geistes einen inneren Wandlungsprozess, also eine Transformation, zu durchlaufen.[551] Dabei steht mentales Training, das sich methodisch an buddhistischer Meditationstradition und -praxis orientiert, für die vorliegende Arbeit im Fokus, weil diese Meditationsrichtung die längste Tradition mit den präzisesten

[547] Vgl. (Hölzel, 2007 S. 3).
[548] (Walsh et al., 2006 S. 228 f).
[549] Vgl. (Walsh et al., 2006 S. 229).
[550] Vgl. (Ott, 2010 S. 16).
[551] Vgl. (Ricard, 2011 S. 9 f.).

Anleitungen darstellt und am weitgehendsten erforscht ist.[552] Dabei behandelt die vorliegende Arbeit in keiner Art und Weise religiöse oder esoterische Fragestellungen; der Zugehörigkeit zum Buddhismus oder irgendeiner religiösen Gemeinschaft steht sie neutral gegenüber:

> "Das Konzept des aufmerksamen Gewahrseins oder der Mindfulness, das hier im Speziellen behandelt werden soll, bezieht sich auf eine Herangehensweise, die aus frühesten buddhistischen Werken stammt, aber seiner Natur nach weder religiös noch esoterisch ist."[553]

Es geht darum, die Erkenntnisse und Erfahrungen der buddhistischen Meditationspraxis für säkulare Zwecke zu erschließen.[554] Die buddhistische kontemplative Praxis weist eine 2'500 jährige Geschichte und Entwicklung auf und stellt eine systematisierte Artikulation von Methoden der Schulung des Geistes dar.[555] In den vergangenen Jahren hat die buddhistische Meditation zunehmend das Interesse der neurowissenschaftlichen Forschung geweckt, wobei mehrere Ursachen diese Entwicklung begünstigt haben. Lange Zeit galt Meditation als exotisches Phänomen, welches praktisch nur in religiösen oder esoterischen Kreisen verbreitet war, während heute Meditation zunehmend als mentales Training und als Methode zur Selbstregulation anerkannt und verstanden wird.[556] Einen zusätzlichen Impuls auf die neurowissenschaftliche Forschung stellt die Integration von Achtsamkeitsübungen in psychothe-

---

552 Es sei darauf hingewiesen, dass auch viele andere Religionen und Kulturkreise seit Jahrhunderten Meditationspraxen als Möglichkeit zur Selbsterkenntnis, Bewusstseinserweiterung und zur Heilung entwickelt und praktiziert haben und teilweise ähnliche methodische Elemente aufweisen wie die buddhistische Tradition, vgl. u.a. (Hölzel, 2007 S. 1), (Walsh et al., 2006 S. 229), (Hilbrecht, 2010 S. 4 ff.), (Wikipedia, 2003d). Aus Umfangs- und Abgrenzungsgründen kann nicht näher auf diese Thematik eingegangen werden.

553 (Grossmann, 2008 S. 180), vgl. auch (Hölzel, 2007 S. 4).

554 Der deutsche Philosophieprofessor Thomas Metzinger, welcher interdisziplinär, insbesondere mit Neurowissenschaftlern, an der Philosophie des Geistes forscht, argumentiert in schlüssiger Weise, dass Spiritualität und intellektuelle Redlichkeit (im Sinne eines selbstkritischen Rationalismus ohne Anspruch auf letztbegründende Wahrheit) notwendige Formen des Erkenntnisfortschrittes darstellen und starke Wechselbeziehungen aufeinander haben. Er grenzt Spiritualität und intellektuelle Redlichkeit von Religion ab, wo es um Glauben oder auch Dogmen und nicht um Wissen und Erkenntnis geht, vgl. (Metzinger, 2013 S. 27 ff.).

555 Vgl. (Kabat-Zinn, 2003 S. 146).

556 Vgl. (Zimmermann, 2012 S. 9).

rapeutische Verfahren dar. Weiter haben die Möglichkeiten der bildgebenden Verfahren bedeutend zur schnellen Verbreitung der Meditationsforschung beigetragen.[557] Auch die Popularität des Dalai Lamas, des Oberhauptes der tibetischen buddhistischen Gemeinschaft, steigert die Akzeptanz der Meditation in der westlichen Welt. Der Dalai Lama gründete gemeinsam mit Francisco Varela und Adam Engle das Mind & Life Institute, dessen Ehrenpräsident er heute ist. Das Mind & Life Institute hat es sich zur Aufgabe gemacht, mit führenden Wissenschaftlern einen Austausch zwischen westlicher Wissenschaft und buddhistischer Tradition zu institutionalisieren.[558] Das progressiv steigende Interesse an Meditationsforschung zeigt sich auch in der Entwicklung der Anzahl von wissenschaftlichen Publikationen zum Thema Meditation, wie sie aus Abb. 17 ersichtlich ist.

Die deutsche Meditations- und Neurowissenschaftlerin Britta Hölzel führt aus, dass die Erforschung von Meditationspraktiken sich dazu eigne, Einsicht in das menschliche Bewusstsein zu erlangen und den Zusammenhang zwischen mentalen Zuständen und physiologischen Aspekten zu beleuchten.

---

[557] Vgl. (Ott, 2010 S. 153 ff.).

[558] Vgl. (Hangartner, 2012 S. 28 f.), (Mind & Life Institute, o. J.), (Wikipedia, o.J.). Insbesondere die Erkenntnisse zur Achtsamkeitsmeditation erhalten in den letzten Jahren auch außerhalb von direkten oder indirekten Aktivitäten des Mind & Life Institutes zunehmendes Interesse in Wissenschaft und Praxis, vereinzelt auch in der Managementlehre und -praxis. So fand beispielsweise 2010 in Berlin erstmalig ein zweitägiger interdisziplinärer Kongress statt zur Meditations- und Bewusstseinsforschung. Er wurde im November 2012 das zweite Mal durchgeführt, wiederum mit anerkannten neurowissenschaftlichen Experten, z. B. Gerald Hüther, Richard J. Davidson, Ulrich Ott u. a., vgl. (Meditation und Wissenschaft, 2012). Die Dezember 2012-Ausgabe der Zeitschrift managerSeminare beinhaltet den Artikel 'Die Entdeckung der Achtsamkeit – Meditierende Manager', vgl. (Tamdjidi et al., 2012). Die Januar 2013-Ausgabe machte Meditation erneut zum Thema, vgl. (Bittelmeyer, 2013). Google und andere Firmen haben Meditationsangebote in ihre Führungskräfteentwicklungsprogramme aufgenommen, vgl. (Tan, 2012), (Peterson et al., 2008 S. 23), (Chaskalson, 2011 S. 119 ff.), (Tamdjidi et al., 2012 S. 48). Des Weiteren war Achtsamkeitsmeditation ein Thema beim World Economic Forum (WEF) 2014, vgl. (Müller, 2014 S. 3).

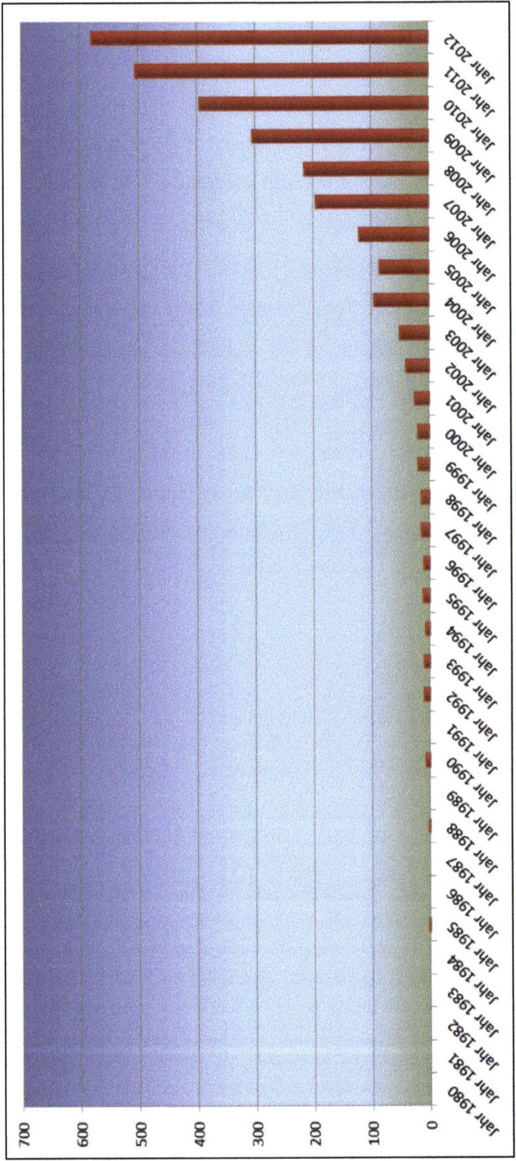

Abb. 17: Entwicklung Anzahl Forschungspublikationen zum Thema Meditation[559]

---

[559] Entnommen aus (Anderssen-Reuter, 2012 S. 107).

In jüngster Zeit zeichne sich in der Meditationsforschung die Tendenz ab, Meditationspraktiken als Formen mentalen Trainings mit Auswirkungen auf kognitive und emotionale Fertigkeiten zu verstehen, die sich zunehmend in nachweisbaren Veränderungen der angesprochenen Hirnfunktionen zeigten. Zunächst wäre für die Forschung von Interesse, in welchem Ausmaß die spezifischen Meditationsmethoden in der Lage seien, mentale Funktionen, wie die Kontrolle der Aufmerksamkeit, Emotionsregulation oder Imaginationsfähigkeit, zu trainieren. Weiterhin würden die hirnphysiologischen Korrelate der Bewusstseinszustände untersucht, die durch die Anwendung dieser Methoden induziert werden können. Und schließlich interessiere eine längerfristige Restrukturierung des Gehirns, die mit der Meditationspraxis einhergehe.[560]

Eine grundlegende Form der Meditation ist die Achtsamkeitsmeditation sowohl als Meditationspraxis als auch im Hinblick auf die Dichte der wissenschaftlichen Erforschung. Darauf wird der nächste Abschnitt detaillierter eingehen. Die Mitgefühlsmeditation, eine weitere wichtige Meditationsform für die vorliegende Untersuchung, wird anschließend thematisiert.

6.3 Achtsamkeitsmeditation

In den folgenden Ausführungen wird Achtsamkeitsmeditation nicht methodisch im Sinne von Anleitungen in den verschiedenen existierenden Varianten beschrieben. Dazu gibt es eine umfangreiche Fachliteratur von Meditationsexperten auf die verwiesen wird.[561] Vielmehr soll aufgezeigt und begründet werden, was das Wesen von Achtsamkeit und Achtsamkeitsmeditation ausmacht, warum Achtsamkeitsmeditation für die Thematik der Initialisierung musterbrechender Managementinnovation bedeutsam ist und welche neurowissenschaftliche Evidenz sich für die Wirkung von Achtsamkeitsmeditation aus der entsprechenden Forschung ableiten lässt.

---

[560] Vgl. (Hölzel, 2007 S. 2).

[561] Vgl. exemplarisch (Kabat-Zinn, 2011), (Ricard, 2011), (Kornfield, 2007), (Mingyur, 2007), (Blake, 2004).

Achtsamkeit ist aufmerksamkeitsbezogenes Fundament und essentieller Aspekt aller Formen von Meditationspraxis. Achtsamkeitsmeditation kann als Bewusstseins- und Erkenntnisdisziplin aufgefasst werden.[562] In formellen Meditationsübungen wird die Schulung der Achtsamkeit oft fokussiert praktiziert, häufig jedoch mit anderen Meditationsformen wie der Mitgefühlsmeditation kombiniert. Mitgefühlsmeditation ist ebenfalls bedeutend für die Zwecke der vorliegenden Untersuchung. Sie basiert auf Achtsamkeitsmeditation, wobei die Achtsamkeitsmeditation bereits Empathie- und Mitgefühlsaspekte enthält und somit das Fundament bildet. Siegel betont: "Reflection is a compassionate state of mind."[563] D. h. dass Meditationsformen in der Praxis nicht strikt analytisch trennbar, sondern rekursiv ineinander verwoben sind. So beinhaltet umgekehrt Mitgefühlsmeditation auch Achtsamkeit und Aufmerksamkeit, basiert auf dieser und wirkt auf sie zurück.[564] Dies ist bei der nachfolgenden Beschreibung der Achtsamkeitsmeditation zu bedenken. Den spezifischen Aspekten der Mitgefühlsmeditation ist in der vorliegenden Untersuchung im Anschluss an die Achtsamkeitsmeditation ein separater Textabschnitt gewidmet.

6.3.1 Das Wesen von Achtsamkeitsmeditation

Der Begriff der Achtsamkeit soll für das Verständnis der Achtsamkeitsmeditation zuerst näher betrachtet werden. Der US-amerikanische Molekularbiologe und Achtsamkeitsexperte Jon Kabat-Zinn hat in seinen Forschungen wichtige Grundlagenarbeiten für das Verständnis des Achtsamkeitsbegriffes im Sinne der buddhistischen Meditationspraxis geliefert, auf denen die vorliegende Untersuchung basiert.[565] Achtsamkeit hat vor allem mit Qualitäten der Aufmerksamkeit und Bewusstsein zu tun, die durch Meditation kultiviert und entwickelt werden können. Folgende Definition von Kabat-Zinn soll dies verdeutlichen:

---

[562] Vgl. (Kabat-Zinn, 2003 S. 145 f.), (Moore et al., 2009 S. 177), (Cahn et al., 2006 S. 180).

[563] (Siegel, 2010b S. 34).

[564] Vgl. (unveröffentl. Transkript, Interview Hölzel, 2012 S. 321, Zeile 143 ff.), (unveröffentl. Transkript, Interview Grossman, 2012 S. 209, Zeile 534 ff.).

[565] Jon Kabat-Zinn hat als Pionier bereits in den 90er Jahren des vergangenen Jahrhunderts die buddhistische Achtsamkeitspraxis erforscht und für medizinische Zwecke, vor allem zur Stressbewältigung, erfolgreich eingesetzt, vgl. z. B. (Hunter et al., in press S. 15), (Weare, 2012 S. 187). Er ist Gründer des Center for Mindfulness in Medicine, Health Care and Society (CFM) an der University of Massachusetts Medical School und er hat das MBSR-Programm (Mindfulness Based Stress Reduction) entwickelt, vgl. (Kabat-Zinn, 2011 S. 11 f.).

> "[...] the awareness that emerges through paying attention on purpose, in the present moment, and non judgmentally to the unfolding of experience moment by moment."[566]

Zwei Ergänzungen scheinen angezeigt, die zu der buddhistischen Bedeutung des Wortes Achtsamkeit gehören. Ein Aspekt ist nicht explizit in der Definition enthalten, ein zweiter könnte zu einseitig aufgefasst werden: Zum einen gehört zum Wesen buddhistischer Achtsamkeit direkt auch das Element Gedächtnis dazu. Um aufmerksam bleiben zu können, bedarf der Geist eines Nicht-Vergessens und der Nicht-Ablenkung im Hinblick auf das, was im gegenwärtigen Moment stattfindet, als stetiges Kontinuum. Das ist eine Funktion von Erinnerung.[567] Dies ist aufschlussreich, weil Erkenntnisse der modernen Neurowissenschaften zu Tage förderten, dass Gedächtnis und Aufmerksamkeit in ihrer Funktionsweise eng aneinander gekoppelt sind, einander gegenseitig bedingen und beeinflussen, vgl. entsprechende Ausführungen in der vorliegenden Untersuchung im Kapitel Wissens-Dimension des Bezugsrahmens, S. 66 ff.

Zum anderen ist in der Definition von Achtsamkeit bei Kabat-Zinn der Aspekt 'nicht wertend' enthalten. Damit soll zum Ausdruck gebracht werden, dass Wahrnehmungen nicht sofort, folglich reflexhaft und unbewusst, bewertet werden sollen, sondern beobachtet werden sollen, um kritische Distanz zu erhalten und die Wirklichkeit möglichst vorurteilsfrei wahrzunehmen. Es bedeutet jedoch nicht, dass Achtsamkeit frei von jeder kritischen Bewertung wäre, das Gegenteil ist der Fall. Ein Ziel der Achtsamkeit ist, dass sie eine solide Bewertung ermöglicht. Dabei geht es nicht um ein Moralisieren, sondern im Sinne eines radikalen Empirismus eher darum, sich selbst zu beobachten und wahrzunehmen, was in Geist und Körper entsteht, welches Verhalten dem eigenen Wohlbefinden und dem anderer dienlich ist und welches nicht. Dennoch ist das Ziel der unvoreingenommenen, vorurteilsfreien Empfänglichkeit nicht zu verwechseln mit distanziertem Zuschauen. Es ist einem teilnehmenden Beobachten ähnlicher, welches beides, Bewusstsein der Erfahrung und ein aktives Teilnehmen

[566] (Kabat-Zinn, 2003 S. 145).
[567] Vgl. (Wallace, 2012a S. 21 ff.), (Garfield, 2012 S. 227).

an einem Geschehen, beinhaltet.[568] Achtsamkeit in diesem Sinne ist aufmerksame Teilnahme beim laufenden Lebensvollzug. Diese Haltung fördert ein größeres Interesse und Anliegen für den Lebensweg, reflektiert in einem größeren Mitgefühl für andere und für sich selbst und einem erhöhten Bewusstsein gegenüber der Umwelt insgesamt.[569] Schließlich geht es darum, förderliches Verhalten zu kultivieren und nicht förderliches Verhalten zu vermeiden; es geht um psychische Reife. Das bedeutet, dass Meditation als Erkenntnisdisziplin im Kern die wichtige ethische Dimension beinhaltet, zu erkennen, was förderlich und heilsam ist und was nicht.[570]

Achtsamkeit als nicht wertende Beobachtung von Moment zu Moment bedeutet, mit einer sich gegenüber freundlichen Haltung zu sehen, was ist, und sich nicht der Eigenzensur und dem Wunschdenken auszusetzen Dies geht einher mit Neugier für das, was ist: Offenheit für neue Ideen und Erfahrungen werden durch Achtsamkeit trainiert.[571] Achtsamkeit und Achtsamkeitsmeditation bedeuten so auch die Kultivierung eines Entdeckergeistes. Dazu äußert sich Hüther im Experteninterview:

> "Ja, da ist schon etwas dran, weil Mindfulness [...] natürlich dazu führt, dass man sich öffnet. Dass man erst einmal Dinge sieht, die man vorher gar nicht gesehen hat. Und das ist schon eine andere Erfahrung und damit ist es vielleicht die allereinfachste Öffnung, die man überhaupt anstreben kann, die wird sich dann auch sicher in allen anderen Bereichen positiv bemerkbar machen, weil man sich ja dann nicht nur öffnet für das, was man selbst alles in dieser Welt entdecken und gestalten kann, sondern dass sich auch der Blick öffnet für das, was mithilfe an-

---

[568] Diese Beobachterposition bei Achtsamkeit korrespondiert stimmig mit der paradoxen Beobachterposition 'detached involvement' von Staceys 'Complex Responsive Processes of Relating', welche der vorliegenden Untersuchung als Organisationsverständnis zu Grunde liegt, vgl. S. 117.

[569] Vgl. (Brown et al., 2007 S. 213 f.), (Wallace, 2012a S. 28 f.), (Spitz, 2012 S. 273 f.), (unveröffentl. Transkript, Interview Grossman, 2012 S. 211, Zeile 591 ff. und S. 221, Zeile 963 ff.).

[570] Vgl. (unveröffentl. Transkript, Interview Hölzel, 2012 S. 232, Zeile 179 ff.), (unveröffentl. Transkript, Interview Grossman, 2012 S. 223, Zeile 1045 ff.), (Wallace, 2012a S. 28 f.), (Gethin, 2012 S. 46 f.), (Brown et al., 2007 S. 213 f.), (Spitz, 2012 S. 275).

[571] Vgl. (Brown et al., 2003 S. 823), (Chaskalson, 2011 S. 19).

derer möglich wird und vielleicht auch der Blick für das eigene Eingebundensein in dieser Welt."[572]

Nachfolgend zu seiner Definition von Achtsamkeit geht Kabat-Zinn in seinem Grundlagenartikel auf zentrale Aspekte bei der Forschung und Anwendung von Achtsamkeitsmeditation in der westlichen Wissenschaft und Gesellschaft ein, auf denen die nachkommenden Ausführungen basieren.[573] Achtsamkeit ist ein Eckpfeiler der buddhistischen Meditation. Im Sanskrit wird für Achtsamkeit der Begriff Dharma verwendet, was mit Gesetzmäßigkeit übersetzt werden kann oder 'wie die Dinge sind' wie es im chinesischen Wort Tao für Meditation zum Ausdruck kommt. Jon Kabat-Zinn führt weiter aus, dass Dharma eine angeborene Reihe von empirisch testbaren Regeln darstellt, welche die Generierung von innerlichen, erste-Person-Erfahrungen leiten und beschreiben. In diesem Sinne ist Dharma als universell zu betrachten und keinesfalls als exklusiv buddhistisch. Daher ist Dharma nicht als Glaube, sondern als kohärente Beschreibung der Natur des Geistes und der Gefühle zu betrachten. Diese Natur des Geistes und der Gefühle kann mit hochentwickelten Praktiken und systematischem Training kultiviert werden. Achtsamkeit stellt gemäß der oben genannten Definition eine Form von Aufmerksamkeit dar. Aufmerksamkeit ist eine universelle menschliche Fähigkeit, alle Menschen sind gelegentlich achtsam – in einem geringeren oder höheren Masse. Jedoch gilt in der westlichen Psychologie größtenteils bis heute, dass Aufmerksamkeit zeitlich nicht ausgedehnt aufrechterhalten werden kann. Meditative Disziplinen stimmen voll und ganz zu, dass Aufmerksamkeit – ohne Ausbildung – nicht bewahrt werden kann. Experten dieser Disziplinen vertreten jedoch den Standpunkt, dass Aufmerksamkeit trainiert werden kann, selbst bis hin zu einem Niveau der ungebrochenen Kontinuität über mehrere Stunden.[574] Der Beitrag

---

572 (unveröffentl. Transkript, Interview Hüther, 2012 S. 95, Zeile 959 ff.).

573 Vgl. (Kabat-Zinn, 2003 S. 145 – 149). Eine interessante Anmerkung mag sein, dass Kabat-Zinn diesen Artikel Francisco J. Varela gewidmet hat.

574 Vgl. (Walsh et al., 2006 S. 236). Bereits vor mehr als einem Jahrhundert schrieb William James, der erste Inhaber eines Psychologielehrstuhles in den USA, dass die Fähigkeit, die Aufmerksamkeit zu kontrollieren, die Wurzel von Urteilsfähigkeit, Charakter und Wille sei, und dass die Verbesserung der Aufmerksamkeitsfähigkeit die Bildung par excellence sein würde. Jedoch beklagte er, dass es einfacher sei, dieses Ideal zu definieren als praktische Anleitungen dazu hervorzubringen, vgl. (Walsh et al., 2006 S. 236) Er zog die Schlussfolgerung, dass "attention cannot be continuously sustained." (James, 1899/1962 S. 51).

der buddhistischen Tradition war und ist es, dass sie effektive Methoden zur systematischen Schulung und Entwicklung eines achtsamen Geistes für alle Aspekte des Lebens entwickelt hat, wie sie sonst nicht existieren oder nicht bekannt bzw. nicht wissenschaftlich untersucht sind.

Für das Verständnis von Meditation ist es erforderlich, den Gebrauch der Begriffe Training oder Praxis und ihre Bedeutung zu betrachten, wie sie in der Meditationstradition verstanden werden. Mit Meditationstraining oder -praxis ist dort die eigentliche Ausübung der Disziplin gemeint und nicht, wie im Westen oft üblich, eine Probe oder das Einüben für zukünftige Leistung. "Meditation ist Prozess und Produkt, oder auch Weg und Ziel in einem."[575] Die Leistung entfaltet sich immer im jetzigen Moment. Dieses Engagement kann eine Reihe von verschiedenen Formen annehmen: Regelmäßige, variierende formale Praxis mit unterschiedlichen Zeitdauern bis zu informaler Praxis mit dem Ziel, eine Kontinuität der Achtsamkeit bei den normalen täglichen Aktivitäten zu entwickeln. Es geht dabei um das achtsame Wahrnehmen im Hier und Jetzt, das es erlaubt, die illusorische Zukunft und Vergangenheit zu Gunsten des nicht illusorischen Jetzt loszulassen. In diesem Sinne ist mentales Training eine pragmatische und konkrete Tätigkeit, die direkt beim Menschen selbst ansetzt, ohne dazwischengeschaltete (äußere, abstrakte, linear-kausale) Werkzeuge.[576] Es ist unwahrscheinlich, dass ein Prozess wie Achtsamkeit entwickelt und aufrecht erhalten werden kann, ohne eine Form von absichtsvollem Training, d. h. es ist nicht genug, einfach die Regel aufzustellen, loszulassen, vor allem, wenn die eigene Befangenheit durch gewohnheitsmäßige Denkmuster und emotionale Befindlichkeiten nur wenig bewusst ist. Hölzel betont in diesem Zusammenhang:

> "Obwohl sie zunächst während formeller Meditation geübt wird, ist die Achtsamkeit keineswegs auf die formelle Praxis beschränkt. Im Gegenteil wird mit dem Vorankommen auf dem Weg des Meditationstrainings ihre Integration in den Alltag angestrebt. Sämtliche Traditionen betonen für deren Gelingen jedoch

---

575 (Meyer, 2002 S. 57).
576 Vgl. auch (Tamdjidi et al., 2012 S. 47).

die Wichtigkeit des regelmäßigen Praktizierens der formellen Meditationsübungen."[577]

Praxis bedeutet also eine Art des Seins – eine Haltung. Achtsam zu sein ist eine Einladung, sich selbst zu erlauben, dort zu sein, wo man bereits ist, und die innere Befindlichkeit und die äußeren Begebenheiten der direkten Erfahrung in jedem Moment wahrzunehmen. Das impliziert, sich dem vollen Spektrum der direkten Erfahrung im gegenwärtigen Moment zu öffnen. Zu Beginn der Achtsamkeitspraxis stellt sich üblicherweise schnell die Einsicht ein, dass der gegenwärtige Moment vielfach durch die gewohnheitsmäßigen und nicht hinterfragten gedanklichen und emotionalen Aktivitäten verzerrt ist. Durch die mittels Achtsamkeitspraxis erworbene Fähigkeit, den Gegebenheiten des gegenwärtigen Momentes unvoreingenommen Aufmerksamkeit zu schenken, können Wahrnehmungsfähigkeiten entwickelt werden, die Vernetzungen von Realitätsaspekten aufzeigen, die durch einen voreingenommenen, unachtsamen Blick verstellt bleiben würden. "Um intelligent handeln zu können, sind Achtsamkeit und Aufmerksamkeit die Schlüsselfaktoren."[578] Achtsamkeit als Haltung ist lebenslange Arbeit und, paradoxerweise, von der Zeit losgelöste Arbeit, weil ihr Fokus immer auf dem gegenwärtigen Moment in seiner Ganzheit liegt.[579]

6.3.2 Gefahr der unachtsamen Einverleibung von Achtsamkeit in westliche Kultur

Kabat-Zinn weist darauf hin, dass sorgfältig ausgebildete Menschen als Lehrer oder Coaches für die Achtsamkeitsschulung nötig sind. Bei ungeeigneten Lehrern bestehe das Risiko, dass achtsamkeitsbasierte Interventionen zu Karikaturen der Achtsamkeit verkommen.[580] Diese würden die radikale, transformative Essenz der Achtsamkeitspraxis verfehlen.[581] Es würde zu

---

[577] (Hölzel, 2007 S. 5).

[578] (Martin, 2011).

[579] Achtsamkeit hat für Kabat-Zinn die Bedeutung von Aufwachen, was aus seiner Sicht die härteste Arbeit der Welt ist, vgl. (Kabat-Zinn et al., 2006). Auch William James war der Meinung, dass der Mensch in der Regel nicht sein volles geistiges Potenzial benutzt: "Compared to what we ought to be, we are only half awake." (James, 1924 S. 237).

[580] Vgl. auch (Chaskalson, 2011 S. 24).

[581] Der Lehrer oder Coach wird gesehen in der Rolle des Unterstützers zur Entwicklung mentaler Fähigkeiten zur Potenzialentfaltung der Meditierenden: "The most important thing for coaches was to create a harmonious and relaxed atmosphere and give proper feed-

Verwechslungen mit anderen Methoden führen, welche vielleicht nur oberflächliche Ähnlichkeiten mit der Achtsamkeitspraxis aufweisen, wie z. B. Entspannungsübungen, kognitiv verhaltensorientierte Trainings oder Selbstmonitoringaufgaben.[582]

Deshalb besteht neben der grundsätzlich als positiv zu bewertenden Resonanz, die die Achtsamkeitsmeditation momentan in Wissenschaft und Medien widerfährt, auch die ernstzunehmende Gefahr, dass Achtsamkeit in der westlichen, mechanistischen Denkweise und Instant- und Konsumgesellschaft zum Verbrauchsgut degradiert und damit von ihrem Wesen als Lebenshaltung entfremdet werden könnte. Sie würde zu einem äußeren Instrument, einer Ware, Pille oder wie man es immer bezeichnen mag. Man gebraucht sie bei Bedarf und legt sie nachher wieder weg.[583] Kabat-Zinn äußert sich dazu folgendermaßen:

> "[...] it becomes critically important that those persons coming to the field with professional interest and enthusiasm recognize the unique qualities and characteristics of mindfulness as a meditative practice, with all that implies, so that mindfulness is not simply seized upon as the next promising cognitive behavioral technique or exercise, decontextualized, and 'plugged' into a behaviorist paradigm with the aim of driving desirable change, or fixing what is broken."[584]

Grossman weist auf die Gefahr hin, dass das Ignorieren von Unterschieden zwischen buddhistischer und westlicher Psychologie zur Aufhebung der fruchtbaren Zugänge zur buddhistischen Achtsamkeit führen kann; sie könnte durch die übliche empirische und positivistische Perspektive der westlichen wissenschaftlichen Denkweise trivialisiert werden.[585] Insbesondere trifft dies im Hinblick auf bedeutende Implikationen zu, die Meditation für das Verste-

---

back for effective practice. The coach believes everyone has full potential and equality and that his/her job is to find and enjoy a person's inner beauty and capacities to help them think better and unfold their potentials rather than to teach them." (Tang et al., 2007 S. 17156).

582 Vgl. (Kabat-Zinn, 2003 S. 150).

583 Vgl. (Mannschatz, 2012 S. 56), (Walsh et al., 2006 S. 227), (Grossman et al., 2012 S. 19), (Gethin, 2012 S. 37 ff.), (unveröffentl. Transkript, 2. Interview Etzensberger, 2012 S. 144 f., Zeile 512 ff.).

584 (Kabat-Zinn, 2003 S. 145).

585 Vgl. (Grossmann, 2008 S. 179). Ähnlich äußert sich Etzensberger, vgl. (unveröffentl. Transkript, 2. Interview Etzensberger, 2012 S. 145, Zeile 518 ff.).

hen von zentralen psychologischen Themen, wie kognitiven und aufmerksamkeitsbezogenen Prozessen und der Entwicklung von psychologischem Potential und sozialen Praktiken, biete.[586] Etzensberger weist im Experteninterview mehrfach explizit auf die Gefahr der unüberlegten Einverleibung der Meditation hin und spricht bei der westlichen Tendenz, alles auf kurzfristige Ziele hin zu instrumentalisieren und zu zerteilen, auch von Entseelung.[587]

Die Anwendung buddhistischer Meditationspraktiken in westlichen Wissenschaften verlangt einen sorgfältigen, respektvollen Umgang, damit ein Paradigmenaufprall und Kategorienfehler vermieden werden, welche die tiefsten und subtilsten Merkmale der Meditationspraktiken unabsichtlich ignorieren oder verfehlen könnten, wenn a priori festgelegte Ansichten zu falschen Schlüssen verleiten.[588]

6.3.3 Kontemplative Neurowissenschaften

6.3.3.1 Gegenstand kontemplativer Neurowissenschaften

Einige Neurowissenschaftler haben die Forderung nach einer Integration von Meditation in die Forschung aufgegriffen und untersuchen die Auswirkungen von Meditation, um das Verständnis über das menschliche Wesen zu erweitern. Dieser Zweig der Neurowissenschaften, der die Effekte der Meditation auf Bewusstsein und Gehirn erforscht, wird als kontemplative Neurowissenschaft bezeichnet.[589] Im Folgenden werden Problemstellungen und Ergebnisse dieser Forschungsrichtung behandelt.

Mit den kontemplativen Neurowissenschaften haben Meditationspraxen infolge ihrer Abwertung und Ablehnung im Zuge der Aufklärung ihren Weg in die Wissenschaft über die Hirnforschung gefunden und so größere Akzeptanz erhalten.[590] Thompson gibt folgende Definition für kontemplative Neurowissenschaft:

---

586 Vgl. (Walsh et al., 2006 S. 227 f.).

587 Vgl. (unveröffentl. Transkript, 2. Interview Etzensberger, 2012 S. 145, Zeile 518 ff.).

588 Vgl. (Gethin, 2012 S. 37 ff.), (Wallace, 2012a S. 28 ff.), (unveröffentl. Transkript, Interview Hüther, 2012 S. 87 ff., Zeile 675 ff.), (unveröffentl. Transkript, Interview Hölzel, 2012 S. 231 ff., Zeile 174 ff.).

589 Vgl. (Ott, 2010 S. 113), (Wallace, 2007), (Thompson, 2009), (Lutz et al., 2007).

590 Vgl. (Elsholz et al., 2012 S. 158).

> "Called contemplative neuroscience, this approach views attention, awareness and emotion regulation as flexible and trainable skills, and works with experimental participants who have undergone extensive training in contemplative practices designed to hone these skills."[591]

Das zunehmende Interesse an der Meditationsforschung ist auf eine wachsende Bereitschaft zurückzuführen, interdisziplinär und über Weisheitstraditionen und Methodologien hinweg kooperativ die Natur des menschlichen Geistes, Körpers und Gehirns zu untersuchen. Der Nutzen soll in einem tieferen Verständnis des Entwicklungspotentials als bewusste und mitfühlende Wesen liegen. Dabei besteht die Annahme, dass wir die Fähigkeit besitzen, wachsen zu können zum Besten in uns, auf Individual- und Gemeinschaftsebene. Unsere lateinische Artbezeichnung Homo sapiens sapiens bedeutet wörtlich übersetzt die Spezies, die weiß und weiß, dass sie weiß. In diesem Begriff kommt die zentrale Fähigkeit für Bewusstsein und Metabewusstsein zum Ausdruck. Die kontemplative Neurowissenschaft will einen Beitrag leisten, dass wir als Spezies auf unserem weiteren Weg in die Zukunft dieses in unserer Art liegende Potential realisieren.[592] Diese Ausführungen lassen leicht erkennen, dass sich die Forschungsrichtung kontemplativer Neurowissenschaft dem Menschen als sozialem Wesen und seiner Fähigkeiten zur Potentialentfaltung widmet. Das unterstreicht die Relevanz dieser Forschungsrichtung und ihres Untersuchungsgegenstandes kontemplativer Praktiken für die vorliegenden Arbeit, bei der es im Kern um einen Bewusstseinswandel geht, damit Menschen in organisationalen (also gemeinschaftlichen) Kontexten ihr Potential entfalten können. Denn Meditation hat, wie bereits mehrfach ausgeführt, mit Bewusstsein und Aufmerksamkeit und deren Erhöhung durch Übung zu tun und ist deshalb "ein wichtiger Nexus für eine hoffungsvolle, die Menschheit weiterbringende Annäherung"[593] an die Verwirklichung von Potentialentfaltung.

Wie in Abschnitt 4.4.3, S. 96 ff. dargestellt, ist Aufmerksamkeit der zentrale mentale Prozess für neuroplastische Wirkungen im Gehirn über innere, bewusste Vorgänge, also geistige Erfahrungswerte – im Unterschied zu äußeren Erfahrungen aus der Umwelt, die zwar auch

---

591 (Thompson, 2009 S. 187).
592 Vgl. (Kabat-Zinn et al., 2012a S. 16 f.).
593 (Kabat-Zinn et al., 2012a S. 17).

neuroplastische Effekte verursachen, aber nicht dem gleichen willentlichen Einfluss einer Person unterworfen sind. Aufmerksamkeit ist daher treibende Kraft für persönlichen Wandel und Wachstum.[594] Achtsamkeit als Aufmerksamkeitsform involviert den präfrontalen Kortex und weitere relevante Gehirnbereiche und ist als 'directed mental force' auf zwei Ebenen von Bedeutung für die Effekte der 'directed neuroplasticity'.[595] Erstens wird über das Training der Achtsamkeit ganz generell die Aufmerksamkeit geschult, was neuroplastische Effekte hervorruft, die ihrerseits wiederum auf die Aufmerksamkeit zurückwirken und diese selbst erhöhen; das kann als Selbstbezüglichkeit der Aufmerksamkeit auf sich selbst mit neuroplastischem Effekt bezeichnet werden. Zweitens ist die Aufmerksamkeit in der Form von Achtsamkeit, wie schon an anderen Stellen ausgeführt, in nicht wertender Haltung auf den gegenwärtigen Moment gerichtet. Das bedeutet Schulung des Geistes daraufhin, die Dinge möglichst zu sehen, wie sie sind, unbeeinflusst von eigenen Wünschen, Vorstellungen und Emotionen. Weil Achtsamkeit eine Form von Aufmerksamkeit ist, hat das Training, die Dinge von Moment zu Moment nicht wertend zu betrachten, via 'directed neuroplasticity' einen positiven Effekt auf eine weitgehend unabhängige Wahrnehmung und Beobachtung der Wirklichkeit.[596] Davidson sieht durch die weitere Entwicklung der kontemplativen Neurowis-

---

[594] Vgl. S. 96 ff. der vorliegenden Untersuchung sowie (Siegel, 2010b S. X ff.), (Siegel, 2012a S. 7-4), (Schwartz et al., 2003 S. 18), (Arden, 2010 S. 18 ff.), (Davidson et al., 2012 S. 173 ff.), (Lutz et al., 2008a), (Slagter, et al., 2011), (Hüther et al., 2012 S. 72).

[595] Vgl. (Schwartz et al., 2003 S. 18).

[596] Vgl. (Grossmann, 2008 S. 181), ähnlich (Spitz, 2012 S. 272), (Zimmermann, 2012 S. 10 f.). Das Wesen von Achtsamkeitsmeditation als Erkenntnisdisziplin stellt damit das paradoxe Phänomen dar, dass aus der erste-Person-Perspektive über Introspektion ein unabhängiger Beobachter 'kultiviert' wird. Im westlich-naturalistisch geprägten Wissenschaftsverständnis kann dies nur aus einer subjektunabhängigen Beobachtungsperspektive der dritten Person geschehen. Das konstruktivistische Erkenntnisparadigma, das wie bereits ausgeführt auch der vorliegenden Untersuchung zu Grunde liegt, relativiert bekanntlich die Unabhängigkeit des Beobachters aus der dritte-Person-Perspektive und die Möglichkeit, absolute Wahrheit zu erkennen. Die buddhistische Achtsamkeitspraxis, interpretiert als Erkenntnisdisziplin, macht das Subjekt (Meditierender) in einem nach innen gerichteten Prozess zum Objekt (Selbstbeobachtung im Verhältnis zu gemachten Erfahrungen), und damit den Achtsamkeitsmeditierenden zum unabhängigen Beobachter (erste und dritte Person fallen in einem Individuum zusammen). Dies stellt eine interessante, ebenfalls paradoxe Sachlage für die vorliegende Untersuchung dar, welche erkenntnistheoretisch auf konstruktivistischer Methodologie beruht und u. a. als Untersuchungsinhalt Achtsamkeitsmeditation mit einem unabhängigen Selbstbeobachter zum Gegenstand hat. Aus methodischer Sicht schliesst sich dies nicht aus, da gerade die konstruktivistische Position

senschaften eine stärker integrierte Erkenntnistheorie, bei der die Zusammenführung der subjektiven ersten Person und der objektiven dritten Person als wissenschaftliche Strategie betrachtet wird.[597]

Bisher gibt es relativ wenige Metastudien über die verschiedenen Forschungsergebnisse bei den kontemplativen Neurowissenschaften. Das liegt daran, dass dieser Forschungszweig eine noch relativ junge Wissenschaftsdisziplin darstellt und die Studien aufgrund der sich ausdehnenden heterogenen Landschaft von konkreten Forschungsthemen mit stark unterschiedlichen Forschungsdesigns nur bedingt vergleichbar sind.[598] Die Situation hat sich in letzten Jahren zum Positiven hin gewandelt, weil zahlreiche Studien zum 'Mindfulness Based Stress Reduction-Programm' (MBSR) publiziert wurden, was die Vergleichbarkeit erhöhte.[599]

---

ausdrücklich das Vorliegen von Paradoxa in ihre Erkenntnistheorie einschliesst, vgl. (Pörksen, 2011b S. 24). Aus pragmatischer Sicht könnte man argumentieren, dass die Achtsamkeitsmeditation den Praktizierenden nicht in die Lage der absolut unabhängigen Beobachtung und Wahrheitserkennung versetzt, jedoch in eine höherwertige als ohne Meditationspraxis, d. h. dass Achtsamkeitsmeditation das Potenzial hat, eine unverzerrtere Wirklichkeitsbeobachtung zu machen, eine passgenauere, was aber nicht gleichbedeutend sein muss mit absoluter Wahrheitsfindung.

[597] Vgl. (Davidson et al., 2013 S. 55). Diese Hypothese von Davidson korrespondiert mit Denkansätzen des einflussreichen zeitgenössischen Philosphen John Searle von der University of California in Berkley, welcher sich vor allem mit der Philosophie des Geistes, künstlicher Intelligenz und Neurowissenschaften auseinandersetzt: "Consciousness has a first-person or subjective ontology and so cannot be reduced to anything that has a third-person or objective ontology. If you try to reduce or eliminate one [...] you leave something out." (Searle, 1997 S. 212). Eine ähnliche Position bezieht Thomas Fuchs, welcher den Standpunkt vertritt, dass allen naturwissenschaftlichen Erkenntnissen die menschliche Lebenswelt und Kommunikationsgemeinschaft vorausgehe, und diese lasse sich nicht vollständig in materiell beschreibbare Prozesses auflösen: "Ich denke, die naturalistische Sichtweise kann nicht dem gerecht werden, was es heisst, ein Subjekt zu sein." (Fuchs, 2013 S. 52). Er zitiert dabei Viktor von Weizsäcker, den deutschen Neurologen und Begründer der psychosomatischen Medizin mit der Gestaltkreistheorie sowie der medizinischen Anthropologie: "Um Lebendes zu erforschen, muss man sich am Leben beteiligen." (von Weizsäcker, 1986 S. V).

[598] Vgl. (Kabat-Zinn, 2003 S. 145), (Walsh et al., 2006 S. 229), (Ott, 2010 S. 141 ff.).

[599] Vgl. (Ott, 2010 S. 166). Das MBSR-Programm ist im Wesentlichen eine säkularisierte Form von buddhistischen Meditationsformen mit der ursprünglichen Zielsetzung von Stressreduktion, entwickelt von Jon Kabat-Zinn. MBSR wird in der vorliegenden Untersuchung später nochmals thematisiert.

Bei der Meditationsforschung werden die Auswirkungen der Meditation auf funktionelle und strukturelle Veränderungen des Gehirns untersucht. Es wird dabei der Frage nachgegangen, ob es messbare Effekte auf der Ebene neuronaler Prozesse, neuronaler Verbindungen oder neuronaler Strukturen gibt.[600] Häufig werden in experimentellen Studien auch zusätzlich Verhaltensdaten der Probanden erhoben, um Veränderungen vom Verhalten (z. B. Aufmerksamkeitsvermögen) als Folge von mentalem Training zu ermitteln.[601] Im Folgenden sollen bedeutende Ergebnisse der kontemplativen Neurowissenschaften im Hinblick auf die Thematik der vorliegenden Untersuchung erörtert werden. Der Betrachtungsfokus liegt auf neuroplastischen Wirkungen und auf Effekten bei der Selbstregulation sowie dem Sozialverhalten, wobei der Aspekt von Meditation als Schulung von Metakompetenzen oder Metalernen besonders beleuchtet werden soll.[602] Es kann sich dabei in Anbetracht der steigenden Anzahl von Studien lediglich um einen groben Überblick handeln, der sich vor allem an Forschungen der führenden Vertreter der kontemplativen Neurowissenschaft im deutschen und angelsächsischen Raum orientiert.[603]

6.3.3.2 Ergebnisse kontemplativer Neurowissenschaften

Wie bereits erläutert, ist die Fähigkeit zu lernen, eine Funktion der Gehirnplastizität. Studien haben aufgezeigt, dass bei Londoner Taxifahrern aufgrund ihrer Navigationserfahrung der hintere Teil des Hippocampus überdurchschnittlich groß ist. Diesem Teil des Hippocampus werden Funktionen der räumlichen Repräsentation zugeschrieben.[604] Ein Fünffinger Klaviertraining von zwei Stunden pro Tag, welches an fünf aufeinanderfolgenden Tagen ausgeführt

---

600 Vgl. (Lazar, 2012 S. 73), (Ott et al., 2011 S. 119).

601 Vgl. (Ott, 2010 S. 102), (unveröffentl. Transkript, 1. Interview Hess, 2012 S. 69, Zeile 796 ff.).

602 Dabei geht es nicht oder nur nachrangig um Studien zu therapeutischen und klinischen Fragestellungen, welche bis heute den Hauptteil der Meditationsforschung ausmachen, weil dies die anfänglichen Zwecke der westlichen Meditationsforschung waren, vgl. (Ott, 2010 S. 150).

603 Führende Vertreter kristallisierten sich heuristisch im Rahmen der Aktivitäten des Forschungsprozesses heraus: Personen, welche sich als Pioniere auf diesem Gebiete auszeichnen, Hinweise auf Personen aus den geführten Interviews, das Auftreten in Quellenangaben und Literaturverzeichnissen zu Publikationen zur Thematik, Anzahl von Publikationen zur Thematik, Mitgliedschaft beim Mind & Life Institute. Für viele treffen mehrere dieser aufgeführten Punkte zu.

604 Vgl. (Woollett et al., 2008).

wurde, bewirkte physikalische Veränderungen im motorischen Kortex mit gleichzeitig gestiegener Leistung beim Klavierspielen. Bemerkenswerterweise zeigten sich diese Effekte in ähnlicher Weise auch bei einer Gruppe, welche die Fingerübungen nicht physisch, sondern nur mental durchführte.[605] Plastizität schließt demnach mentale Praktiken mit ein; allgemein geht man in der Neurowissenschaft heute davon aus, dass das Gehirn sich kontinuierlich verändert als Antwort auf jeden sensorischen Input, motorischen Akt und ebenso auf mentale Vorgänge selbst.[606]

Es zeigt sich jedoch, dass Lernen typischerweise hoch spezifisch ist. Während das konsequente Training eines Ablaufes zu Verbesserungen führt, zeigen andere Tätigkeiten, auch sehr ähnliche, höchstens kleine oder häufig gar keine Verbesserungen. Z. B. erleichtert Gedächtnistraining das Abrufen des trainierten Inhalts, aber nicht die Gedächtnisfähigkeit an sich. Am Beispiel der Londoner Taxifahrer zeigte sich in einer Folgestudie, dass die Taxifahrer keine erhöhten Leistungen bei anderen Gedächtnisaufgaben aufwiesen.[607] Das bedeutet, dass Trainingsnutzen meistens stimulus- oder inhaltsspezifisch sind und nicht prozessspezifisch bei wahrnehmungs-, erkennungs- und bewegungsorientierten Aufgaben.[608] Für die Themenstellung der vorliegenden Arbeit sind solche inhaltsorientierten Trainings nicht ohne Bedeutung, jedoch haben sie für sich genommen nicht die gewünschte Hebelwirkung für die Überwindung von Denk- und Handlungsmustern. Dazu ist eine prozessspezifische Lernform als Metakompetenz notwendig, eine Metalernform. Prozessspezifisches Lernen oder Metalernen wird hier verwendet, um Lerneffekte zu bezeichnen, die nicht nur die Leistung der trainierten Aufgabe verbessert, sondern auch und vor allem Metakompetenzen umfasst, d. h. Lernen, das nicht nur spezifisch im Hinblick auf die trainierte Aufgabe wirkt, sondern auch neue Aufgabengebiete erschließbar macht.[609] Eine wesentliche, übergeordnete Fähigkeit oder Metafähigkeit, die von großer Bedeutung für die Themenstellung der Transformation von Denkmustern und Einstellungen ist, entsteht aus kognitiven Regulierungsprozessen (cognitive control processes):

---

605 Vgl. (Pascual-Leone et al., 1995), (Pascual-Leone et al., 2005).
606 Vgl. (Pascual-Leone et al., 2005 S. 379), (Davidson et al., 2012 S. 175), (Draganski et al., 2004), (Boyke et al., 2008).
607 Vgl. (Woollett et al., 2009 S. 1092).
608 Vgl. (Kramer et al., 2003), (Roelfsema et al., 2010), (Bachman, 1961).
609 Vgl. (Green et al., 2008), (Goleman, 2013 S. 115).

> "'Cognitive control' refers to a collection of processes that allow us flexibly adapt our behavior in the pursuit of an internal goal, and includes processes such as selection of goal-relevant information, performance monitoring, interference resolution, and storage and manipulation of information in working memory. [...]. The [...] amenability of cognitive control processes to training is thus especially valuable because these abilities are fundamental to higher cognition and contribute to performance across cognitive domains (e. g., attention, working memory, long-term memory [...]."[610]

Wenn solche kognitiven Regulierungsprozesse durch Training in ihrer Wirkung verbessert werden können, hat dies einen äußerst hohen Wert, da diese gesteigerten Metafähigkeiten sich auf die Leistung von Aufgabenstellungen unterschiedlicher Art positiv auswirken.[611] Viele Meditationspraxen basieren in besonderem Maße auf präzise beschriebenen und differenzierten Theorien und wurden explizit kultiviert, um solche zentralen, kognitiven Fähigkeiten zu trainieren. Daher hat die Ausübung von Mediation in diesem Sinne das Ziel, die Metakompetenzen zu erhöhen.

Die kontemplativen Neurowissenschaften und ihre Vertreter untersuchen die Effekte von Meditation auf kognitive Regulierungsprozesse und die beteiligten Hirnregionen. Dabei zeigen Arbeiten mit bildgebenden Verfahren nicht nur Aktivitäten in spezifischen Gehirnregionen während der Meditation, sondern auch über längere Zeiträume veränderte Gehirnstrukturen, z. B. bei Teilen des präfrontalen Kortexes und anderen Regionen, die zu verbesserten kognitiven Leistungen führen, insbesondere auch bei neuen Aufgabenkontexten, auch wenn meditationserfahrene Personen dabei nicht formal meditieren.[612] Die kognitiven Regulierungsfunktionen involvieren neuronale Netzwerke, die über das ganze Gehirn verteilt sind, jedoch ist die zentrale und integrative Rolle des präfrontalen Kortexes von besonderer Bedeutung:

---

[610] (Slagter et al., 2011 S. 2), vgl. auch (Malinowski, 2012 S. 95).
[611] Vgl. (Duncan et al., 2000).
[612] Vgl. (Lutz et al., 2008a S. 164 ff.), (Slagter et al., 2011 S. 4).

> "Although these results do not rule out dorsal network involvement in awareness when goal-directed task demands are present, they point to a general role for the lateral prefrontal cortex in the control of attention and awareness."[613]

Slagter et al. kommen zu dem Schluss, dass Meditation als mentales Training von kognitiven Fähigkeiten assoziiert ist mit strukturellen und funktionalen Veränderungen im Gehirn und einhergeht mit signifikant erhöhter Leistung von bereichsübergreifenden, kognitiven Prozessen, unabhängig von inhaltlichen Aufgabenstellungen.[614] Es handelt sich bei Meditation demzufolge um prozessspezifisches Lernen (von kognitiven Regulierungsprozessen), d. h. um Metalernen. Konkret haben Meditierende insgesamt größere exekutive Kontrolle bei den Aufmerksamkeits- und Bewusstseinsprozessen und daher eine kleinere Fehlerrate bei der Ausübung von Aufgaben und eine höhere emotionale Akzeptanz bei der Einschätzung von Moment-zu-Moment-Erfahrungen.[615] Dazu kommentiert Etzensberger im Experteninterview:

> "[...], dass über die Schulung von Achtsamkeit [...] man wirklich Dinge, wie sie sind, klar sieht, weil man die Chance hat, das Ganze nicht immer direkt mit eigenen Emotionen oder Gedanken zu verbinden, weil man die Metakompetenz erwerben kann, dass man sich auch von den eigenen Gedanken lösen kann und eigentlich ein Metabewusstsein aufbauen kann. Da glaube ich schon, dass wir nicht besonders gut geschult sind."[616]

---

[613] (Asplund et al., 2010 S. 507). Die besondere, integrative Bedeutung des präfrontalen Kortexes wird auch namentlich von Siegel bei seiner interpersonellen Neurobiologie hervorgehoben, vgl. z. B. (Siegel, 2010b S. 21 f.). Vgl. im Weiteren (Miller et al., 2001 S. 167 f.), (Corbetta et al., 2002), (Rossi et al., 2008), (Passingham et al., 2012).

[614] Vgl. (Slagter et al., 2011 S. 6), vgl. auch (Desbordes et al., 2012 S. 2).

[615] Vgl. (Lutz et al., 2008a S. 165), (Teper et al., 2012). Lutz et al. weisen zusätzlich darauf hin, dass neben den positiven Effekten der Meditation auf den präfrontalen Kortex gleichzeitig eine Hemmung der Amygdala (Mandelkern) beobachtet werden kann. Die Amygdala ist eine limbische Gehirnstruktur, welche stark mit emotionaler Erregung, insbesondere als Auslöser von Angst, in Verbindung gebracht wird, vgl. (Lutz et al., 2008a S. 165).

[616] (unveröffentl. Transkript, 2. Interview Etzensberger, 2012 S. 143, Zeile 467 ff.).

Achtsamkeitstraining erhöht die Möglichkeit, situationsspezifisch zu antworten.[617] Zudem erleichtert die zunehmende Meditationspraxis die Aufrechterhaltung von kognitiven Prozessen, im Englischen häufig als 'effortless concentration' bezeichnet.[618]

Abb. 18 zeigt, wie Achtsamkeitsmeditation auf der Verhaltensebene wirkt und welche Hirnstrukturen involviert sind:

Mechanism	Exemplary instructions	Self-reported and experimental behavioral findings	Associated brain areas
1. Attention regulation	Sustaining attention on the chosen object; whenever distracted, returning attention to the object	Enhanced performance: executive attention (Attention Network Test and Stroop interference), orienting, alerting, diminished attentional blink effect	Anterior cingulate cortex
2. Body awareness	Focus is usually an object of internal experience: sensory experiences of breathing, emotions, or other body sensations	Increased scores on the Observe subscale of the Five Facet Mindfulness Questionnaire; narrative self-reports of enhanced body awareness	Insula, temporo-parietal junction
3.1 Emotion regulation: reappraisal	Approaching ongoing emotional reactions in a different way (nonjudgmentally, with acceptance)	Increases in positive reappraisal (Cognitive Emotion Regulation Questionnaire)	(Dorsal) prefrontal cortex (PFC)
3.2 Emotion regulation: exposure, extinction, and reconsolidation	Exposing oneself to whatever is present in the field of awareness; letting oneself be affected by it; refraining from internal reactivity	Increases in nonreactivity to inner experiences (Five Facet Mindfulness Questionnaire)	Ventro-medial PFC, hippocampus, amygdala
4. Change in perspective on the self	Detachment from identification with a static sense of self	Self-reported changes in self-concept (Tennessee Self-Concept Scale, Temperament and Character Inventory)	Medial PFC, posterior cingulate cortex, insula, temporo-parietal junction

Abb. 18: Wirkungen und beteiligte Hirnkomponenten der Achtsamkeitsmeditation[619]

In der Abbildung kommen die wichtigen kognitiven, emotionalen und sozialen Selbstregulierungskompetenzen zum Ausdruck, wie sie durch Meditation geschult und weiterentwickelt

---

617 Vgl. (Chaskalson, 2011 S. 108). Er bringt es im Englischen auf den Punkt: "Respond: learning not to react." (Chaskalson, 2011 S. 101). Das fügt sich passend zu Staceys 'Complex Responsive Processes of Relating' mit Meads Interaktionstheorie ein.

618 Vgl. (Lutz et al., 2008a S. 164).

619 Entnommen aus (Hölzel et al., 2011a S. 539).

werden können. Ebenso ist ersichtlich, dass der präfrontale Kortex, der zinguläre Kortex, der Hippocampus und weitere Hirnstrukturen bei der Ausübung von Selbstregulierungsprozessen involviert sind. Das stimmt in direkter Weise mit den entsprechenden Ausführungen der Wissens-Dimension überein.

Diese Ergebnisse in Bezug auf neuroplastische, selbstregulierende und auf das Verhalten bezogene Wirkungen der Meditationspraxis konnten in zahlreichen Einzelstudien reproduziert werden.[620] Es soll hier stellvertretend auf eine kürzlich vorgenommene Forschungsarbeit hingewiesen werden, welche die Veränderungen eines achtwöchigen 'Mindfulness Based Stress Reduction-Programm' (MBSR)-Trainings bei Meditationsneulingen untersuchte:

> "The results suggest that participation in MBSR is associated with changes in graymatter concentration in brain regions involved in learning and memory processes, emotion regulation, self-referential processing, and perspective taking."[621]

Ein übereinstimmendes Bild wird in Metaanalysen zu Einzelstudien der Meditationsforschung dargestellt. In einer Metaanalyse aus dem Jahre 2006 kommen die Autoren zu dem Schluss, dass sich durch die Praxis von Meditation mit hoher Wahrscheinlichkeit neuroplastische Veränderungen in den präfrontalen und den damit zusammenhängenden Gehirnstrukturen einstellen.[622] Ein kürzlich erschienener Review über Untersuchungen von Meditierenden im Vergleich zu Kontrollgruppen bestätigt die Befunde der Metaanalyse von 2006:

> "While meditation types and measures differed between studies, results were remarkably consistent. Differences in gray matter (GM) volume and density were found in circumscribed brain regions which are involved in interoception and in

[620] Vgl. z. B. (Singer, 2012b), (Jha et al., 2010 S. 54 ff.), (Lazar et al., 2005 S. 1893 ff.), (Luders et al., 2009 S. 672 ff.), (Wallace, 2006), (Moore et al., 2009), (Singer et al., 2008), (Manna et al., 2010), (Lutz et al., 2009b), (Raffone et al., 2010), (Walach et al., 2006).

[621] (Hölzel et al., 2011b S. 36).

[622] Vgl. (Cahn et al., 2006 S. 180).

the regulation of arousal and emotions, namely insula, hippocampus, prefrontal cortex, and brainstem."[623]

Insgesamt bieten die zahlreichen Einzel- und Metastudien zur Wirksamkeit von Meditation eine starke Indikation für positive Effekte in Bezug auf eine breite Palette von funktionalen und strukturellen Veränderungen im Gehirn sowie den korrespondierenden Metakompetenzen, die zu einem erhöhten Wahrnehmungs- und Verhaltensrepertoire führen.[624]

6.3.3.3 Bewertung des Forschungsstandes kontemplativer Neurowissenschaften

Generell weist eine Reihe von Autoren darauf hin, dass die bisherigen Ergebnisse der kontemplativen Neurowissenschaften mit weiteren Studien bestätigt werden müssen. Dabei ist der Hauptgrund das weitgehende Fehlen von Längsschnittstudien.[625] Es ist bis heute statis-

---

[623] (Ott et al., 2011 S. 119). Vergrösserte graue Substanz kann dendritische Verzweigungen, Synapsenbildung, Neurogenese oder eine Kombination dieser Vorgänge bedeuten, welche alle neuroplastische Effekte darstellen, vgl. (Luders et al., 2009 S. 677). Interozeption bedeutet die Verarbeitung, Repräsentation und Wahrnehmung von Körpersignalen. Sie spielt eine wichtige Rolle beim Erkenntnisprozess und verweist damit auf die Verkörperung des Geistes, vgl. (Herbert et al., 2012 S. 692).

[624] Die kontemplativen Neurowissenschaften haben einige weitere, wichtige und bemerkenswerte funktionale und strukturelle Effekte entdeckt, welche auf die Ausübung vom Meditationstraining zurückgeführt werden. So konnten Richard Davidson et al. eine positive, verstärkende Wirkung auf das Immunsystem aufzeigen, was in einer weiteren Studie bestätigt wurde, vgl. (Davidson et al., 2003), (Tang et al., 2007). Ebenso konnte eine reduzierte, altersbedingte, kortikale Verdünnung bei präfrontalen Gehirnstrukturen durch Mediation festgestellt werden, welche mit kognitiven und psychologischen Funktionen wie Aufmerksamkeitsfähigkeit, Empathie und Mitgefühl in Verbindung gebracht wird, vgl. (Lazar, et al., 2005), (Lutz et al., 2008b), (Pagnoni et al., 2007), (Tang et al., 2007). Weitere positive Wirkungen im medizinischen und psychologischen Bereich, wie z. B. bei Asthma, Diabetes, chronischen Schmerzen, Schlaflosigkeit, Depression, Phobien etc., konnten ermittelt werden, vgl. (Walsh et al., 2006).

[625] Vgl. z. B. (Ott et al., 2011 S. 119), ebenso (Luders et al., 2009 S. 677), (Luders et al., 2011 S. 1308). Die Studie von (Hölzel et al., 2011b) ist in diesem Zusammenhang bedeutsam, da es sich um die erste Längsschnittstudie zur Wirkung von Meditation handelt. Die Studie konnte den Nachweis von strukturellen Veränderungen im Gehirn, die direkt auf die Teilnahme am Meditationstraining (MBSR) zurückgeführt werden konnten, erbringen, vgl. (Ott, 2012 S. 83). Weitere methodische Designprobleme bei der Meditationsforschung können kleine Sample-Grössen, suboptimale Kontrollgruppen oder wenig randomisierte, kontrollierte Studien etc. darstellen, vgl. (Walsh et al., 2006 S. 230), (Kabat-Zinn et al., 2012b S. 279 ff.). Auf die indirekten Resultate der bildgebenden Verfahren wurde in der Wissens-Dimension hingewiesen, vgl. S. 57. Dies stellt aber keine spezifische

tisch noch nicht völlig ausgeschlossen, dass gemessene Unterschiede im Gehirn und bei Verhaltensstudien von Langzeitmeditierenden im Vergleich zu Nichtmeditierenden generell nicht durch die Meditationspraxis entstanden sind, sondern durch Selbstselektion, das heißt die Gehirnveränderungen hätten mit individuellen Unterschiedlichkeiten zu tun, die schon vor der Meditationspraxis bestanden hätten und auch der Grund dafür sein könnten, dass diese Menschen prädestiniert sind, dass sie meditieren.[626]

Diese methodischen Erwägungen implizieren, dass noch nicht jeder Winkel der Wirkung von Meditationspraxis wissenschaftlich ausgeleuchtet ist. Die Annäherungen an das Thema von verschiedensten Seiten ergeben bis jetzt jedoch ein kohärentes Gesamtbild mit sich deutlich abzeichnenden Konturen. Der Stand der derzeit vorliegenden Forschungsergebnisse der kontemplativen Neurowissenschaft lässt den Schluss zu, dass es eine sehr deutliche Evidenz für die Wirksamkeit von mentalem Training gibt.[627] Die Hypothese der neuroplastischen und damit verbundenen verhaltensmäßigen Veränderungswirkung darf als valide und solide Annahme verwendet werden. Führende Vertreter der kontemplativen Neurowissenschaft sind überzeugt, dass die künftigen Forschungsergebnisse die Auswirkungen und Effekte von Meditationspraxis noch klarer aufzeigen werden. Dazu äußert sich Kabat-Zinn:

> „Wir erwarten, dass die kommenden Jahre sogar noch produktiver werden als die Jahre, die hinter uns liegen. Wir gehen auch davon aus, dass Meditation noch weiter in den Mainstream von Neurowissenschaft, Psychologie und Medizin gelangen wird und die Ströme von Wissenschaft und meditativen Traditionen auf zunehmend vertieften Ebenen zusammenfließen."[628]

Problemstellung der kontemplativen Neurowissenschaften dar, sondern generell der Neurowissenschaften.

626 Vgl. z. B. (Lutz et al., 2004 S. 16373).

627 Vgl. (Kabat-Zinn et al., 2012b S. 273 f.), (Treadway et al., 2010 S. 191), (Lazar, 2012 S. 71 ff.).

628 (Kabat-Zinn et al., 2012b S. 285). Vermutlich gibt es in der betriebswirtschaftlichen Forschung wenige Themen, welche dermassen intensiv untersucht werden und so solide abgesichert werden wie die Meditation bei den kontemplativen Neurowissenschaften. Bei der Recherche zum Stand der Wissenschaft fand sich keine Studie, welche Ergebnisse erzielte, die in eine andere Richtung zeigen, als die in der vorliegenden Untersuchung dargestellten.

Aufgrund des derzeitigen Forschungstandes und der Entwicklungsperspektive sollte die moderne Managementforschung nicht abseits stehen und ebenso auf das enorme, transformative Potential von Meditationsforschung und Mediation zurückgreifen und sie neben den therapeutisch ausgerichteten Disziplinen wie Psychologie und Medizin als eine nicht therapeutische Wissenschaft im Sinne der Salutogenese integrieren.[629]

Die dargestellten Erkenntnisse sind von Bedeutung für Führung und Management in Organisationen und insbesondere für die Fragestellungen zum Thema Initialisierung musterbrechender Managementinnovation, da sich verbesserte höhere kognitive und exekutive Funktionen sowie gesteigerte emotionale Akzeptanz mit größter Wahrscheinlichkeit vielfältig auf soziale Interaktionen in Organisationen in Richtung Potentialentfaltung auszuwirken vermögen.[630] Je besser und je unangestrengter wir aufmerksam bleiben können, und je unvoreingenommener und offener wir Situationen im Hier und Jetzt einschätzen (non reactive oder reduced habitual responding oder nicht-reflexhaft), desto reichhaltigere und weniger verzerrte Informationen haben wir über die Realität, was zu einer höheren Zahl von Verhal-

---

[629] Ein kürzlich abgeschlossenes interdisziplinäres Dissertationsprojekt zum Thema 'Impact of meditation on emotional intelligence and self-perception of leadership skills' von Tanmika Tamwatin an der Westminster Business School hat diese Position pionierhaft aufgenommen. Eine experimentelle Studie mit 80 Führungskräften in Bangkok und 64 Führungskräften in London wurde während zwölf Wochen in beiden Städten durchgeführt. Die Teilnehmer wurden in zwei Gruppen unterteilt, jeweils eine Experimentgruppe und eine Kontrollgruppe. Die Studie untersuchte die Unterschiede von einer täglichen einstündigen Achtsamkeitsmeditation über zwölf Wochen hinweg bei den Experimentiergruppen im Vergleich zu den Kontrollgruppen, die nicht meditierten, in Bezug auf die emotionale Intelligenz und die Selbstwahrnehmung mittels spezifischer Verhaltenstests. Alle Personen machten diese Verhaltenstests zu Beginn und nach Abschluss der zwölf Wochen. Die nach statistischen Kriterien ausgewerteten Testresultate zeigten einen signifikant höheren Wert bei der emotionalen Intelligenz sowie bei der Selbstwahrnehmung bei den beiden meditierenden Experimentiergruppen gegenüber den nicht meditierenden Kontrollgruppen. Die Studie kommt zum Schluss, dass Meditation hilft, sukzessive ein achtsames Bewusstsein und Konzentration zu kultivieren, was in einer direkten Erhöhung der emotionalen Intelligenz und der besseren Selbstwahrnehmung von eigenem Führungsvermögen resultiert. Eine solche Erkenntniskompetenz mittels Meditation kann damit ein Potential bedeuten für die Erhöhung von Führungsfähigkeiten von Verantwortlichen in Organisationen, vgl. (Tamwatin, 2012). Vgl. zu Achtsamkeitsmeditation, emotionaler Intelligenz und Arbeitswelt auch (Chaskalson, 2011 S. 113).

[630] Vgl. (unveröffentl. Transkript, Interview Hölzel, 2012 S. 229, Zeile 174 ff.).

tensmöglichkeiten und besseren Entscheidungen und Handlungen führt, inkorporiert in soziale Interaktionen im gegenwärtigen Augenblick.[631] Britta Hölzel dazu im Experteninterview:

> "Ja, ich glaube, dass das der ganz zentrale Bestandteil der Achtsamkeit ist [Erhöhung der Handlungsmöglichkeiten in sozialen Interaktionen mittels Reflexionskompetenz, erzielt durch Meditation, F. R.]. Ich glaube, dass das auch der Grund ist, warum die Achtsamkeit so ein ganz breites Wirkungsspektrum hat, dass eben die, ich würde sagen, die Selbstregulationsfähigkeit erhöht."[632]

Achtsamkeit eröffnet die Möglichkeit, einen Raum zu schaffen, verstanden als Distanz oder Unterbrechung zwischen Auslöser und Reaktion.[633] Menschen werden dadurch in die Lage versetzt, die Umwelt und sich selbst weniger konditioniert, d. h. realistischer und frei von einer selbstbezogenen Sicht, einzuschätzen, weil sie nicht nur Handelnde, sondern zugleich auch Beobachter sind.[634] Dadurch können sie mit den Rückkopplungen, die durch ihre Interaktion mit Interaktionspartnern hervorgerufen werden, angemessener umgehen, da die Art und Weise, wie sie sich selbst, die Mitmenschen und die Welt im Allgemeinen wahrnehmen, einen ganz erheblichen Einfluss auf die Lebenseinstellung und das Verhalten hat.[635] Abb. 19 soll diese Zusammenhänge bildlich darstellen.

Viele der oben diskutierten Aspekte in Bezug auf die Achtsamkeitsmeditation gelten auch für die Mitgefühlsmeditation, da Achtsamkeit wie bereits erwähnt die Basis für Mitgefühlsmeditation darstellt und auch emotionale Fertigkeiten schult, die für soziale Kontexte wichtig sind.[636] Im nächsten Abschnitt werden wesentliche Ergebnisse aus der kontemplativen Neu-

---

631 Vgl. (Miller et al., 2001 S. 167 f.), (Lutz et al., 2008a S. 165) und (Mead, 1934 S. 200).

632 (unveröffentl. Transkript, Interview Hölzel, 2012 S. 236, Zeile 342 ff.).

633 Vgl. (Assmann, 2012 S. 65), (Goleman, 2013 S. 260), (Hölzel, 2007 S. 5f). Diese Art von Unterbrechungen beim Managementhandeln fordern (Wüthrich et al., 2001 S. 121 ff.). Für Baecker macht die Unterbrechung direkter Verbindungen zwischen Reiz und Reaktion menschliches Bewusstsein aus, vgl. (Baecker, 2014 S. 23).

634 Die Fähigkeit, aufgrund von Meditation die Perspektive zu verändern, im Sinne von Ent-Identifizierung und grösserer Objektivität, wird auch als Reperceiving bezeichnet, vgl. (Chaskalson, 2011 S. 21). Vertiefender zu Meditation und Ent-Identifikation sowie dem buddhistischen Selbstkonzept mit der Lehre des Nicht-Ich, vgl. z. B. (Anderssen-Reuter, 2012).

635 Vgl. (Romhardt, 2014), (Ricard, 2011 S. 128 ff.), (Hölzel, 2007 S. 5f).

636 Vgl. (Assmann, 2012 S. 66).

rowissenschaft in Bezug auf die Mitgefühlsmeditation dargelegt, die noch nicht explizit erörtert wurden.

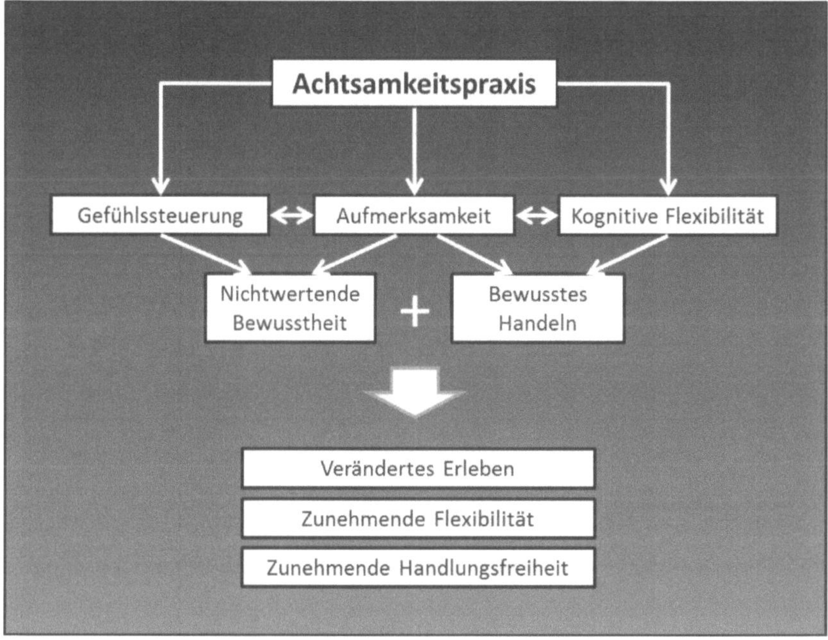

Abb. 19: Wirkmechanismen der Achtsamkeitspraxis[637]

6.4 MITGEFÜHLSMEDITATION

6.4.1 WESEN UND BEDEUTUNG VON EMPATHIE UND MITGEFÜHL

Führung und Management stellen eine wesentliche Ausprägung sozialer Interaktion zwischen Führungsverantwortlichen und Geführten in Organisationen dar. Ohne Veränderung der sozialen Interaktionen in Organisationen ist keine musterbrechende Managementinnovation möglich, weil die sozialen Interaktionen eine Organisation ausmachen ('Complex Responsive Processes of Relating'). Empathie und Mitgefühl spielen eine Schlüsselrolle beim sozialen Verstehen und Handeln und folglich auch bei sozialen Interaktionen.[638] Das verdeut-

---

[637] Entnommen aus (Malinowski, 2012 S. 96).

[638] Vgl. (Lawrence et al., 2004 S. 911).

licht, wie wichtig Mitgefühl und Empathie in Führungs- und Managementfragen als bedeutende Faktoren von gelingender, sozialer Interaktion sind, da wir unseren Interaktionspartnern am meisten dienen können, wenn wir unsere inneren Qualitäten weiterentwickeln.[639] Empathie und Mitgefühl sind in Philosophie und Psychologie schon längere Zeit Untersuchungsgegenstand und Diskussionsthema.[640] So hat der schottische Ökonom und Moralphilosoph Adam Smith, der als Begründer der Marktwirtschaft gilt – welche auf der Menschenbildannahme des Homo oeconomicus basiert – bereits im Jahre 1759 in 'The Theory of Moral Sentiments' auf das altruistische Potential der menschlichen Natur hingewiesen:

> "How selfish soever man may be supposed, there are evidently some principles in his nature, which interest him in the fortune of others, and render their happiness necessary to him, though he derives nothing from it except the pleasure of seeing it. Of this kind is pity or compassion, the emotion which we feel for the misery of others, when we either see it, or are made to conceive it in a very lively manner. That we often derive sorrow from the sorrow of others, is a matter of fact too obvious to require any instances to prove it [...]."[641]

Die heutigen modernen neurowissenschaftlichen Modelle von Empathie bestätigen und bekräftigen diese Sichtweise.[642] Die Neurowissenschaftlerin Tania Singer, die im Schnittstellenbereich von kontemplativen und sozialen Neurowissenschaften[643] forscht, bringt die Bedeutsamkeit von Empathie und Mitgefühl mit folgenden Worten auf den Punkt:

---

639 Vgl. (Ricard, 2011 S. 23).

640 Vgl. (Gallese, 2003 S. 175), (Derntl, 2012 S. 84), (Bernhardt et al., 2012 S. 2).

641 (Smith, 1759/2004 S. 1).

642 Vgl. (Singer et al., 2009 S. 88). Die heutige soziale Neurowissenschaft umschreibt die von ihr untersuchten Effekte von Empathie erstaunlich nahe bei Smith: "Accordingly, empathy is also likely to render people less selfish because it enables them to share others' emotions and feelings, which can help to motivate other-regarding behavior – in other words, behavior beneficial to another person and not only to oneself (e. g., helping someone)." (Singer, 2009 S. 251). Im Gegensatz dazu trifft dies nicht zu beim Menschenbild des Homo oeconomicus, das auch Smith zugeschrieben wird, und wie bereits ausgeführt, nach wie vor eine Basisannahme des Mainstreams der Wirtschaftswissenschaften bildet. Für den Homo oeconomicus gibt es keine neurowissenschaftliche Unterlegung.

643 Die Untersuchung sozialer Emotionen wird als soziale Neurowissenschaften bezeichnet. Die sozialen Neurowissenschaften sind multidisziplinär ausgerichtet; dieser Forschungs-

> "Clearly, the ability to understand other people's thinking and feeling is a fundamental component of our 'social intelligence' and is needed for successful everyday social interaction."[644]

Das weist einerseits auf die hohe Bedeutung von Empathie und Mitgefühl bei sozialen Interaktionen hin. Dies wird in den wissenschaftlichen Publikationen zu Empathie und Mitgefühl übereinstimmend stark betont.[645] Andererseits kommt damit zum Ausdruck, dass sich in den letzten Jahren auch die Neurowissenschaften des Themas Empathie und Mitgefühl angenommen haben.[646] Dies soll in Folge überblicksartig thematisiert werden.

6.4.2 Neurowissenschaftliche Ergebnisse über das soziale Gehirn und seine Plastizität

Empathie und Mitgefühl sind – zum Teil auch dank der neuen bildgebenden Verfahren – zu einem bevorzugten Thema neurowissenschaftlicher Forschung geworden. Aus der Perspektive der Psychologie, Philosophie und der sozialen Neurowissenschaft ist Empathie häufig als die Fähigkeit beschrieben, sich gefühlsmäßig in die Lage anderer zu versetzen.[647] Erst in einem Alter, in dem Menschen zwischen dem eigenen Selbst und anderen unterscheiden können, kann Empathie entstehen. Mitgefühl basiert auf Empathie und ist eng mit ihr verwandt, jedoch nicht völlig identisch.[648] Im Gegensatz zu Empathie, die nicht unbedingt eine prosoziale Motivation enthält, ist Mitgefühl als Bedürfnis, zum Wohle anderer beizutragen, eindeutig prosozial ausgeprägt. Empathie bedeutet eine Form der Perspektivenübernahme im Gefühlsbereich analog zur Perspektivenübernahmen bei Handlungsintentionen im motori-

---

zweig möchte das Gehirn nicht als isoliertes Objekt, sondern in einen sozialen Kontext eingebettet verstehen, vgl. (Frevert et al., 2011 S. 134).

644 (Singer, 2009 S. 252).

645 Vgl. z. B. (Bernhardt et al., 2012 S. 2), (Singer et al., 2009 S. 81), (Gallese, 2003 S. 173), (Derntl, 2012 S. 84), (Mathur et al., 2010 S. 1468), (Grossman et al., 2012 S. 17).

646 Vgl. (Derntl, 2012 S. 84).

647 Es gibt aber dennoch viele unterschiedliche Details bei den einzelnen Definitionen bei fast allen Wissenschaftlern, die sich mit Empathie beschäftigen, vgl. (Singer et al., 2009 S. 82), (Baumgartner, 2012 S. 20), (Derntl, 2012 S. 84).

648 Vgl. (Frevert et al., 2011 S. 142), auch (Klimecki et al., 2013), (Bernhardt et al., 2012 S. 16), (Baumgartner, 2012 S. 20). Es ist weiterhin eine ungeklärte Frage, wie und was genau die Mechanismen sind, wie sich Empathie in prosoziales Verhalten übersetzt, vgl. (Frevert et al., 2011 S. 145).

schen Bereich, die Menschen befähigt, sich in das jeweilige Gegenüber hineinzuversetzen. Beim Hineinversetzen in eine andere Person werden, wie in der Wissens-Dimension bereits ausgeführt, dieselben neuronalen Schaltkreise aktiviert wie beim Gegenüber, da es sich um ein Spiegelneuronensystem handelt.[649] In der Zusammenfassung eines Reviews über die Empathie- und Mitgefühlsforschung in den sozialen Neurowissenschaften von Bernhardt und Singer kommt zum Ausdruck, dass dies komplexe, soziale Phänomen sind, die nicht isoliert betrachtet werden können, sondern kontextabhängig sind:

> "These findings suggest that empathy is, in part, based on shared representations for firsthand and vicarious experiences of affective states. Empathic responses are not static but can be modulated by person characteristics [...]. It has also been shown that contextual appraisal, including perceived fairness or group membership of others, may modulate empathic neuronal activations. Empathy often involves coactivations in further networks associated with social cognition, depending on the specific situation and information available in the environment. Empathy-related insular and cingulate activity may reflect domain-general computations representing and predicting feeling states in self and others, likely guiding adaptive homeostatic responses and goal-directed behavior in dynamic social contexts."[650]

Im Umkehrschluss bedeuten diese Erläuterungen über Empathie und Mitgefühl auch, dass Personen, die keinen oder einen schlechten Zugang zu den eigenen Gefühlen haben, auch keine oder wenig Empathie- und Mitgefühlsfähigkeit für andere entwickeln können. Daher

---

[649] Vgl. (Frevert et al., 2011 S. 133 ff.). Als Mitentdecker der Spiegelneuronen verbindet Gallese neurobiologische, sozialpsychologische und phänomenologie-philosphische Aspekte von Empathie und Mitgefühl in einer Weise, welche sich präzise mit der Meadschen Sozialpsychologie deckt. Dies bringt die folgende Aussage von ihm zum Ausdruck, die bereits in Fussnote 493 in einem etwas anderen Kontext zitiert wurde: "Self and other relate to each other, as they both represent opposite extensions of the same correlative and reverisble system *self/other*. The observer and the overserved are part of a dynamic system governed by *reversibility rules*." (Gallese, 2003 S. 176).

[650] (Bernhardt et al., 2012 S. 1). Vgl. auch (Derntl, 2012 S. 84), (Baumgartner, 2012 S. 22).

sollte die Entwicklung von Empathie- und Mitgefühlsfähigkeit mit der Schulung der eigenen interozeptiven Fähigkeiten beginnen.[651]

Solche Methoden sind inhärenter Bestandteil kontemplativer Praktiken, um Empathie und Mitgefühl zu trainieren. Entsprechende Studien aus der kontemplativen Neurowissenschaft zeigen, dass buddhistische Langzeitmeditierende im Vergleich zu Meditationsneulingen über mehr graue Substanz in Bereichen des sozialen Gehirnes verfügen und empathie- und mitgefühlsrelevante Spiegelneuronennetzwerke stärker aktiviert sind.[652] Zwei Studien von Lutz et al. fassen diese Ergebnisse folgendermaßen zusammen:

> "Together these data indicate that the mental expertise to cultivate positive emotion alter the activation of circuitries previously linked to empathy and theory of mind in response to emotional stimuli."[653]

> "These data confirm that compassion enhances the emotional and somatosensory brain representations of others' emotions, and that this effect is modulated by expertise."[654]

Es gibt zudem bereits Daten, die darauf hinweisen, dass Mitgefühlsmeditation bei Anfängern schon nach einigen Tagen zur nachweisbaren Steigerung von Gehirnaktivitäten in Bereichen führt, die zum sozialen Gehirn gezählt werden.[655] Neben Gehirnstrukturen, die hauptsächlich dem emotionsverarbeitenden limbischen Teil (z. B. zingulärer Kortex, Insula) zugeordnet werden, sind auch Strukturen des präfrontalen Kortexes bei der Ausübung von Empathie und

---

[651] Vgl. (Assmann, 2012 S. 65 ff.). Interozeptive Fähigkeiten sind Fertigkeiten der Verarbeitung, Repräsentation und Wahrnehmung von Körpersignalen, vgl. (Herbert et al., 2012 S. 692).

[652] Vgl. (Frevert et al., 2011 S. 143 f.).

[653] (Lutz et al., 2008b S. e1897). Vgl. auch (Derntl, 2012). Theory of Mind, d. h. die kognitive Auffassungsgabe, sich in den mentalen Zustand des Gegenübers zu versetzen, wird häufig als Synonym für kognitive Empathie verwendet und neben den emotionalen und affektiven Aspekten von Empathie, also der Fähigkeit, die Gefühlslage des Gegenübers bei sich selbst wahrzunehmen, als Teilaspekt von Empathie verstanden, vgl. (Lawrence et al., 2004 S. 911).

[654] (Lutz et al., 2009a S. 1038). Vgl. auch (Bernhardt et al., 2012 S. 16).

[655] Vgl. (Leiberg et al., 2011 S. e17798).

Mitgefühlsmeditation aktiviert, also bei Tätigkeiten des sozialen Gehirns, involviert.[656] Dies weist darauf hin, dass Mitgefühlsmeditation auf Aufmerksamkeit und Achtsamkeit basiert und diese gleichzeitig auch trainiert werden, und es unterstreicht die zentrale Rolle des präfrontalen Kortexes als Integrator.[657]

Es lässt sich daraus folgern, dass Empathie und Mitgefühl als wichtige soziale Fähigkeiten mittels geistiger Schulung genauso trainiert werden können wie Achtsamkeit – wie oben dargestellt basieren sie letztlich auf Achtsamkeit. Es konnte auch gezeigt werden, dass Personen, die ihre Emotionen besser regulieren können, empathischer und sogar moralisch erwünschter handeln.[658] Bernhardt und Singer verbinden Empathie und Mitgefühl mit dem wichtigen Kerngedanken, dass diese sozialen Fähigkeiten "may ultimately enable adaptive responses to the social and affective behavior of others [...]."[659]

Diese Ausführungen unterstreichen, dass sich Meditation direkt auf die Art der sozialen Interaktionen (selbstredend auch in Führungs- und Organisationskontexten) im Sinne von verstärktem prosozialen Verhalten auswirken kann, was in Studien auch experimentell nachgewiesen werden konnte.[660] Abschließend ist es wichtig, auf den Zusammenhang von Empathie- und Mitgefühlsfähigkeit und Vertrauen hinzuweisen. Vertrauen und soziale Bindung sind Fähigkeiten, die direkt mit Empathie und Mitgefühl assoziiert sind, da Vertrauen nur entstehen kann, wenn das Gegenüber verstanden werden kann. Es genügt nicht, sich rational in den anderen hineinzuversetzen; soziale oder emotionale Intelligenz beruht auf der Fähigkeit, sich emotional in sein Gegenüber hineinversetzen zu können.[661] Durch die Entdeckung der Spiegelneuronen und ihrer Wirkungsweise wurde deutlich, dass Empathie und Mitgefühl tief in den Erfahrungen unseres gelebten Körpers begründet sind. Es ist diese Er-

[656] Vgl. (Siegel, 2010a S. 420 ff.), (Mathur et al., 2010 S. 1468), (Derntl, 2012 S. 85), (Lutz et al., 2008b S. e1897), (Singer et al., 2009 S. 86 ff.).

[657] Vgl. (unveröffentl. Transkript, Interview Grossman, 2012 S. 209, Zeile 534 ff.), (unveröffentl. Transkript, Interview Hölzel, 2012 S. 321, Zeile 142 ff.), (Siegel, 2010b S. 21 ff.).

[658] Vgl. (Baumgartner, 2012 S. 20).

[659] (Bernhardt et al., 2012 S. 15).

[660] Vgl. (Leiberg et al., 2011 S. e17798), (Hutcherson et al., 2008 S. 720 ff.)

[661] Vgl. (Baumgartner, 2012 S. 26), (Klein, 2010 S. 86 f.). Auf die grundlegende Rolle und Wichtigkeit von Vertrauen für Sozialsysteme insbesondere bei Vorherrschen von Komplexität hat auch Luhmann deutlich hingewiesen, vgl. (Luhmann, 2005 S. 27 ff.).

fahrung, die es ermöglicht, andere direkt zu erkennen, nicht als Körper, der mit einem Geist ausgestattet ist, sondern als vollständige Personen.[662]

6.5 Nicht-Tun

Bevor nachfolgend Schlussfolgerungen zur Meditation als Handlungsmöglichkeit für musterbrechende Managementinnovation gezogen werden, soll zunächst ein zusätzlicher Aspekt als Ergänzung der Tun-Dimension kurz beleuchtet werden. Es handelt sich um die Überlegung, dass bei musterbrechender Managementinnovation neben unterstützendem Tun oder Handeln auch das Nicht-Tun oder Nicht-Handeln zur Disposition gestellt werden sollte. Aufgrund der kritischen Darstellung von klassischen linear-kausalen Managementtools ist es, wie oben bereits angesprochen, keine Option für musterbrechende Managementinnovation, weitere solche klassischen Tools einzuführen. Das stellt keine musterbrechende Systemerneuerung dar, sondern eine den Status Quo zementierende Systemoptimierung.[663] Man kann einen Schritt weitergehen und erwägen, ob Tools und Regelungen abgeschafft werden können oder sollen. Wüthrich schlägt vor, damit zu experimentieren.[664] Er weist dabei darauf hin, dass sich Experimentieren von Projektlogik unterscheidet. Experimente seien ergebnisoffen, was von den Verantwortlichen den Mut erfordere, sich auf einen Prozess mit unbekanntem Ergebnis einzulassen und daraus zu lernen. Beispielsweise könne in einer Abteilung ein Jahr lang auf Zielvorgaben, Budgets und Controlling konsequent verzichtet werden und über die Erfahrungen reflektiert werden.[665] Denkbar wäre auch, mit einem Stopp von Stellenbeschreibungen, formalen Sitzungen, Titeln zu experimentieren, also grundsätz-

---

662 Vgl. (Gallese, 2003 S. 176).

663 Vgl. (Wüthrich, 2011b S. 215) und (Wüthrich et al., 2007). Ghosal fordert dies für Business Schools. Sie sollten vor allem stoppen, mit dem, was sie im Moment lehren an Managementpraktiken, (Ghosal, 2005 S. 75).

664 Ausführlicher zu Management- und Organisationsexperimenten vgl. z. B. (Wüthrich, 2014), (Osmetz et al., 2014), (Goddard, 2011), (Wüthrich et al., 2009), (Hamel, 2007 S. 156). Die Zeitschrift Organisationsentwicklung hat in der Ausgabe 3/2014 das Experiment zum Hauptthema gemacht, vgl. (o.N., 2014).

665 Vgl. (Wüthrich, 2014 S. 76). Die ergebnisoffene Experimentierlogik akzeptiert und nutzt im Gegensatz zur zielorientierten Projektlogik prinzipielle Nicht-Steuerbarkeit bei komplexen Problemstellungen und ist bereit, zur Findung von neuartigen Lösungen zu experimentieren.

lich mit den heute angewendeten Artefakten des traditionellen Managementmodelles.[666] Der Verzicht auf den Einsatz von ausgewählten, traditionellen Managementinstrumenten als Experiment bedeutet nicht, dass alles Bisherige in Organisationen – nach Lindner-Hofmann und Zink die äußere Form, vgl. S. 141, – abgeschafft werden muss. Jedoch bedeutet das bewusste Experimentieren mit der Reduktion von Elementen der äußeren Form eine Verminderung deren einseitiger Dominanz zu Gunsten neuer Erfahrungsmöglichkeiten und damit ein Schaffen eines Raumes für die Überwindung dieser Einseitigkeit. Damit verlässt eine Organisation den Modus der sich perpetuierenden Systemoptimierung und bewegt sich hin zum Modus der Systemerneuerung. Ohne im Rahmen der vorliegenden Untersuchung auf einzelne Experimente eingehen zu können, stellen sie eine geeignete Form von Nicht-Tun zur Unterstützung von musterbrechender Managementinnovation dar.

In einem gewissen Sinne könnte man auch Meditation als Nicht-Tun bezeichnen, da, wie beschrieben, formales Meditationstraining eine in sich gewendete Schulung des Geistes ist ohne konkrete äußere Aktionen oder Handlungen. Jedoch bedeutet Meditation, wie die Darstellungen aufgezeigt haben, Arbeit an sich selbst, persönliche Entwicklung und Transformation. Sie erfordert eine aktive, bewusste Wahrnehmung der Wirklichkeit im Hier und Jetzt. Aus diesen Perspektiven heraus ist Meditation nichts Passives oder Unterlassendes, sondern eine nicht reaktive, bewusst aktive Form des Lebensvollzuges im gegenwärtigen Moment. Verstanden als aktives Handeln, ist Meditation daher prädestiniert für die Tun-Dimension.

---

[666] Vgl. (Laloux, 2014 S. 327 ff.). Es handelt sich bei diesen Artefakten mehrheitlich um Fremdkontrollinstrumente, welche beabsichtigen, Effizienz zu generieren und Chaos zu verhindern. McNulty spricht in diesem Zusammenhang von einem Verwechslungsproblem: "The real problem is confusion between control and order. Control implies centralized control and hierarchical relationships. The person with control tells others what to do and whether they are successful or not. Order, on the other hand, emerges from self-organization." (McNulty, 2014).

6.6 Meditation und Initialisierung musterbrechender Managementinnovation

Meditation dient als Erkenntnis-, Selbsterkennungs- und Selbstverwirklichungsstrategie, um Qualitäten wie Weisheit und Mitgefühl zu steigern.[667] Sie ermöglicht und verstärkt Selbstbestimmung sowie eine Haltung der Offenheit, Toleranz und der Empathie.[668] Meditation verbindet Rationalität und Spiritualität und fördert einerseits die Entwicklung und Selbstbestimmung des Einzelnen und zeigt andererseits die ökologische und soziale Einbindung des Einzelnen auf. Die der Meditationspraxis zugeschriebenen Wirkungen passen zur Stärkung und Entwicklung von Organisationen, nach Hüther verstanden als individualisierte Gemeinschaften, deren Mitglieder gleichzeitig frei und verbunden sind. Individualisierte Gemeinschaften bilden die Basis für menschliche Potentialentfaltung.[669]

Die Untersuchungen der kontemplativen Neurowissenschaften zeigen, dass die Wirkung von Meditationspraktiken mit den Befunden über die Neuroplastizität und die Spiegelneuronen als wesentliche Bestandteile des sozialen Gehirns übereinstimmt, und weisen zusätzlich deutlich darauf hin, dass über mentales Training in Form von Meditation die wesentlichen Fähigkeiten von Achtsamkeit, Aufmerksamkeit, Emotionsregulation, Empathie und Mitgefühl verstärkt werden können. Meditation fördert damit in der Interaktion auch Vertrauen und Wertschätzung, sie gibt dem Gegenüber Raum und hat einen positiven Einfluss auf die Kreativität.[670] Diese Fähigkeiten sind bedeutsam in allen Bereichen des Lebens, so auch in den sozialen Interaktionen in Organisationen. Insbesondere bilden gesteigerte kognitive, emotionale und soziale Kompetenzen als Metakompetenzen das wichtigste Lernpotential für Führungspersonen sowie generell für alle Organisationsmitglieder. Meditationspraxis als Schulung des Geistes schließt solide an die Erkenntnisse der modernen Neurowissenschaften und das entsprechende Menschenbild an.

---

[667] Vgl. (Walsh et al., 2006 S. 230). Die Wichtigkeit von Selbsterkenntnis im Kontext kultureller Identität wird in dem kürzlich erschienen Werk 'Wie wollen wir leben?' des zeitgenössischen Philosophen Peter Bieri ausführlich beschrieben, vgl. (Bieri, 2011b S. 35).

[668] Vgl. (Ott, 2010 S. 188 f.).

[669] Vgl. (Hüther, 2011c S. 46 ff.).

[670] Vgl. (Tamdjidi et al., 2012 S. 46 ff.).

Meditation ist ebenfalls konsistent mit 'Complex Responsive Processes of Relating' als Organisationsverständnis. Von großer Bedeutung ist dabei, dass die Haltung der Achtsamkeit mit der Beobachterposition 'detached involvement' von 'Complex Responsive Processes of Relating' korrespondiert und sie gleichzeitig qualitativ unterstützt. Bei dieser Beobachterkonzeption geht es um die Beobachtung der sozialen Interaktion im Hier und Jetzt, bei der der Beobachter immer auch Teil der Interaktion ist, vgl. die entsprechenden Ausführungen auf S. 117 der vorliegenden Untersuchung.

Weiter ist die Interaktionstheorie von Mead, die inhärenter Bestandteil von 'Complex Responsive Processes of Relating' ist, in hohem Maße kommensurabel mit der Meditationspraxis als Schulung des Geistes: Der Einzelne verstanden als Identität (Self) mit Bewusstsein (Mind) ist gesellschaftlich geschaffen. Hirnphysiologisch korreliert das mit dem sozialen Gehirn, mit dem Spiegelneuronensystem und den darauf basierenden Empathie- und Mitgefühlsfähigkeiten. Über die gesellschaftliche Konstruktion des Bewusstseins und der Identität ist der Einzelne in der Lage, auch sich selbst zu beobachten. Bei Mead sind dies die interagierenden Phasen von 'ich' und 'mich' im privaten Rollenspiel. Dieses selbstbezügliche Momentum ermöglicht wiederum Antwortvarietät in der sozialen Interaktion, d. h. im öffentlichen Rollenspiel. Das bedeutet, dass es einen (Möglichkeits)-Raum gibt, verstanden als Unterbruch, zwischen Geste (Stimulus, Reiz) und Antwort (Reaktion); die Reaktion ist nicht durch den Reiz determiniert. Durch Meditation geschulte Achtsamkeit und geschultes Mitgefühl befähigen in der sozialen Interaktion zu einer akkurateren, weniger verzerrten und bewussteren Wahrnehmung von Situation und Menschen (auch des Selbsts) sowie zu einer direkten, mitfühlenden und damit vertrauensstärkenden Verbindung zu den Interaktionspartnern. Dies führt zu verbesserten Voraussetzungen zum Gelingen der jeweils gegenwärtigen Interaktion sowohl auf Beziehungs- als auch auf Sachebene. Somit kann die Nutzung des Raumes zwischen Stimulus und Reaktion durch Meditation als Form der Persönlichkeitsentwicklung qualitativ beeinflusst werden, weil Meditation im gegenwärtigen Moment ansetzt, also beim Erkennen des Potentials des gegenwärtigen Moments der Realität.

Im Meadschen Sinne kann Meditation als sozialer Akt verstanden werden, also als Interaktion mit sich selbst – auf Basis der gesellschaftlich konstruierten Identität und des Bewusstseins. Das Besondere daran ist, dass Meditation Veränderung und Transformation von Identität bewusst ermöglicht und sich so direkt durch ein höheres Maß an Interaktionsvariabilität im Umgang mit anderen auswirkt. Sie kann folglich die Transformation eines Sozialsystems ermöglichen. Daher wird Meditation, verstanden als Persönlichkeitsentwicklung, auch immer zur Gemeinschaftsentwicklung. Bei dieser Betrachtung von Meditation gibt es wie bei Meads Interaktionstheorie auch keine Aufspaltung in individuelle und soziale Ebene.

Meditation hat aus diesen Erwägungen heraus das Potential, soziale Interaktionen in Organisationen entscheidend zu beeinflussen und damit ein Katalysator für die Initialisierung von musterbrechender Managementinnovatio zu sein.[671] Meditation als Schulung des Geistes bietet als nach innen gerichtete Selbst- und Welterkennungsmethode die Möglichkeiten zur Transformation, die beim Einzelnen selbst beginnt, und ist deshalb dem üblichen Muster von zusätzlichen, äußerlichen Managementkonzepten, eingeführt durch einen externen Beobachter (allwissenden Manager) zur Veränderung der Organisation, diametral entgegengesetzt.[672] Dazu äußert sich Weick prägnant: "Mindfulness meditation is a direct means toward less dependence on conceptualizing."[673] Meditation könnte daher in ganz zentraler Weise der Forderung von Wüthrich nachkommen, der für das Überdenken stereotyper Automatismen im Management plädiert und eine Auszeit für Manager vorschlägt.[674] Er stellt fest: "Die Reflexion über Reflexe scheint angezeigt."[675] Wüthrichs postulierte Auszeit könnte neben der üblichen Bedeutung zusätzlich als Meditation verstanden werden; als systematische, 'fortwährende' Auszeit, um in einer komplexen Organisationswelt Verhaltens- und Handlungsvarietät zu kultivieren und so eine Drehbewegung in Richtung Potentialentfaltung auszuführen, um nicht bloß reflexhaften Automatismen ausgesetzt zu sein.

Die weitere Erforschung der Meditation hat aus Sicht führender Experten große Bedeutung nicht nur in der Ökonomie, sondern gesamtgesellschaftlich als Motor von Reformbewegungen, als Beitrag zur Entwicklung einer neuen Bewusstseinskultur.[676] Dazu Ott:

---

671 Gleichzeitig als Befähiger zu Managementinnovation stellt Meditation selbst auch Managementinnovation dar.

672 Vgl. (Barsh et al., 2014), (André et al., 2014).

673 (Weick et al., 2006 S. 285).

674 Vgl. (Wüthrich, 2003 S. 101).

675 (Wüthrich, 2003 S. 104).

676 Vgl. (Metzinger, 2012 S. 334 f.), (Ott, 2010 S. 188).

> "Die Beschäftigung mit diesen Forschungsfragen steht in der langen Tradition der Selbsterforschung des Menschen und kann einen wichtigen Beitrag zum philosophischen Projekt der Aufklärung leisten."[677]

Spiritualität als Haltung der Reflexion und Selbstreflexion wird dabei nicht mehr nur als Option verstanden, sondern als notwendiger Schritt, um die optimale Entfaltung der Potentiale der Menschen zu ermöglichen und damit einen wichtigen Beitrag zur Sicherung des Fortbestandes der Welt zu leisten.[678]

Hiermit soll übergeleitet werden zur nächsten Dimension des Bezugsrahmens, der die erwünschte Richtung von musterbrechender Managementinnovation aufzeigen soll und beantworten soll, inwieweit die aufgeführten Konzepte der anderen Dimensionen des Bezugsrahmens einen Beitrag leisten können für die Initialisierung musterbrechender Managementinnovation in Richtung Potentialentfaltung.

---

[677] (Ott, 2010 S. 186), vgl. auch (Roth, 2012b S. 74).
[678] Vgl. (Bodhi, 2012 S. 260).

7 Richtungs-Dimension des Bezugsrahmens

In der Einführung dieser Untersuchung wurde erläutert, dass es sich bei der Initialisierung musterbrechender Managementinnovation um einen Richtungswechsel von der Ressourcennutzungshaltung hin zu einer Potentialentfaltungsphilosophie handeln soll. Mit diesem Richtungswechsel sind in der Managementlehre und -praxis grundlegende Realitätsbezüge resp. Realitätskonstruktionen von Organisationen bewusst zu machen. Es handelt sich in konstruktivistisch-heuristisch abgeleiteter Art um den Zweck-, Lösungs- und Beherrschbarkeitsbezug. Die Sichtweisen dieser Realitätsbezüge bei der Potentialentfaltungsphilosophie stellen sich anders dar als bei der Ressourcenausnutzungshaltung. Zusätzlich ist zu fragen, inwieweit diese Aspekte aus den drei anderen Dimensionen des Bezugsrahmens für die Potentialentfaltungsrichtung getragen und unterstützt werden. Damit beschäftigt sich die Richtungs-Dimension des Bezugsrahmens für die Initialisierung musterbrechender Managementinnovation hin zu Potentialentfaltung, die in diesem Kapitel thematisiert wird. Die folgende Abbildung stellt den Zusammenhang der Richtungs-Dimension zum gesamten Bezugsrahmen her:

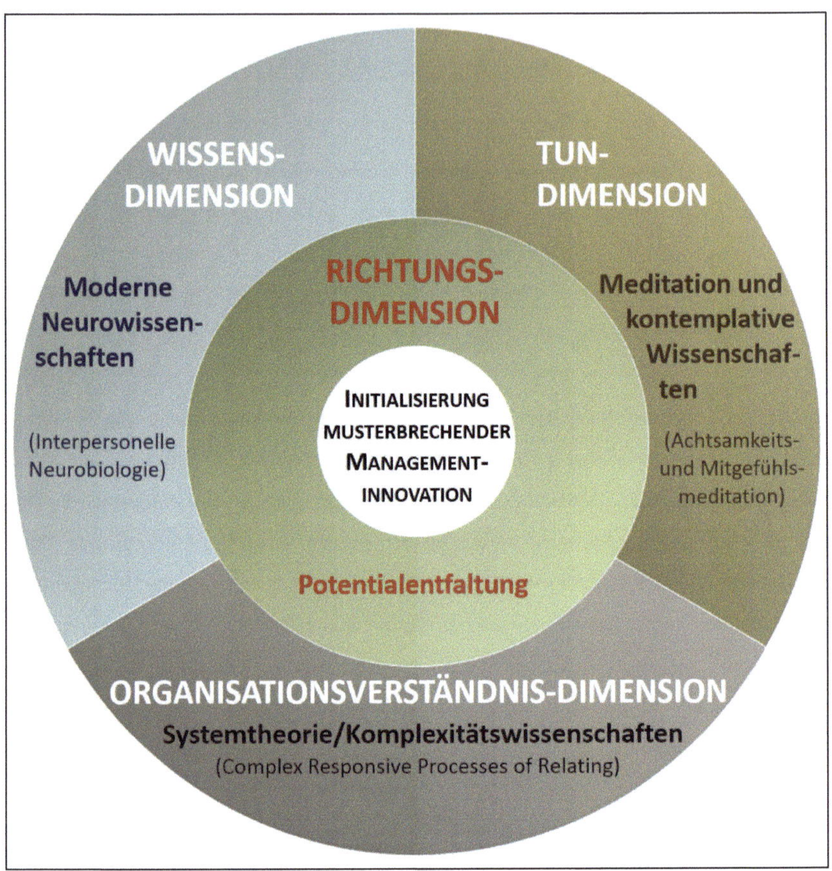

Abb. 20: Richtungs-Dimension im Kontext des Bezugsrahmens

7.1 Ursprung und Beschaffenheit der Ressourcenausnutzungsphilosophie

Die Wurzeln der Ressourcenausnutzungsphilosophie liegen in der Epoche der Aufklärung. Die abendländische Aufklärung des 18. Jahrhunderts ist eine Geistesbewegung, deren Einfluss bis in die heutige Zeit reicht und das westliche Denken und insbesondere die Wissenschaften stark prägt.[679] Mit der Aufklärung, verstanden als Erleuchtung aus dem dunklen Mittelalter heraus (im Englischen heißt die Aufklärungsepoche wörtlich Enlightenment), wollten die Vorreiter dieser Geisteshaltung "Licht ins Dunkel der Unvernunft bringen, den Nebel des Aberglaubens, der Vorurteile und der geistigen Bevormundung vertreiben, eigene, klare, überprüfbare Begriffe von allen Gegenständen entwickeln."[680]

Entscheidend war vor allem die Form für das Gewinnen neuer wissenschaftlicher Erkenntnisse, die sich damals durchsetzte: Einerseits durch Erfahrung und Beobachtung, also durch Empirie, und andererseits durch Rationalität (oder Vernunft als Synonym verwendet).[681] Von hoher Bedeutung war der Aufstieg der Naturwissenschaften, die zum Vorbild für die anderen Wissenschaften wurde.[682] Ein leitendes Grundprinzip bei der Untersuchung der Natur ist, dass ein Forscher eine Welt beobachten kann, die unabhängig von seinen Beschreibungen existiert.[683] Der Mensch wird dadurch zum Herrscher über die Natur. Durch die "Selbstdistanzierung des Menschen von Natur"[684] macht er sie zum Gegenstand seiner Beherrschung.[685] Der bedeutende deutsche Soziologe Max Weber fasst die Entwicklung der Wissenschaften im Zuge der Aufklärung in folgender Aussage zusammen: "Die zunehmende Intellektualisierung und Rationalisierung bedeutet, dass man [...] alle Dinge – im Prinzip – durch Berechnen beherrschen könne. Das aber bedeutet: die Entzauberung der Welt."[686] Die Newtonsche Physik entstand in dieser Zeit und bahnte als Leitbild von Wissenschaftlichkeit

---

679 Vgl. (Faulstich, 2011 S. 19 f.). Zu überblicksmäßigen Darstellungen und Hinweisen zur Aufklärung und Wissenschaftsentwicklung vgl. beispielhaft (Walach, 2012 S. 82 ff.), (Hüther, 2012 S. 25 ff.), (Dürr, 2012 S. 15 ff.), (Roth, 2012a S. 10 ff.); zu grundlegenden Werken der Aufklarung und des sich darin entwickelnden, modernen Gesellschafts- und Wissenschaftsverständnisses vgl. z. B. (Faulstich, 2011), (Meyer, 2010), (Stollberg-Rilinger, 2011).

680 (Stollberg-Rilinger, 2011 S. 9).

681 Vgl. (Meyer, 2010 S. 25 ff.). Das bedeutete eine Ablösung der Wissenschaften von Glaube, Staat und Kirche, vgl. (Faulstich, 2011 S. 20). Seit der Aufklärung hat die Wissenschaft häufig die Funktion von Religion übernommen; nicht mehr die geistlichen Würdenträger, sondern die wissenschaftlichen Sachverständigen amten als Auguren und Wahrsager, (Poser, 2012 S. 13 ff.).

682 Vgl. (Faulstich, 2011 S. 20).

683 Vgl. (Flick, 2007 S. 100 f.), (Lamnek, 2005 S. 6 ff.).

684 (Böhme et al., 1985 S. 33).

685 Vgl. (Horkheimer et al., 1995/1947).

686 Vgl. (Weber, 1992/1919 S. 317).

den Weg für das mechanistische Weltbild.[687] Auch die Geistes- und Sozialwissenschaften orientierten und orientieren sich noch heute häufig an der linear-kausalen Weltsicht – mit impliziertem Verständnis des objektiven Beobachters – die es gestattet, aus gegebenen Voraussetzungen jeden Zustand in die Zukunft zu berechnen.[688]

Die Suche nach Gesetzen der Natur hat unzweifelhaft eine große Anhäufung an Wissen, Handlungsmöglichkeiten und Technologien hervorgebracht.[689] Die Verbindung von technologischen Impulsen und analytischem, rationalen Denken öffnete so auch den Weg in die Industrialisierung.[690] In diesem Kontext entstanden die Wirtschaftswissenschaften (zuerst die Volks- und später die Betriebswirtschaftslehre mit der Managementlehre) mit ihren noch heute manifesten Grundannahmen bei den meisten ihrer Vertreter.[691] Folglich basieren sowohl Volkswirtschaftslehre als auch Betriebswirtschafts- und Managementlehre auf den positivistischen Grundannahmen der Naturwissenschaften sowie dem egozentrischen, rationalen, nutzenmaximierenden (und aufwandminimierenden) sowie mechanistisch auf Anreize reagierenden Homo oeconomicus aus der Zeit der Aufklärung:[692] Entsprechend ist die Effi-

---

687 Vgl. (Meyer, 2010 S. 10).

688 Z. B. ist in der Psychologie als ebenso extremes wie einflussreiches Beispiel der Behaviorismus aus der Naturwissenschaft hervorgegangen; Kausalitäten menschlichen Handelns galt und gilt es zu beschreiben, welche beobachtet und kontrolliert werden können und aus welchen sich Theorien mit Voraussagekraft ableiten lassen, vgl. (Roth, 2012b S. 57 f.).

689 Vgl. (Poser, 2012 S. 279).

690 Vgl. (Faulstich, 2011 S. 30).

691 Die Betriebswirtschafts- und Managementlehre ist mit der Industrialisierung entstanden, als Hilfestellung, wie man industrielle Organisationen führt, organisiert und steuert, die vor der Industrialisierung nicht existierten, vgl. exemplarisch (Hamel, 2007 S. 6 f.). Eine umfassende Darstellung zur Entstehung der Managementprofession und der Rolle der Business Schools zur Etablierung dieses Berufsstandes vgl. (Khurana, 2007).

692 Vgl. (Meyer, 2010 S. 18). Adam Smith, auf welchen wichtige Grundzüge der Volks- und Betriebswirtschaftslehre inklusive des Homo oeconomicus zurückzuführen sind, gehört neben David Hume u. a. zu den einflussreichen, schottischen Moralphilosophen der Aufklärung, vgl. (Faulstich, 2011 S. 18). Auf David Hume, einen engen Freund von Adam Smith, geht die heute noch aktuelle, soziologische Theorie der 'Rationalen Wahl' (Rational Choice-Theorie) zurück, in welcher bereits das rationale, eigennützige Menschenbild gezeichnet wird. Während sich diese individualistische, eigennutzmaximierende Menschenbildannahme in den Wirtschafswissenschaften monopolistisch durchgesetzt hat, stellt sie mit der Theorie der 'Rationalen Wahl' in den gesamten soziologischen Wissenschaften nur eine Menschenbildannahme unter weiteren dar. Neben der Theorie der 'Rationalen Wahl' gibt es eine Vielzahl weiterer Soziologietheorien, welche unterschiedliche

zienzlogik in den ökonomischen Wissenschaften eine direkte Folge dieser Grundannahmen des Denkens aus der Aufklärung. Etwas zugespitzt formuliert, geht es bei ökonomisch-rationalem Führungshandeln in Organisationen darum, durch den Einsatz und die Beherrschung von Mitteln (verstanden als dienliche, steuerbare Reiz-Reaktions-Mechanismen[693], z. B. Maschinen, Human Resources) und Methoden (linear-kausalen Steuerungs- und Kontrollinstrumenten, z. B. Organigrammen, Stellenbeschreibungen, Planungen, Reports) mit minimalem Aufwand (in Geldeinheiten bewertet) schnellstmöglich den höchsten Nutzen (wiederum in Geldeinheiten bewertet) zu erzielen.

Für Cozolino, Vertreter der interpersonellen Neurobiologie, ist es ein grundlegendes Merkmal der westlichen Wissenschaft und Philosophie, dass der Denker als isoliert betrachtet wird und nicht eingebettet ist in eine menschliche Gesellschaft. Damit ist der außenstehende, neutrale Beobachter angesprochen. Dadurch werde eine Haltung beschrieben, die Menschen nach Antworten suchen lässt, die technisch und abstrakt seien, statt sie in gelebten Erfahrungen und menschlichen Interaktionen zu suchen.[694] Für Kesselring hat die 'Kalkülvernunft' als vorherrschende Denk- und Arbeitsmethode der Naturwissenschaften einschließlich der Medizin mit den darauf basierenden kausalen Verknüpfungen dazu geführt, auch den Menschen als Maschine zu betrachten und entsprechend als isoliertes und isolierbares Objekt zu behandeln.[695] Heute wird allmählich deutlich, welche Konsequenzen die kausale Weltsicht aus dem Wissenschaftsverständnis der Aufklärung mit sich gebracht hat. Der Wissenschaftstheoretiker Poser kommentiert dazu:

> "Die kausale Sicht hatte die finale Deutung und mit ihr die Verankerung von Zwecken in der Natur verdrängt, mehr noch, ihr verdinglichter Zugriff hatte die als

---

Annahmen über den Menschen aufweisen, vgl. (Diefenbach, 2009 S. 240 ff.), (Wikipedia, 2003e).

693 Im Sinne, dass der Reiz die Reaktion determiniert, z. B. Inputbefehle an Maschinen, Anweisungen an Mitarbeitende etc. Die Befehlsempfänger sollen genauso reagieren, wie es der außenstehende, neutrale Beobachter (Manager) vorgesehen oder vorberechnet hat.

694 Vgl. (Cozolino, 2007 S. 21). Er beanstandet nachfolgend beispielsweise, dass in der Neurobiologie und Neurowissenschaft das Gehirn mit Scannern und auf dem Seziertisch untersucht würde. Dabei würde oft der fundamentale Kontext der Interaktion vernachlässigt, in dem ein Gehirn blühen und gedeihen sollte.

695 Vgl. (Kesselring, 2013b S. 397 ff.).

> unerschöpflich verstandene Natur zur bloßen Materie und mit ihr die Lebewesen, ja den Menschen, zur Maschine werden lassen: [...] Die Betrachtung unter dem Blickwinkel von Gesetzen führt weiter dazu, nur noch das Allgemeine anstatt [...] des Einmaligen, das Schema anstatt der unerschöpflichen Fülle jedes Augenblickes, das Beharrende anstatt des Geschichtlichen zu sehen. Das erlebte Leben und die wissenschaftliche, auf Objektivität und Intersubjektivität abzielende Erfassung der Welt rückten weit auseinander. Ein Naturgesetz warnt aber nicht vor knapper werdender Ressourcen oder vor irreversiblen Veränderungen dessen, von dem es handelt."[696]

Für Wolfgang Roth hat sich Kants Vernunft letztlich nicht als erfolgreiches Mittel zur Befreiung des Menschen aus seiner selbst verschuldeten Unmündigkeit erwiesen.[697] Bodhi spricht gar von der heutigen Unvernunft der Menschheit, die eine kritische Grenze erreicht habe, die dazu führe, dass nicht nur unsere kollektive, geistige Gesundheit gefährdet sei, sondern unser Überleben durch unser verzerrtes Verhältnis zu uns selbst, zu anderen Menschen und zur Natur. Er verweist dabei auf die maßlose Ressourcenausnutzung.[698]

Die Wirtschaftswissenschaften und infolgedessen auch die traditionelle Managementlehre können somit in Anspruch nehmen, mit ihren (linear-kausalen) Methoden zur Effizienzmaximierung das Ressourcenausnutzungsverhalten mit den daraus resultierenden Problemen perfektioniert zu haben. Wüthrich äußert sich über die dominierende Haltung der Mach- und Steuerbarkeit in der Managementlehre und ihre Auswirkungen mit folgendem Kommentar:

> "Ursprung dieser Haltung ist unsere linear-kausale Denkweise. In der Ausbildung lernen wir: Jede Wirkung hat ihre Ursache. Suggeriert wird damit die Beherrschbarkeit und Steuerbarkeit selbst komplexerer Systeme. Diese Logik machen sich insbesondere diejenigen zu eigen, die Führungsverantwortung tragen. Sie glauben, alles steuern zu können, und sind nicht in der Lage, vernetzt, zirkulär und

---

[696] (Poser, 2012 S. 279 f.).
[697] Vgl. (Roth, 2012a S. 10).
[698] Vgl. (Bodhi, 2012 S. 251 ff.).

systemisch zu denken. Deshalb entstehen irreversible Umweltschäden, verschwinden Tier- und Pflanzenarten, werden Luft und Wasser vergiftet."[699]

Wir stehen vor ungelösten Problemen, die durch die wissenschaftlich-materialistische Einstellung, also durch die Haltung der Ressourcenausnutzung, geschaffen wurden und nicht mit demselben Bewusstsein überwunden werden können. Die Strategie des rationalen und analytischen Trennens und Zerlegens ist zu einem eigenen, zirkulär verstärkenden Problem geworden.[700] Die zu Grunde liegende Annahme der Machbarkeit und damit direkt verbunden die Planungs-, Steuerungs- und Kontrollorientierung und das Primat rationaler, individueller Nutzenmaximierung sind alles Facetten der Ressourcenausnutzungshaltung, die als sinnstiftende, verantwortungsvolle Richtung und folglich auch als Ethik nicht mehr weiterführen.[701]

7.2 Überwindung der Ressourcennutzung und Übergang zu Potentialentfaltung

Der Ausweg ist, wie in den Ausgangsüberlegungen der vorliegenden Untersuchung ausgeführt, in einer Potentialentfaltungshaltung zu suchen, da – im Gegensatz zu den begrenzten materiellen Ressourcen – die menschlichen geistigen Ressourcen ein unerschöpfliches Potential von Wissensentwicklung und Kreativität bieten.[702] Menschliche Potentialentfaltung im organisationalen Kontexten ist, wie dargelegt, in Anlehnung an Wüthrich definiert als die Konstellation, bei der Mitarbeitende ihr Leistungsvermögen aus eigenem Antrieb zu Gunsten der Organisation ausleben.[703] Potentialentfaltung könne deshalb nur gelingen, wenn akzeptiert werde, dass Organisationen und ihre Mitglieder nicht deterministisch kontrollierbar

---

[699] (Wüthrich, 2003 S. 104). Umfassend eingehend auf die Folgen der Ressourcenausbeutung vgl. z. B. (Rifkin, 2011). Der Irrglaube der Steuerbarkeit komplexer Sozialsysteme wird ebenso bei Stacey et al. thematisiert. Deren Organisationsverständnis 'Complex Responsive Prosesses of Relating' tritt diesem Irrglauben bewusst entgegen, vgl. die Organisationsverständnis-Dimension der vorliegenden Arbeit.

[700] Vgl. (Hüther et al., 2012 S. 8 f.).

[701] Vgl. (Seidel, 2009 S. 16), auch (Bodhi, 2012 S. 252).

[702] Vgl. (Burrus, 1997 S. 286).

[703] Vgl. (Wüthrich, 2011b S. 213).

seien und die Energie nicht auf die Professionalisierung der Fremdkontrollinstrumente fokussiert würde, argumentiert Wüthrich.[704] Dem ist zuzustimmen. Er postuliert:

> "[...] dass für die Potentialentfaltung zwei Faktoren entscheidend sind: Sinn und Autonomie. Menschen bringen ihre Talente ein, wenn sie sich mit dem, was sie tun, wirklich identifizieren und bei der Ausübung ihrer Tätigkeit Freiräume erleben."[705]

Hüther verweist, wie bereits erwähnt, auf die zwei gleichzeitig vorhandenen menschlichen Grundbedürfnisse nach Verbundenheit und Freiraum, die erfüllt werden müssen, damit Menschen in individualisierten Gemeinschaften ihre Potentiale entfalten können.[706] Sinn, Autonomie resp. Freiheit und Verbundenheit sind somit basale Grundbedingungen für menschliche Potentialentfaltung.

Auf Basis der beschriebenen Grundbeschaffenheit der Ressourcennutzungshaltung und der Grundbedingungen für die Potentialentfaltungshaltung können die folgenden, notwendigen Rekonstruktionen von Realitäts- oder Wahrnehmungsbezügen für einen Musterbruch zu Potentialentfaltung abgeleitet werden.[707] Es handelt sich um den

---

704 Vgl. (Wüthrich, 2011b S. 215) und (Wüthrich et al., 2002 S. 216 f.).

705 (Wüthrich, 2011b S. 213). Vgl. auch (Hüther, 2011c S. 92 ff.).

706 Vgl. (Hüther, 2011c S. 110).

707 Die Bedeutung von Wahrnehmung als Teil des Denkens beleuchtet der britische Kognitionswissenschaftler und bekannte Kreativitätsforscher Edward De Bono. Er vertritt die Ansicht, dass die Qualität der Zukunft vollständig von der Qualität des Denkens abhängt. De Bono argumentiert auch, dass die Qualität des heutigen Denkens ziemlich schlecht, kurzsichtig und egozentrisch sei. Wir würden glauben, dass Argumentieren und Urteilen genug sei. Doch in einer Welt, die sich rasch ändere, könne unser Denken die Erwartungen nicht mehr erfüllen, vgl. (De Bono, 2010 S. 13), vgl. auch (Rowson, 2011 S. 24). Für De Bono ist die Wahrnehmung der wichtigste Aspekt von Denken und die grösste Fehlerquelle beim Denken sind Wahrnehmungsfehler und nicht logische Fehler: "Wie sehen wir die Welt? Was fällt uns auf? Wie ordnen wir die Welt? ProfessorDavid Perkins aus Harvard hat nachgewiesen, dass fast alle Denkfehler Wahrnehmungsfehler sind. Im wirklichen Leben kommen logische Fehler eher selten vor. Trotzdem behaupten wir, beim Denken gehe es nur darum, logische Fehler zu vermeiden. [...] Wenn Ihre Wahrnehmung begrenzt ist, liefert Ihnen einwandfreie Logik falsche Ergebnisse. Falsche Logik führt zu falschem Denken. Damit ist jeder einverstanden. Aber das Gegenteil trifft nicht zu. Gute Logik führt nicht zu gutem Denken. Wenn die Wahrnehmung schlecht ist, gibt gute Logik falsche Antworten. Und es besteht sogar die Gefahr, dass gute Logik mit Arroganz ein-

- Zweckbezug (Wahrnehmungskonstruktion des Zweckes von organisationalem Handeln),
- Lösungsbezug (Wahrnehmungskonstruktion, wie Ziele erreicht werden)
- und Beherrschbarkeitsbezug (Wahrnehmungskonstruktion der Machbarkeit und Kontrolle).

Diese Realitätsbezüge sind nur theoretisch voneinander getrennt; in der Realität sind sie ineinander verschränkt. Sie werden in den folgenden Abschnitten behandelt. In einem abschließenden Abschnitt dieses Kapitels werden diese drei Wahrnehmungskonstruktionen in Bezug auf die Wissens-, Organisationsverständnis- und Tun-Dimension (Mittel-Dimensionen) des Bezugsrahmens erörtert und die Eignung der Mittel-Dimensionen für die Richtungs-Dimension der Potentialentfaltung im Bezugsrahmen beurteilt.

7.2.1 Zweckbezug: Von Profitmaximierung zu Sinnstiftung

In Unternehmen sind Formalziele, d. h. ökonomische, zahlengebundene Ziele wie Profit, Umsatz, Rendite etc., als die entscheidenden Orientierungsgrößen dominant.[708] Die vermehrte Ausrichtung an ökonomisch-wettbewerbswirtschaftlichen Maßstäben und Formalzielen ist auch in Verwaltungsinstitutionen und Non-Profit-Organisationen zu beobachten.[709] Der Wirtschaftsethiker Peter Ulrich nennt die Orientierung an Formalzielen mit den darauf basierenden Zielvorgaben für Mitarbeitende die 'bürokratische Zielverschiebung'. Dabei geht es

---

hergeht, die auf der falschen Antwort beharrt." (De Bono, 2010 S. 21 ff.). De Bono folgert unter Referenzierung auf den Logiker Goedel in einer anderen Publikation knapp und prägnant: "According to David Perkins of Harvard, 90% of the mistakes of thinking are errors of perception. Goedel's theorem posits that you cannot ever logically prove the starting point of your logic. The starting point is arbitrary perception. That shows the importance of perception and also 'attention-directing tools'." (De Bono, o. J.). Davenport und Beck haben die vordringliche Wichtigkeit von Aufmerksamkeit im Geschäftsleben in ihrer Publikation 'The attention economy' zum Thema gemacht und vertreten die These "Understanding and managing attention is now the single most important determinant of business success." (Davenport et al., 2001 S. 3). Rowson spricht bei Aufmerksamkeit von einer edlen Ressource (precious resource), vgl. (Rowson, 2011 S. 28).

[708] Vgl. (Stelling, 2005 S. 314), (Krems, 2012).

[709] Vgl. (Greiling, 2009 S. 264), (Binswanger, 2010 S. 44 ff.).

um die äußerlich perfekte Erfüllung von vorgegebenen formalen Zielen und Regelungen und nicht mehr um einen Dienst zu Gunsten der Stakeholder der Organisation, mit der Folge einer Vertauschung von Zweck und Mitteln.[710]

Potentialentfaltung wird sich jedoch nicht einstellen können, wenn die Mitarbeitenden in Organisationen keine anderen Ziele finden können als Profitmaximierung mit den darauf basierenden, heruntergebrochenen, zahlenmäßigen Zielvorgaben, anhand derer sie gemessen und beurteilt werden.[711] "Tatsächlich ist das Konzept der Gewinnmaximierung sinnlos. Es birgt lediglich die Gefahr, die Rentabilität zum Mythos zu erheben," äußert sich Drucker dazu.[712] Für Drucker steht fest, dass der Zweck eines Unternehmens außerhalb der Profitmaximierung liegen muss, nämlich in der Gesellschaft, weil ein Unternehmen ein Organ der Gesellschaft ist.[713] Das bedeutet, dass Sinn und Sinnstiftung von Organisationen für Mitarbeitende und andere Stakeholder ihren Kern nicht in ökonomischen, geldgebundenen Zusammenhängen haben.[714] Wenn sich Gewinn- oder Shareholder-Value-Maximierung zum Selbst-

---

[710] Vgl. (Ulrich, 1986 S. 142) und (Puntas Bernet, 2009 S. 47).

[711] Vgl. z. B. (Wüthrich, 2011b S. 213 f.).

[712] (Drucker, 2005 S. 35). Dass Gewinn als Endzweck von Unternehmen völlig falsch ist und Gewinnmaximierung eine gefährliche, für die Gesellschaft destruktive Haltung darstellt, hat Peter Drucker bereits vor mehr als fünfzig Jahren thematisiert: "Ebenso irrelevant sind das Gewinnmotiv und die daraus resultierende Gewinnmaximierung für das Verständnis der Tätigkeit, des Zwecks und der Führung eines Unternehmens. Schlimmer noch: Das Konzept der Gewinnmaximierung richtet Schaden an. Es trägt wesentlich zur Fehleinschätzung der Natur des Gewinns in unserer Gesellschaft und zur tief verwurzelten Feindseligkeit gegenüber dem Profit bei. Dieses Konzept verursacht einige der gefährlichsten Krankheiten der Industriegesellschaft. Es hat wesentlich zu den schlimmsten Irrtümern der staatlichen Politik in den westlichen Ländern beigetragen." (Drucker, 2005 S. 36), ursprünglich in (Drucker, 1954). Wüthrich zitiert den Wirtschaftsethiker Peter Ulrich, welcher fordert, dass legitimes Gewinnstreben moralisch begrenztes Gewinnstreben sei, vgl. (Wüthrich, 2012a S. 161). Wolfgang Roth weist darauf hin, dass es nicht um maximale Effizienz unseres Denkens und Handelns, sondern um Suffizienz geht – was benötigen wir unabhängig von unserer Konsumkultur wirklich, um uns als Menschen realisieren zu können. Hier kann eine direkte Analogie zur Gewinnmaximierung als Selbstzweck oder des Gewinnes als Mittel zum Zweck bei Unternehmen gezogen werden, vgl. (Roth, 2012a S. 17).

[713] Vgl. (Drucker, 2005 S. 36).

[714] Es sei deutlich vermerkt, dass damit die Wichtigkeit von genügender Profitabilität (was nicht einer Gewinnmaximierung entspricht) als notwendigem Mittel oder als Bedingung (constraint) keineswegs negiert wird, vgl. (Stüttgen, 2003 S. 347 ff.). Mit den Worten von Drucker: "Profit maximation is the wrong concept, whether it is interpreted to mean

zweck von Organisationen verselbständigen, entsteht eine Kluft zwischen der Gesellschaft und Organisationen.[715] Unternehmensberater Anker führt dazu aus:

> "Das Paradigma der kurzfristigen Maximierung des Eigennutzens hat seine Zukunft hinter sich: Es führt systematisch zu falschen Entscheidungen mit dem Resultat, dass sich das Unternehmen immer mehr von seinen Kunden, seinen Mitarbeitenden, seinen Lieferanten sowie vom gesellschaftlichen Kontext, in dem es operiert, entfremdet. Dadurch entgehen ihm viele wichtige [soziale, F. R.] Ressourcen als Voraussetzung für seine dauerhafte Existenz [...]."[716]

Betrachtet man die Wirtschaft wieder als Teil der Gesellschaft, setzt dies ein Denken voraus, das persönliches Wachstum zulässt und fördert, d. h. den Menschen in seine Freiheit und Verantwortung zurückführt und ihm dadurch erlaubt, in seiner Aufgabe innerhalb der Organisation Erfüllung und Sinn zu finden.[717] Die Aufgabe von Individuen (auch in Organisationen) ist nicht, wie jeder andere zu sein. Nicht jeder muss anstreben, wie Nelson Mandela, Agnes Gonxhe Bojaxhiu (Mutter Teresa) oder Steve Jobs zu werden. Die Aufgabe jedes einzelnen ist es, seine einzigartige Lebensaufgabe zu finden, und dann diesen Zweck zu erfüllen. Das bedeutet, dass jeder aufgerufen ist, eine Aufgabe zu finden, die seinen einzigartigen Stärken und Fähigkeiten entspricht.[718] Unternehmen müssen dazu organisatorische Rahmenbedingungen schaffen, welche die Mitarbeitenden in diesem Bestreben unterstützen, um dem

short-range or long-range profits or a balance of the two. The relevant question is, 'What minimum does the business need?' not 'What maximum can it make?'" (Drucker, 1958 S. 87). Ähnlich Charles Handy: "The principal purpose of a company is not to make a profit full stop. It is to make a profit in order to continue to do things or make things, and to do so even better and more abundantly. [...] Profits are a necessary but not sufficient conditions of success." (Handy, 1995 S. 61 u. 75), vgl. dazu auch (Malik, 2002 S. 128 ff.).

715 Bragdon beschreibt diese Kluft damit, dass sich Organisationen für ihre kurzfristigen Absichten der Maximierung von nicht lebendem Vermögen (non-living-asset management) der Gesellschaft und der Natur bedienen, anstatt sich der Entwicklung von Menschen und der Erhaltung der natürlichen Ressourcen zu widmen (living asset stewardship), vgl. (Bragdon, 2006 S. 27 ff.).

716 (Anker, 2012 S. 4).

717 Vgl. (Pircher-Friedrich, 2007 S. 80) und (Wüthrich, 2011b S. 213).

718 Vgl. (Zweifel, 2014). Vgl. auch (Oude-Vrielink, 2013), (Hüther, 2011c S. 111 ff.), (Pink, 2010 S. 161 ff.).

eigenen gesellschaftlichen Zweck nachkommen zu können. Pink spricht bei Individuen und Organisationen von Sinnmaximierern anstelle von Nutzen- und Gewinnmaximierern.[719]

Diese Überlegungen führen zu einer Auseinandersetzung mit der Frage, was nachhaltiger Erfolg auf Individual- und Gemeinschaftsebene bedeutet. Hierzu sind Überlegungen und Konzepte des österreichischen Psychologen, Neurologen und Philosophen Viktor Frankl von Bedeutung. Er begründete die Logotherapie und Existenzanalyse, wobei die beiden Begriffe synonym verwendet werden. Grundlegende Annahme der Methodik ist, dass Menschen existenziell auf Sinn ausgerichtete Wesen sind.[720] Gemäß Frankl bedarf Erfolg (er verwendet das Wort Wirkung) einer Vorleistung. Man kann Erfolg nicht er-zielen, er muss er-folgen. Erfolg ist deshalb nicht die bloße Folge eines Zieles, eines Wunsches oder einer Erwartung. Bei diesem Zusammenhang zeigt sich die Problematik der Formalzielorientierung, welche die Höhe und Struktur des anzustrebenden ökonomischen Erfolges (Profit) definiert, besonders deutlich.[721] Pircher-Friedrich kommentiert dazu: "Nur eine kindische, neurotische Haltung strebt den Erfolg direkt an, erhebt ihn zum Selbstzweck."[722]

Frankl äußert sich im Kontext seiner konzeptionellen Darstellungen zu Sinn und Erfolg auch pointiert zum Reduktionismus. Sinn kann in seinem Verständnis als emergente Eigenschaft aufgefasst werden, welche auf einer höheren Ebene auftaucht als auf der Ebene der Elemente, aus denen sie entsteht:

> "Im Rahmen seiner Dimension hat der Reduktionismus Recht. Aber auch *nur* dort. Und das unidimensionale Denken ist eben sein Verhängnis. Vor allem bringt es ihn um die Chance, einen Sinn zu finden. Dass nämlich der Sinn einer Struktur über die Elemente hinausgeht, aus denen sie sich zusammensetzt, bedeutet letzten Endes, dass der Sinn in einer höheren Dimension lokalisiert ist, als es die Elemente sind. Auf diese Art und Weise kann es geschehen, dass sich der Sinn ei-

[719] Vgl. (Pink, 2010 S. 25 ff.)
[720] Vgl. z. B. (Frankl, 2009), (Wikipedia, 2004b).
[721] Vgl. (Löwe, 2003 S. 41).
[722] (Pircher-Friedrich, 2007 S. 50).

> ner Reihe von Ereignissen nicht in der Dimension abbildet, in der die Ereignisse stattfinden."[723]

Für Frankl ist der Mensch durchdrungen von einem Willen zum Sinn. Für ihn ist Sinn die menschliche Primärmotivation, die sich weder auf andere Bedürfnisse zurückführen noch von diesen herleiten lasse.[724] Deswegen sei der Mensch darauf aus, Sinn zu finden und zu erfüllen, und auch anderem menschlichen Sein in Form eines 'Du' zu begegnen. Beides, Erfüllung und Begegnung, gäbe dem Menschen einen Grund zum Glück.[725] Glück stellt in diesem Kontext die Wirkung oder das Erfolgte dar. Beim Neurotiker sei dieses primäre Sinn-Streben jedoch fehlgeleitet in ein direktes Streben nach Glück, dem sogenannten Wille zur Lust. Anstatt dass die Lust bleibe, was sie sein müsste, wenn sie überhaupt zustande kommen würde, nämlich eine Wirkung (die Nebenwirkung erfüllten Sinns und begegnenden Seins), würde sie nun zum Ziel einer forcierten Intention. Die Lust würde dadurch zum alleinigen Inhalt und Gegenstand der Aufmerksamkeit. In dem Maße hingegen, in dem der Einzelne sich um die Lust kümmere, verliere er den Grund für die Lust aus den Augen. So argumentiert Frankl weiter, dass Selbstverwirklichung nur in dem Maße möglich ist, indem der Mensch Sinn erfüllt.[726] Er thematisiert dabei auch die Beschleunigungsfalle der heutigen Zeit, das ziellose Treten im Hamsterrad:

> "Ich halte das beschleunigte Tempo des Lebens von heute für einen wenn auch vergeblichen Selbstheilungsversuch der existentiellen Frustration; denn je weniger der Mensch um ein Lebensziel weiß – nur desto mehr beschleunigt er auf seinem Lebensweg das Tempo."[727]

Diese wichtigen Überlegungen für Individuen gelten analog für Organisationen als soziale Gemeinschaften. Das direkte Streben nach Erfolg, häufig in Form von Gewinnmaximierung,

---

[723] (Frankl, 2009 S. 18).

[724] Vgl. (Frankl, 1992 S. 45) ebenso (Pircher-Friedrich, 2007 S. 96), (Bodhi, 2012 S. 258). Beachtenswert ist, dass der späte Maslow offenbar bestätigt hat, dass Sinnerfüllung das zentrale Bedürfnis des Menschen sei, vgl. (Frankl, 1998 S. 146) zit. in (Pircher-Friedrich, 2007 S. 96 f.).

[725] Vgl. (Frankl, 2012 S. 70 ff.).

[726] Vgl. (Frankl, 2009 S. 12 f.).

[727] (Frankl, 2012 S. 77).

ist ein Kurzschluss, der an der Sinn-Dimension, also dem eigentlichen Grund für Erfolg, vorbeiläuft. Dies könnte man allenfalls als effizient bezeichnen, es ist aber nicht nachhaltig. Diese Haltung verfehlt die Zwecksetzung einer Organisation, die in der Gesellschaft liegt, nämlich Werte zu stiften für die Gesellschaft. Das entspricht dem Sinn stiftenden Grund, der tatsächlichen Erfolg für die Organisation bewirkt, z. B. Legitimation in der Gesellschaft und genügend Profitabilität (als Resultat, als Er-folg und nicht als Ziel- oder Zwecksetzung).[728] Die folgende Abbildung soll dies veranschaulichen:

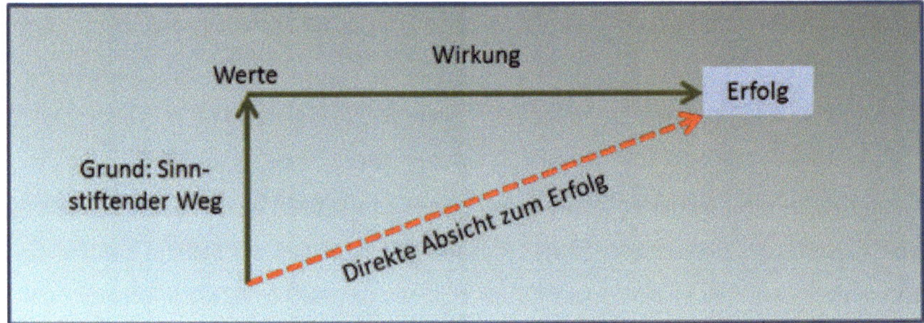

Abb. 21: Erfolg als Wirkung von Sinnstiftung[729]

Je besser es Organisationen gelingt, ihren Stakeholdern durch sinn-volles Handeln zum Erfolg zu verhalfen, desto erfolgreicher ist die Organisation selbst: "Erfolg ist die Folge sinn-vollen Handelns."[730] Sinn ist ein individueller und überindividueller Maßstab: "Sinn intendiert immer das Gute für alle, das Sorge tragen für andere Menschen, nicht das Egoistische auf Kosten anderer", führt Pircher-Friedrich aus.[731] Sinnfindung ist ein wirksamer Grund für Engagement:

> "Sinn und Werte sind der Nährstoff für Menschen und Unternehmen. Sie sind die Energiezentren, die Sie zu Spitzenleistungen bewegen und Sie nachhaltig erfolgreich machen. Der Nachholbedarf, der sich hier auftut, ist enorm. Diese Energiezentren können ausgeschöpft werden, wenn die potenziellen, geistigen Kräfte der Menschen in Unternehmen entfacht werden, wenn Führende und Mitarbei-

---

728 Vgl. dazu auch (Pircher-Friedrich, 2007 S. 50 f.).
729 In Anlehnung an (Pircher-Friedrich, 2007 S. 50).
730 (Böckmann, 1990 S. 112).
731 (Pircher-Friedrich, 2007 S. 59).

ter eine entsprechende Geisteshaltung entwickeln. Dies macht den Unterschied zwischen einer Ansammlung von Individuen innerhalb eines Unternehmens, die alle ihrem beschränkten Eigeninteresse hinterherlaufen, und einem Team, das von der Idee beseelt ist, den Kundennutzen und das Schaffen von Werten für alle Stakeholder in den Mittelpunkt zu stellen."[732]

Mit Sinnfindung und -stiftung geht daher eine wichtige gesellschaftliche und zugleich ethische Dimension einher und weist auf den tiefen sozialen Zweck von Organisationen hin (und vom ökonomischen Selbstzweck der Profitmaximierung weg). Die gesellschaftlich-ethische Komponente hat bereits der Begründer der Wirtschaftswissenschaften, Adam Smith, thematisiert, wie an anderer Stelle schon erwähnt; seine diesbezüglichen Überlegungen haben aber keinen Eingang in die Volks- und Betriebswirtschaftslehre gefunden.[733] Drucker sieht ein Unternehmen als "jenes spezifische Organ der Gesellschaft, das Wachstum und Veränderung herbeiführt."[734] Dieser hohe gesellschaftliche Sinn kann nur mit Führenden und Geführten in Organisationen erfüllt werden, die sich einem solchen Sinn verpflichten und darum ihr Engagement und Potential zur Verfügung stellen, weil diese Sinnstiftung auch zu eigener Sinnerfüllung führt.[735]

Zusammenfassend lässt sich folgern, dass Sinn ein entscheidender Faktor für Potentialentfaltung darstellt. Sinn, wie er hier ausgeführt wurde, vor allem unter Bezug auf Frankl, bildet eine ethische Grundverankerung für das Gute und beinhaltet eine starke beziehungsorientierte Komponente. Sinn bedeutet, Werte zu schaffen. Er lässt keine Abkürzungen – verstanden als direkter (über-effizienter) Weg zu Profit – zum Er-folg zu. Sinnerfüllung ist das grundsätzlichste, menschliche Bedürfnis. Nutzen- und Profitmaximierung führen zu beschleunigtem, inhaltsleeren Drehen im Hamsterrad; die Möglichkeit zur Sinnstiftung führt zu Potentialentfaltung.

---

732 (Pircher-Friedrich, 2007 S. 59).

733 Vgl. auch (Pircher-Friedrich, 2007 S. 102).

734 (Drucker, 2005 S. 39).

735 Das Konzept der transformationalen Führung thematisiert ebenso Sinnfragen in Organisationskontexten und kann als zusätzliche hilfreiche Orientierung dienen, vgl. dazu exemplarisch (Schröder, 2013), (Bass et al., 2006), (Cashman, 2008), (Northouse, 2012).

7.2.2 Lösungsbezug: Von Über-Effizienz zu Gestaltungsfreiräumen

Das doktrinäre Effizienzstreben in der traditionellen Managementlehre und -praxis sowie die damit verbundene kurzfristige Gewinn- und Shareholder-Value-Maximierung sind inhärent auf Standardisierung und aufgrund dessen auf Beschränkung, Repetition und Fehlerintoleranz ausgelegt. Als Folge davon führen die mechanistischen Top-Down-Strukturen, Stellenbeschreibungen, standardisierten Prozesse, Zielvorgaben und dergleichen höchstens zur Funktionserfüllung durch tieferwertige Fähigkeiten wie Gehorsam, Pflichterfüllung und den Gebrauch von rohem Intellekt.[736] Etwas drastischer ausgedrückt: Sie führen zu Dienst nach Vorschrift, wie es auch die zitierte Gallup-Umfrage jährlich bestätigt. Häufig verursachen die hierarchischen Strukturen und Zielvorgaben Druck und Angst, was zusätzlich die Handlungsfähigkeit einschränkt und menschliche Fähigkeiten, neugierig zu sein und kreative Lösungen zu finden, unterdrückt.[737] Eine weitere, damit zusammenhängende Eigenschaft, die Varietät und Kreativität grundlegend behindert, ist das Phänomen des Monopsons. Monopson bedeutet, dass es nur einen Käufer gibt (im Gegensatz zum Monopol, bei dem nur ein Verkäufer existiert).[738] In klassisch-hierarchischen Organisationen haben Mitarbeitende, wenn sie eine Idee haben, nur einen Abnehmer – ihren Vorgesetzten. Findet der Vorgesetzte die Idee nicht gut, wird sie mit großer Wahrscheinlichkeit nicht weiterverfolgt.[739] Wüthrich resümiert diese Situation in Organisationen: "Mit Druck lassen sich Mitarbeitende zu Gehorsam und Gewissenhaftigkeit nötigen, nicht aber Potentiale und Leidenschaft wecken."[740]

Die immanente Behinderung der Potentialentfaltung durch die einseitige Logik der Effizienzorientierung schränkt den Raum für neuartige Lösungen und für Handlungsmöglichkeiten außerhalb des gegebenen, mechanistischen (reflexhaften) Repertoires erheblich ein. Dafür steht der Begriff der Über-Effizienz.[741] Das macht Organisationen anfällig; die Widerstands-

---

[736] Vgl. (Hamel, 2006 S. 79).

[737] Vgl. (Röösli et al., 2011 S. 34), (von Brück, 2012 S. 146). Vgl. (Hüther, 2011b) ausführlich zur Biologie von Angst, mit einer differenzierten Auseinandersetzung von einerseits negativen, aber auch der Betonung von wichtigen, positiven Effekten von Angst.

[738] Vgl. (Grundmann et al., 2009 S. 265).

[739] Vgl. (Hamel, 2007 S. 47).

[740] (Wüthrich, 2011a S. 335), generell zu (neurobiologischen) Folgen von Druck und Stess, vgl. (Hüther, 2011b).

[741] Vgl. (Wüthrich, 2011b S. 215).

fähigkeit und Belastbarkeit leiden, denn bei kleinsten unvorhersehbaren Störungen wird ein System in seiner Vitalität getroffen, weil keine adäquaten, innovativen Aktions- oder Reaktionsmöglichkeiten bestehen.[742] Die Dominanz standardisierter, mechanistischer Handlungsabfolgen und Prozesse in Organisationen zu Gunsten des Effizienzdogmas kann die notwendige Handlungsvarietät in der heutigen, vorherrschenden Komplexität nicht leisten. Dies widerspricht der Forderung des bekannten system- oder komplexitätstheoretischen Gesetzes der erforderlichen Varietät von Ross Ashby, das besagt, dass Komplexität nur durch Komplexität absorbiert werden kann (engl. Ashby's law of requisite varitey).[743] Die angeschlagene Resilienz von Organisationen durch zu geringe Handlungsvarietät geht einher mit dem dominanten Effizienzstreben und der daraus resultierenden unterdrückten Potentialentfaltung:

> "Vitalität und Wettbewerbsstärke einer Organisation hängen entscheidend davon ab, ob es gelingt, die Potenziale der Mitarbeitenden zu heben. Die Logik der Effizienzorientierung verhindert dies jedoch. Daher braucht es eine radikal andere Führungshaltung, die von mündigen Mitarbeitern ausgeht. Menschen bringen ihre Talente ein, wenn sie sich mit dem, was sie tun, wirklich identifizieren und Freiräume erleben."[744]

Neben der Identifikation mit der Arbeit durch Sinnstiftung, wie im vorhergehenden Abschnitt thematisiert, sind es Freiräume, die zum Einbringen der vorhandenen Potentiale der Mitarbeitenden führen und deswegen zu mehr Handlungs- und Lösungsvarietät im Organisationssystem zum Umgang mit Komplexität. Das Einbringen von höheren Kompetenzen, wie Engagement, Kreativität und Begeisterung, kann nicht angeordnet werden, sondern wird als Geschenk eingebracht, wenn eine Führungs- und Unternehmenskultur besteht, die auf Verbundenheit, Vertrauen, Selbstorganisation und damit auf einer humanistisch-dialogischen

---

742 Vgl.(Wüthrich, 2012a S. 165). Zum Begriff der Resilienz in Organisationen vgl. z. B. auch (Wellensiek, 2011).

743 Vgl. (Ashby, 1956 S. 206 ff.).

744 (Wüthrich, 2011b S. 212 ff.). Für Weick et al. gehört ein 'commitment to resilience' als Prozesselement zu den 'processes of collective mindfulness' in sogenannten HRO's (High Reliability Organization, z. B. Kraftwerken, Spitälern, Airlines etc.), weil durch kollektive Achtsamkeit sensiblere Wahrnehmungs- und mehr Handlungsmöglichkeiten in Organisationen entwickelt werden können, um mit Komplexität besser umgehen zu können, vgl. (Weick et al., 2008 S. 37 ff.).

Basis beruht und entsprechende Freiräume zur Entfaltung der Interessen der Organisationsmitglieder bietet. Hamel drückt das nötige Einbringen von höheren Kompetenzen und die dazu im Widerspruch stehende heutige Organisationslogik mit folgendem Kommentar aus:

> "It's tough to build eye-popping differentiation out of lower-order human capabilities like obedience, diligence, and raw intelligence — things that are themselves becoming global commodities [...] To beat back the forces of commoditization, a company must be able to deliver the kind of unique customer value that can only be created by employees who bring a full measure of their initiative, imagination, and zeal to work every day. [...] The problem is, there's little room in bureaucratic organizations for passion, ingenuity, and self-direction. The machinery of bureaucracy was invented in an age when human beings were seen as little more than semiprogrammable robots."[745]

Hamels Bild des Mitarbeitenden als einem halbprogrammierbaren, d. h. maschinennahen, Roboter in Organisationen soll verbunden werden mit einer wichtigen biologischen Betrachtung von Maturana und Varela über die Freiheitsgrade von lebenden Systemen, welche aus mehr als einer Einheit (Einzeller) bestehen. Maturana und Varela unterscheiden bei lebenden, mehrteiligen Systemen in Bezug auf Autonomie zwischen Organismen, sozialen Insekten, sozialen Wirbeltieren und menschlichen Gesellschaften, indem sie auf evolutions- und sprachentwicklungsgeschichtlicher Basis argumentieren, dass ein Organismus die individuelle Kreativität der ihn bildenden Einheiten einschränke, weil die Einheiten für den Organismus existieren würden. Das menschliche System hingegen würde oder müsse die Kreativität seiner Mitglieder erweitern, da das System für deren Mitglieder existiere. Aus diesem Grunde stünden Organismen und menschliche soziale Systeme an gegenüberliegenden Polen der Skala der individuellen Autonomie von Mitgliedern von lebenden Systemen jedweder Ordnung, vgl. Abb. 22.

[745] (Hamel, 2006 S. 79).

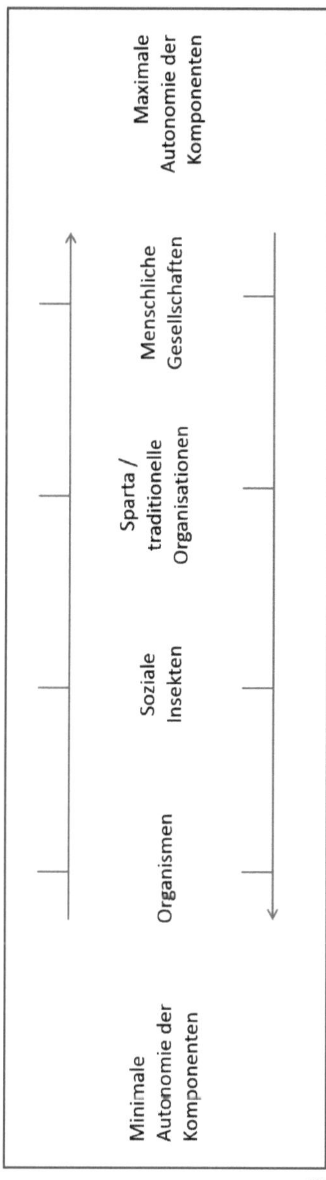

Abb. 22: Individuelle Autonomie von Mitgliedern von lebenden Systemen[746]

[746] In Anlehnung an (Maturana et al., 2010 S. 217).

Menschliche Gemeinschaften, die mit Zwangsmechanismen die Stabilisierung der Verhaltensdimensionen ihrer Mitglieder herbeiführten, seien entartete, soziale Systeme im menschlichen Bereich. Sie würden unmenschlich, da sie ihre Mitglieder entpersonalisieren würden. Maturana und Varela verweisen dabei als Beispiel auf den oligarchischen Stadtstaat Sparta. Jede Analyse der menschlichen, sozialen Phänomenologie, die diese Erwägungen nicht berücksichtige, sei fehlerhaft, da die evolutionär-biologischen Grundlagen ignoriert würden.[747] Man kann Hamels Metapher des halbprogrammierten Roboters vielleicht als überzeichnet interpretieren. Die Effizienzdoktrin hat jedoch dazu geführt, dass traditionelle Organisationen mit ihren Kontrollinstrumenten zur Stabilisierung des Verhaltens wohl eher bei Sparta zu positionieren sind als bei menschlichen Gesellschaften in Bezug auf die Autonomiekonzeption ihrer Mitglieder gemäß der obenstehenden Darstellung von Maturana und Varela.

Die notwendige Veränderungsrichtung zu mehr Freiheitsgraden zu Gunsten von Potentialentfaltung ist deshalb aus einer biologischen Perspektive begründbar und dringend notwendig, damit Organisationen nicht im Status Quo erstarren, sondern mit Handlungsvarietät und Kreativität in der heutigen Komplexität operieren können. Die Neuro- und Humanbiologen Pöppel und Wagner unterstreichen ebenfalls: "Jeder Mensch ist kreativ."[748] Auch wenn die Kreativität verschüttet sei, könne sie wieder hervorgelockt werden. Dass alle Menschen kreativ seien, ergebe sich aus den biologischen Anlagen. Das evolutionäre Erbe, das in jedem Menschen stecke, gäbe einen Rahmen vor, innerhalb dessen sich kulturelle und individuelle Kreativität entfalten könne.[749] Mit Varela kann Kreativität und Handlungsvarietät in diesem Sinne verstanden werden als emergierende, kollektive Intelligenz aus dem selbstorganisierten Zusammenwirken der Elemente eines selbstreferenziellen, lebenden Systems, die über die Intelligenzeigenschaften der Einzelelemente herausgeht. Aus Sicht Varelas entsteht wahre Intelligenz erst und nur durch ein System, das eine Welt hervorbringen kann, also Sinn erzeugen kann.[750] Varelas Sicht verweist somit neben der notwendigen individuellen Auto-

---

747 Vgl. (Maturana et al., 2010 S. 216 f.).

748 (Pöppel et al., 2012 S. 7).

749 Vgl. (Pöppel et al., 2012 S. 7).

750 Vgl. (Varela, 1997 S. 67). Varelas Ausführungen zu Kreativität korrespondieren trefflich mit Ashbys oben erwähntem, kybernetischen Gesetzt der erforderlichen Varietät, vgl.

nomie auf die äußerst hohe Bedeutung von Sinnstiftung in Organisationen und auf die gleichfalls hervorragende Bedeutung von gelingenden Beziehungen in Organisationen, die im nächsten Abschnitt behandelt wird.

7.2.3 Beherrschbarkeitsbezug: Von Fremdkontrolle zu gelingenden Beziehungen

Die Ressourcenausnutzungshaltung ist, wie in diesem Kapitel dargestellt, gekennzeichnet durch die Vorstellung der Beherrschbarkeit von Natur sowie Leben und folglich auch der Steuer- und Kontrollierbarkeit von gesellschaftlichen Institutionen aller Art inklusive deren Mitgliedern.[751] Das äußert sich u. a. mittels formaler Hierarchien, bei welchen die vermeintlich besser wissenden und darum höher gestellten Mitglieder tiefer gestellte Mitglieder überwachen und kontrollieren (was der allwissenden, unabhängigen Beobachterposition entspricht). Diese dominanzorientierten resp. fremdkontrollorientierten Interaktionsmuster haben Folgen, wie sie Hüther und Hosang zeichnen:

> "Primär dominanzorientierte [...] Gesellschaften bieten kaum Raum für die Entfaltung individueller Vielfalt und Kreativität. Menschliche Gemeinschaften [...] beruhen jedoch gerade auf der Anerkennung, Wertschätzung und damit Stärkung vielseitiger individueller Potentiale. Sie sind dadurch erfinderischer, lernfähiger und [...] erfolgreicher."[752]

Das von Hüther und Hosang angesprochene Einbringen individueller Potentiale in menschliche Gemeinschaften ist immer in Kombination mit gelingender Interaktion von Beziehungen zu sehen. Dazu kommentiert Welzer:

> "Menschen sind erst zu verstehen, wenn man sie nicht als [bloße, F. R.] Individuen konzipiert, sondern als Schnittstellen in einem sozialen Netzwerk. Nichts anderes bedeutet: *Connectedness*. Was immer schon da ist, muss nicht erst künst-

---

(Ashby, 1956 S. 206 ff.). Als höchst komplexes lebendes System sind menschliche Gemeinschaften und deren Mitglieder auf eine hohe Problemlösungsvarietät angewiesen, um die vorherrschende Komplexität absorbieren zu können. Kreativität ist das menschliche, geistige Korrelat für Lösungsvarietät.

751 Vgl. (Maturana, 1994), (Maturana et al., 2010 S. 216 f.).

752 (Hüther et al., 2012 S. 16).

lich, mühevoll oder durch Training erzeugt werden. Es genügt, mit der Zerstörung der Beziehungen aufzuhören, die auf Effizienz und individuelle Optimierung ausgelegte Institutionen [...] heute permanent praktizieren. [...] Hoffen wir, dass [die Revolution des 'Wir', F. R.] [...] die Apotheose des 'Ich' noch rechtzeitig stoppen kann."[753]

Die Überlegungen von Welzer könnten deutlicher nicht formuliert werden. Das Zerstören von Beziehungen in Organisationen durch einseitiges Effizienzstreben, individuelle Machterhaltung und Kontrollorientierung vernichtet die Potentialentfaltung als wichtige soziale Ressource.[754] Das Paradigma der Beherrschbarkeit von komplexen Systemen stellt sich zunehmend als ungeeignet dar und repräsentiert eine Kontroll- und Vorhersagbarkeitsillusion.[755] Wüthrich et al. entlarven die Machbarkeitstäuschung aus systemtheoretischer Sicht und plädieren für eine Abkehr der Führungskräfte von der Rolle des allwissenden Gestalters:

"Unternehmen stellen dynamische Systeme dar, die sich durch Nichtlinearität, Rückkoppelungs- und Kippeffekte sowie Vernetztheit auszeichnen. Akzeptieren wir, dass sich Institutionen nicht deterministisch steuern lassen, so werden wir in der Rolle des selbst ernannten Gestalters bescheiden, gelassen und souverän. Bescheiden, was Anspruch und Wirkung einer persönlichen Einflussnahme anbelangt. Gelassen im Sinne des Loslassenkönnens und schließlich souverän durch Vertrauen in das System, seine Intelligenz und Fähigkeit zur Selbststeuerung."[756]

Anthony Suchman, ein Mediziner und Vertreter der Hertfordshire Schule von Stacey, führt aus, dass lineare Kausalität eine Ausnahme und nicht die Regel darstellt. Jedoch gilt Linearität als der vorherrschende Modus. Im Gegensatz dazu fokussiert eine Komplexitätsperspektive die Aufmerksamkeit nicht auf die gewünschte Zukunft, sondern auf das Hier und Jetzt; auf die Natur von Verbindungen zwischen Ereignissen, wie Mitarbeitende interagieren, welche Muster beobachtbar sind. Der Fokus ist auf Prozesse statt auf Resultate und auf Bezie-

---

[753] (Welzer, 2012 S. 78 f.).
[754] Vgl. (Welzer, 2012 S. 78 f.).
[755] Vgl. (Thygesen et al., 2012 S. 1), (Dermer et al., 1986).
[756] (Wüthrich et al., 2002 S. 216 f.). Vgl. auch (Thygesen et al., 2012 S. 1), (Dermer et al., 1986).

hungen statt auf Kontrolle gerichtet. Suchmans Ansatz soll im Folgenden detaillierter beleuchtet werden.[757] Er setzt sich grundsätzlich mit den Auswirkungen des Kontrollparadigmas auseinander und stellt es dem Beziehungsparadigma gegenüber. Er untersucht und kontrastiert die zwei verschiedenen philosophischen Grundwerte Kontrolle und Beziehung in Bezug auf Erwartungen, soziale Verhältnisse und Gewohnheiten der Wahrnehmung und Interpretation.

Suchman konstatiert, dass das Paradigma der Kontrolle in der westlich aufgeklärten Welt weit verbreitet sei. Da es aber unrealistische Erwartungen fördere, Angst und Scham hervorrufe und gelingende Beziehungen hemme, habe es schädliche Folgen. Durch unser Augenmerk auf die Realisierung von Ergebnissen und auf objektive Phänomene prädisponiere das Kontrollparadigma uns zur Dominanz und lenke uns davon ab, Beobachtungen zu machen und Maßnahmen zu ergreifen, die uns helfen könnten, gelingende Beziehungen zu kultivieren. Es schaffe zusätzliche Probleme, indem unrealistische Maßstäbe für Erfolg gesetzt würden und trenne Menschen von ihren eigenen subjektiven Erfahrungen. Dass das Kontrollparadigma viele bemerkenswerte, technologische Errungenschaften hervorgebracht habe, sei unbestreitbar. Allerdings habe es als eine Philosophie zur Führung menschlicher Interaktionen erhebliche Einschränkungen. Der instrumentelle, reduktionistische Ansatz des Kontrollparadigmas und die damit verbundene Höherbewertung des abstrakten Allgemeinen gegenüber dem jeweils Konkreten führe zu einer Entpersönlichung der anderen in Führungskontexten. Patienten, Studenten und Mitarbeitende würden zu kontrollierten (gesteuerten) Objekten. Auf Ebene des Denkens und Handelns fördere das Kontrollparadigma eine attraktive, jedoch absolut unrealistische Phantasie von persönlicher Kontrolle, die den Ort der Kontrolle beim Individuum sieht. Das unterminiere die Wahrnehmung von Organisationen als Systemen und die Erkennung von emergenten Phänomenen.

Das Beziehungsparadigma vermeide diese Fallstricke und prädisponiere uns in Richtung Partnerschaft, da es die Aufmerksamkeit auf zwischenmenschliche Prozesse lenke und Aufnahmefähigkeit und Anpassungsfähigkeit fördere. Folglich würden Beziehungen in Organisa-

---

[757] Vgl. (Suchman, 2002b S. 17 ff.). Obwohl Suchman in seinen Darstellungen vor allem auf das Gesundheitswesen eingeht, treffen die Ausführungen aus seiner Sicht nicht weniger auf Unternehmen zu.

tionen unterstützt. Der Kern des Beziehungsparadigmas sei Vertrauen, loslassen können und offen bleiben. Das Beziehungsparadigma erinnere uns daran, Prozesse und persönliche Erfahrungen zu beachten (eigene und die der anderen) und nicht nur objektive Daten zu sammeln. Es ermutige uns, fortwährend skeptisch gegenüber Antworten und falschen Versprechen der Vorhersehbarkeit zu sein und stattdessen in der Frage zu leben (live in the question), offen zu bleiben, selbst beim Ergreifen von spezifischen Aktionen.

Es sei wichtig zu erkennen, dass das Beziehungsparadigma nicht das Kontrollparadigma vollständig negiere, sondern helfe, eine Balance in Form einer paradoxen Konvergenz zu finden: Beherrschung wird um Aufnahmefähigkeit, Objektivität um Subjektivität, Reduktionismus um Emergenz und Autonomie um Teilnahme ergänzt. Sobald wir in der Lage seien, diese beiden Philosophien und deren Folgen bewusst wahrzunehmen, seien wir fähig, unsere eigenen Erfahrungen zu reflektieren und überlegte Entscheidungen zu fällen, welches Paradigma kontextspezifisch helfen könnte, das organisationale Leben am sinnvollsten und effektivsten zu gestalten. Beim expliziten Vergleich von Kontroll- und Beziehungsparadigma könnten Menschen lernen, die impliziten Grundwerte in der alltäglichen, sozialen Interaktion wahrzunehmen und ihre Folgen zu beobachten. Dementsprechend könne die reduktionistische Beschränkung überwunden werden und es entstehe Raum für Selbstorganisation und Emergenz.[758] Abb. 23 illustriert die beiden gegensätzlichen Paradigmen.

Die einseitige Fremdkontrollorientierung zu überwinden, bedeutet die Abkehr von formalen Herrschaftsverhältnissen und einem Beziehungsverständnis von linear-kausalen, top-down Reiz-Reaktions-Mechanismen. Vertrauen in selbstorganisierende Interaktionen im Hier und Jetzt ersetzt das einseitige Kontrollparadigma und ermöglicht Potentialentfaltung. Die Mitglieder einer Organisation auf allen Ebenen können so höhere Kompetenzen einbringen. Hüther nennt dies, wie bereits erwähnt, individualisierte Gemeinschaften und spricht von der Notwendigkeit einer neuen Ethik der Verbundenheit.[759] Er deutet auf das zentrale menschliche Grundbedürfnis hin, nach Beziehungen zu suchen, die es ermöglichen, sich

[758] Vgl. (Suchman, 2006b S. 3 ff.). Die Ausführungen Suchmans zum Kontroll- und Beziehungsparadigma korrespondieren mit den Darstellungen von McGilchrist zur linken und rechten Hirnhemisphäre, vgl. (McGilchrist, 2009).

[759] Vgl. (Hüther, 2011c S. 48 ff.), ebenso (Rahim, 2014), (Hüther et al., 2012 S. 12), (Bodhi, 2012 S. 260), (Rifkin, 2010).

gleichzeitig als verbunden und frei zu empfinden. Nur Primaten könnten die Aufmerksamkeit aller Mitglieder einer Gemeinschaft gezielt und aus eigenem Impuls auf einen Gegenstand gemeinsamen Interesses lenken. Darum komme es innerhalb einer Gemeinschaft auf jedes einzelne Individuum an. Das sei der Grund, warum nur Primaten individualisierte Gemeinschaften bilden können. Bei Menschen sei die Fähigkeit, die Aufmerksamkeit gemeinsam auf etwas zu richten, am stärksten ausgeprägt. Menschen seien die einzigen Lebewesen, die in der Lage seien, in individualisierten Gemeinschaften verborgene Potentiale von Mitgliedern oder der ganzen Gemeinschaft zur Entfaltung zu bringen.[760] Das bedeutet auch, "dass unsere Lernfähigkeit tief in unserem Bedürfnis nach Beziehungen verankert ist."[761]

	Control	Relation
Core values and goals	willfulness; predictability	connectedness; alignment
Primary focus	outcomes	process
Relevant domain of experience	objective only	objective and subjective
Epistemology	reductionistic, analytic	reductionistic and emergent; analytic and experiential
Priority of knowledge	general ≫ particular	general = particular
Social structure	hierarchy	partnership
Use of power	limit choices of others	increase choices of others
Negotiation strategy	win-lose	win-win
Implications for clinician's stance	detached observer; affectively neutral	participant observer; fully present
Core affect	fear	trust
Stance	mastery	receptivity
Source of security	self sufficiency	alignment; interdependence
Existential strategy	holding tight	letting go

Abb. 23: Vergleich von Merkmalen des Kontroll- und Beziehungsparadigmas[762]

Wüthrich betont, dass solche Gemeinschaften oder Organisationen "Exzellenzen eines jeden Einzelnen wirksam werden lassen, sie anerkennen und zulassen."[763] Aus einer systemtheoretischen Sicht beschreibt das den Wandel weg vom Glauben an die Beherrschbarkeit von Organisationen durch Fremdkontrolle hin zum Verständnis der Wirkungskraft selbstorganisierender menschlicher Interaktion.

[760] Vgl. (unveröffentl. Transkript, Interview Hüther, 2012 S. 96, Zeile 1025 ff.), (Hüther, 2011c S. 48 ff.).

[761] (Medina, 2009 S. 46).

[762] Entnommen aus (Suchman, 2006b S. 11).

[763] (Wüthrich, 2011a S. 336).

7.3 Bedeutung der Mittel-Dimensionen für Potentialentfaltung

Die obenstehenden Ausführungen fordern zum Gelingen von Potentialentfaltung im Kern eine Rekonstruktion von Realitätsbezügen. Es wurde hergeleitet, dass Sinnstiftung, Freiräume resp. Autonomie für Organisationsmitglieder und gelingende Beziehungen, die allesamt bei der einseitigen Ressourcenausnutzungshaltung verschüttet sind, als Bedingungen für Potentialentfaltung Beachtung geschenkt werden muss. In diesem Abschnitt soll geprüft werden, inwieweit die drei Mittel-Dimensionen des Bezugsrahmens (Wissens-Dimension, Organisationsverständnis-Dimension, Tun-Dimension) geeignet sind, um Sinnstiftung, Freiräume für Organisationsmitglieder und gelingende Beziehungen zu unterstützen und damit der Initialisierung von musterbrechender Managementinnovation zu dienen.

7.3.1 Förderung von Sinnstiftung

Wie in Abschnitt 7.2.1, S. 203 f. ausgeführt, ist gemäß Frankl Sinn die menschliche Primärmotivation. Es geht neben Sinnfindung und -erfüllung auch um Begegnung.[764] Mit den eigenen Stärken und Fähigkeiten einen gesellschaftlichen Beitrag zu leisten, ist ein menschliches Bestreben zur Sinnstiftung.[765] Sinn als Primärmotivation bedeutet entsprechend Engagement und das Einbringen der eigenen Potentiale.

Bei 'Complex Responsive Processes of Relating' (Organisationsverständnis-Dimension) rufen die kommunikativen Vorgänge der Gesten des einen Interaktionspartners Antworten des anderen hervor; bei diesem gesamten sozialen Akt von Geste und Antwort entsteht Sinn. "First, following Mead (1934), communicative interaction is seen as a process of gesture and response taken as a single social action from which *meaning* emerges."[766] Der Aspekt der Begegnung zur Sinnstiftung kommt deutlich zum Ausdruck. In der Interaktionstheorie von Mead als integralem Bestandteil von 'Complex Responsive Processes of Relating' gilt dies auch in der Interaktion mit sich selbst (also im privaten Rollenspiel von 'ich' und 'mich').[767] Über die soziale Konstruktion des Selbsts und des Geistes kann man deshalb auch im Kontakt

---

[764] Vgl. (Frankl, 1992 S. 45).
[765] Vgl. (Zweifel, 2014), (Hüther, 2011c S. 111 ff.).
[766] (Biling, 2009 S. 36 f.).
[767] Vgl. (Stacey, 2001 S. 242 f.), (Mead, 1973 S. 115 ff.), (Biling, 2009 S. 36 f.).

mit sich selbst Sinn finden und erzeugen. Die interpersonelle Neurobiologie (Wissens-Dimension) zeigt die interaktionistischen Mechanismen von Geistes- und Gehirnentwicklung auf und stützt Meads Theorie der Entstehung von Sinn in der Interaktion direkt.[768] Das plastische, soziale Gehirn mit dem Spiegelneuronensystem spielt dabei eine tragende Rolle. Die interpersonelle Neurobiologie betont die Möglichkeit, das Gehirn durch den Geist mittels gezielter Aufmerksamkeitsprozesse zu beeinflussen, was wiederum den Geist selbst verändert, vgl. S. 96 ff. Das entspricht Meads privatem Rollenspiel. Meditation ist eine systematische Form dieses privaten Rollenspiels, also der systematischen Auseinandersetzung mit sich selbst (und auch mit dem eigenen Kontext). Es geht inhärent darum, sich selbst kennenzulernen, seinen Zweck zu suchen und zu finden. Bemerkenswerterweise bedeutet das Wort Meditation Nachsinnen; die Sinnsuche und -findung ist direkt im Begriff der Meditation angelegt.[769] "Menschen kommen mit der Meditation zur Besinnung!"[770] Die Tun-Dimension mit Meditation als Form der Geistesschulung ist ein aktiver Wegbereiter für Sinnstiftung.

7.3.2 Das Schaffen von Freiräumen und Varietät

In einem Zitat von Watzlawick zeigt sich die bereits mehrmals betonte, herausragende Bedeutung der Wahrnehmung erneut und verbindet sich mit den Aspekten Freiheit und Verantwortung:

> "Wenn es Menschen gäbe, die wirklich zu der Einsicht durchbrächen, dass sie die Konstrukteure ihrer eigenen Wirklichkeit sind, würden sich diese Menschen durch drei besondere Eigenschaften auszeichnen. Sie wären erstens frei, denn wer weiss, dass er sich seine eigene Wirklichkeit schafft, kann sie jederzeit auch anders schaffen. Zweitens wären diese Menschen im tiefsten ethischen Sinne verantwortlich, denn wer tatsächlich begriffen hat, dass er der Konstrukteur seiner eigenen Wirklichkeit ist, dem steht das bequeme Ausweichen in Sachzwänge und in die Schuld der anderen nicht mehr offen. Und drittens wäre ein solcher Mensch konziliant."[771]

[768] Vgl. z. B. (Siegel et al., 2013 S. 13 ff.), (Badenoch et al., 2013 S. 1).
[769] Vgl. (Meyer, 2002 S. 57).
[770] (Esch, 2013 S. 238).
[771] (Watzlawick, 2000 S. 80).

Die Freiheit, die eigene Wirklichkeit zu konstruieren, verweist einerseits auf den direkt damit verbundenen Verantwortungsaspekt jedes Individuums und zeigt andererseits Wahlmöglichkeiten auf. Menschen sind nicht einem mechanistischen Reflex ausgeliefert, sondern können Optionen schaffen, wenn sie es wollen und auch trainieren.[772]

Das Menschenbild mit dem dynamischen Potential von Gehirn und Geist, das in der interpersonellen Neurobiologie gezeichnet wird (Wissens-Dimension) und die Möglichkeiten der Erhöhung der metakognitiven Kompetenzen durch Meditation (Tun-Dimension) unterstützen diese zentralen Aspekte der Rekonstruktionsmöglichkeit von Realitätsbezügen in direkter Weise, was erhöhte Freiheitsgrade und Handlungsflexibilität erlaubt. Durch die Schaffung eines entsprechenden Klimas der Selbstreflexion mittels Meditation in Organisationen können diese Möglichkeiten auch in organisationalen Kontexten systematisch gestärkt werden.[773] 'Complex Responsive Processes of Relating' (Organisationsverständnis-Dimension) setzt auf die Kraft selbstorganisierender Interaktionen der Organisationsmitglieder, was aus systemtheoretischer Sicht Freiräume schafft zur Emergenz von neuen Handlungsmöglichkeiten im Umgang mit Komplexität. Die Verbindung und das Wechselspiel der drei Mittel-Dimensionen (Wissens-, Organisationsverständnis- und Tun-Dimension) können Rahmenbedingungen schaffen, welche die notwendigen Denk- und Handlungsfreiräume zur Potentialentfaltung hervorbringen und somit dem ethischen Imperativ von von Foerster entsprechen, der lautet "Handle stets so, dass die Anzahl der Möglichkeiten wächst."[774] Zudem wird Ashbys Gesetz der erforderlichen Varietät Rechnung getragen.

7.3.3 Unterstützung von gelingenden Beziehungen

Die kritische Bedeutung von gelingenden Beziehungen für die Potentialentfaltung kann auf Basis der Erkenntnisse von Maturana und Varela auf spezifisch biologische Merkmale des Menschen zurückgeführt werden. Ihre Theorie verbindet die menschliche Beziehungsorientierung und die grundsätzliche Reflexionsfähigkeit des Menschen miteinander: Maturana und Varela betonen die Notwendigkeit von Reflexion und die damit einhergehende menschenspezifische und auch verpflichtende Möglichkeit der Erkenntnis von Erkenntnis. Für sie

[772] Vgl. (Boaz et al., 2014).
[773] Vgl. (Pircher-Friedrich, 2007 S. 83).
[774] (von Foerster, 1993 S. 49).

impliziert die Erkenntnis der Erkenntnis eine unentrinnbare Ethik, deren Bezugspunkt die Bewusstheit der biologischen und sozialen Struktur des Menschen ist:

> "Es ist eine Ethik, die aus der menschlichen Reflexion entspringt und die *die Reflexion, die das Menschliche ausmacht*, als ein konstitutives soziales Phänomen *in den Mittelpunkt stellt*."[775]

Beide unterstreichen, dass die Erkenntnis der Erkenntnis zu einer Haltung der ständigen Wachsamkeit gegenüber der Versuchung der Gewissheit – und somit der Plan- und Kontrollorientierung – verpflichte. Um mit anderen Person zu koexistieren, müsse der Einzelne erkennen, dass die Gewissheit des anderen genauso legitim sei wie die eigene. Die einzige Chance zur Koexistenz liege in der Suche nach einer umfassenderen Perspektive. Ein Konflikt sei immer eine gegenseitige Negation. Er lasse sich niemals in dem Bereich lösen, indem er stattfände, wenn die Parteien sich ihrer Sache sicher seien. Ein Konflikt sei nur zu überwinden, wenn man sich in einen Bereich begebe, in dem Koexistenz stattfinde. Das Wissen um dieses Wissen sei der soziale Imperativ jeder auf Menschlichkeit basierenden Ethik. Die Biologie zeige auch, dass der kognitive Bereich des Menschen am unmittelbarsten durch das Erleben einer biologischen, interpersonellen Kongruenz ausgeweitet werden könne, die Menschen das jeweilige Gegenüber wahrnehmen ließen und dazu führe, dass Individuen sich gegenseitig Daseinsräume nebeneinander öffneten. Dieser Akt werde Liebe genannt, oder, weniger stark akzentuiert, auch das Annehmen einer anderen Person neben sich selbst im täglichen Leben. Dies sei die biologische Grundlage sozialer Phänomene: Ohne Liebe, ohne das Annehmen von anderen und das Einräumen von Platz neben den eigenen Bedürfnissen und Gewohnheiten gäbe es keinen sozialen Prozess, keine Sozialisation und damit keine Menschlichkeit.[776] Alles, was die Annahme anderer untergrabe – vom Konkurrenzdenken über den Besitz der Wahrheit bis hin zur ideologischen Gewissheit – unterminiere den sozialen Prozess, weil es den biologischen Prozess unterminiere, der diesen erzeuge. Es gehe bei diesen Ausführungen nicht um einen moralischen Appell, betonen Maturana und Varela, sie

[775] (Maturana et al., 2010 S. 264).

[776] Auch Luhmann hat die Liebe als Phänomen sozialer Systeme thematisiert und beschreibt die Funktion der Liebe als "eine Art gesellschaftliche Unentbehrlichkeit". (Luhmann, 2008 S. 23).

würden nicht Liebe predigen. Sie würden einzig die Tatsache offenkundig machen, dass es, biologisch gesehen, ohne Liebe, ohne Annahme anderer, keinen sozialen Prozess gäbe. Es möge ungewöhnlich erscheinen und viele mögen sich dagegen sträuben, den Begriff Liebe in einem naturwissenschaftlichen Zusammenhang zu gebrauchen, da man um die Objektivität des rationalen Ansatzes fürchte. Die Menschen hätten aber nur eine Welt, die sie in Koexistenz mit anderen Menschen hervorbringen könnten. Der Kern aller Schwierigkeiten, mit denen wir uns heute konfrontiert sähen, sei das Verkennen des Erkennens, das Nicht-Wissen um das Wissen. Blind für die Transzendenz des eigenen Tuns würden Menschen das Bild, dem sie entsprechen möchten, mit dem Sein, das sie tatsächlich hervorbrächten, verwechseln. Dies sei ein Irrtum, welcher nur das Erkennen des Erkennens korrigieren könne.[777]

Die Erkenntnisse von Maturana und Varela und die Betonung der kritischen Metafähigkeit des Erkennen des Erkennens beinhalten ebenfalls einen Hinweis auf das Potential der Meditation (Tun-Dimension) als spezifische Möglichkeit der Schulung des Geistes zur Stärkung metakognitiver und empathisch-sozialer Fähigkeiten zu Gunsten gelingender, sozialer Interaktionen als Voraussetzung für Potentialentfaltung in Organisationen, vgl. S. 187 ff.

Die biologischen Erkenntnisse zur Beziehungsorientierung von Maturana und Varela sind kompatibel mit dem Menschenbild der interpersonellen Neurobiologie (Wissens-Dimension), welches den Menschen als durch und durch beziehungsgeschaffenes, soziales Wesen begreift, vgl. S. 91 ff. Die Aussagen von Maturana und Varela korrespondieren mit dem Viktor Frankl zugeschriebenen Zitat "Zwischen Reiz und Reaktion gibt es einen Raum. In diesem Raum ist unsere Macht, unsere Reaktion zu wählen. In unserer Reaktion liegt unser Wachstum und unsere Freiheit".[778] In diesem Raum kann Interaktion ohne linear-kausalen Reiz-Reaktions-Mechanismus stattfinden, also ohne determinierte Antwort und mit der Möglichkeit für Neues: "Zwischen Reiz und Reaktion gibt es einen Raum: Nur dort kann Begegnung

[777] Vgl. (Maturana et al., 2010 S. 263-268). Die Verwechslung von gewünschtem Bild mit tatsächlichem Sein, wie sie in den Ausführungen von Maturana und Varela dargestellt wird, lässt sich als schlüssige biologische Erklärung für Argyris festgestellte Diskrepanz von 'espoused theory' und 'theory-in-use' in Organisationen interpretieren, vgl. Fussnote 68, S. 14.

[778] (Pattakos, 2008 S. VIII).

stattfinden."[779] In der Verbindung dieser Aussage mit dem Zitat von Frankl zeigt sich erneut die unauflösbare Einheit von Individualentwicklung und Gemeinschaftsentwicklung, d. h. auch von Organisationsentwicklung, wie sie Mead postuliert und wie sie in 'Complex Responsive Processes of Relating' integriert ist (Organisationsverständnis-Dimension), vgl. S. 136 ff.

7.3.4 SCHLUSSFOLGERUNG

Aus den Ausführungen zur Richtungs-Dimension der Potentialentfaltung im Bezugsrahmen für die Initialisierung musterbrechender Managementinnovation kann folgende Bilanz gezogen werden: Die nach außen gerichtete, naturwissenschaftlich-materielle Aufklärung mit dem linear-kausalen Denken und dem mechanistischen Weltbild benötigt eine nach innen gerichtete, selbsterkennend-bewusstseinsorientierte Erleuchtung oder Aufklärung – einen Gegenpol. Dieses Korrektiv wird einerseits als Gegenkopplung benötigt, damit die eskalierende Dynamik der einseitigen Ressourcenausnutzungshaltung gebrochen werden kann, um eine Zerstörung der Grundlagen von Natur, Gesellschaft und Organisationen zu verhindern. Andererseits ist das Korrektiv relevant zur Schaffung von Gelingensvoraussetzungen für Potentialentfaltung. Der Paradigmenwechsel von Ressourcenausnutzung zu Potentialentfaltung betrifft vor allem die Wahrnehmung und Geisteshaltung, was einen großen Schritt für menschliches Wachstum und eine qualitative Entwicklung in Organisationen im Dienste der Gesellschaft initiieren könnte.[780] Sinnstiftung, Freiräume und gelingende Beziehungen sind drei wesentliche Gelingensvoraussetzungen, die im Brennpunkt eines neuen Bewusstseinsniveaus liegen und zu Potentialentfaltung befähigen. Es kann gefolgert werden, dass die drei Mittel-Dimensionen des Bezugsrahmens in der Lage sind, tragende Säulen für musterbrechende Managementinnovation in Richtung Potentialentfaltung zu bilden.

Damit schließt Teil II der vorliegenden Untersuchung. Nach der Entwicklung des konzeptionellen Bezugsrahmens in diesem Teil beschäftigt sich das nächste Kapitel (Beginn Teil III) mit ersten Überlegungen für Ansatzpunkte, wie die Erkenntnisse in Organisationen und in die Managementlehre einfließen könnten.

---

779 (Mallwitz, 2011). Das Zitat stammt vom Mystiker Rumi und man geht davon aus, dass Frankl sich bei seinem Zitat auf Rumi bezog.

780 Vgl. (Pircher-Friedrich, 2007 S. 88).

Teil III Empfehlungen und Ausblick

8 Handlungsempfehlungen

Der Bezugsrahmen versteht sich als erster wissenschaftlicher Zugang zur Thematik der Initialisierung musterbrechender Managementinnovation. Es handelt sich in keiner Weise um eine fundierte Theorie, vgl. Unterkapitel 2.4, S. 39 ff. Zur Weiterentwicklung sind weitere wissenschaftliche Untersuchungen nötig. Dies wird im letzten Kapitel der Untersuchung erläutert. Die vorliegende Untersuchung kann in diesem Sinn als theoretische Grundlagenarbeit aufgefasst werden. Dennoch sollen auch im Rahmen der vorliegenden Untersuchung einige Möglichkeiten der Anwendung in der Praxis skizziert werden, denn die Weiterentwicklung des Bezugsrahmens kann neben der weiteren theoretischen Auseinandersetzung auch durch empirische, d. h. praktische, Erfahrungen gefördert werden. So sollen im Folgenden einige Überlegungen angestellt werden, die als mögliche Handlungsempfehlungen aus dem Bezugsrahmen abgeleitet werden können. Die Empfehlungen sind als Vorschläge für die Initialisierung von Managementinnovation zu verstehen und könnten Ideen für Führungs- und Managementexperimente liefern.[781]

Wie sich in den Kapiteln zum Bezugsrahmen gezeigt hat, ist der Übergang von der Ressourcenausnutzungshaltung zur Potentialentfaltung vor allem eine Bewusstseinsthematik. Die Mentalmodelle oder die 'mentalen Landkarten' sind Dreh- und Angelpunkt und entscheiden über die Zukunftsfähigkeit von Organisationen.[782] Diese Bewusstseinsthematik ist gesamtgesellschaftlich von Belang. Das bedeutet, dass nicht nur in Organisationen angesetzt werden sollte, sondern auch in Politik und Bildung sowie weiteren gesellschaftsbeeinflussenden Institutionen. Dies überschreitet aber bei Weitem den Rahmen der vorliegenden Arbeit, die sich deshalb auf Überlegungen für Handlungsmöglichkeiten innerhalb von Organisationen und der Managementlehre mit ihrer Bildungsfunktion beschränkt. Es handelt sich nicht um

---

781 Vgl. zu Experimenten in Organisationskontexten auch (Wüthrich, 2014), (Wüthrich, 2011b) oder (Hamel, 2007 S. 156) sowie Unterabschnitt 6.5, S. 185 f.

782 Vgl. (Hinterhuber, 2000 S. 111).

eine abschließende Darstellung von Handlungsmöglichkeiten, sondern um Ansatzpunkte, die Impulse ermöglichen sollen, um daraus weitere Handlungsmöglichkeiten zu erschließen. Die einzelnen Handlungsmöglichkeiten sind keine ausgearbeiteten Detailkonzepte. Dies würde der Rahmen der vorliegenden Untersuchung nicht zulassen und dies ist auch nicht das Ziel. Die auf die Ansatzpunkte möglicherweise folgenden Konzepte müssen maßgeschneidert in der einzelnen Organisation erarbeitet und umgesetzt werden.

8.1 Meditationspraxis in Organisationen und Managementlehre

Die Tun-Dimension im Bezugsrahmen für musterbrechende Managementinnovation bietet sich nicht nur für den theoretisch-wissenschaftlichen Bezug zum Thema, sondern auch für die praktische Tätigkeit in Organisationen an. So können verschiedene Varianten der Meditationspraxis in Organisationen geprüft und umgesetzt werden. Meditationspraxis könnte beispielsweise systematisch in Führungskräfteentwicklungsprogramme integriert werden. Ein achtwöchiges 'Mindfulness Based Stress Reduction-Programm' (MBSR)-Programm kann dazu als Einstiegsformat dienen, weil es gut etabliert, erprobt und erforscht ist, und dadurch auch entsprechende Ausbildner zur Verfügung stehen. Es sind Lehrpersonen notwendig, die selbst über mehrjährige Meditationserfahrung verfügen. Zudem sollten sie eine Ausbildung absolviert haben, in der sie gelernt haben, die Meditationspraxis zu vermitteln. MBSR-Coaches bringen diese Voraussetzungen mit.[783] Meditation kann auch auf breiter Basis für alle Mitarbeitenden, beispielsweise wiederum in der etablierten MBSR-Form, angeboten werden. Es gibt Netzwerke und Institutionen, die zertifizierte Trainer vermitteln können. Einige von ihnen sind spezifisch auf die Wirtschaft ausgerichtet. Zudem gibt es allgemein ausgerichtete Institutionen, die auch für Wirtschaftsorganisationen in Frage kommen.[784]

Ein symbolträchtiges Zeichen in einer Organisation ist das generelle Unterstützen von Meditation, indem man der Praxis von Meditation im wahrsten Sinne des Wortes Raum gibt, d. h. einen Raum zum Meditieren zur Verfügung stellt. Dieser Raum sollte ein Raum der Ruhe

[783] Vgl. (Chaskalson, 2011 S. 163 ff.).

[784] Exemplarisch sei hier auf einige Institutionen hingewiesen: Europäisches Zentrum für Achtsamkeit in Freiburg im Breisgau, MBSR-MBCT Verband in Berlin, Netzwerk Achtsame Wirtschaft in Berlin und Wien, Kalapa Leadership Academy in Bergisch Gladbach.

sein, aber kein Ruheraum (was auch eine sinnvolle Maßnahme sein kann, aber nicht direkt im Zusammenhang mit Meditation steht). Mit dem 'Raum schaffen' für Meditation ist ein klares Signal verbunden, dass Personen, die meditieren, nicht als merkwürdige Esoteriker im Unternehmen betrachtet werden. Darüber hinaus kommuniziert ein solcher Raum, dass Meditation als etwas Wünschenswertes begrüßt und gefördert wird.

Diese Handlungsoptionen können sukzessive oder zeitgleich miteinander kombiniert werden. Jedenfalls gibt es keine großen Investitionsrisiken, die eine Organisation davon abhalten könnten, sich auf Meditation einzulassen und damit zu experimentieren. Im Gegensatz dazu stehen die möglichen positiven Wirkungen, die sich für Mitarbeiter und das Unternehmen ergeben können (dies sogar unabhängig von einem bewusst angestrebten Musterwechsel in Richtung Potentialentfaltung). Chaskalson listet folgende Nutzenpotentiale für Teilnehmer von Meditationsprogrammen in einer Organisation auf:[785]

- Reduzierung des Stressniveaus
- Höhere emotionale Intelligenz
- Erhöhte interpersonelle Empfindsamkeit
- Bessere Belastbarkeit
- Weniger krankheitsbedingte Absenzen
- Verbesserte Eigen- und Fremdwahrnehmung
- Steigerung der Kommunikationskompetenz
- Verlängerte Konzentrations- und Aufmerksamkeitsspanne
- Tieferer Impulsivitätslevel
- Größere Kapazität Informationen zu behalten und zu verwenden
- Verbessere Schlafgewohnheiten
- Bessere Lebens- und Arbeitszufriedenheit

Mit diesen Wirkungen kommt das in der vorliegenden Untersuchung im Fokus liegende transformative Potential von Meditation zwar etwas indirekt zum Ausdruck. Es zeigen sich aber die grundsätzlich positiven Effekte von Meditation für Organisationen in verschiedenster Weise. Selbst unter Effizienzgesichtspunkten scheint Meditation nützlich. Sogar die Ver-

---

[785] Vgl. (Chaskalson, 2011 S. 164 f.).

treter des traditionellen Managementansatzes müssten aus dieser Perspektive heraus Grund haben, Meditationspraxis als Investitionsobjekt zu unterstützen. Das kann allerdings unerwünschte Folgen haben:

Wenn Meditation als ökonomisches Investitionsobjekt instrumentalisiert wird, besteht die Gefahr, dass die Nachhaltigkeit untergraben werden könnte. Meditation verkäme zur Pille, die zentral verschrieben würde für erhöhte Produktivität. Sie würde punktuell und im Sinne von Interventionen angewendet, wenn gerade Bedarf besteht. Bei einer solchen dekontextualisierten, utilitaristischen Verwendung von Meditation würde sie zu einem äußerlichen Werkzeug deformiert und wäre sinnentfremdet. Das kommt in der Wirkung dem direkten Streben nach Er-folg gleich, das Sinnstiftung untergräbt, wie es Frankl dargelegt hat, vgl. Abschnitt 7.2.1, S. 202 ff.[786]

Auf der anderen Seite könnten die positiven Wirkungen der Meditation, die auch zur Logik der Effizienzorientierung der traditionellen Managementlehre und -praxis passen, eine entscheidende Rolle für das Einbringen in die Agenda und die Diskussion in der Organisation spielen. Es erscheint legitim, auf die Effizienzvorteile von Meditation hinzuweisen. Gleichzeitig sollte selbstverständlich sein, dass das Thema Meditation in einer Organisation umfassender und ganzheitlich beleuchtet wird. Wenn eine Entscheidung über ein Thema gefällt werden soll, ist es für eine hohe Entscheidungsqualität wichtig, dass die Entscheidungsträger sich ein möglichst sachkundiges Bild über den Sachverhalt gemacht haben und die zugänglichen und vorhandenen Informationen berücksichtigt haben. Mit einer bewussten und ganzheitlichen Auseinandersetzung mit dem Thema Meditation in einer Organisation kann der Gefahr der einseitigen ökonomischen Instrumentalisierung begegnet werden.

Wie an anderer Stelle bereits erwähnt, gibt es einige Pionierunternehmen, das bekannteste ist vermutlich Google, die Meditation zum Unternehmensthema gemacht haben und Meditationspraxis in verschiedenen Formaten anbieten.[787] Ein Beispiel aus Deutschland ist die Vertriebsgesellschaft des Pharmaherstellers Klosterfrau in Köln. Dort wurde Meditation zuerst als Impuls in Selbst-, Zeit- und Konfliktmanagement-Workshops eingeführt. Später wur-

---

[786] Vgl. auch (Frankl, 2009 S. 12 ff.).

[787] Vgl. (George, 2014), (Romhardt, 2014).

de darauf basierend ein achtwöchiges MBSR-Programm angeboten. Die Teilnahme an Meditationstrainings wird nicht vorgeschrieben, stattdessen wird eine Einladung ausgesprochen. Der Personalleiter der Vertriebsgesellschaft macht zwei Wirkungsebenen der Meditationspraxis im Unternehmen aus. Einerseits werde die Entspannung und Konzentrationsfähigkeit bei den Mitarbeitenden gefördert und andererseits gehen die Mitarbeitenden achtsamer und wertschätzender miteinander um; sie hören einander besser zu.[788]

Den Anlass für Meditationstrainings in Organisationen bildet bis heute hauptsächlich die Prävention von gesundheitlichen Schäden, wie z. B. Stress und Burnout, und die Erzielung besserer Konfliktfähigkeit; seltener wird sie auch zur Förderung der emotionalen Intelligenz und Selbstwahrnehmung eingeführt.[789] Im Fokus steht dabei die Achtsamkeitsmeditation. Das ist als positive Entwicklung zu bewerten. Diese Beweggründe zielen auf verschiedene positive Effekte von Meditationstraining ab, berücksichtigen aber nicht bewusst das transformative Potential von Meditation. Über die bewusste Aufnahme von Empathie- oder Mitgefühlsmeditation als formelle Meditationspraxen liegen bis heute keine Daten vor.[790] Meditation wird vor diesem Hintergrund auch noch nicht bewusst zur Unterstützung der Initialisierung von musterbrechender Managementinnovation in Organisationen eingesetzt. Hierin liegt ein spezifischer Schwerpunkt der vorliegenden Untersuchung. Sie möchte gezielt einen Beitrag leisten, Meditation (über Achtsamkeitsmeditation hinausgehend) als Praxis mit transformativem Potential zur Initialisierung von musterbrechendem, organisationalen Wandel in die Diskussion von Forschung und Praxis sowie zur Anwendungserfahrung einzubringen.[791]

Entsprechendes gilt für die Überprüfung der Integration von Meditation in die Managementlehre. In den USA haben sich in den letzten Jahren zahlreiche Initiativen gebildet, die anstre-

[788] Vgl. (Bittelmeyer, 2013 S. 55 f.).

[789] Vgl. (Chaskalson, 2011 S. 2 ff.), (Bittelmeyer, 2013 S. 51), (Tan, 2012 S. 31 ff.), (Tamwatin, 2012).

[790] Wie im Unterkapitel 6.3, S. 157 f. bereits erwähnt, beinhaltet Achtsamkeitsmeditation auch bereits Aspekte von Mitgefühlsmeditation. Die bewusste Aufnahme von Mitgefühlsmeditation ist noch kein Thema in der Unternehmenswelt und der Managementforschung.

[791] Vgl. (unveröffentl. Transkript, Interview Grossman, 2012 S. 221 f., Zeile 970 ff.), (Romhardt, 2014).

ben, Mediationsunterricht generell an Schulen und Universitäten zu etablieren. Im Zentrum stehen dabei die Fragestellungen, wie durch Meditation Aufmerksamkeit und Lernen, Empathie und Sozialverhalten sowie Prozesse der Sinnfindung unterstützt werden.[792] Vor diesem Hintergrund und den erwiesenen positiven Effekten von Meditation stellen Walsh und Shapiro eine provokative und gleichzeitig sehr relevante Fragen: Gibt es Mainstreambereiche in Therapie und Ausbildung, die nicht von Meditationstraining profitieren würden?[793] Für die Betriebswirtschaftslehre bestünde in Europa sogar die Möglichkeit, eine Pionierrolle einzunehmen. Eine bedeutende Aufgabe von Wirtschaftsfakultäten an Universitäten und Business Schools bei der Aus- und Weiterbildung von angehenden oder amtierenden Führungskräften ist die Entwicklung und Verbesserung der Urteilskraft, weil die Funktion des Entscheidens zentral zur Führungsrolle gehört.[794] Reflexion ist eine wichtige Fähigkeit als Basis für die Heranbildung von Urteilskraft. In die Lehrpläne integriertes Meditationstraining könnte helfen, diese Aufgabe besser, praktischer und nachhaltiger wahrzunehmen. Neben dem oben vorgeschlagenen Einsatz von Meditationstraining in der Organisationspraxis sollte daher auch die Aufnahme von Meditationskursen in die Lehrpläne von betriebswirtschaftlichen Ausbildungsgängen und Weiterbildungsangeboten geprüft werden. Dabei sind zahlreiche Themenkreise, wie z. B. Freiwilligkeit oder Zwang zur Teilnahme, die Aufnahme in eine Bewertung (Credits), die Häufigkeit, Kontinuität und Dauer zu bedenken. Auf jeden Fall könnten Meditationsinhalte in der Managementlehre für die weitere Erforschung der Meditationswirkungen umfangreiche zusätzliche Möglichkeiten bieten. Über die Integration in das Bildungssystem erhielte die Meditation eine breitere, in Richtung gesamtgesellschaftlich gehende Bedeutung.[795]

---

[792] Vgl. (Ott, 2010 S. 151).

[793] Vgl. (Walsh et al., 2006 S. 234).

[794] Vgl. (Schwertfeger, 2012a S. 55), (Schwertfeger, 2012b S. 50).

[795] Vgl. (Metzinger, 2012 S. 330 f.). Er schlägt vor, Meditation als nachhaltigen, systematischen Erwerb von Aufmerksamkeitskompetenz und zur Bildung eines eigenen Referenzrahmens zur Gestaltung des Lebensvollzuges, insbesondere auch in schwierigen Lebenssituationen, generell in das Bildungssystem zu integrieren. Für die Meditation als gesamtgesellschaftliche Entwicklungskomponente und die damit verbundene Integration ins Bildungssystem plädieren auch (Walsh et al., 2006 S. 234) und (Ott, 2010 S. 151).

8.2 MEDITATIONSMESSINSTRUMENTE

In den Neurowissenschaften wurden Skalen zur Messung von möglichen Verhaltensänderungen durch die Meditationspraxis entwickelt, namentlich für Achtsamkeit und Empathie.[796] Diese zeigen neben den Veränderungen im Gehirn, wie sich das Verhalten verändert hat. So wird bei Forschungsexperimenten vor Beginn eines Meditationstrainings bei den Teilnehmern neben Aufzeichnungen vom Gehirn häufig auch ein psychologischer Test zur Messung des Achtsamkeitsvermögens oder der Empathiefähigkeit vorgenommen. Hierzu gibt es verschiedene Konzepte. Bei der Achtsamkeit sind es vier Methoden, die in Studien häufig erwähnt oder als methodische Grundlage verwendet werden.[797] Für die Messung von Empathie gibt es ebenfalls mehrere Verfahren, wobei der sogenannte 'Interpersonal Reactivity Index' (IRI) am weitesten verbreitete ist.[798] Solche Verfahren könnten auch in Organisationskontexten eingesetzt werden.[799]

Die verschiedenen Verfahren zur Erhebung von Achtsamkeit und Empathie unterscheiden sich in Abhängigkeit von den vorgenommenen Definitionen von Achtsamkeit und Mitgefühl. Der Erhebungsaufwand für Teilnehmer und Forscher sowie der mögliche Einsatz technologischer Mittel sind ebenfalls unterschiedlich ausgeprägt bei den verschiedenen Erhebungsmethoden. Alle Verfahren basieren zumindest teilweise, manchmal aber auch ausschließlich, auf Selbsteinschätzungsfragebogen.[800] Im Rahmen der vorliegenden Arbeit kann es nicht um eine Bewertung und Empfehlung der verschiedenen Methoden gehen. Das ist Sache einer organisationsspezifischen Evaluation mit zu empfehlender Beratung eines Experten auf diesem Gebiet.

---

796 Vgl. z. B. (Buchheld et al., 2001), (Walach et al., 2006), (Brown et al., 2003 S. 824 ff.), (Brown et al., 2007 S. 220), (Hölzel, 2007 S. 4 f.), (Lawrence et al., 2004), (Gerdes et al., 2010), (Bernhardt et al., 2012 S. 11 f.).

797 Vgl. (Walach et al., 2006 S. 1545 ff.). Bei den vier Methoden handelt es sich um die 'Mindfulness and Attention Awareness Scale' (MAAS), die 'Toronto Mindfulness Scale' (TMS), den 'Kentucky Inventory of Mindfulness Scale' (KIMS) und den 'Freiburg Mindfulness Inventory' (FMI).

798 Vgl. (Gerdes et al., 2010 S. 2334).

799 Vgl. (Medina, 2009 S. 72 f.).

800 Vgl. (Walach et al., 2006 S. 1545), (Gerdes et al., 2010 S. 2333 ff.).

Es sind einige wichtige Gedanken zur Anwendung solcher Messverfahren in Organisationen anzustellen. Die Gefahr erscheint groß, dass diese Verfahren als klassische Steuerungstools eingesetzt werden könnten und sie daher zu einem Mehr vom Selben degradieren würden. Sie würden damit zum Instrument eines verlockenden, sogenannten 'Social Engineerings', bei dem der Messwert zum direkten Ziel wird und keinen Er-folg darstellt.[801] Bei einem Einsatz solcher Verfahren mit dieser traditionellen Haltung der Ressourcenausnutzung verkommen die Erhebungen zu reinen Performancemessungen und folglich zu möglichen Manipulationsübungen im Sinne von kreativem Systembetrug und entsprechenden Konsequenzen auf das vorhandene Vertrauen in der Organisation.[802] Die noch schlimmere Variante wäre, Anreize für die Erreichung eines bestimmten Skalenwertes in Aussicht zu stellen. Dabei würde versucht, eine innere Haltung mit extrinsischer Motivation zu verändern – ein offensichtlicher Widerspruch. Es ist auch keineswegs ratsam, einen Achtsamkeits- und/oder Empathiewert als isoliertes Entscheidungskriterium für Personalselektionsprozesse zu verwenden. Solche Entscheidungen benötigen eine breite Einschätzung und Würdigung einer Person, die niemals auf einem einzelnen Instrument – auch nicht auf einem standardisierten – basieren dürfen. Zudem ist es bekanntlich gerade eine Zielsetzung von Meditation, die Achtsamkeits- und Empathiefähigkeit im Laufe der Zeit als kontinuierlicher Entwicklungsprozess zu erweitern. Erhebungsverfahren zur Achtsamkeit und Empathie können aber vor und nach Ausbildungs- und Anwendungserfahrungen sinnvoll eingesetzt werden, beispielsweise bei organisationsinternen Meditationsangeboten im Rahmen von Personalentwicklungsprogrammen.[803] Das könnte einerseits im Sinne der individuellen Verfolgung der persönlichen Entwicklung mit Hilfe der Erhebungen im Zeitverlauf erfolgen, andererseits könnte es als Information für Entwicklungstendenzen in der Gesamtorganisation dienen, ebenso zu Forschungszwecken, dazu reichen anonymisierte Einzelwerte.

---

[801] Vgl. zum Begriff 'Social Engineering' z. B. (Etzemüller, 2010), (Luks, 2010 S. 265 ff.). Der Begriff wird nicht einheitlich verwendet. In Kontext der vorliegenden Untersuchung ist dabei die Übertragung einer mechanistischen (ingenieurhaften) Machbarkeitshaltung auf zutiefst soziale und humane Aspekte gemeint.

[802] Vgl. auch (Wüthrich et al., 2009 S. 260 ff.).

[803] Vgl. (Gerdes et al., 2010 S. 2339).

8.3 Vermittlung der Erkenntnisse der interpersonellen Neurobiologie

Generell sollte in den Weiterbildungsprogrammen von Organisationen das Thema Menschenbild systematisch verankert werden, denn ohne bewussten Bezug zu einem Menschenbild werden Führungsinstrumente und Personalentwicklungsansätze eher zufällig angewendet; sie folgen Moden und Vorlieben und basieren vermutlich unbewusst auf dem Menschenbild der traditionellen Managementlehre mit der Ressourcenausnutzungsphilosophie, die, wie ausgeführt, bis heute dominiert.

Die Erkenntnisse der jungen, neurowissenschaftlichen Forschungsrichtung der interpersonellen Neurobiologie eignen sich daher zur Reflektion über das Menschenbild. Sie können als Grundlage für eine neue, bewusste Sichtweise zum Wesen des Menschen mit seinen Potentialen auftreten. Weiterhin kann die Vermittlung der Erkenntnisse der Neurobiologie als Türöffner für die Beschäftigung mit sich selbst, mit dem eigenen Gehirn und Geist wirken. Ein Grundverständnis wie Gehirn und Geist arbeiten, hilft einem Menschen zu verstehen, wie viel Veränderungspotential in ihm steckt.[804] Dies schafft eine natürliche Verbindung zum Thema Meditation. Das Wissen über die Erkenntnisse der modernen Neurobiologie kann eine wichtige Vermittlerrolle spielen in der westlichen Welt für die Akzeptanz und Integration von Meditation als wirksamer Schulung des Geistes mit Transformationspotential.

8.4 Vermittlung des Organisationsverständnisses Complex Responsive Processes of Relating

In Kombination mit relevanten Ergebnissen der interpersonellen Neurobiologie empfiehlt sich die Vermittlung des Organisationsverständnisses 'Complex Responsive Processes of Re-

[804] Vgl. (Siegel, 2010b S. X), (McGilchrist, 2009 S. 8), (Hüther, 2011a S. 100). (Chaskalson, 2011 S. 120 f.). Chaskalson erwähnt, dass Google die Mitarbeitenden u. a. durch Daniel Siegel über die Funktionsweise des Gehirnes ausbilden liess, vgl. (Chaskalson, 2011 S. 120 f.).

lating'.[805] Die konkreten sozialen Interaktionen von Moment zu Moment in Organisationen werden somit zum Thema gemacht, also der Ort, an dem die Realität sich manifestiert und wo sie gestaltet und auch verändert werden kann. Dabei wird Komplexität mit den entsprechenden Konsequenzen von Nicht-Linearität, Selbstbezüglichkeit, Existenz von Paradoxien etc. explizit berücksichtigt und Selbstorganisation, die auf den konkreten sozialen Interaktionen basiert, als Organisationsform in den Mittelpunkt gestellt.

Die Gestaltungsmuster der sozialen Interaktion können wiederum über Meditationspraxis und die entsprechenden Selbstreflexionsprozesse verändert werden in Richtung von größerer bewusster Verhaltensdisposition. Hiermit schließt sich also der Kreis durch die Kombination von Weiterbildungsmaßnahmen und mentalem Training. Diese Kombination von Wissen und Tun hat das Potential zur Initialisierung musterbrechender Managementinnovation in einem evolutionären Modus. Sie liegt im Leistungsvermögen von veränderungsfähigen sozialen Interaktionen in Richtung Potentialentfaltung. Die sozialen Interaktionen als Träger des Management- und Organisationsgeschehens weisen auf die selbstorganisierende, prozesshaft-evolutionäre Veränderungsbewegung hin, im Gegensatz zu Einzelereignissen im Stile klassischer Change Management Projekte. Dabei wird auch deutlich, dass sich ein Musterbruch und ein evolutionärer Ablauf keineswegs ausschließen. Zudem muss evolutionär nicht automatisch langsam bedeuten.

Ebenso sollte das Organisationsverständnis 'Complex Responsive Processes of Relating' Aufnahme in die Lehrpläne der betriebswirtschaftlichen Fakultäten und der Business Schools finden. Zusätzlich sind ethische Inhalte, grundlegende Sinn- und Zwecksetzung und Ziele von Organisationen systematisch im Unterricht zu thematisieren. Im Zusammenhang mit dem Angebot für Meditationstraining ist es sinnvoll, Ergebnisse der kontemplativen Neurowissenschaften zu vermitteln. Die Erkenntnisse aus den Neurowissenschaften können wichtige Beiträge für die Akzeptanz und Anschlussfähigkeit in der westlich-wissenschaftlichen Welt von

---

[805] Die hohe positive Wirkung generell von systemorientiertem Denken in Organisationen betont Bill O´Brien, langjähriger CEO der amerikanischen Versicherungsgesellschaft Hanover Insurance, welcher das Unternehmen in einer äußerst erfolgreichen, kulturellen Transformation mit Hilfe der systematischen Ausbildung der Mitarbeitenden in systemischem Denken als einem der Eckpfeiler begleitet hat , vgl. (Sugarman, 2001 S. 11 f.).

Meditation als wirksamer Schulung des Geistes mit Transformationspotential leisten.[806] Die klassischen Ausbildungsinhalte von betriebswirtschaftlichen Fakultäten und Business Schools sind kritisch zu beleuchten und insbesondere systematisch durch interdisziplinäre Erkenntnisse, u. a. solche wie oben geschildert, zu ersetzen oder zu erweitern.

[806] Vgl. (Hüther, 2011a S. 100), (unveröffentl. Transkript, 2. Interview Etzensberger, 2012 S. 143, Zeile 467 ff.), (Siegel, 2010b S. X), (McGilchrist, 2009 S. 8), (Chaskalson, 2011 S. 120 f.).

9 Erkenntnisse und Ausblick

Nach der Herleitung des interdisziplinären Bezugsrahmens und den daraus abgeleiteten Erwägungen über Handlungsmöglichkeiten werden im folgenden Kapitel die Haupterkenntnisse der vorliegenden Untersuchung verdichtet zur Beantwortung der gestellten Forschungsfragen. Schließlich werden einige Anmerkungen methodischer und inhaltlicher Natur zu den Ergebnissen der Arbeit vorgenommen und es wird ein Ausblick gewagt.

9.1 Beantwortung der Forschungsfragen

Die folgenden, forschungsleitenden Fragestellungen auf zwei Ebenen wurden im einleitenden Kapitel zu dieser Untersuchung aufgeworfen:

1. Ebene: Synoptische Strukturierung der Thematik 'Initialisierung musterbrechender Managementinnovation'

Wie lässt sich die Thematik der Initialisierung musterbrechender Managementinnovation in Richtung Potentialentfaltungshaltung so darstellen, dass sie in den wichtigsten Grundzügen fassbar wird, damit fruchtbare Zugänge geschaffen werden können zur Orientierung in der Thematik und zur Ableitung von Reflexions- und Handlungsmöglichkeiten?

Die Beantwortung dieser Fragestellung mündete in der Entwicklung des interdisziplinären Bezugsrahmens als Resultat im Teil II der vorliegenden Untersuchung.

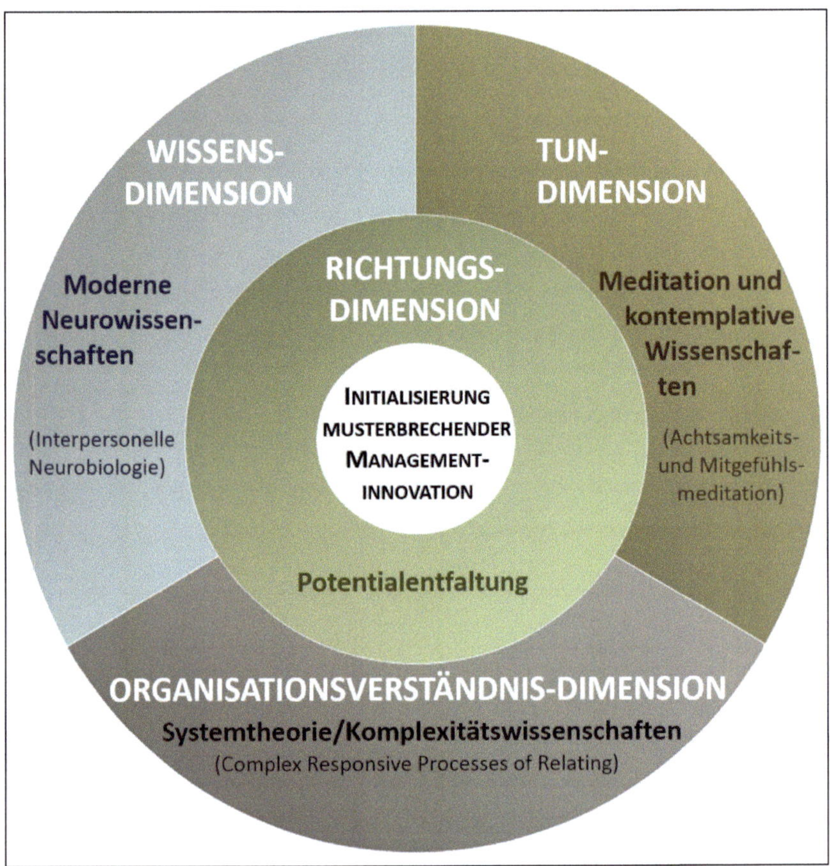

Abb. 24: Bezugsrahmen 'Initialisierung musterbrechender Managementinnovation'

Ausgehend von der ersten Fragestellung, wurden zwei weitere Fragestellungen für die Untersuchung auf einer zweiten Ebene abgeleitet:

2. Ebene: Veränderung von Denk- und Handlungsweisen von Organisationsmitgliedern

Die beiden Fragestellungen dazu lauten:

Lassen die Erkenntnisse der modernen Neurowissenschaften darauf schließen, dass musterbrechende Veränderungen in Organisationen überhaupt möglich sind, weil deren Mitglieder wandlungs- und anpassungsfähig sind?

Wie lassen sich moderne neurowissenschaftliche Erkenntnisse für die Initialisierung von Managementinnovation nutzbar machen?

Auf diese beiden Fragestellungen gehen die folgenden Ausführungen im Sinne einer Zusammenfassung der Erkenntnisse der vorliegenden Untersuchung ein.

Eine entscheidende Schlussfolgerung für die Führung und Entwicklung von Organisationen, die sich aus der Auseinandersetzung mit modernen, neurobiologischen Erkenntnissen und Konzepten ableitet, ist die lebenslange Fähigkeit von Menschen zu lernen und sich an neue Situationen anzupassen, d. h. Einstellungen und Verhalten verändern zu können. Auf Basis der heutigen Forschung zur Neuroplastizität gibt es keinen Grund, in Organisationen davon auszugehen, dass generell Veränderungen und spezifisch musterbrechende Managementinnovation nicht möglich sind. Die häufig gehörte Annahme, Menschen könnten oder wollten sich nicht ändern, ist eher als selbsterfüllende Prophezeiung zu werten denn als valide Aussage in Bezug auf effektives Veränderungspotential von Organisationsmitgliedern und somit von Organisationen. Die moderne Neurowissenschaft zeichnet das Menschenbild eines potentiell hoch lern- und anpassungsfähigen, sozialen und empathischen Wesens, das einerseits nach Autonomie strebt und andererseits die soziale Bindung sucht. Unsere Lernfähigkeit ist tief in unserem Bedürfnis nach Beziehungen verankert.[807] Deshalb bilden wir individualisierte Gemeinschaften wie z. B. Organisationen.[808]

Die Initialisierung von musterbrechender Managementinnovation bedingt neben einem adäquaten Menschenbild ein entsprechendes Organisationsverständnis, das die Erkenntnisse der modernen Neurowissenschaften, die im Konzept der interpersonellen Neurobiologie integrativ zusammenführt sind, mitberücksichtigt. Als Menschen sind wir, wie in der vorliegenden Arbeit dargelegt, soziale Wesen und unsere Haltungen und Denkweisen werden durch soziale Interaktionen geformt. Neben den zentralen system- und komplexitätstheoretischen Aspekten sind deshalb die grundlegend menschlichen Formen sozialer Interaktion im Organisationsverständnis zu verankern, d. h. Menschenbild und Organisationsbild müssen kohärent sein und sich aufeinander beziehen. 'Complex Responsive Processes of Relating'

807 (Medina, 2009 S. 46).
808 Vgl. (Hüther, 2011c S. 48 ff.).

trägt diesen Aspekten systematisch Rechnung und ist infolgedessen als eine gangbare Möglichkeit für ein Organisationsverständnis zu betrachten, das die Initialisierung musterbrechender Managementinnovation ermöglicht, unterstützt und mit organisationaler Weiterentwicklung Hand in Hand geht.

'Complex Responsive Processes of Relating' zeigt dabei deutlich die Grenzen der Machbarkeit auf: Der außenstehende Beobachter (allwissender Manager) kann eine Organisation nicht mit linear-kausalen Instrumenten und strategischen Absichten auf ein von ihm als erstrebenswert betrachtetes Ziel hin lenken. Diese Position des außenstehenden neutralen Beobachters gibt es nicht. Organisationen sind komplexe Systeme, deren Verhalten sich aus den sozialen Interaktionen ihrer Mitglieder ergibt ('Complex Responsive Processes of Relating'). Deshalb lassen sich Organisationen nur in der konkreten sozialen Interaktion im lebendigen Hier und Jetzt ihrer Mitglieder verändern. Der Ansatz für die Initialisierung von musterbrechender Managementinnovation in Richtung Potentialentfaltung ist daher in der konkreten sozialen Interaktion zu suchen; nur über veränderte soziale Interaktionen im Hier und Jetzt ist es möglich, dass sich das Gesamtmuster von sozialen Interaktionen in Organisationen in Richtung Potentialentfaltung entwickelt und manifestiert.

Veränderte soziale Interaktionen können nicht verordnet oder 'gemacht' werden. Nur über eigenes, verändertes Verhalten in sozialen Interaktionen werden neuartige Antworten des Gegenübers im Hier und Jetzt ermöglicht. Daraus ergibt sich eine Varietät in sozialen Interaktionen, die wiederum geänderte, anschließende, soziale Interaktionen mit sich bringen kann und so das Entstehen von neuen Mustern begünstigt: Bei praktizierter erhöhter Achtsamkeit und Empathie in der sozialen Interaktion wird es zu einer anderen Beziehungsgestaltung zwischen Führungspersonen und Geführten und generell bei den Interaktionen von Mitgliedern in Organisationen kommen. Es entsteht Raum für Verhaltensvariation in der Interaktion, das 'ich' von Mead hat Verhaltensoptionen. Darin liegt der Keim von Innovation, weil es die 'Complex Responsive Processes of Relating' sind, also die konkrete Interaktion in der lebendigen Gegenwart, die eine Gemeinschaft ausmacht. In achtsamer und empathischer Interaktion liegt das Potential für evolutionäre Innovation (im Sinne von sich aneinanderreihenden Interaktionsprozessen), die sich in der Folge zu musterbrechenden Dimensionen ausbreiten kann.

Es geht darum, nicht einfach reflexhaft zu handeln, sondern das Potential des Geistes und des Gehirns zu nutzen, sich der Gedanken und Gefühle bewusst zu sein und sie leiten zu können, statt von ihnen gesteuert zu werden. Der Geist des Gegenübers kann so erkannt werden und durch das Hineinversetzen in den Interaktionspartner werden effektivere und empathischere Antworten möglich.[809] Das stellt anders gesagt Selbstkontrolle oder -führung dar und ermöglicht, nicht im Autopiloten im Hier und Jetzt zu reagieren, sondern selbst- und fremdbewusst zu agieren, weil Wahlmöglichkeiten existieren.[810] Im Experteninterview weist Hüther auf Forschungen hin, die zeigen, dass Mitarbeitende bei geändertem Führungsverhalten bereits nach einer Woche, in der das neue Verhalten kontinuierlich an den Tag gelegt wird, dieses Verhalten als nachhaltig erachten und sich entsprechend darauf einstellen, d. h. ihr Verhalten auch anpassen.[811] Damit soll nicht suggeriert werden, dass musterbrechende Managementinnovation nach einer Woche geänderten Führungsverhaltens in einer Organisation verankert ist. Es geht im vorliegenden Verständnis von Managementinnovation nicht um ein einmaliges Ereignis[812], sondern um einen fortwährenden Prozess, der grundsätzlich resultatoffen ist und sich in den 'Complex Responsive Processes of Relating' abspielt. Die Organisationsmitglieder beeinflussen sich über ihre Interaktion gegenseitig, geändertes Interaktionsverhalten beeinflusst die Individuen wie die Gemeinschaft gleichzeitig, da es wie mehrfach betont keine Aufspaltung von individueller und sozialer Ebene der Betrachtung gibt.

Der Weg für veränderte Interaktionsmuster in Organisationen in Richtung Potentialentfaltung ist, wie ausführlich erläutert, nicht über die Denk-, Verhaltens- und Instrumentenansätze, wie sie der Mainstream-Managementlehre entspringen, zu finden. Es geht gerade um die Überwindung des bei dieser zu Grunde liegenden Effizienz- und Ressourcenausnutzungs-Paradigmas. Deshalb liegen Lösungsansätze mit Gelingenspotential systematisch außerhalb dieses Ansatzes; eine andere Richtung einzuschlagen, ist aus diesen Überlegungen heraus geradezu gefordert. Dabei ist zu beachten, dass nicht unbewusst Lösungsinterventionen aus dem alten, gewohnten Denkmuster für die Etablierung eines neuen Musters entwickeln und

[809] Vgl. (Siegel, 2010b S. XI).
[810] Vgl. (Boaz et al., 2014).
[811] Vgl. (unveröffentl. Transkript, Interview Hüther, 2012 S. 73 ff., 85 ff., 92 ff.).
[812] Vgl. (Wüthrich et al., 2002 S. 48 ff.).

angewendet werden, und damit genau das Gegenteil der Absicht erreicht wird, nämlich die Akzentuierung und Verstärkung des alten Musters.[813] Da der mechanistisch-reflexhafte Autopilotmodus des Mehr vom Selben heute das Diktat beinhaltet und sich selbst beschleunigt, hemmt er die notwendige Varietät zu Gunsten von Potentialentfaltung.[814] Hier kommt Reflexion, insbesondere auch Selbstreflexion, ins Spiel als potenziell wirkmächtige und musterbrechende Lösungsintervention, wobei das Wort Lösungsintervention in diesem Kontext nicht unproblematisch ist, da es den Charakter von zielpräzisen, linear-kausalen Maßnahmen für eine 'machbare' Lösung suggerieren könnte, die von einem allwissenden Manager kommen und an andere adressiert sind – was wiederum dem zu überwindenden Ressourcenausnutzungsmuster entsprechen würde. Das ist hier nicht gemeint – im Gegenteil. Reflexion, insbesondere die Selbstreflexion, beginnt beim Einzelnen selbst und ist nach innen gerichtet.[815] Mit Reflexion ist eine Haltung des Suchens und Erkennens verbunden – und nicht des Wissens. Ohne Reflexionskompetenz können soziale Interaktionen nicht verändert werden und nur über veränderte soziale Interaktionen ist ein Musterbruch in Organisationen in Richtung Potentialentfaltung möglich. In der Konsequenz bedeutet dies: Ohne Reflexionskompetenz gibt es weder persönliche noch organisationale Potentialentfaltung.

Reflexionsfähigkeiten sind geistige Kompetenzen, basieren auf Bewusstseinsvermögen, wie Achtsamkeit und Empathie, und lassen sich durch Meditationspraxis weiterentwickeln. Meditation ist ein nach innen gerichtetes Mittel für die Schulung von Achtsamkeit und Mitgefühl. Beides sind Voraussetzungen für veränderte, soziale Interaktionen in Organisationen in Richtung Potential- und auch Kreativitätsentfaltung. Meditation hat in diesem Sinne, basierend auf den Erkenntnissen der kontemplativen Neurowissenschaften, für die Themenstel-

---

[813] Welzer führt an, dass ganze Gesellschaften untergingen, wenn sie erkannten, dass ihre Überlebensbedingungen prekär wurden, und dabei zur Abwendung des Problems ihre Strategien intensivierten, mit denen sie bisher erfolgreich gewesen waren, vgl. (Welzer, 2014 S. 14 f.). Er referenziert dabei auf das Buch 'Kollaps – Warum Gesellschaften überleben oder untergehen', vgl. (Diamond, 2010).

[814] In diesem Zusammenhang könnte man die vieldiskutierte Frage, ob Maschinen in Zukunft menschliche Eigenschaften wie Gefühle und Bewusstsein haben können, umdrehen und danach fragen, ob wir als Menschen uns mit dem heute vorherrschenden, mechanistischen Weltbild dem linear-kausalen Verhalten von Maschinen (mindestens in organisationalen Kontexten) angenähert haben.

[815] Vgl. (Barsh et al., 2014).

lung der vorliegenden Arbeit zwei grundlegende, einflussreiche Leistungsvermögen. Einerseits ist es die neurowissenschaftlich nachgewiesene Wirkung, dass durch die Meditationspraxis wichtige geistige Fähigkeiten weiterentwickelt werden können. Wir können unser plastisches Gehirn durch Meditation aktiv weiterentwickeln, d. h. verändern: Meditation bedeutet Veränderungs- resp. Entwicklungsmöglichkeit. Andererseits liegt die Wirkung von Meditation in der Erhöhung und Stärkung von positiven, menschlichen Fähigkeiten und Eigenschaften. Meditation, als Schulung des menschlichen Geistes, beinhaltet Schulung der Achtsamkeit und Schulung der Empathie und des Mitgefühls. Meditation bedeutet folglich inhärent die Entwicklung metakognitiver und prosozialer Fähigkeiten. Der ethische Imperativ des Soziologen von Foerster und der soziale Imperativ von Maturana und Varela werden durch Meditationspraxis gefördert: Meditation stellt eine Richtung der Veränderung resp. der Entwicklung dar. Es geht bei der Meditation deshalb um beides – die Möglichkeit der Veränderung und die Richtung der Veränderung. Diese beiden Leistungsvermögen der Meditation zusammen führen zur erhöhten Reflexionsfähigkeit und damit einhergehenden veränderten, sozialen Interaktionsmustern in Richtung Potentialentfaltung.

Meditation verstanden als Haltung und Praxis kann mit seinen Eigenschaften und Wirkungen im metakognitiven, (selbst)-beobachtenden und interpersonalen Bereich – in Kohärenz und Erschließung zu dem aufgezeigten Menschenbild der interpersonellen Neurobiologie und dem Organisationsverständnis von 'Complex Responsive Processes of Relating' – Organisationen eine neue Richtung geben und die Initialisierung musterbrechender Managementinnovation mit entsprechend veränderten sozialen Interaktionen in einer Organisationsgemeinschaft maßgeblich beeinflussen und unterstützen.

In der Buchpublikation 'Die Rückkehr des Hofnarren' postulieren Wüthrich et al.: "Jeder muss sein eigener Narr sein!"[816] Die Forscher zielen dabei auf die kritische Funktion von Hofnarren an Höfen im Mittelalter (und in anderen Epochen) ab, den Königen den Spiegel vorzuhalten. Es geht darum, "neben sich zu treten, sich zu beobachten, sich zu hinterfragen und die Situation zu durchleuchten, um dann sagen zu können: Ich Narr!"[817] Meditation kann die Basis für diese Reflexionsfähigkeit, welche das beschriebene narrenhafte Wesen ausmacht,

---

816 (Wüthrich et al., 2001 S. 102).
817 (Wüthrich et al., 2001 S. 103).

bilden. Wenn jeder ein Narr sein soll, kann Meditation der Verbündete sein zur Verhinderung distanzierter Realitätsentfremdung und zur Schaffung von Gelingensvoraussetzungen für Interaktionen in Organisationen zur Entfaltung der Potentiale ihrer Mitglieder.

Abschließend lässt sich resümieren, dass Potentialentfaltung einen Musterbruch zur einseitigen Ressourcenausnutzungshaltung, die den Status Quo in Organisationen dominiert und nicht mehr genügend Lösungsvarietät in der heutigen komplexen Welt zu generieren vermag, darstellt. Managementinnovation in Richtung Potentialentfaltung im Verständnis der vorliegenden Untersuchung und gleichzeitig als Resultat der Untersuchung ist als ein resultatoffener Prozess von sich anschließenden, sozialen Interaktionen im lebendigen Hier und Jetzt von reflexionsfähigen, empathischen, sinnsuchenden und veränderungsfähigen Organisationsmitgliedern zu verstehen – und nicht als ein traditionelles, konzeptionell-organisatorisches, betriebswirtschaftliches Programm oder Projekt. Potentialentfaltung kann nicht über den vermeintlich direkten Weg linear-kausaler Management-Konzepte und -Tools erreicht werden, sondern entsteht in gelingender, sozialer Interaktion zwischen Führenden und Geführten und allen Organisationsmitgliedern und kann über Meditation als Schulung des Geistes gefördert werden. Die vier Dimensionen des Bezugsrahmens stehen in kohärenter Wechselwirkung zueinander und stellen ein Orientierungsgerüst zur Beantwortung der Forschungsfragen und einen ersten wissenschaftlichen und gleichzeitig anwendungsorientierten Zugang zur Initialisierung musterbrechender Managementinnovation in Richtung Potentialentfaltung dar.

9.2 Anmerkungen zu den Erkenntnissen

Nach der Beantwortung der Forschungsfragen durch eine Verdichtung der Erkenntnisse der vorliegenden Untersuchung geht es im folgenden Abschnitt darum, einige Anmerkungen vorzunehmen in Bezug auf inhaltliche und methodische Aspekte im Kontext der Interpretation und Einordnung der Forschungsergebnisse.

Die Managementlehre, verstanden als Lehre der Lenkung und Gestaltung von sozio-technischen Systemen, thematisiert in wesentlichem Maße Menschen in ihren sozialen Interaktionen in zweckgerichteten Gemeinschaften. Um dem Rechnung zu tragen, muss die Managementlehre Erkenntnisse über den Menschen und menschliche Gemeinschaften, wie sie

z. B. heute die modernen Neurowissenschaften hervorbringen, zugänglich machen und in Forschung und Ausbildung verankern. Die Berücksichtigung und Integration moderner, neurowissenschaftlicher Erkenntnisse in der vorliegenden Untersuchung erscheint deshalb angezeigt und wichtig. Dies soll jedoch nicht darüber hinwegtäuschen, dass die Erkenntnisse der Neurowissenschaften sich fortlaufend weiter entwickeln und keine absolute Wahrheit für sich in Anspruch nehmen können. Bei allem Fortschritt, der in der Neurowissenschaft in den letzten Jahren zu verzeichnen ist, muss darauf hingewiesen werden, dass das menschliche Gehirn und der Mensch als Ganzes noch überhaupt nicht erschlossen erforscht sind. Zudem bergen die heutigen bildgebenden neurowissenschaftlichen Verfahren und ihre Resultate die Gefahr der Überinterpretation. Die kontemplative Neurowissenschaft weist außerdem bei einigen Aspekten der statistischen Repräsentativität teilweise noch Mängel auf. Die Integration von neurowissenschaftlichen Erkenntnissen in die Managementlehre, wie es auch die vorliegende Arbeit versucht, ist aus diesen Gründen mit Bedacht vorzunehmen. Die Weiterentwicklung der Neurowissenschaften ist zu beobachten, die Integration von Erkenntnissen in die Managementlehre laufend und sorgfältig vorzunehmen.

Durch die Interdisziplinarität und die Auseinandersetzung mit unterschiedlichen Konzepten auch innerhalb von Disziplinen wurde die Breite und Tiefe, d. h. auch die Komplexität, von organisationalen Fragestellungen noch deutlicher beim Verfassen der Arbeit. Es zeigte sich, dass in den verschiedenen Disziplinen unterschiedliche Erkenntnisse in den entsprechenden Forschungsgemeinschaften vertreten sind; dabei handelt es sich teilweise durchaus auch um divergierende Ansätze. Der Eingang von Konzepten und Ansätzen aus Neurowissenschaften und System- und Komplexitätswissenschaften ist stark mitgeprägt durch den generativen und validierenden Charakter der Gespräche im Verlaufe des Forschungsprozesses mit dem begleitenden Betreuer und den Interviewexperten der Untersuchung. Es konnte dadurch eine konzeptionelle Kohärenz zwischen den Dimensionen des Bezugsrahmens geschaffen werden, was nicht darüber hinweg täuschen soll, dass sich die Forschungsaktivitäten über weite Phasen hinweg als resultatoffener Prozess gestalteten. Die eingeflossenen Ergebnisse entsprechen dem Stand der aktuellen Diskussion in den Forschungsgemeinschaften und stützen sich auf empirisch abgesicherten Studien. Trotzdem müsste sich die vorliegende Untersuchung den Vorwurf der Kontingenz gefallen lassen, also des gleichzeitigen Ausschlusses von Notwendigkeit und Unmöglichkeit des vorliegenden Ergebnisses.[818] D. h. dass die Erkenntnisse der Arbeit ein mögliches Resultat darstellen, welches die Fragestellung ergibt (also ist es kein unmögliches Resultat). Es hätten sich bei der wissenschaftlichen Beschäftigung mit der Fragestellung aber auch andere Resultate einstellen können (das vorliegende Resultat ist deshalb kein Notwendiges). Der entworfene, konzeptionelle Bezugsrahmen und die abgeleiteten Erkenntnisse sind deshalb in keiner Weise als die einzigen und wahren Antworten auf die Forschungsfragen zu betrachten.

Bei aller Kohärenz zwischen den Dimensionen des Bezugsrahmens zur Initialisierung musterbrechender Managementinnovation und der theoretischen und auch empirischen Validität bei den einzelnen Dimensionen stellt die vorliegende Untersuchung lediglich einen ersten wissenschaftlich-konstruktivistischen, d. h. qualitativen, Zugang zur Thematik in der Form eines konzeptionellen Bezugsrahmens dar. Es handelt sich somit weder um eine abgeschlossene Theorie noch um empirisch überprüfte Zusammenhänge des Bezugsrahmens im Sinne quantitativer Sozialforschung. Ob die in der Untersuchung präsentierten Überlegungen gangbar oder passend sind für die Realität, kann zum momentanen Zeitpunkt nicht gesagt werden. Dies vermag nur eine Orientierung am Bezugsrahmen in der gelebten Organisationspraxis aufzuzeigen.

Aufgrund dieser Überlegungen versteht sich die vorliegende Arbeit als Beitrag im Sinne eines hoffentlich anschlussfähigen Vorschlages zur weiteren Diskussion der Thematik des Musterbruches in der Managementlehre von Ressourcenausnutzung zu Potentialentfaltung – als ein Beitrag zu einem laufenden Prozess in der Forschungsgemeinschaft. Diese Gedanken leiten über zum nächsten und abschließenden Abschnitt der Untersuchung.

9.3 Schlussbetrachtungen und Ausblick

Die Geisteshaltung der Ressourcenausnutzung ist in der westlichen Gesellschaft paradigmatisch verwurzelt und somit unbewusst und unreflektiert. Deshalb berührt die Thematik der Initialisierung musterbrechender Managementinnovation neben der organisationalen auch die gesamtgesellschaftliche Ebene. Dementsprechend ist auch in den Institutionen, die einen

[818] Vgl. (Baraldi et al., 1997 S. 37).

gesamtgesellschaftlichen Einfluss haben können, anzusetzen, insbesondere bei Bildung und Wissenschaft. Dazu wurden in in Kapitel 8 einige Handlungsmöglichkeiten grob skizziert. Das bedeutet jedoch keinesfalls im Umkehrschluss, dass Organisationen nichts tun können, weil die Problematik auf Gesamtgesellschaftsebene angesiedelt ist. Das Gegenteil ist der Fall: Wie Individuen verantwortlich für ihr Handeln bleiben, so bleiben Organisationen für ihr Handeln verantwortlich. Unternehmen sind gemäß Drucker die Organe der Gesellschaft.[819] In Analogie zu Hüthers Ausdruck individualisierter Gemeinschaften[820] können Unternehmen auch als Personen der Gesellschaft und deswegen als verantwortliche Einheiten gegenüber der Gesellschaft betrachtet werden – beim Unternehmensrecht spricht man nicht zufälligerweise von juristischen Personen. Organisationen haben die Freiheit und Autonomie, ihre Beobachtungs- und Handlungsmuster zu verändern. Dies bedeutet gleichzeitig, Verantwortung zu haben, die nicht abgegeben werden kann. Der Impuls für gesellschaftliche Veränderungen darf nicht abgewartet oder er-wartet werden, also warten, bis von 'oben', z. B. vom Staat mittels Gesetzen, etwas unternommen wird. Überall können Veränderungen Wirkungen entfalten. Wie groß ihre Reichweite ist, kann nicht vorhergesagt werden. Unternehmen sind in der Pflicht und haben die Möglichkeit, einen Bewusstseinsprozess in Richtung Potentialentfaltung in Gang zu setzen. Ihre Aufgabe besteht darin, die Arbeitswelt wieder humaner zu gestalten.[821] Aus meiner Sicht ist dies ein Führungsimperativ. Das kann nur gelingen, wenn sich die Managementlehre und -praxis selbst reflektieren und sich dazu gegenüber anderen Disziplinen öffnen. In der Konsequenz bedeutet dies in Anlehnung an Wüthrich eine Haltung der Bescheidenheit: Die Annahme von Nicht-Wissen, die Akzeptanz der Nicht-Steuerbarkeit komplexer Systeme und die Souveränität des Nicht-Rechthaben-Müssens. Wüthrich spricht dabei von einem ethischen Fundament einer 'neuen' Managementprofessionalität.[822] Wann? Jetzt! Die Realität gibt es nur im Hier und Jetzt; sie kann nur im lebendigen Hier und Jetzt der sozialen Interaktion gestaltet werden. Diese Arbeit versucht, einen

---

[819] Vgl. (Drucker, 2005 S. 36).

[820] Vgl. (Hüther, 2011c S. 48 ff.).

[821] Vgl. (Hamel, 2009 S. 95).

[822] Vgl. (Wüthrich, 2012a S. 159 ff.), ganz ähnlich äußern sich Sedláček u. Orrell zu einer notwendigen Bescheidenheit – einer Abkehr von der Zahlengläubigkeit und mathematischen Berechenbarkeitsillusion zur Erklärung und Vorhersage der Wirklichkeit und damit verbunden der Akzeptanz von Ungewissheit in der Ökonomie und generell bei den Wissenschaften, vgl. (Sedláček et al., 2013).

Beitrag dazu zu leisten. Die in der vorliegenden Untersuchung erarbeiteten Erkenntnisse könnten als Plattform für weitere Untersuchungen dienen. Im Folgenden soll in knapper Form auf mögliche weitere Ansatzpunkte, die auf dem hier vorgelegten Bezugsrahmen basieren könnten, eingegangen werden.

Der interdisziplinäre Bezugsrahmen zur Initialisierung musterbrechender Managementinnovation beinhaltet eine Wahl von möglichen, geeigneten Disziplinen zur Erschließung der Problemstellung. Nicht alle prinzipiell möglichen Disziplinen konnten in den vorgelegten Bezugsrahmen integriert werden und auch innerhalb der Disziplinen, die der Bezugsrahmen adressiert, galt es, Beschränkungen vorzunehmen, um den Rahmen der Untersuchung nicht zu sprengen.[823] Der Bezugsrahmen ist deshalb offen für eine Weiterentwicklung. Es würden sich z. B. neben der Systemtheorie und den Neurowissenschaften noch weitere Disziplinen, die zur Orientierung und Gestaltung der Thematik der Initialisierung musterbrechender Managementinnovation einen Beitrag leisten könnten, eignen. Hier sei an die Quantenphysik als Wissenschaft der Potentiale, welche auch bereits Eingang in der Neurowissenschaft gefunden hat, gedacht.[824] Ebenso können produktive Möglichkeiten für die vorliegende Themenstellung bei der Phänomenologie als philosophischer Richtung, welche auch bereits von bedeutenden Vertretern in der Neurowissenschaft wie Varela oder Fuchs herangezogen wurde als philosophisches und erkenntnistheoretisches Fundament, liegen.[825] Weiter wäre neben der Meditation als Mittel zur Entwicklung von Denkhaltungen und Verhalten das sogenannte Neurofeedback im Kontext der Initialisierung musterbrechender Managementinnovation als Methode der Selbstkontrolle und -regulation über die eigene Gehirnaktivität prüfenswert.[826] Dies sind beispielhafte Möglichkeiten, um an den vorgestellten, konzeptionellen Bezugsrahmen anzuschließen und ihn zu erweitern. Die weitere Beleuchtung von Sys-

---

823 Z. B. stellen die modernen Neurowissenschaften im hier verwendeten Verständnis selbst eine hoch interdisziplinäre Forschungsrichtung mit Bezügen zur Neurobiologie, Psychologie, Soziologie etc. dar.

824 Vgl. z. B. (Penrose et al., 2011).

825 Vgl. z. B. (Varela et al., 1995), (Fuchs, 2009).

826 Neurofeedback ist eine computergestützte Trainingsmethode zur Lenkung der eigenen Gehirntätigkeit. Gehirnstromkurven werden von einem Computer analysiert und mittels Monitor erhält man direkt zurückgemeldet, was das Gehirn gerade tut (Neurofeedback). Durch diese Rückmeldung kann man lernen, seine Gehirnaktivität besser zu lenken, vgl. z. B. (Birbaumer, 2013), (Retzbach, 2013).

temtheorie und Neurowissenschaften, ergänzt um diese Zugänge, könnte einen geeigneten Kontext für die Gestaltung weiterer Forschungen auf dem Gebiet musterbrechender Managementinnovation, die das Verständnis der Zusammenhänge erweitern und vertiefen könnten, liefern.

Neben konzeptionellen Vertiefungen und Erweiterungen der Überlegungen zur Initialisierung musterbrechender Managementinnovation, wie sie oben skizziert wurden, ist es denkbar, praktische Experimente durchzuführen, um die im Bezugsrahmen konstruktivistisch hergeleiteten Zusammenhänge empirisch auf ihre Viabilität zu überprüfen. Beispielsweise wäre es hilfreich, anwendungsorientierte Forschungsexperimente in Zusammenarbeit mit Meditationsforschenden in organisationalen Kontexten vermehrt durchzuführen, so wie es z. B. in der bereits erwähnten Pionierarbeit von Tamwatin vorgenommen wurde, vgl. Fussnote 629. Forschungsdesigns für die Initialisierung musterbrechender Managementinnovation in der Kombination mit Meditationspraxis in Organisationen können die Erkenntnisse der vorliegenden Untersuchung verifizieren oder falsifizieren und Hinweise auf weitere zu untersuchende Aspekte in der Thematik liefern.

Der vorgestellte Bezugsrahmen kann damit in zweierlei Hinsicht für die weitere Forschung am Thema hilfreich sein: Einerseits können abgeleitete Erkenntnisse und postulierte Hypothesen aus dem Bezugsrahmen in der Praxis empirisch überprüft werden. Andererseits lässt die Offenheit des Bezugsrahmens den Eingang weiterer Disziplinen im Sinne von weiteren Ansatzpunkten und Hypothesen für die Thematik zu.

Mit diesen Erwägungen zur möglichen Verwendung der vorliegenden Untersuchung soll sie geschlossen werden, verbunden mit der Hoffnung, dass sie in der Forschungsgemeinschaft und Praxis einen Anstoß bilden könnte, die Thematik aufzugreifen, zu diskutieren und weiter zu entwickeln zu Gunsten eines Musterbruchs von Ressourcenausnutzung hin zu Potentialentfaltung in Organisationen und Gesellschaft.

Literaturverzeichnis

Abels, Heinz. 2004. *Einführung in die Soziologie – Band 1: Der Blick auf die Gesellschaft.* 2. überarb. u. erw. Aufl. Wiesbaden : VS Verlag für Sozialwissenschaften, 2004.

Ackoff, Russell L. und Emery, Fred E. 2009. *On purposeful systems – an Interdisciplinary analysis of individual and social behavior as a system of purposeful events.* 4. Aufl. New Brunswick : Transaction Publishers, 2009.

Alexander, Charles N. und Langer, Ellen J., [Hrsg.]. 1990. *Higher stages of human development – perspectives on adult growth.* New York : Oxford University Press, 1990.

Anderson, Philip W. 1997. The eightfold way to the theory of complexity: a prologue. [Hrsg.] George A. Cowan, David Pines und David Elliott Meltzer. *Complexity: metaphors, models and reality.* Reading : Addison-Wesley, 1997, S. 7 – 16.

Anderssen-Reuter, Ulrike. 2012. Achtsamkeit in Psychosomatik und Psychotherapie. [Hrsg.] Michael Zimmermann, Christof Spitz und Stefan Schmidt. *Achtsamkeit – Ein buddhistisches Konzept erobert die Wissenschaft.* Bern : Hans Huber, 2012, S. 103 – 113.

André, Christophe, et al. 2014. *Wer sich verändert, verändert die Welt.* München : Kösel, 2014.

Anker, Heinrich. 2012. *Ko-Evolution versus Eigennützigkeit: Creating Shared Value mit der Balanced Valuecard.* Berlin : Erich Schmidt, 2012.

Antonovsky, Aaron. 1997. *Salutogenese – Zur Entmystifizierung der Gesundheit.* Tübingen : Dgvt-Verlag, 1997.

Arden, John B. 2010. *Rewire your brain – think your way to a better life.* New Jersey : John Wiley & Sons, 2010.

Argyris, Chris. 2010. *Organizational traps – Leadership, culture, organizational design.* New York : Oxford University Press, 2010.

Argyris, Chris und Schön, Donald A. 2008. *Die lernende Organisation – Grundlagen, Methode, Praxis.* 3. Aufl. Stuttgart : Schäffer-Poeschel, 2008.

Ashby, William Ross. 1956. *An introduction to cybernetics.* London : Chapman & Hall, 1956.

Asplund, Christopher L., et al. 2010. A central role for the lateral prefrontal cortex in goal-directed and stimulus-driven attention. *Nature Neuroscience.* 2010, Bd. 13, 4, S. 507 – 512.

Assmann, Martina. 2012. Stressbewältigung durch Achtsamkeit. Eine Einführung. [Hrsg.] Michael Zimmermann, Christof Spitz und Stefan Schmidt. *Achtsamkeit – Ein buddhistisches Konzept erobert die Wissenschaft.* Bern : Hans Huber, 2012, S. 59 – 70.

Bachman, John C. 1961. Specificity vs. generality in learning and performing two large muscle motor tasks. *Research Quarterly of the American Association for Health, Physical Education, & Recreation.* 1961, Bd. 32, S. 3 – 11.

Backhausen, Wilhelm. 2009. *Management 2. Ordnung – Chancen und Risiken des notwendigen Wandels.* Wiesbaden : Gabler, 2009.

Badenoch, Bonnie und Cox, Paul. 2013. Integrating interpersonal neurobiology with group psychotherapie. [Hrsg.] Bonnie Badenoch und Susan P. Gantt. *The interpersonal neurobiology of group psychotherapy and group process.* London : Karnac, 2013, S. 1 – 18.

Baecker, Dirk. 2014. *Neurosoziologie.* Berlin : Suhrkamp, 2014.

Baecker, Dirk. 2011. *Organisation und Störung – Aufsätze.* Berlin : Suhrkamp Taschenbuch Wissenschaft, 2011.

Baecker, Dirk. 2005. *Schlüsselwerke der Systemtheorie.* Wiesbaden : VS Verlag für Sozialwissenschaften, 2005.

Baecker, Dirk. 2002. *Wozu Systeme?* Berlin : Kadmos, 2002.

Bakke, Dennis W. 2005. *Joy at work – a revolutionary approach to fun on the job.* Seattle : PVG, 2005.

Baraldi, Claudio, Corsi, Giancarlo und Esposito, Elena. 1997. *GLU – Glossar zu Niklas Luhmanns Theorie sozialer Systeme.* Frankfurt a.M. : Suhrkamp Taschenbuch Verlag, 1997.

Barsh, Joanna und Lavoie, Johanne. 2014. Lead at your best. *McKinsey Quarterly.* [Online] April 2014. [Zitat vom: 5. April 2014. Archiviert mit WebCite® als http://www.webcitation.org/6ObjMD1Au.] http://www.mckinsey.com/Insights/Leading_in_the_21st_century/Lead_at_your_best?cid=other-eml-alt-mkq mck oth 1404.

Bass, Bernard M. und Riggio, Ronald E. 2006. *Transformational Leadership.* New York : Psychology Press, 2006.

Bauer, Joachim. 2008. *Das kooperative Gen – Evoluton als kreativer Prozess.* München : Heyne, 2008.

Bauer, Joachim. 2006. *Warum ich fühle, was du fühlst – Intuitive Kommunikation und das Geheimnis der Spiegelneurone.* 14. Aufl. München : Heyne, 2006.

Baumgartner, Tobias R. 2012. *Wirkung von Oxytocin auf emotionale und kognitive Empathie.* Bonn : Universitäts-und Landesbibliothek Bonn, 2012. Dissertation.

Bear, Mark F., Connors, Barry W. und Paradiso, Michael A. 2009. *Neurowissenschaften – Ein grundlegendes Lehrbuch für Biologie, Medizin und Psychologie.* [Hrsg.] Andreas K. Engel. 3. Aufl. Heidelberg : Spektrum Akademischer Verlag, 2009.

Beck, Randall und Harter, James. 2014. HBR Blog Network. *Why good managers are so rare.* [Online] 13. März 2014. [Zitat vom: 18. März 2014. Archiviert mit WebCite® als http://www.webcitation.org/6O9xP4S5C.] http://blogs.hbr.org/2014/03/why-good-managers-are-so-rare/.

Beer, Michael und Nohria, Nitin (Hrsg.). 2000. *Breaking the code of change.* Boston : Harvard Business School Press, 2000.

Begley, Sharon. 2007. *Neue Gedanken – neues Gehirn: Die Wissenschaft der Neuroplastiziät beweist, wie unser Bewusstsein das Gehirn verändert.* 2. Aufl. München : Goldmann, 2007.

Beinhocker, Eric D. 2006. *The origin of wealth – evolution, complexity, and the radical remaking of economics.* Boston : Harvard Business School Press, 2006.

Berghaus, Margot. 2011. *Luhmann leicht gemacht.* 3. Aufl. Köln, Weimar, Wien : Böhlau, 2011.

Bernhardt, Boris C. und Singer, Tania. 2012. The neural basis of empathy. *Annual Review of Neuroscience.* 2012, Bd. 35, 1, S. 1 – 23.

Berns, Gregory. 2010. *Iconoclast: a neuroscientist reveals how to think differently.* Boston : Harvard Business School Publishing, 2010.

Bieri, Peter. 2011a. *Das Handwerk der Freiheit – Über die Entdeckung des eigenen Willens.* 10. Aufl. Frankfurt a.M. : Fischer Taschenbuch, 2011a.

Bieri, Peter. 2011b. *Wie wollen wir leben?* 3. Aufl. St. Pölten : Residenz Verlag, 2011b.

Biling, Stephen. 2009. Inside the client-consultant relationship – consulting as complex responsive processes of relating. [Hrsg.] Anthony F. Buono und Flemming Poulfelt. *Client-consultant collaboration – coping with complexity and change.* Charlotte : Information Age Publishing, 2009, S. 29 – 46.

Binswanger, Mathias. 2010. *Sinnlose Wettbewerbe – Warum wir immer mehr Unsinn produzieren.* Freiburg im Breisgau : Herder, 2010.

Birbaumer, Niels. 2013. Das ist wie Radfahren. *Gehirn und Geist Basiswissen.* 2013, 1, S. 85 – 88.

Birkinshaw, Julian. 2010. *Reinventing management – smarter choices for getting work done.* Chichester : John Wiley & Sons, 2010.

Bittelmeyer, Andrea. 2013. Das Kopfkino ausschalten – Meditation für Manager. *Manager Seminare.* 2013, 178, S. 50 – 56.

Blake, Tobin. 2004. *Meditation – Eine Einführung in die wichtigsten Wege und Methoden.* München : Lotos, 2004.

Blech, Jörg. 2008. Die Heilkraft der Mönche. *Der Spiegel.* 2008, 48, S. 144 – 156.

Blech, Jörg. 2012. *Gene sind kein Schicksal – Wie wir unsere Erbanlagen und unser Leben steuern können.* Frankfurt a.M. : Fischer Taschenbuch, 2012.

Bleicher, Knuth. 1985. Betriebswirtschaftslehre als systemorientierte Wissenschaft vom Management. [Hrsg.] Gilbert J.B. Probst und Hans Siegwart. *Integriertes Management.* Bern : Haupt, 1985, S. 65 – 91.

Bleicher, Knuth. 1991. *Das Konzept intergriertes Management.* Frankfurt a.M./New York : Campus, 1991.

Bleuß, Inga. 2011. Triangulation – Konzeptionelle Grundlagen und Diskussion am Beispiel der Organisationsforschung. *EconBiz.* [Online] 2011. [Zitat vom: 20. März 2014. Archiviert mit WebCite® als http://www.webcitation.org/6ODIEul7w.] https://www.econbiz.de/-Record/triangulation-konzeptionelle-grundlagen-und-diskussion-am-beispiel-der-organisationsforschung-bleu%C3%9F-inga/10009691338.

Boaz, Nate und Fox, Erica A. 2014. Change leader, change thyself. *McKinsey Quarterly.* [Online] March 2014. [Zitat vom: 31. March 2014. Archiviert mit WebCite® als http://www.webcitation.org/6OUQ9iugF.] http://www.mckinsey.com/Insights/Leading_in_the_21st_century/Change_leader_change_thyself?cid=other-eml-alt-mkq-mck-oth-1403.

Böckmann, Walter. 1990. *Lebenserfolg – Der Weg zur Selbsterkenntnis und Sinn-Erfüllung.* Düsseldorf : Econ, 1990.

Bodhi, Bhikkhu. 2012. Achtsamkeit und Spiritualität in unserer Zeit. [Hrsg.] Michael Zimmermann, Christof Spitz und Stefan Schmidt. *Achtsamkeit – Ein buddhistisches Konzept erobert die Wissenschaft.* Bern : Hans Huber, 2012, S. 251 – 260.

Böhme, Hartmut und Böhme, Gernot. 1985. *Das Andere der Vernunft – Zur Entwicklung von Rationalitätsstrukturen am Beispiel Kants.* Frankfurt a.M. : Suhrkamp Taschenbuch Wissenschaft, 1985.

Bourdieu, Pierre. 1990. *The logic of practice.* Stanford : Stanford University Press, 1990.

Boyke, Janina, et al. 2008. Training-induced brain structure changes in the elderly. *The Journal of Neuroscience.* 2008, Bd. 28, 28, S. 7031 – 7035.

Bragdon, Joseph H. 2006. *Profit for life: how capitalism excels – case studies in living asset stewardship.* Cambridge : SoL, 2006.

Breithaupt, Fritz. 2009. *Kulturen der Empathie.* Frankfurt a.M. : Suhrkamp Taschenbuch Wissenschaft, 2009.

Bridges, William. 2003. *Managing transitions – making the most of change.* 2nd updated and expanded edition. Cambridge : Da Capo Press, 2003.

Brock, Ditmar, et al., [Hrsg.]. 2009. *Soziologische Paradigmen nach Talcott Parsons – Eine Einführung.* Wiesbaden : VS Verlag für Sozialwissenschaften, 2009.

Brock, Ditmar, Junge, Matthias und Krähnke, Uwe. 2012. *Soziologische Theorien von Auguste Comte bis Talcott Parsons – Einführung.* 3. Aufl. München : Oldenbourg Wissenschaftsverlag, 2012.

Brodbeck, Karl-Heinz. 2012. Von der Geldgier zum Wachstum an Verbundenheit – Grundzüge einer kritischen Wirtschaftsethik. [Hrsg.] Gerald Hüther und Christa Spannbauer. *Connectedness – Warum wir ein neues Weltbild brauchen.* Bern : Hans Huber, 2012, S. 43 – 60.

Brooks, Jennifer. 2013. *The meditation transformation – how to relax and revitalize your body, your work, and your perspective today.* o.O. : Empowerment Nation, 2013.

Brown, Kirk W. und Ryan, Richard M. 2003. The benefits of being present – mindfulness and its role in psychological well-being. *Journal of personality and social psychology.* 2003, Bd. 84, 4, S. 822 – 848.

Brown, Kirk W., Ryan, Richard M. und Creswell, J. David. 2007. Mindfulness – theoretical foundations and evidence for its salutary effects. *Psychological Inquiry.* 2007, Bd. 18, 4, S. 211 – 237.

Bruch, Heike und Vogel, Bernd. 2005. *Organisationale Energie – Wie Sie das Potenzial Ihres Unternehmens ausschöpfen.* Wiesbaden : Gabler, 2005.

Brzoska, Maike. 2011. Unzufrieden Mitarbeiter – Null Bock auf den Job. [Online] 23. September 2011. [Zitat vom: 6. Oktober 2011. Archiviert mit WebCite® als http://www.webcitation.org/6b7aY3ORV.] http://www.focus.de/finanzen/karriere/berufsleben/tid-23711/unzufriedene-mitarbeiter-null-bock-auf-den-job_aid_668000.html.

Buchheld, Nina, Grossman, Paul und Walach, Harald. 2001. Measuring mindfulness in insight meditation (Vipassana) and meditation-based psychotherapy – the development of the Freiburg Mindfulness Inventory (FMI). *Journal for Meditation and Meditation Research.* 2001, Bd. 1, 1, S. 11 – 34.

Buckley, Walter F. 1978. Gesellschaft als komplexes adaptives System. [Hrsg.] Klaus Türk. *Handlungssysteme.* Opladen : Westdeutscher Verlag, 1978, S. 273 – 288.

Buckley, Walter F. 1998. *Society – a complex adaptive system: essays in social theory (international studies in global change, vol. 9).* Amsterdam : Overseas Publishers Association, 1998.

Buckley, Walter F. 1968. Society as a complex adaptive system. *Modern systems research for the behavioral scientist.* Chicago : Aldine Publishing Company, 1968, S. 490 – 513.

Buckley, Walter F. 1967. *Sociology and modern systems theory.* Oxford : Prentice-Hall, 1967.

Buckley, Walter F., Schwendt, David und Goldstein, Jeffrey A. 2008. Societey as complex adaptive system. *Emergence: Complexity & Organization* . 2008, Bd. 10, 3, S. 86 – 112.

Bürger, Hans. 2012. *Der vergessene Mensch in der Wirtschaft – Neue Modelle zwischen Gier und Fairness.* Wien : Braumüller, 2012.

Burr, Vivien. 2003. *Social Constructionism – Second Edition.* 2. Aufl. London/New York : Routledge, 2003.

Burrus, Daniel. 1996. Afterword to: Fifth generation management – dynamic teaming, virtual enterprising and knowledge networking. [Buchverf.] Charles M. Savage. 2. überarb. Aufl. Woburn : Butterworth-Heinemann, 1996, S. 285 – 288.

Burrus, Daniel. 1997. Nachwort zu: Fifth Generation Management – Kreatives Kooperieren durch virtuelles Unternehmertum, dynamische Teambildung und Vernetzung von Wissen. [Buchverf.] Charles M. Savage. Zürich : vdf Hochschulverlag AG an der ETH Zürich, 1997, S. 277 – 279.

Cacaci, Arnaldo. 2006. *Change Management – Widerstände gegen Wandel.* [Hrsg.] Hans A. Wüthrich. Wiesbaden : Gabler Edition Wissenschaft und Deutscher Universitäts-Verlag, 2006. Dissertation.

Cahn, B. Rael und Polich, John. 2006. Meditation states and traits: EEG, ERP, and neuroimaging studies. *Psychological Bulletin.* 2006, Bd. 132, 2, S. 180 – 211.

Capozzi, Marla M., Dye, Renée und Howe, Amy. 2011. Sparking creativity in teams: an executive's guide. *Mc Kinsey Quarterly.* [Online] April 2011. [Zitat vom: 14. April 2011. Archiviert mit WebCite® als http://www.webcitation.org/6Obj213pY.] http://www.mckinsey.com/insights/strategy/sparking_creativity_in_teams_an_executives_guide.

Carter, Rita. 2010. *Das Gehirn: Anatomie, Sinneswahrnehmung, Gedächtnis, Bewusstsein, Störungen.* London/New York/Melbourne/München/Delhi : Dorling Kindersley, 2010.

Cashman, Kevin. 2008. *Leadership from the inside out.* San Francisco : Berrett-Koehler, 2008.

Castells, Manuel. 2001. Bausteine einer Theorie der Netzwerkgesellschaft. *Berliner Journal für Soziologie.* 2001, Bd. 11, 4, S. 423 – 439.

Ceming, Katharina. 2012. Von Weltenbürgern, Gotteskindern und Buddhakeimlingen – Die Lehre von der universellen Verbundenheit in der westlichen und östlichen Geistestradition. [Hrsg.] Gerald Hüther und Christa Spannbauer. *Connectedness – Warum wir ein neues Weltbild brauchen.* Bern : Hans Huber, 2012, S. 29 – 42.

Chaskalson, Michael. 2011. *The mindful workplace – developing resilient individuals and resonant organizations with MBSR.* Chichester : Wiley, 2011.

Corbetta, Maurizio und Shulman, Gordon L. 2002. Control of goal-directed and stimulus-driven attention in the brain. *Nature reviews neuroscience.* 2002, Bd. 3, 3, S. 215 – 229.

Corbetta, Maurizio, et al. 1990. Attentional modulation of neural processing of shape, color, and velocity in humans. *Science.* 1990, Bd. 248, 4962, S. 1556 – 1559.

Cozolino, Louis. 2007. *Die Neurobiologie menschlicher Beziehungen.* Kirchzarten bei Freiburg : VAK, 2007.

Dalai Lama XIV. und van den Muyzenberg, Laurens. 2008. *Führen, gestalten, bewegen – Werte und Weisheit für eine globalisierte Welt.* Frankfurt/New York : Campus, 2008.

Davenport, Thomas H. und Beck, John C. 2001. *The attention economy – understanding the new currency of business.* Boston : Harvard Business Press, 2001.

Davidson, Richard J. und Begley, Sharon. 2012. *The emotional life of your brain – how its unique patterns affect the way you think, feel, and live – and how you can change them.* New York : Hudson Street Press, 2012.

Davidson, Richard J. und Von Allmen, Fred. 2013. Was wir nicht wissen, übersteigt, was wir wissen, in gewaltigem Masse. *Buddhismus aktuell.* 2013, 2, S. 50 – 55.

Davidson, Richard J., et al. 2003. Alterations in brain and immune function produced by mindfulness meditation. *Psychosomatic Medicine.* 2003, Bd. 65, 4, S. 564 – 570.

Davis, Murray S. 1971. That's interesting: towards a phenomenology of sociology and a sociology of phenomenology. *Philosophy of Social Sciences.* December 1971, 4, S. 309 – 344.

Dawkins, Richard. 2006. *Das egoistische Gen.* 2. Aufl. Heidelberg : Spektrum Akademischer Verlag, 2006.

De Bono, Edward. 2010. *De Bonos neue Denkschule – Kreativität denken, effektiver arbeiten, mehr erreichen.* 3. Aufl. München : MVG Verlag, 2010.

De Bono, Edward. o.J. Frameworks and thinking. *Extensor.* [Online] o.J. [Zitat vom: 11. Januar 2013. Archiviert mit WebCite® als http://www.webcitation.org/6bJj3sZ56.] http://www.extensor.co.uk/articles/frameworks_and_thinking/frameworks_and_thinking.html.

de Fockert, Jan W., et al. 2001. The role of working memory in visual selective attention. *Science.* 2001, Bd. 291, 5509, S. 1803 – 1806.

De Waal, Frans. 2011. *Das Prinzip Empathie – Was wir von der Natur für eine bessere Gesellschaft lernen können.* München : Carl Hanser, 2011.

Deming, W. Edwards. 1994. *The new economics: for industry, government, education.* 2. Aufl. Cambridge : MIT, 1994.

Denning, Stephen. 2010. *The leader's guide to radical management – reinventing the workplace for the 21st century.* San Francisco : Jossey-Bass, 2010.

Denzin, Norman K. 2009. *The research act – a theoretical introduction to sociological methods.* 1. Taschenbuchausgabe, Erstveröffentlichung 1970. New Jersey : Transaction Publishers, 2009.

Dermer, Jerry D. und Lucas, R. G. 1986. The illusion of managerial control. *Accounting, Organizations and Society.* 1986, Bd. 11, 6, S. 471 – 482.

Derntl, Birgit. 2012. Neuronale Korrelate der Empathie. [Hrsg.] Frank Schneider. *Positionen der Psychiatrie.* Berlin/Heidelberg : Springer, 2012, S. 83 – 87.

Desbordes, Gaëlle, et al. 2012. Effects of mindful-attention and compassion meditation training on amygdala response to emotional stimuli in an ordinary, non-meditative state. *Frontiers in Human Neuroscience.* 2012, Bd. 6, 292, S. 1 – 34.

Deuringer, Christian. 2000. *Organisation und Change Management – Ein ganzheitlicher Strukturansatz zur Förderung organisatorischer Flexibilität.* [Hrsg.] Hans A. Wüthrich. Wiesbaden : Gabler Edition Wissenschaft und Deutscher Universitäts-Verlag, 2000. Dissertation.

Deutschman, Alan. 2007. *Change or die – The three keys to change at work and in life.* Los Angeles : Regan, 2007.

Diamond, Jared. 2010. *Kollaps – Warum Gesellschaften überleben oder untergehen.* 4. Aufl. Frankfurt a.M. : Fischer Taschenbuch, 2010.

Diefenbach, Heike. 2009. Die Theorie der Rationalen Wahl oder "Rational Choice"-Theorie (RCT). [Hrsg.] Ditmar Brock, et al. *Soziologische Paradigmen nach Talcott Parsons – Eine Einführung.* Wiesbaden : VS Verlag für Sozialwissenschaften, 2009, S. 239 – 290.

Dietrich, Arne. 2007. *Introduction to consciousness – neuroscience, cognitive science and philosophy.* New York : Palgrave Macmillan, 2007.

Dietz, Karl-Martin und Kracht, Thomas. 2011. *Dialogische Führung: Grundlagen – Praxis – Fallbeispiel: dm-drogerie markt.* 3. aktualis. Aufl. Frankfurt a.M./New York : Campus, 2011.

Dievernich, Frank E. P. 2007. *Pfadabhängigkeit im Management – Wie Führungsinstrumente zur Entscheidungs- und Innovationsunfähigkeit des Managements beitragen.* Stuttgart : Kohlhammer, 2007.

Doidge, Norman. 2008. *Neustart im Kopf – Wie sich unser Gehirn selbst repariert.* Frankfurt a.M./New York : Campus, 2008.

Doppler, Klaus und Lauterburg, Christoph. 2008. *Change Management – Den Unternehmenswandel gestalten.* 12. aktualis. u. erw. Aufl. Frankfurt a.M./New York : Campus, 2008.

Dörner, Dietrich. 2010. *Die Logik des Missglinges – Strategisches Denken in komplexen Situationen.* 9. Aufl. Reinbek bei Hamburg : Rowohlt, 2010.

Draganski, Bogdan, et al. 2004. Neuroplasticity – changes in grey matter induced by training. *Nature.* 2004, Bd. 427, 6972, S. 311 – 312.

Drucker, Peter F. 1958. Business objectives and survival needs – notes on a discipline of business enterprise. *The Journal of Business.* 1958, Bd. 31, 2, S. 81 – 90.

Drucker, Peter F. 1993. *Post-capitalist society.* New York : HarperBusiness, 1993.

Drucker, Peter F. 1954. *The practice of Management.* New York : Harper, 1954.

Drucker, Peter F. 2005. *Was ist Management? Das Beste aus 50 Jahren.* 3. Aufl. Berlin : Econ, 2005.

Duhigg, Charles. 2012. *The Power of habit – why we do what we do in life and business.* New York : Random House, 2012.

Duncan, John und Owen, Adrian M. 2000. Common regions of the human frontal lobe recruited by diverse cognitive demands. *Trends in neurosciences.* 2000, Bd. 23, 10, S. 475 – 483.

Dürr, Hans-Peter. 2012. Teilhaben an einer unteilbaren Welt – Das ganzheitliche Weltbild der Quantenphysik. [Hrsg.] Gerald Hüther und Christa Spannbauer. *Connectedness – Warum wir ein neues Weltbild brauchen.* Bern : Hans Huber, 2012, S. 15 – 28.

Edelman, Gerald M. und Tononi, Giulio. 2000. *A universe of consciousness how matter becomes imagination.* New York : Basic Books, 2000.

Egloff, Rainer. 2011. Evolution des Erkennes. [Hrsg.] Bernhard Pörksen. *Schlüsselwerke des Konstruktivismus.* Wiesbaden : VS Verlag für Sozialwissenschaften, 2011, S. 60 – 77.

Einstein, Albert. o.J. zitate-online.de. [Online] o.J. [Zitat vom: 15. Oktober 2011. Archiviert mit WebCite® als http://www.webcitation.org/6b7l3B5z4.] http://www.zitate-online.de/thema/probleme/.

Eisenhardt, Kathleen M. 1989. Building theories from case study research. *Academy of management review.* 1989, Bd. 14, 4, S. 532 – 550.

Eisenhardt, Kathleen M. und Graebner, Melissa E. 2007. Theory building from cases: Opportunities and challenges. *Academy of management journal.* 2007, Bd. 50, 1, S. 25 – 32.

Elger, Christian E. 2009. *Neuroleadership – Erkenntnisse der Hirnforschung für die Führung von Mitarbeitern.* München : Haufe, 2009.

Elias, Norbert. 2010. *Über den Prozess der Zivilisation: Soziogenetische und psychogenetische Untersuchungen, Zweiter Band: Wandlungen der Gesellschaft: Entwurf zu einer Theorie der Zivilisation.* 31. Aufl. Frankfurt a.M. : Suhrkamp, 2010.

Elsholz, Jürgen und Keuffer, Josef. 2012. Achtsamkeit im Bildungssystem. [Hrsg.] Michael Zimmermann, Christof Spitz und Stefan Schmidt. *Achtsamkeit – Ein buddhistisches Konzept erobert die Wissenschaft.* Bern : Hans Huber, 2012, S. 149 – 164.

Endres, Peter M. und Hüther, Gerald. 2014. *Lernlust. Worauf es im Leben wirklich ankommt.* Hamburg : Murmann, 2014.

Esch, Tobias. 2013. *Die Neurobiologie des Glücks – Wie die Positive Psychologie die Medizin verändert.* 2. vollst. überarb. Aufl. Stuttgart : Thieme, 2013.

Etzemüller, Thomas. 2010. Social Engineering. *Docupedia-Zeitgeschichte.* [Online] 11. Februar 2010. [Zitat vom: 17. Januar 2013. Archiviert mit WebCite® als http://www.webcitation.org/6b7lILRYH.] http://docupedia.de/zg/Social_engineering.

Fahrenwald, Claudia. 2011. *Erzählen im Kontext neuer Lernkulturen – Eine bildungstheoretische Analyse im Spannungsfeld von Wissen, Lernen und Subjekt.* Wiesbaden : VS Verlag für Sozialwissenschaften, 2011.

Faucher, Jean-Baptiste P. L., Everett, André M. und Lawson, Rob. 2008. A complex adaptive organization under the lens of the LIFE model – the case of Wikipedia. *Academia.edu.* [Online] 2008. [Zitat vom: 11. April 2014. Archiviert mit WebCite® als http://www.webcitation.org/6Ol1VQF2H.] http://www.academia.edu/497009/A_Complex_Adaptive_Organization_Under_the_Lens_of_the_LIFE_Model_The_Case_of_Wikipedia.

Faulstich, Peter. 2011. *Aufklärung, Wissenschaft und lebensentfaltende Bildung – Geschichte und Gegenwart einer grossen Hoffnung der Moderne.* Bielefeld : Transcript, 2011.

Feess , Eberhard. o. J. Gabler Wirtschaftslexikon. [Online] o.J. [Zitat vom: 24. November 2011. Archiviert mit WebCite® als http://www.webcitation.org/6OAFpvlj0.] http://wirtschaftslexikon.gabler.de/Definition/interdisziplinaritaet.html#definition.

Fehr, Ernst und Gintis, Herbert. 2007. Human motivation and social cooperation – experimental and analytical foundations. *Annual Review of Sociology.* 2007, Bd. 33, S. 43-64.

Feyerabend, Paul. 1993. *Against method – outline of an anarchistic theory of knowledge.* 3. Aufl. London/New York : Verso, 1993.

Feyerabend, Paul. 1987. *Farewell to reason.* London : Verso, 1987.

Fleck, Ludwik. 2011a. Das Problem einer Theorie des Erkennens. [Hrsg.] Sylwia Werner und Claus Zittel. *Denkstile und Tatsachen – Gesammelte Schriften und Zeugnisse.* Frankfurt a.M. : Suhrkamp Taschenbuch Wissenschaft, 2011a, S. 260 – 309.

Fleck, Ludwik. 2012. *Entstehung und Enwicklung einer wissenschaftlichen Tatsache – Eine Einführung in die Lehre vom Denkstil und Denkkollektiv.* Frankfurt a.M. : Suhrkamp Taschenbuch Wissenschaft, 2012. Erstausgabe 1935 bei Benno Schwabe & Co., Basel.

Fleck, Ludwik. 2011b. Über die wissenschaftliche Beobachtung und die Wahrnehmung im allgemeinen. [Hrsg.] Sylwia Werner und Claus Zittel. *Denkstile und Tatsachen – Gesammelte Schriften und Zeugnisse.* Frankfurt a. M. : Suhrkamp Taschenbuch Wissenschaft, 2011b, S. 211 – 238.

Fleck, Ludwik. 2011c. Zur Krise der >>Wirklichkeit<<. [Hrsg.] Sylwia Werner und Claus Zittel. *Denkstile und Tatsachen – Gesammelte Schriften und Zeugnisse.* Frankfurt a.M. : Suhrkamp Taschenbuch Wissenschaft, 2011c, S. 52 – 69.

Flick, Uwe. 2008a. Konstruktivismus. [Hrsg.] Uwe Flick, Ernst von Kardorff und Steinke Ines. *Qualitative Forschung – Ein Handbuch.* 6., durchgel. und aktualis. Aufl. Reinbek bei Hamburg : Rowohlt, 2008a, S. 150 – 164.

Fleck, Ludwik. 2007. *Qualitative Sozialforschung – Eine Einführung.* vollst. überarb. u. erw. Neuausgabe. Reinbek bei Hamburg : Rowohlt, 2007.

Fleck, Ludwik. 2008b. Triangulation in der qualitativen Forschung. [Hrsg.] Uwe Flick, Ernst von Kardorff und Steinke Ines. *Qualitative Forschung – Ein Handbuch.* 6., durchgel. und aktualis. Aufl. Reinbek bei Hamburg : Rowohlt, 2008b, S. 309 – 318.

Forgas, Joseph P. 1999. *Soziale Interaktion und Kommunikation – Eine Einführung in die Sozialpsychologie.* 4. Aufl. Weinheim : Beltz, 1999.

Förster, Anja und Kreuz, Peter. 2007. *Alles, ausser gewöhnlich – Provokative Ideen für Manager, Märkte, Mitarbeiter.* 3. Aufl. Berlin : Econ, 2007.

Förster, Anja und Kreuz, Peter. 2010. *Nur Tote bleiben liegen – Entfesseln Sie das lebendige Potenzial in ihrem Unternehmen.* Frankfurt a.M./New York : Campus, 2010.

Förster, Nils. 2012. Lebendige Führung – Impressionen von einer bemerkenswerten Konferenz. *Zeitschrift für Führung + Organisation.* 2012, 2, S. 80 – 85.

Fourier, Stefan. 2010. *Jenseits vom schnellen Gewinn – Was Unternehmen langfristig stark macht.* Zürich : Orell Füssli, 2010.

Frankl, Viktor E. 2012. *Das Leiden am sinnlosen Leben – Psychotherapie für heute.* 22. Aufl. der Neuausgabe (33. Gesamtaufl.). Freiburg i.B. : Herder, 2012.

Frankl, Viktor E. 1998. *Der Mensch vor der Frage nach dem Sinn.* 10. Aufl. München : Piper, 1998.

Frankl, Viktor E. 1992. *Die Sinnfrage in der Psychotherapie.* 4. Aufl. München : Piper, 1992.

Frankl, Viktor E. 2009. *Psychotherapie für den Alltag.* 3. Aufl. der Jubiläumsausgabe 2009 (25. Gesamtaufl.). Freiburg i.B. : Herder, 2009.

Freiberg, Kevin und Freiberg, Jackie. 1998. *Nuts! Southwest Airlines' crazy receipe for business and personal success.* New York : Broadway Books, 1998.

Freud, Sigmund. 1962. *Civilization and its discontents.* New York : Norton, 1962. Original in Deutsch: Das Unbehagen in der Kultur: Und andere kulturtheoretische Schriften 1930.

Frevert, Ute und Singer, Tania. 2011. Empathie und ihre Blockaden. [Hrsg.] Tobias Bonhoeffer und Peter Gruss. *Zukunft Gehirn: Neue Erkenntnisse, neue Herausforderungen – Ein Report der Max-Planck-Gesellschaft.* München : C.H. Beck, 2011, S. 121 – 146.

Fries, Falk-Rainer. 2008. *Makroökonomie.* 2. Aufl. Norderstedt : Books on Demand, 2008.

Fuchs, Thomas. 2009. *Das Gehirn – ein Beziehungsorgan. Eine phänomenologisch-ökologische Konzeption.* 2. aktualis. Aufl. Stuttgart : Kohlhammer, 2009.

Fuchs, Thomas. 2013. Kultur existiert zwischen den Gehirnen. *Geist & Gehirn Dossier.* 2013, 1, S. 50 – 52.

Fuchs, Thomas. 2008. *Leib und Lebenswelt – Neue philosophisch-psychiatrische Essays.* Zug: Die Graue Edition, 2008.

Fuster, Joaquín M. 2008. *The prefrontal cortex.* 4. Aufl. London/Burlington/San Diego: Elsevier, 2008.

Gage, Fred H., Kempermann, Gerd und Song, Hongjun, [Hrsg.]. 2008. *Adult neurogenesis.* New York : Cold Spring Harbor Laboratory Press, 2008.

Gallese, Vittorio. 2003. The roots of empathy – the shared manifold hypothesis and the neural basis of intersubjectivity. *Psychopathology.* 2003, Bd. 36, 4, S. 171 – 180.

Gallese, Vittorio, et al. 2011. Mirror neuron forum. *Perspectives on Psychological Science.* 2011, Bd. 4, 6, S. 369 – 407.

Gallup. 2014. Engagement Index Deutschland 2013. *Gallup.* [Online] 2014. [Zitat vom: 7. Mai 2014. Archiviert mit WebCite® als http://www.webcitation.org/6POeln6CD.] http://www.gallup.com/strategicconsulting/168167/gallup-engagement-index-2013.aspx.

Gardner, Howard. 1983. *Frames of the mind – the theory of multiple intelligence.* New York : Basic Books, 1983.

Garfield, Jay. 2012. Achtsamkeit als Grundlage für ethisches Verhalten. [Hrsg.] Michael Zimmermann, Christof Spitz und Stefan Schmidt. *Achtsamkeit – Ein buddhistisches Konzept erobert die Wissenschaft.* Bern : Hans Huber, 2012, S. 227 – 249.

Gegenfurtner, Karl R. 2011. *Gehirn und Wahrnehmung – Eine Einführung.* Frankfurt a. M. : Fischer Taschenbuch, 2011.

Gehrke, Anne. 2007. *Meads Interaktionstheorie – Konstitution des Selbst in sozialer Interaktion.* München/Ravensburg : Grin, 2007.

Geiselhart, Helmut. 2012. *Philosophie und Führung – Fragen und erkennen, planen und handeln, hoffen und Mensch sein.* Wiesbaden : Springer Gabler, 2012.

Gell-Mann, Murray. 1994. *The quark and the jaguar – adventures in the simple and the complex.* New York : Henry Holt, 1994.

George, Bill. 2014 . HBR Blog Network. *Developing mindful leaders for the c-suite.* [Online] 10. März 2014 . [Zitat vom: 18. März 2014. Archiviert mit WebCite® als http://www.webcitation.org/6O9wbvhNJ.] http://blogs.hbr.org/2014/03/developing-mindful-leaders-for-the-c-suite/.

Gerdes, Karen E., Segal, Elizabeth A. und Lietz, Cynthia A. 2010. Conceptualising and measuring empathy. *British Journal of Social Work.* 2010, Bd. 40, 7, S. 2326 – 2343.

Gergen, Kenneth J. 1999. *An invitation to social construction.* Thousand Oaks : Sage, 1999.

Gergen, Kenneth J. 2002. *Konstruierte Wirklichkeiten – Eine Hinführung zum sozialen Konstruktionismus.* Stuttgart : Kohlhammer, 2002.

Gergen, Kenneth J. und Gergen, Mary. 2009. *Einführung in den sozialen Konstruktionismus.* Heidelberg : Carl-Auer, 2009.

Gethin, Rupert. 2012. Achtsamkeit, Meditation und Therapie. [Hrsg.] Michael Zimmermann, Christof Spitz und Stefan Schmidt. *Achtsamkeit – Ein buddhistisches Konzept erobert die Wissenschaft.* Bern : Hans Huber, 2012, S. 37 – 48.

Gharajedaghi, Jamshid. 2011. *Systems thinking – managing chaos and complexity: a platform for designing business architecture.* Burlington : Elsevier, 2011.

Ghislanzoni, Giancarlo, Heidari-Robinson, Stephen und Jermiin, Martin. 2010. McKinsey Quarterly. *Taking organizational redesigns from plan to practice – McKinsey global survey results.* [Online] Dezember 2010. [Zitat vom: 3. Januar 2011. Archiviert mit WebCite® als http://www.webcitation.org/6ObidmGoB.] http://www.mckinsey.com/insights/organization/taking_organizational_redesigns_from_plan_to_practice_mckinsey_global_survey_results.

Ghosal, Sumantra. 2005. Bad management theories are destroying good management practices. *Academy of Management Learning & Education.* 2005, Bd. 4, 1, S. 75 – 91.

Gladwell, Malcolm. 2002. *Tipping Point – Wie kleine Dinge Grosses bewirken können.* 5. Aufl. München : Goldmann, 2002.

Gloger, Axel. 2012. Das Ende der BWL – Management-Lehre in der Krise. *Managerseminare.* Heft 168, 2012, März 2012, S. 80 – 83.

Goddard, Jules. 2011. Blazing new trails – experiments in management. *Business Strategy Review.* Juni 2011, Bd. 22, 2, S. 54 – 58.

Goleman, Daniel. 1996. *Emotionale Intelligenz – Zum Erfolg gehört mehr als ein hoher IQ. Wer klug mit seinen Gefühlen umgeht, bringt es im Leben weiter.* München/Wien : Carl Hanser, 1996.

Goleman, Daniel. 2013. *Konzentriert euch! Eine Anleitung zum modernen Leben.* München/Zürich : Piper, 2013.

Goleman, Daniel. 2008. *Soziale Intelligenz – Wer auf andere zugehen kann, hat mehr vom Leben.* München : Knaur, 2008.

Gratton, Lynda. 2004. *The democratic enterprise – liberating your business with freedom, flexibility and commitment.* Upper Saddle River : Prentice Hall, 2004.

Green, C. Shawn und Bavelier, Daphne. 2008. Exercising your brain – a review of human brain plasticity and training-induced learning. *Psychology and Aging.* 2008, Bd. 23, 4, S. 692 – 701.

Greenspan, Stanley I. und Lieff Benderly, Beryl. 1997. *Die bedrohte Intelligenz – Die Bedeutung der Emotionen für unsere geistige Entwicklung.* München : C. Bertelsmann, 1997.

Greiling, Dorothea . 2009. *Performance Measurement in Nonprofit-Organisationen.* Wiesbaden : Gabler, 2009.

Griffin, Douglas. 2002. *The emergence of leadership – linking self-organization and ethics.* London/New York : Routledge, 2002.

Grossman, Paul und Stratmann, Birgit. 2012. Die neurowissenschaftliche Erforschung des Mitgefühls – Eine Revolution für die westliche Psychologie. *Tibet und Buddhismus.* 2012, 4, S. 17 – 19. Interview mit Paul Grossman.

Grossmann, Paul. 2008. Mindfulness für Psychologen – Dem Wahrnehmbaren freundliche Aufmerksamkeit schenken. [Hrsg.] Andreas von Leupoldt und Thomas Ritz. *Verhaltensmedizin: Psychobiologie, Psychopathologie und klinische Anwendung.* Stuttgart : Kohlhammer, 2008, S. 179 – 200.

Gruber, Dominik. 2010. Soziologie und Neurowissenschaften – Über die Komplementarität zweier Beschreibungsebenen. *Österreichische Zeitschrift für Soziologie.* 2010, Bd. 35, 4, S. 3 – 24.

Grundmann, Wolfgang und Schüttel, Klaus. 2009. *Wirtschaft, Arbeit und Soziales – Teil 1: Programmierte Aufgaben mit Lösungen.* 4. überarb. Aufl. Wiesbaden : Gabler, 2009.

Hackenbroch, Veronika. 2011. Spiegel Online Wissenschaft. [Online] 2.. Mai 2011. [Zitat vom: 5.. Mai 2011. Archiviert mit WebCite® als http://www.webcitation.org/6b7lrEBG0.] http://www.spiegel.de/spiegel/0,1518,760220,00.html.

Hagel, John, et al. 2013. Success or struggle – ROA as a true measure of business performance: Report 3 of the 2013 Shift Index series. [Online] 2013. [Zitat vom: 16. Januar 2014. Archiviert mit WebCite® als http://www.webcitation.org/6NNpeVv6k.] http://cdn.dupress.com/wp-content/uploads/2013/10/DUP505_ROA_vFINAL2.pdf?dfe920.

Hamel, Gary. 2009. Mission Management 2.0. *Harvard Business Manager.* 2009, 4, S. 86 – 95.

Hamel, Gary. 2012a. Schafft die Manager ab! *Harvard Business Manager.* Januar 2012a, 1, S. 22-36.

Hamel, Gary. 2007. *The future of management.* Boston : Harvard Business School Press, 2007.

Hamel, Gary. 2006. The why, what, and how of management innovation. *Harvard Business Review.* 2006, Bd. 84, 2, S. 72 – 84.

Hamel, Gary. 2012b. *What maters now – How to win in a world of relentless change, ferocious competition, and unstoppable innovation.* San Francisco : Jossey-Bass, 2012b.

Hancock, Matthew und Zahawi, Nadhim. 2011. *Masters of nothing – how the crash will happen again unless we understand human nature.* London : Biteback, 2011.

Handy, Charles. 1995. *Beyond Certainty – the changing worlds of organisations.* London : Random House, 1995.

Hangartner, Diego. 2012. Im Dialog für die Welt: Moderne Wissenschaft und Buddhismus. *Buddhismus aktuell.* 2012, Bd. 26, 3, S. 28 – 29.

Hanson, Rick und Mendius, Richard. 2010. *Das Gehirn eines Buddha – Die angewandte Neurowissenschaft von Glück, Liebe und Weisheit.* 2. Aufl. Freiburg : Arbor, 2010.

Headey, Bruce. 2006. Happiness – revising set point theory and dynamic equilibrium theory to account for long term change. *DIW Berlin.* [Online] 2006. [Zitat vom: 14. Februar 2014. Archiviert mit WebCite® als http://www.webcitation.org/6NNjDj7PK.] http://www.diw.de/documents/publikationen/73/diw_01.c.44536.de/dp607.pdf.

Hejl, Peter M. 1987. Konstruktion der sozialen Konstruktion – Grundlinien einer konstruktivistischen Sozialtheorie. [Hrsg.] Siegfried J. Schmidt. *Der Diskurs des Radikalen Konstruktivismus.* Frankfurt a.M. : Suhrkamp Taschenbuch Wissenschaft, 1987, S. 303 – 339.

Henschel, Frank. 2010. Ideen im europäischen und globalen Wissenstransfer. Die Wissenschaftssoziologie Ludwik Flecks. *Themenportal Europäische Geschichte.* [Online] 2010. [Zitat vom: 5. Februar 2014. Archiviert mit WebCite® als http://www.webcitation.org/6b7m84Rgs.] http://www.europa.clio-online.de/Portals/_Europa/documents/B2010/E_Henschel_Ludwik%20Fleck.pdf.

Herbert, Beate M. und Pollatos, Olga. 2012. The body in the mind – on the relationship between interoception and embodiment. *Topics in Cognitive Science.* 2012, 4, S. 692 – 704.

Herschkowitz, Norbert. 2010. *Das Gehirn: Wissen, was stimmt.* 4. Aufl. Freiburg i.B. : Herder, 2010.

Hickok, Gregory. 2009. Eight problems for the mirror neuron theory of action understanding in monkeys and humans. *Journal of Cognitive Neuroscience.* 2009, Bd. 21, 7, S. 1229 – 1243.

Hilbrecht, Heinz. 2010. *Meditation und Gehirn – Alte Weisheit und moderne Wissenschaft.* 2. Nachdruck 2011 der 1. Aufl. 2010. Stuttgart : Schattauer, 2010.

Hinterhuber, Hans H. 2000. Mentale Modelle der Führenden und strategische Ausrichtung der Unternehmen. [Hrsg.] Hans H. Hinterhuber und Heinz K. Stahl. *Die Schwerpunkte moderner Unternehmensführung. Kräfte bündeln – Ballast abwerfen – Werte schaffen.* Renningen : Expert Linde Verlag, 2000, S. 100 – 122.

Hoffer Gittell, Jody. 2005. *The Southwest Airlines way – using the power of relationships to achieve high performance.* New York : McGraw-Hill, 2005.

Holderegger, Adrian, et al. 2007. *Hirnforschung und Menschenbild – Beiträge zur interdisziplinären Verständigung.* [Hrsg.] Adrian Holderegger, et al. Fribourg/Basel : Academic Press u. Schwabe, 2007.

Holland, John H. 2006. Studying complex adaptive systems. *Journal of Systems Science and Complexity.* 2006, Bd. 19, 1, S. 1 – 8.

Hölzel, Britta K. 2007. Achtsamkeitsmeditation: Aktivierungsmuster und morphologische Veränderungen im Gehirn von Meditierenden. [Online] 2007. [Zitat vom: 14. Oktober 2012. Archiviert mit WebCite® als http://www.webcitation.org/6PT7lnhyW.] http://www.nmr.mgh.harvard.edu/~britta/Hoelzel_Zusammenfassung_Diss.pdf.

Hölzel, Britta K., et al. 2011a. How does mindfulness meditation work? Proposing mechanisms of action from a conceptual and neural perspective. *Perspectives on Psychological Science.* 2011a, Bd. 6, 6, S. 537 – 559.

Hölzel, Britta K., et al. 2011b. Mindfulness practice leads to increases in regional brain gray matter density. *Psychiatry Research: Neuroimaging.* 30. Januar 2011b, Bd. 191, 1, S. 36 – 43.

Honnefelder, Ludger, et al., [Hrsg.]. 2003. *Das genetische Wissen und die Zukunft des Menschen.* Berlin : de Gruyter, 2003.

Hope, Jeremy und Fraser, Robin. 2003. *Beyond Budgeting – Wie sich Manager aus der jährlichen Budgetierungsfalle befreien können.* Stuttgart : Schäffer-Poeschel, 2003.

Hope, Jeremy, Bunce, Peter und Röösli, Franz. 2011. *The leader's dilemma – how to build an empowered and adaptive organization without losing control.* San Francisco : Jossey-Bass, 2011.

Horkheimer, Max und Adorno, Theodor W. 1995/1947. *Dialektik der Aufklärung. Philosophische Fragmente.* Frankfurt a.M. : Suhrkamp, 1995/1947.

Hücker, Franz-Josef. 2007. In memoriam Paul Watzlawick. *Kommunikation & Seminar.* 2007, Bd. 16, 3, S. 55 – 56.

Hug, Brigitta. 2013. Menschenbilder. [Hrsg.] Thomas Steiger und Eric Lippmann. *Handbuch Angewandte Psychologie für Führungskräfte – Führungskompetenz und Führungswissen.* Berlin/Heidelberg : Springer, 2013, S. 3 – 15.

Hunter, Jeremy und Chaskalson, Michael. in press. Making the mindful leader – cultivating skills for facing adaptive challenges. [Online] in press. [Zitat vom: 15. Oktober 2012. Archiviert mit WebCite® als http://www.webcitation.org/6b7nik4eZ.] http://jeremyhunter.net/wp-content/themes/twentyten/documents/MakingTheMindfulLeader-Letter-01.pdf.

Hutcherson, Cendri A., Seppala, Emma M. und Gross, James J. 2008. Loving-kindness meditation increases social connectedness. *Emotion.* 2008, Bd. 8, 5, S. 720 – 724.

Hüther, Gerald. 2011a. *Bedienungsanleitung für ein menschliches Gehirn.* 10. Aufl. Göttingen : Vandenhoeck & Ruprecht, 2011a.

Hüther, Gerald. 2011b. *Biologie der Angst – Wie aus Streß Gefühle werden.* 10. Aufl. Göttingen : Vandenhoeck & Ruprecht, 2011b.

Hüther, Gerald. 2012. Die biologischen Grundlagen der Spiritualität. [Hrsg.] Gerald Hüther, Wolfgang Roth und Michael von Brück. *Damit das Denken Sinn bekommt – Spitituallität, Vernunft und Selbsterkenntnis.* 5. Aufl. Freiburg i.B. : Herder, 2012, S. 25 – 37.

Hüther, Gerald. 2009. *Die Macht der inneren Bilder – Wie Visionen das Gehirn, den Menschen und die Welt verändern.* 5. Aufl. Göttingen : Vandenhoeck & Ruprecht, 2009.

Hüther, Gerald und Hauser, Uli. 2012. *Jedes Kind ist hoch begabt Die angeborenen Talente unserer Kinder und was wir aus ihnen machen.* München : Knaus, 2012.

Hüther, Gerald und Hosang, Maik. 2012. *Die Freiheit ist ein Kind der Liebe – Die Liebe ist ein Kind der Freiheit.* Freiburg i.B. : Kreuz, 2012.

Hüther, Gerald und Spannbauer, Christa. 2012. Wege zum Wir. *Connectedness – Warum wir ein neues Weltbild brauchen.* Bern : Hans Huber, 2012, S. 7 – 13.

Hüther, Gerald. 2011c. *Was wir sind und was wir sein könnten – Ein neurobiologischer Mutmacher.* Frankfurt a.M. : S. Fischer, 2011c.

Iacoboni, Marco. 2009. *Woher wir wissen, was andere denken und fühlen – Die neue Wissenschaft der Spiegelneurone.* München : Deutsche Verlags-Anstalt, 2009.

IBM Corporation. 2008. Making change work. [Online] 2008. [Zitat vom: 3. November 2011. Archiviert mit WebCite® als http://www.webcitation.org/6b7oF8FgH.] http://www-935.ibm.com/services/us/gbs/bus/pdf/gbe03100-usen-03-making-change-work.pdf.

Jahnke, Isa. 2006. *Dynamik sozialer Rollen beim Wissensmanagement – Soziotechnische Anforderungen an Communities und Organisationen.* Wiesbaden : Deutscher Universitäts-Verlag, 2006.

James, William. 1924. *Memories and Studies.* New York : Longmans, Green & Co., 1924.

James, William. 1899/1962. *Talks to teachers on psychology and to students on some of life's ideals.* New York : Dover, 1899/1962. Erstveröffentlichung 1899.

Jäncke, Lutz. 2007. Hirnforschung: bildgebende Verfahren. Zur Grenze zwischen Naturwissenschaft und philosophischer Spekulation. [Hrsg.] Adrian Holderegger, et al. *Hirnforschung und Menschenbild – Beiträge zur interdisziplinären Verständigung.* Fribourg/Basel : Academic Press u. Schwabe, 2007, S. 121 – 139.

Jäncke, Lutz und Petermann, Franz. 2012. Hirnforschung und Psychologie – eine schwierige Beziehung. *Gehirn & Geist Basiswissen.* 2012, 1, S. 86 – 87.

Janesick, Valerie J. 1994. The dance of qualitative research design – metaphor, methodolatry, and meaning. [Hrsg.] Norman K. Denzin und Yvonna S. Lincoln. *Handbook of qualitative research.* Thousand Oaks : Sage, 1994, S. 209 – 219.

Jensen, Stefan. 1980. *Talcott Parsons – Eine Einführung.* Wiesbaden : Springer, 1980.

Jha, Amishi P., et al. 2010. Examining the protective effects of mindfulness training on working memory capacity and affective experience. *Emotion.* 2010, Bd. 10, 1, S. 54 – 64.

Joas, Hans. 1980. *Praktische Intersubjektivität – Die Entwicklung des Werkes von G. H. Mead.* Frankfurt a.M. : Suhrkamp Taschenbuch Wissenschaft, 1980.

Jörissen, Benjamin. 2000. *Identität und Selbst – Systematische, begriffsgeschichtliche und kritische Aspekte.* [Hrsg.] Christoph Wulf. Berlin : Logos, 2000.

Jungert, Michael, et al., [Hrsg.]. 2013. *Interdisziplinarität – Theorie, Praxis, Probleme.* Darmstadt : Wissenschaftliche Buchgesellschaft, 2013.

Kabat-Zinn, Jon. 2011. *Gesund durch Meditation – Das grosse Buch der Selbstheilung.* München : Knaur Taschenbuch, 2011.

Kabat-Zinn, Jon. 2003. Mindfulness-based interventions in context: past, present, and future. *Clinical Psychology: Science and Practice.* 2003, Bd. 10, 2, S. 144 – 156.

Kabat-Zinn, Jon, Davidson, Richard J. und Houshmand, Zara. 2012a. Ein Zusammenfliessen der Ströme und ein Erblühen von Möglichkeiten. *Die heilende Kraft der Meditation – Wie sich unser Geist selbst heilen kann: Ein wissenschaftlicher Dialog mit dem Dalai Lama.* Freiburg i.B. : Arbor, 2012a, S. 9 – 28.

Kabat-Zinn, Jon, Davidson, Richard J. und Houshmand, Zara. 2012b. Fortschritte in der Grundlagenforschung und klinischen Forschung über Meditation in den fünf Jahren nach Mind and Life XIII 2006 – 2011. *Die heilende Kraft der Meditation – Wie sich unser Geist selbst heilen kann: Ein wissenschaftlicher Dialog mit dem Dalai Lama.* Freiburg i.B. : Arbor, 2012b, S. 267 – 285.

Kabat-Zinn, Jon, Pieringer, Christina und Rieder, Christian. 2006. Aufwachen ist die härteste Arbeit der Welt. *Ursache & Wirkung.* 2006, 9, S. 57 – 60. Interview mit Jon Kabat-Zinn.

Kaduk, Stefan, Osmetz, Dirk und Wüthrich, Hans A. 2013. Change the Management – Führungskräfte müssen sich selbst verändern. *Wirtschaftspsychologie aktuell.* 2013, 1, S. 24 – 30.

Kahneman, Daniel. 2012. *Schnelles Denken, langsames Denken.* 2. Aufl. München : Siedler, 2012.

Kandel, Eric. 2009. *Auf der Suche nach dem Gedächtnis – Die Entstehung einer neuen Wissenschaft.* 4. Aufl. München : Goldmann, 2009.

Kandel, Eric R., Schwartz, James H. und Jessell, Thomas M. (Hrsg.). 1996. *Neurowissenschaften – Eine Einführung.* Heidelberg/Berlin/Oxford : Spektrum Akademischer Verlag, 1996.

Kang, Sun-Mee, Day, Jeanne D. und Meara, Naomi M. 2006. Soziale und emotionale Intelligenz – Gemeinsamkeiten und Unterschiede. [Hrsg.] Ralf Schulze, Alexander Freund und Richard D. Roberts. *Emotionale Intelligenz – Ein internationales Handbuch.* Göttingen : Hogrefee, 2006, S. 101 – 115.

Kanwisher, Nancy und Downing, Paul. 1998. Separating the wheat from the chaff. *Science.* 1998, Bd. 282, 5386, S. 57 – 58.

Kanwisher, Nancy und Wojciulik, Ewa. 2000. Visual attention – insights from brain imaging. *Nature Reviews Neuroscience.* 2000, 1, S. 91 – 100.

Kästner, Evelyn. 2009. *Kreativität als Bestandteil der Markenidentität – Ein verhaltenstheoretischer Ansatz zur Anlayse der Mitarbeiterkreativität.* Wiesbaden : Gabler, 2009. Disseration Handelshochschule Leipzig.

Kegan, Robert und Lahey, Lisa. 2009. *Immunity to change – how to overcome it and unlock the potential in yourself and your organization.* Cambridge : Harvard Business Press, 2009.

Kegan, Robert. 2014. Wie wir unserem Selbst im Weg stehen. *Organisationsentwicklung – Zeitschrift für Unternehmensentwicklung und Change Management.* 2014, 1, S. 49 – 55.

Kegel, Bernhard. 2011. *Epigenetik – Wie Erfahrungen vererbt werden.* Köln : DuMont, 2011.

Keller, Scott und Price, Colin. 2011. *Beyond Performance – How great organizations build ultimate competitive advantage.* Hoboken : John Wiley & Sons, 2011.

Kelly, Kevin. 1997. *Das Ende der Kontrolle – Die biologische Wende in Wirtschaft, Technik und Gesellschaft.* Köln : Bollman, 1997.

Kempmann, Michael. 2005. *Spiegelneuronen – Mirror Neurons: Interpersonale Kommunikation als neuronaler Nachahmungsprozess.* München/Ravensburg : Grin, 2005.

Kesselring, Jürg. 2011. *Die Kunst des Übens – Lektionen aus der Neurobiologie zu Musik & Sprache.* Stuttgart : Internationale Erich Fromm-Gesellschaft e.V., 2011.

Kesselring, Jürg. 2007. Neurologische Aspekte des Lernens – Lektionen aus der Neurorehabilitation. [Hrsg.] Adrian Holderegger, et al. *Hirnforschung und Menschenbild – Beiträge zur interdisziplinären Verständigung.* Fribourg/Basel : Academic Press u. Schwabe, 2007, S. 413 – 422.

Kesselring, Jürg. 2013a. Spielformen des Bewusstseins. *Schweizerische Ärztezeitung.* 2013a, Bd. 94, 23, S. 1 – 3.

Kesselring, Jürg. 2013b. Werte in der Medizin. *Schweizerische Ärztezeitung.* 2013b, Bd. 94, 10, S. 397 – 401.

Keysers, Christian. 2013. *Unser empathisches Gehirn – Warum wir verstehen, was andere fühlen.* 2. Aufl. München : C. Bertelsmann, 2013.

Khurana, Rakesh. 2007. *From higher aims to hired hands – the social transformation of american business schools and the unfulfilled promise of management as a profession.* Princeton : Princeton University Press, 2007.

Kilner, John A. und Lemon, Roger N. 2013. What we know currently about mirror neurons. *Current Biology.* 2013, Bd. 23, 23, S. 1057 – 1062.

Kirchgässner, Gebhard. 2008. *Homo oeconomicus – the economic model of behaviour and its applications in economics and other social sciences.* Berlin : Springer, 2008.

Kirkpatrick, Doug. 2011. *Beyond empowerment – the age of the self-managed organization.* Sacramento : Morning star self-management institute, 2011.

Kirsch, Werner. 1977. *Die Betriebswirtschaftslehre als Führungslehre: Erkenntnisperspektiven, Aussagensysteme, wissenschaftlicher Standort.* München : Institut für Organisation, Ludwig-Maximilians Universität München, 1977.

Klassen, Michael. 2004. *Was leisten Systemtheorien in der Sozialen Arbeit? Ein Vergleich der systemischen Ansätze von Niklas Luhmann und Mario Bunge.* Bern : Haupt, 2004.

Klein, Stefan. 2010. *Der Sinn des Gebens – Warum Selbstlosigkeit in der Evolution siegt und wir mit Egoismus nicht weiterkommen.* Frankfurt a.M. : S. Fischer, 2010.

Klimecki, Olga M., et al. 2013. Differential pattern of functional brain plasticity after compassion and empathy training. *Social Cognitive and Affective Neuroscience.* [Online] 2013. [Zitat vom: 10. März 2014. Archiviert mit Webcite® als http://www.webcitation.org/6Ny9aP6AA.] http://scan.oxfordjournals.org/content/early/2013/05/09/scan.nst060.short.

Klimecki, Olga M., et al. 2012. Functional neural plasticity and associated changes in positive affect after compassion training. *Cerebral Cortex.* [Online] 1. June 2012. [Zitat vom: 28. August 2012. Archiviert mit Webcite® als http://www.webcitation.org/6NyA24DSS.] http://cercor.oxfordjournals.org/content/early/2012/05/31/cercor.bhs142.

Kohn, Alfie. 1999. *Punished by rewards: the trouble with gold stars, incentive plans, A's, praise, and other bribes.* 2. Aufl. Boston : Houghton Mifflin, 1999.

Königswieser, Roswita und Exner, Alexander. 2006. *Systemische Intervention – Architekturen und Designs für Berater und Veränderungsmanager.* 9. Aufl. Stuttgart : Klett-Cotta, 2006.

Korittko, Alexander. 2011. Unser Gehirn ist eigentlich ein soziales Konstrukt – Ein Gespräch mit Prof. Dr. Gerald Hüther und Lutz-Ulrich Besser über Haltungen, gehalten werden und

Überleben in traumatischem Stress. [Hrsg.] Helmut Bonney. *Neurobiologie für den therapeutischen Alltag – Auf den Spuren Gerald Hüthers.* Göttingen : Vandenhoeck & Ruprecht, 2011, S. 135 – 150.

Kornfield, Jack. 2008. *Das weise Herz – Die universellen Prinzipien buddhistischer Psychologie.* 5. Aufl. München : Arkana, 2008.

Kornfield, Jack. 2007. *Meditation für Anfänger: Inklusive einer CD mit sechs geführten Meditationen für Einsicht, innere Klarheit und Mitempfinden.* 11. Aufl. München : Arkana, 2007.

Korte, Martin. 2012. *Jung im Kopf – Erstaunliche Einsichten der Gehirnforschung in das Älterwerden.* München : Deutsche Verlags-Anstalt, 2012.

Kotter, John P. und Cohen, Dan S. 2002. *The heart of change – real-life stories of how people change their organizations.* Boston : Harvard Business School Press, 2002.

KPMG und Justus-Liebig-Universität Giessen. 2009. Ziele definieren – sicher ankommen. [Hrsg.] KPMG-Studie. *People & Change.* 2009.

Kramer, Arthur F. und Willis, Sherry L. 2003. Cognitive plasticity and aging. [Hrsg.] Brian H. Ross. *Psychology of learning and motivation.* Amsterdam : Academic Press, 2003, Bd. 43, S. 267 – 302.

Krems, Burkhardt. 2012. Sach- und Formalziel(e). *Online-Verwaltungslexikon olev.de.* [Online] 21. Mai 2012. [Zitat vom: 29. Mai 2014. Archiviert mit WebCite® als http://www.webcitation.org/6PvblmjCO.] http://www.olev.de/s/sachziel.htm.

Krohn, Wolfgang, Küppers, Günther und Paslack, Rainer. 1987. Selbstorganisation – Zur Genese und Entwicklung einer wissenschaftlichen Revolution. [Hrsg.] Siegfried J. Schmidt. *Der Diskurs des Radikalen Konstruktivismus.* Frankfurt a.M. : Suhrkamp Taschenbuch Wissenschaft, 1987, S. 441 – 465.

Kroner, Niels. 2011. *A blueprint for better banking: Svenska Handelsbanken and a proven model for more stable and profitable banking.* Hampshire : Harriman House, 2011.

Kubicek, Herbert. 1977. Heuristische Bezugsrahmen und heuristisch angelegte Forschungsdesigns als Elemente einer Konstruktionsstrategie empirischer Forschung. [Hrsg.] Richard Köhler. *Empirische und handlungstheoretische Forschungskonzeption in der Betriebswirtschaftslehre.* Stuttgart : Poeschel, 1977, S. 3 – 36.

Kuhn, Thomas S. 1976. *Die Struktur wissenschaftlicher Revolutionen.* 2. rev. und erg. Aufl. Frankfurt a.M. : Suhrkamp Taschenbuch Wissenschaft, 1976.

Kuhn, Thomas S. 1977. *The essential tension – selected studies in scientific tradition and change.* Chicaco : The University of Chicaco Press, 1977.

Laloux, Frederic. 2014. *Reinventing organizations – a guide to creating organizations inspired by the next stage of human consciousness.* Brussels : Nelson Parker, 2014.

Lamm, Claus, Batson, Daniel C. und Decety, Jean. 2007. Then neural substrate of human empathy – effects of perspective-taking and cognitive appraisal. *Journal of Cognitive Neuroscience.* 2007, Bd. 19, 1, S. 42 – 58.

Lamm, Claus, Meltzoff, Andrew N. und Decety, Jean. 2010. How do we empathize with someone who is not like us? A functional magnetic resonance imaging study. *Journal of Cognitive Neuroscience.* 2010, Bd. 22, 2, S. 362 – 376.

Lamnek, Siegfried. 2005. *Qualitative Sozialforschung.* 4., vollst. überarb. Aufl. Weinheim/Basel : Beltz, 2005.

Langer, Ellen J. 1989. *Mindfulness.* Reading : Addison-Wesley, 1989.

Lapin, David. 2012. *Lead by greatness – how character can power your success.* o.O. : Avoda Books, 2012.

Laughlin, Robert B. 2010. *Abschied von der Weltformel – Die Neuerfindung der Physik.* 2. Aufl. München/Zürich : Piper, 2010.

Lave, Charles A. und March, James G. 1975. *An introduction to models in the social sciences.* New York : Harper and Row, 1975.

Lawrence, E. J., et al. 2004. Measuring empathy – reliability and validity of the empathy quotient. *Psychological Medicine.* 2004, Bd. 34, 5, S. 911 – 924.

Lazar, Sara W. 2012. Die neurowissenschaftliche Erforschung der Meditation. [Hrsg.] Michael Zimmermann, Christof Spitz und Stefan Schmidt. *Achtsamkeit – Ein buddhistisches Konzept erobert die Wissenschaft.* Bern : Hans Huber, 2012, S. 71 – 81.

Lazar, Sara W., et al. 2005. Meditation experience is associated with increased cortical thickness. *Neuroreport.* 2005, Bd. 16, 17, S. 1893 – 1897.

Leiberg, Susanne, Klimecki, Olga und Singer, Tania. 2011. Short-term compassion training increases prosocial behavior in a newly developed prosocial game. *PLoS ONE.* 2011, Bd. 6, 3, S. e17798.

Liker, Jeffrey. 2004. *The Toyota way: 14 management principles from the world's greatest manufacturer.* New York : McGraw-Hill, 2004.

Linder-Hofmann, Bernd und Zink, Manfred. 2002. *Die innere Form – Zen im Management.* München : Gellius, 2002.

Lingnau, Angelika, Gesierich, Benno und Caramazza, Alfonso. 2009. Asymmetric fMRI adaptation reveals no evidence for mirror neurons in humans. *Proceedings of the National Academy of Sciences of the United States of America.* 2009, Bd. 24, 106, S. 9925 – 9930.

Lipton, Bruce H. 2011. *Intelligente Zellen – Wie Erfahrungen unsere Gene steuern.* 10. Aufl. Burgrain : Koha, 2011.

Lock, Andy und Strong, Tom. 2010. *Social constructionism – sources and stirrings in theory and practice.* Cambridge : Cambridge University Press, 2010.

Long, Douglas G. 2012. *Third generation leadership and the locus of control – knowledge, change and neuroscience.* Farnham : Gower, 2012.

Löwe, Marion. 2003. *Rechnungslegung von Nonprofit-Organisationen – Anforderungen und Ausgestaltungsmöglichkeiten unter Berücksichtigung der Regelungen in Deutschland, USA und Grossbritannien.* Berlin : Erich Schmidt, 2003.

LRN Corporation. 2012. The HOW report – new metrics for a new reality: rethinking the source of resiliency, innovation and growth. [Online] 2012. [Zitat vom: 9. März 2014. Archiviert mit WebCite®als http://www.webcitation.org/6NwNkhUsk.] http://www.lrn.com/howmetrics/data/LRNHowReport2012.pdf.

Lü, Qiaoping. 2008. *Medienkompetenz von Studierenden an chinesischen Hochschulen.* Wiesebaden : VS Verlag für Sozialwissenschaften, 2008.

Luders, Eileen, et al. 2011. Enhanced brain connectivity in long-term meditation practitioners. *Neuroimage.* 2011, Bd. 57, 4, S. 1308 – 1316.

Luders, Eileen, et al. 2009. The underlying anatomical correlates of long-term meditation – larger hippocampal and frontal volumes of gray matter. *Neuroimage.* 2009, Bd. 45, 3, S. 672 – 678.

Luecke, Richard. 2003. *Managing change and transition – your mentor and guide to doing business effectively.* Boston : Harvard Business School Press, 2003.

Luhmann, Niklas. 1987a. *Archimedes und wir. Interviews.* [Hrsg.] Dirk Baecker und Georg Stanitzek. Berlin : Merve, 1987a.

Luhmann, Niklas. 1997. *Die Gesellschaft der Gesellschaft.* Frankfurt a.M. : Suhrkamp, 1997.

Luhmann, Niklas. 1994. Die Tücke des Subjekts und die Frage nach dem Menschen. [Hrsg.] Peter Fuchs und Andreas Göbel. *Der Mensch – das Medium der Gesellschaft?* Frankfurt a.M. : Suhrkamp Taschenbuch Wissenschaft, 1994, S. 40 – 56.

Luhmann, Niklas. 2008. *Liebe – Eine Übung.* Frankfurt a.M. : Suhrkamp, 2008.

Luhmann, Niklas. 1987b. *Soziale Systeme – Grundriss einer allgemeinen Theorie.* Frankfurt a. M. : Suhrkamp Tachenbuch Wissenschaft, 1987b.

Luhmann, Niklas. 1990. *Soziologische Aufklärung 5 – Konstruktivistische Perspektiven.* Opladen : Westdeutscher Verlag, 1990.

Luhmann, Niklas und Huber, Hans Dieter. 1991. Interview mit Niklas Luhmann am 13.12.90 in Bielefeld. *Texte zur Kunst.* 1991, Bd. I, 4, S. 121 – 133.

Luhmann, Niklas. 2005. *Vertrauen – Ein Mechanismus der Reduktion der Komplexität.* 4. Aufl. Stuttgart : Lucius & Lucius, 2005.

Luks, Timo. 2010. *Der Betrieb als Ort der Moderne – Zur Geschichte von Industriearbeit, Ordnungsdenken und Social Engineering im 20. Jahrhundert.* Bielefeld : Transcript Verlag, 2010.

Luoma, Jukka. 2007. Systems thinking in complex responsive processes and systems intelligence. [Hrsg.] Raimo P. Hämäläinen und Esa Saarinen. Helsinki : Systems Analysis Laboratory, Helsinki University of Technology, 2007, S. 281 – 294.

Lutz, Antoine, Dunne, John D. und Davidson, Richard J. 2007. Meditation and the neuroscience of consciousness – an introduction. [Hrsg.] Philip D. Zelazo, Morris Moscovitch und Evan Thompson. *The Cambridge handbook of consciousness.* New York : Cambridge University Press, 2007, S. 499 – 554.

Lutz, Antoine, et al. 2008a. Attention regulation and monitoring in meditation. *Trends in Cognitive Sciences.* 2008a, Bd. 12, 4, S. 163 – 169.

Lutz, Antoine, et al. 2009a. BOLD signal in insula is differentially related to cardiac function during compassion meditation in experts versus novices. *Neuroimage.* 2009a, Bd. 47, 3, S. 1038 – 1046.

Lutz, Antoine, et al. 2002. Guiding the study of brain dynamics by using first-person data: Synchrony patterns correlate with ongoing conscious states during a simple visual task. *Proceedings of the National Academy of Sciences.* 2002, Bd. 99, 3, S. 1586 – 1591.

Lutz, Antoine, et al. 2004. Long-term meditators self-induce high-amplitude gamma synchrony during mental practice. *Proceedings of the National Academy of Sciences of the United States of America.* 2004, Bd. 101, 46, S. 16369 – 16373.

Lutz, Antoine, et al. 2009b. Mental training enhances attentional stability – neural and behavioral evidence. *The Journal of Neuroscience.* 2009b, Bd. 29, 42, S. 13418 – 13427.

Lutz, Antoine, et al. 2008b. Regulation of the neural circuitry of emotion by compassion meditation – effects of meditative expertise. *PLoS One.* 2008b, Bd. 3, 3, S. e1897.

Malik, Fredmund. 2002. *Die neue Corporate Governance: Richtiges Top-Management – Wirksame Unternehmensaufsicht.* 3. erw. Aufl. Frankfurt a.M. : Frankfurter Allgemeine Buch, 2002.

Malik, Fredmund. 2011. *Strategie – Navigieren in der Komplexität der neuen Welt.* Frankfurt a.M./New York : Campus, 2011.

Malik, Fredmund. 2004. *Systemisches Management, Evolution, Selbstorganisation – Grundprobleme, Funktionsmechanismen und Lösungsansätze für komplexe Systeme.* 4., unveränd. Aufl. Bern/Stuttgart/Wien : Haupt, 2004.

Malinowski, Peter. 2012. Wie fördert Meditation positive psychische Veränderungen. [Hrsg.] Michael Zimmermann, Christof Spitz und Stefan Schmidt. *Achtsamkeit – Ein buddhistisches Konzept erobert die Wissenschaft.* Bern : Hans Huber, 2012, S. 91 – 100.

Mallwitz, Petra. 2011. Innere Freiheit oder: Die Möglichkeiten zwischen Reiz und Reaktion. *SWR.* [Online] Dezember 2011. [Zitat vom: 10. Mai 2014. Archiviert mit WebCite® als http://www.webcitation.org/6PSwMPMXo.] http://www.swr.de/-/id=8776314/property=download/nid=660174/1bfboga/swr2-leben-20111201.pdf.

Management innovation exchange. 2010. Management innovation exchange. [Online] 2010. [Zitat vom: 27.. Mai 2012. Archiviert mit WebCite® als http://www.webcitation.org/6b91OAo4W.] http://www.managementexchange.com/.

Manna, Antonietta, et al. 2010. Neural correlates of focused attention and cognitive monitoring in meditation. *Brain research bulletin.* 2010, Bd. 82, 1-2, S. 46 – 56.

Mannschatz, Marie. 2012. Eine meditierende Gesellschaft: Schreck oder Segen? *Buddhismus aktuell.* 2012, Bd. 26, 3, S. 56.

Mantini, Dante, et al. 2009. Large-scale brain networks account for sustained and transient activity during target detection. *NeuoImage.* 2009, Bd. 44, 1, S. 265 – 274.

Markowitsch, Hans J. und Welzer, Harald. 2006. *Das autobiographische Gedächtnis – Hirnorganische Grundlagen und biosoziale Entwicklung.* 2. Aufl. Stuttgart : Klett-Cotta, 2006.

Markram, Henry. 2012. *The human brain project – a report to european commission.* Lausanne : The HBP-PS Consortium, 2012.

Martin, Bruno. 2011. Achtsamkeit und Aufmerksamkeit. *Gurdjieff Heute.* [Online] 2011. [Zitat vom: 20. März 2014. Archiviert mit WebCite® als http://www.webcitation.org/6ODReGax5.] http://www.gurdjieff-work.de/pages/artikel.html.

Martin, Roger L. 2011. *Fixing the game – bubbles, crashes and what capitalism can learn from NFL.* Boston : Harvard Business Review Press, 2011.

Mathur, Vani A., et al. 2010. Neural basis of extraordinary empathy and altruistic motivation. *Neuroimage.* 2010, Bd. 51, 4, S. 1468 – 1475.

Maturana, Humberto R. 1987. Biologie der Sozialität. [Hrsg.] Siegfried J. Schmidt. *Der Diskurs des Radikalen Konstruktivismus.* Frankfurt a.M. : Suhrkamp Taschenbuch Wissenschaft, 1987, S. 287 – 302.

Maturana, Humberto R. 1994. Matristische und patriarchale Konversationen. [Hrsg.] Humberto R. Maturana und Gerda Verden-Zöller. *Liebe und Spiel – Die vergessenen Grundlagen des Menschseins.* 2. Aufl. Heidelberg : Carl-Auer, 1994, S. 21 – 42.

Maturana, Humberto R. und Varela, Francisco J. 2010. *Der Baum der Erkenntnis – Die biologischen Wurzeln menschlichen Erkennens.* 3. Aufl. Frankfurt a.M. : Fischer Taschenbuch, 2010.

Mausfeld, Rainer. 2007. Über Ziele und Grenzen einer naturwissenschaftlichen Zugangsweise zur Erforschung des Geistes. [Hrsg.] Adrian Holderegger, et al. *Hirnforschung und Menschenbild – Beiträge zur interdisziplinären Verständigung.* Fribourg/Basel : Academic Press u. Schwabe, 2007, S. 21 – 39.

McGilchrist, Iain. 2009. *The master and his emissary: The divided brain and the making of the western world.* New Haven/London : Yale University Press, 2009.

McKinsey, James O. 1922. *Budgetary control.* New York : The Ronald press company, 1922.

McNamee, Sheila und Gergen, Kenneth J. 1999. An invitation to relational responsibility. *Relational responsibility – resources for sustainable dialogue.* Thousand Oaks : Sage, 1999, S. 3 -28.

McNulty, Eric J. 2014. Are you ready to lose control. *strategy+business.* [Online] 18. April 2014. [Zitat vom: 16. Mai 2014. Archiviert mit WebCite® als ttp://www.webcitation.org/6PcKuipNT.] http://www.strategy-business.com/blog/Are-You-Ready-to-Lose-Control?gko=96454.

Mead, Georg H. 1987. Die soziale Identität. [Hrsg.] Hans Joas. *Gesammelte Aufsätze.* Frankfurt a.M. : Suhrkamp Taschenbuch Wissenschaft, 1987, Bd. 1, S. 241 – 249.

Mead, Georg H. 1973. *Geist, Identität und Gesellschaft.* Frankfurt a.M. : Suhrkamp Taschenbuch Wissenschaft, 1973.

Mead, Georg H. 1934. *Mind, self & society – from the standpoint of a social behaviorist.* [Hrsg.] Charles W. Morris. Chicaco/London : The University of Chicaco Press, 1934.

Mead, Georg H. 1926. The objective reality of perspectives. [Hrsg.] Edgar Brightman. *Proceedings of the sixth international congress of philosophy.* New York : o.V., 1926, S. 75 – 85.

Mead, Georg H. 1913. The social self. *The Journal of Philosophy, Psychology and Scientific Methods.* 1913, Bd. 10, 14, S. 374 – 380.

Medina, John. 2009. *Gehirn und Erfolg – 12 Regeln für Schule, Beruf und Alltag.* Heidelberg : Spektrum Akademischer Verlag, 2009.

Meditation und Wissenschaft. 2012. Neue Bewusstseinskultur in einer aus den Fugen geratenen Welt. [Online] 2012. [Zitat vom: 27. September 2012. Archiviert mit WebCite® als http://www.webcitation.org/6b92Qjy4L.] http://www.meditation-wissenschaft.org/dokumentation-kongress-2012.html.

Merleau-Ponty, Maurice. 1945/1962. *Phenomenology of Perception.* London : Routledge, 1945/1962.

Merzenich, Michael M. und deCharms, R. C. 1996. Neural representations, experience, and change. [Hrsg.] Rodolfo R. Llinás und Patricia S. Churchland. *The mind–brain continuum – sensory processes.* Cambridge : The MIT Press, 1996, S. 61 – 81.

Metzinger, Thomas. 2012. *Der Ego-Tunnel – Eine neue Philosophie des Selbst: Von der Hirnforschung zur Bewusstseinsethik.* 5. Aufl. Berlin : Bloomsbury, 2012.

Metzinger, Thomas. 2013. *Spiritualität und intellektuelle Redlichkeit – Ein Versuch.* Mainz : Selbstverlag, 2013.

Metzner, Andreas. 2001. Feyerabend: Wider den Methodenzwang. [Hrsg.] Sven Papcke und Georg W. Osterdierkhoff. *Schlüsselwerke der Soziologie.* Opladen : Westdeutscher Verlag, 2001, S. 152 – 154.

Meyer, Annette. 2010. *Die Epoche der Aufklärung.* Berlin : Akademie Verlag, 2010.

Meyer, Susanne. 2002. *Einsatzmöglichkeiten von Entspannungstechniken in der Schule bei Kindern mit Aufmerksamkeitsdefizit-Syndrom (ADS).* Hamburg : Diplomica, 2002.

Miller, Earl K. und Cohen, Jonathan D. 2001. An integrative theory of prefrontal cortex function. *Annual Review of Neuroscience.* 2001, Bd. 24, 1, S. 167 – 202.

Miller, John H. und Page, Scott E. 2007. *Complex adaptive systems – an introduction to computational models of social life.* Princeton : Princeton University Press, 2007.

Mind & Life Institute. o.J. [Online] o.J. [Zitat vom: 2. November 2012. Archiviert mit WebCite® als http://www.webcitation.org/6b92dbhHX.] http://www.mindandlife.org/.

Mingyur, Yongey. 2007. *Buddha und die Wissenschaft vom Glück – Ein tibetischer Meister zeigt, wie Meditation den Körper und das Bewusstsein verändert.* 5. Aufl. München : Goldmann, 2007.

Mintzberg, Henry. 2005. *Managers nicht MBA's – Eine kritische Analyse.* Frankfurt a.M./New York : Campus, 2005.

Monyer, Hannah, et al. 2004. Das Manifest – Elf führende Neurowissenschaftler über Gegenwart und Zukunft der Hirnforschung. *Gerhirn & Geist.* 2004, Nr. 6, S. 30 – 37.

Moore, Adam und Malinowsky, Peter. 2009. Meditation, mindfulness and cognitive flexibility. *Consciousness and Cognition.* 2009, Bd. 18, 1, S. 176 – 186.

Morgan, Gareth. 1998. *Images of organization – the executive edition.* Thousand Oaks : Sage, 1998.

Mowles, Chris. 2011. *Rethinking management – radical insights from the compexitiy sciences.* Farnham : Gower, 2011.

Muller, Felix E. 2014. Moderne Manager meditieren. *NZZ am Sonntag.* 2014, Bd. 13, 4, S. 3.

Münch, Richard. 2004. *Soziologische Theorie – Band 3: Gesellschaftstheorie.* Frankfurt a.M. : Campus, 2004.

Nagel, Thomas. 1991. *Die Grenzen der Objektivität – Philosophische Vorlesungen.* [Hrsg.] Michael Gebauer. Stuttgart : Reclam, 1991.

Nagel, Thomas. 2013. *Geist und Kosmos – Warum die materialistische neodarwinistische Konzeption so gut wie sicher falsch ist.* 3. Aufl. Berlin : Suhrkamp, 2013.

Naujoks, Tobias. 1998. *Unternehmensentwicklung im Spannungsfeld von Stabilität und Dynamik – Management von Dualitäten.* Wiesbaden : Gabler Edition Wissenschaft und Deutscher Universitäts-Verlag, 1998.

Nayar, Vineet. 2010. *Employees first, customers second – turning conventional management upside down.* Boston : Harvard Business School Publishing, 2010.

Northouse, Peter G. 2012. *Leadership – theory and practice.* 6. Aufl. Thousand Oaks : Sage, 2012.

Nowak, Martin A. 2012. Why we help. *Scientific American.* July 2012, Bd. 307, 1, S. 34-39.

o.N. 2014. *Organisationsentwicklung – Zeitschrift für Unternehmensentwicklung und Change Management.* 2014, Bd. 33, 3.

Obolensky, Nick. 2010. *Complex adaptive leadership – embracing paradox and uncertainty.* Farnham : Gower, 2010.

Obring, Kai. 1992. *Strategische Unternehmensführung und polyzentrische Strukturen.* Herrsching : Kirsch Barbara, 1992.

O'Craven, Kathleen M. und Kanwisher, Nancy. 2000. Mental imagery of faces and places activates corresponding stimulus-specific brain regions. *Journal of Cognitive Neuroscience.* 2000, Bd. 12, 6, S. 1013 – 1023.

Osmetz, Dirk, et al. 2014. Experimente wagen. *Organisationsentwickliung – Zeitschrift für Unternehmensentwicklung und Change Management.* 2014, 3, S. 4 – 10.

Ott, Ulrich. 2012. Atmen, Fühlen, Gleichmut und das Gehirn. [Hrsg.] Michael Zimmermann, Christof Spitz und Stefan Schmidt. *Achtsamkeit – Ein buddhistisches Konzept erobert die Wissenschaft.* Bern : Hans Huber, 2012, S. 83 – 89.

Ott, Ulrich. 2010. *Meditation für Skeptiker – Ein Neurowissenschaftler erklärt den Weg zum Selbst.* München : O.W. Barth, 2010.

Ott, Ulrich, Hölzel, Britta K. und Vaitl, Dieter. 2011. Brain structure and meditation – how spiritual practice shapes the brain. [Hrsg.] Harald Walach, Stefan Schmidt und Wayne B. Jonas. *Neuroscience, consciousness and spirituality.* Dordrecht/Heidelberg/London/New York : Springer, 2011, S. 119 – 128.

Oude-Vrielink, Philip. 2013. *Life on purpose – your true calling and how to create it.* o.A. : Integral Alchemy, 2013.

Paeger, Jürgen. 2006a. Ökosystem Erde. *Das Zeitalter der Industrie.* [Online] 2006a. [Zitat vom: 24. Januar 2014. Archiviert mit WebCite® als http://www.webcitation.org/6b93SxQ0V.] http://www.oekosystem-erde.de/html/moderne_zeiten.html.

Paeger, Jürgen. 2006b. Ökosystem Erde. *Hintergrundinformation – Die Folgen der Industriellen Revolution.* [Online] 2006b. [Zitat vom: 24. Januar 2014. Archiviert mit WebCite® als http://www.webcitation.org/6b93jQMhM.] http://www.oekosystem-erde.de/html/folgen_industrielle_revolution.html.

Pagnoni, Giuseppe und Cekic, Milos. 2007. Age effects on gray matter volume and attentional performance in Zen meditation. *Neurobiology of Aging.* 2007, Bd. 28, 10, S. 1623 – 1627.

Panther, Stephan und Nutzinger, Hans G. 2004. Homo oeconomicus vs. homo culturalis – Kultur als Herausforderung der Ökonomik. [Hrsg.] Gerold Blümle, et al. *Perspektiven einer kulturellen Ökonomik.* Berlin : LIT Verlag, 2004, S. 287 – 309.

Parsons, Talcott. 1951. *The social system.* London : Routledge, 1951.

Parsons, Talcott. 1971. *The system of modern societies.* Upper Saddle River : Prentice-Hall, 1971.

Pascual-Leone, Alvaro, et al. 1995. Modulation of muscle responses evoked by transcranial magnetic stimulation during the acquisition of new fine motor skills. *Journal of Neurophysiology.* 1995, Bd. 74, 3, S. 1037 – 1045.

Pascual-Leone, Alvaro, et al. 2005. The plastic human brain cortex. *Annual Review of Neuroscience.* 2005, Bd. 28, S. 377 – 401.

Passingham, Richard E. und Wise, Steven P. 2012. *The neurobiology of the prefrontal cortex – anatomy, evolution, and the origin of insight.* Oxford : Oxford University Press, 2012.

Pattakos, Alex. 2008. *Prisoners of our thoughts.* 2. Aufl. San Francisco : Berret-Koehler, 2008.

Pauen, Michael. 2012. *Ohne Ich kein Wir – Warum wir Egoisten brauchen.* Berlin : Ullstein, 2012.

Pennekamp, Johannes. 2012. Der Homo oeconomicus lebt. *Frankfurter Allgemeine Zeitung.* [Online] 25. Oktober 2012. [Zitat vom: 8. April 2014. Archiviert mit WebCite® als http://www.webcitation.org/6OgGjw0pf.] http://www.faz.net/aktuell/wirtschaft/wirtschaftswissen/wirtschaftswissenschaften-der-homo-oeconomicus-lebt-11938235.html.

Penrose, Roger und Hameroff, Stuart, [Hrsg.]. 2011. *Consciousness in the universe – quantum physics, evolution, brain & mind.* o.O. : Cosmology.Com, 2011.

Peters, Theo und Ghadiri , Argang . 2013. *Neuroleadership – Grundlagen, Konzepte, Beispiele – Erkenntnisse der Neurowissenschaften für die Mitarbeiterführung.* 2. Aufl. Wiesbaden : SpringerGabler, 2013.

Peterson, Suzanne J., et al. 2008. Neuroscientific implications of psychological capital: are the brains of optimistic, hopeful, confident, and resilient leaders different? *Organizational Dynamics.* April 2008, Bd. 37, 4, S. 342 – 353.

Pfeffer, Jeffrey und Sutton, Robert I. 2006. *Hard facts, dangerous half-truths and total nonsense: profiting from evidence-based management.* Boston : Harvard Business School Publishing, 2006.

Pink, Daniel H. 2010. *Drive – Was Sie wirklich motiviert.* Salzburg : Ecowin, 2010.

Pinker, Steven. 2002. *The blank slate – the modern denial of human nature.* New York : Viking, 2002.

Pinnow, Daniel F. 2011. *Unternehmensorganisationen der Zukunft – Erfolgreich durch systematische Führung.* Frankfurt a.M./New York : Campus, 2011.

Pircher-Friedrich, Anna M. 2007. *Mit Sinn zum nachhaltigen Erfolg – Anleitung zur werte- und wertorientierten Führung.* 2. Aufl. Berlin : Erich Schmidt, 2007.

Pöppel, Ernst und Wagner, Beatrice. 2012. *Von Natur aus kreativ – Die Potenziale des Gehirnes entfalten.* München : Carl Hanser, 2012.

Pörksen, Bernhard. 2011a. Ethik der Erkenntnistheorie – Bernhard Pörksen über Heinz von Foersters Wissen und Gewissen. *Schlüsselwerke des Konstruktivismus.* Wiesbaden : VS Verlag für Sozialwissenschaften, 2011a, S. 319 – 340.

Pörksen, Bernhard. 2011b. Schlüsselwerke des Konstruktivismus – Eine Einführung. [Hrsg.] Pörksen Bernhard. *Schlüsselwerke des Konstruktivismus.* Wiesbaden : VS Verlag für Sozialwissenschaften, 2011b, S. 13 – 28.

Porter, Michael E. und Kramer, Mark R. 2011. Die Neuerfindung des Kapitalismus. *Harvard Business Manager.* 2011, Nr. 2, S. 58 – 75.

Poser, Hans. 2012. *Wissenschaftstheorie – Eine philosophische Einführung.* 2., überarb. u. erw. Aufl. Stuttgart : Reclam, 2012.

Puntas Bernet, Daniel. 2009. Abkehr von Kommando und Kontrolle. *NZZ am Sonntag.* 18. Oktober 2009, S. 47.

Radatz, Sonja. 2009. *Veränderung verändern: Das Relationale Veränderungsmanagement.* Wien : Verlag systemisches Management, 2009.

Raffone, Antonino und Srinivasan, Narayanan. 2010. The exploration of meditation in the neuroscience of attention and consciousness. *Cognitive Processing.* 2010, Bd. 11, 1, S. 1 – 7.

Rahim, M. Afzalur. 2014. A structural equations model of leaders' social intelligence and creative performance. *Creativity and Innovation Management.* 2014, Bd. 23, 1, S. 44 – 56.

Ramachandran, Vilayanur S. 2007. *Eine kurze Reise durch Geist und Gehirn.* 3. Aufl. Reinbek bei Hamburg : Rowohlt, 2007.

Ramachandran, Vilayanur S. und Oberman, Lindsay M. 2009. Reflections on the mirror neuron system – their evolutionary functions beyond motor representation. [Hrsg.] Jaime A. Pineda. *Mirror neuron systems – the role of mirroring processes in social cognition.* San Diego : Humana Press, 2009, S. 39 – 59.

Retzbach, Joachim. 2013. Lenke dein Gehirn. *Gehirn und Geist Basiswissen.* 2013, 1, S. 78 – 84.

Ricard, Matthieu. 2011. *Meditation.* München : Knaur Taschenbuch, 2011.

Rifkin, Jeremy. 2011. *Die dritte industrielle Revolution – Die Zukunft der Wirtschaft nach dem Atomzeitalter.* Frankfurt a.M. : Campus, 2011.

Rifkin, Jeremy. 2010. *Die empathische Zivilisation – Wege zu einem globalen Bewusstsein.* Frankfurt a.M. : Campus, 2010.

Ringleb, Al H. und Rock, David. 2008. The emerging field of neuroleadership. *Neuroleadership Journal.* 2008, Issue One, S. 1-17.

Rizzolatti, Giacomo und Sinigaglia, Corrado. 2008. *Empathie und Spiegelneurone – Die biologische Basis des Mitgefühls.* Frankfurt a.M. : Suhrkamp, 2008.

Rizzolatti, Giacomo, et al. 1996. Premotor cortex and the recognition of motor actions. *Cognitive Brain Research.* 1996, Bd. 3, 2, S. 131 – 141.

Robbins, Stephen P., Judge, Timothy A. und Campbell, Timothy T. 2010. *Organizational Behaviour.* Harlow : Financial Times Prentice Hall, 2010.

Rock, David und Schwartz, Jeffrey. 2006. The neuroscience of leadership – breakthroughs in brain research explain how to make organizational transformation succeed. *strategy+business.* 2006.

Roelfsema, Pieter R., van Ooyen, Arjen und Watanabe, Takeo. 2010. Perceptual learning rules based on reinforcers and attention. *Trends in cognitive sciences.* 2010, Bd. 14, 2, S. 64 – 71.

Romhardt, Kai. 2014. Achtsames Wirtschaften – Ein frischer Blick auf scheinbare Normalitäten des ökonomischen Handelns und Denkens. *Netzwerk Achtsame Wirtschaft.* [Online] 10. Februar 2014. [Zitat vom: 5. April 2014. Archiviert mit WebCite® als http://www.webcitation.org/6ObIA8rdC.] http://www.achtsame-wirtschaft.de/blog-artikel/items/neuer-artikel-achtsames-wirtschaften-ein-frischer-blick-auf-scheinbare-normalitaeten-des-oekonomischen-handelns-und-denkens.html.

Röösli, Franz und Sonntag, Michael. 2011. Mehr Potenzial dank Vernetzungen – Ein Plädoyer für Management-Plastizität: Warum Organisationen im Informationszeitalter auf vernetzte und lernfähige Strukturen setzen sollten. *io management.* 2011, Heft November/Dezember, S. 34 – 37.

Rossi, Andrew, et al. 2008. The prefrontal cortex and the executive control of attention. *Experimental Brain Research.* 2008, Bd. 192, 3, S. 489 – 497.

Roth, Gerhard. 2012. Kann der Mensch sich ändern? Sichtweisen neurobiologischer Forschung zum VeränderungsPotenzial von Menschen. *Deutsche Gesellschaft für Systemaufstellungen.* [Online] 2012. [Zitat vom: 14. Februar 2014. Archiviert mit WebCite® als http://www.webcitation.org/6NNkKflp1.] http://www.familienaufstellung.org/files/folien_roth_veraenderbarkeit.pdf.

Roth, Gerhard. 2007. *Persönlichkeit, Entscheidung und Verhalten – Warum es so schwierig ist, sich und andere zu verändern.* 3. Aufl. Stuttgart : Klett-Cotta, 2007.

Roth, Wolfgang. 2012a. Einleitung. [Hrsg.] Gerald Hüther, Wolfgang Roth und Michael von Brück. *Damit das Denken Sinn bekommt – Spiritualität, Vernunft und Selbsterkenntnis.* 5. Aufl. Freiburg i.B. : Herder, 2012a, S. 10 – 22.

Roth, Wolfgang. 2012b. Von der Neurobiologie zur Psychologie. [Hrsg.] Gerald Hüther, Wolfgang Roth und Michael von Brück. *Damit das Leben Sinn bekommt – Spiritualität, Vernunft und Selbsterkenntnis.* 5. Aufl. Freiburg i.B. : Herder, 2012b, S. 56 – 74.

Röver, Susanne. 2008. *Die Kunst, eine Identität zu entwickeln – Die sozialpsychologische Philosophie des George Herbert Mead.* München/Ravensburg : Grin, 2008.

Rowson, Jonathan. 2011. *Transforming behaviour change – beyond nudge and neuromania.* London : Royal Society of Arts, 2011.

Rüegg-Stürm, Johannes. 2003. *Das neue St. Galler Management-Modell – Grundkategorien einer integrierten Managementlehre – Der HSG-Ansatz.* 2., durchges. Aufl. Bern/Stuttgart/Wien : Haupt, 2003.

Sacks, Oliver. 2011. *Der Mann, der seine Frau mit einem Hut verwechselte.* 33. Aufl. Reinbek bei Hamburg : Rowohlt, 2011.

Salovey, Peter und Mayer, John D. 1990. Emotional intelligence. *Imagination, cognition, and personality.* 3, 1990, Bd. 9, S. 185 – 211.

Santa Fe Institute. 2014. Santa Fe Institute mission and vision. [Online] 2014. [Zitat vom: 28. April 2014. Archiviert mit WebCite® als http://www.webcitation.org/6PAqsNS0G.] http://www.santafe.edu/about/mission-and-vision/.

Sargut, Gökce und McRath, Rita Gunther. 2011. Mit Komplexität leben lernen. *Harvard Business Manager.* 2011, November, S. 22 – 34.

Schäfer, Lothar und Schnelle, Thomas. 1983. Einleitung – Die Aktualität Ludwik Flecks in Wissenschaftssoziologie und Erkenntnistheorie. [Buchverf.] Ludwick Fleck. *Erfahrung und Tatsache.* Frankfurt a.M. : Suhrkamp Taschenbuch Wissenschaft, 1983, S. 9 – 34.

Schäfer, Lothar und Schnelle, Thomas. 2012. Einleitung – Ludwik Flecks Begründung der soziologischen Betrachtungsweise in der Wissenschaftstheorie. [Buchverf.] Ludwik Fleck. *Entstehung und Entwicklung einer wissenschaftlichen Tatsache – Einführung in die Lehre vom Denkstil und Denkkollektiv.* Frankfurt a.M. : Suhrkamp Taschenbuch Wissenschaft, 2012, S. VII – XLVII. Erstausgabe 1935 bei Benno Schwabe & Co., Basel.

Scharmer, Otto. 2011. Change Management morgen – 13 Thesen. *Organisationsentwicklung – Zeitschrift für Unternehmensentwicklung und Change Management.* 2011, 4, S. 36 – 39.

Scharmer, Otto. 2014. Collective mindfulness – the leader´s new work. *The Huffington Post.* [Online] 2. February 2014. [Zitat vom: 7. Mai 2014. Archiviert mit WebCite® als http://www.webcitation.org/6PO83w9d9.] http://www.huffingtonpost.com/otto-scharmer/collective-mindfulness-th_b_4732429.html.

Scharmer, Otto und Vockmann, Russ. 2013. Intergral Leadership Review. *10/13 – Otto Scharmer: Theory U – leading from the future as it emerges.* [Online] 13. Oktober 2013.

[Zitat vom: 7. Mai 2014. Archiviert mit WebCite® als http://www.webcitation.org/6POE4HI5Y.] http://integralleadershipreview.com/10916-otto-scharmer-theory-u-leading-future-emerges/.

Schiepek, Günter. 2009. Systemische Neurowissenschaften und systemische Therapie. [Hrsg.] Lehranstalt für Systemische Familientherapie der Erzdiözese Wien für Berufstätige. *Systemische Notizen.* 2009, 3, S. 38 – 53.

Schmidt, Siegfried J. 1987. Der Radikale Konstruktivismus: Ein neues Paradigma im interdisziplinären Diskurs. *Der Diskurs des Radikalen Konstruktivismus.* Frankfurt a.M. : Suhrkamp Taschenbuch Wissenschaft, 1987, S. 11 – 88.

Schneider, Frank und Derntl, Birgit. 2012. *Neuronale Korrelate der Empathie.* Berlin/Heidelberg : Springer, 2012.

Schröder, Jörg-Peter. 2013. Entlasten, entgrenzen, entfalten – Transformational Leadership. *Manager Seminare.* 2013, 179, S. 62 – 66.

Schultze, Ulrike und Avital, Michel. 2011. Designing interviews to generate rich data for information systems research. *Information and Organization.* 2011, Bd. 21, 1, S. 1 – 16.

Schwägerl, Christian. 2012. Die Kraft der Gemeinschaft. *Geo kompakt.* 2012, 32, S. 76 – 85.

Schwartz, Jeffrey M. und Begley, Sharon. 2003. *The mind and the brain: neuroplasticity and the power of mental force.* New York : Harper Perennial, 2003.

Schwartz, Jeffrey M. und Gladding, Rebecca. 2012. *Du bist mehr als dein Gehirn: Die Vier-Schritt-Lösung, um Gewohnheitsmuster zu durchbrechen, ungesunde Denkweisen abzulegen und Kontrolle über das Leben zu gewinnen.* Freiburg i.B. : Arbor, 2012.

Schwartz, Jeffrey M., et al. 1996. Systematic changes in cerebral glucose metabolic rate after successful behavior modification treatment of obsessive-compulsive disorder. *Archives of General Psychiatry.* 1996, Bd. 53, 2, S. 109 – 113.

Schwarz, Friedhelm. 2007. *Der Griff nach dem Gehirn – Wie Neurowissenschaftler unser Leben verändern.* Reinbek bei Hamburg : Rowohlt, 2007.

Schwertfeger, Bärbel. 2012a. Insead: Europäische Business School weltweit erfolgreich. *wirtschaft + weiterbildung.* 2012a, 11/12, S. 54 – 55.

Schwertfeger, Bärbel. 2012b. MBA: Verantwortungsvolle Führungskräfte entwickeln. *wirtschaft + weiterbildung.* 2012b, 11/12, S. 48 – 51.

Schwing, Rainer. 2011. Liebe, Neugier, Spiel – Wie kommt das neue in die Welt? Systemische und neurobiologische Betrachtungen. [Hrsg.] Helmut Bonney. *Neurobiologie für den therapeutischen Alltag – Auf den Spuren Gerald Hüthers.* Göttingen : Vandenhoeck & Ruprecht, 2011, S. 11 – 41.

Searle, John. 1997. *The mystery of consciousness.* New York : New York Review of Books, 1997.

Seddon, John. 2003. *Freedom from command and control – a better way to make the work work.* Buckingham : Vanguard Education, 2003.

Sedláček, Tomáš . 2012. *Die Ökonomie von Gut und Böse.* München : Carl Hanser, 2012.

Sedláček, Tomáš und Orrell, David. 2013. *Bescheidenheit – Für eine neue Ökonomie.* München : Carl Hanser, 2013.

Segal, Zindel V., Williams, J. Mark G. und Teasdale, John D. 2002. *Mindfulness-based cognitive therapy for depression – a new approach to preventing relapse.* New York : Guilford Press, 2002.

Seidel, Wolfgang. 2009. *Das ethische Gehirn – Der determinierte Wille und die eigene Verantwortung.* Heidelberg : Spektrum Akademischer Verlag, 2009.

Seidman, Dov. 2012. Throw out your plans for 2013 – business is a journey. *Forbes.* [Online] 2012. [Zitat vom: 10. März 2014. Archiviert mit WebCite® als http://www.webcitation.org/6NxzBmdbN.] http://www.forbes.com/sites/dovseidman/2012/10/16/throw-out-your-plans-for-2013-business-is-a-journey/.

Seligman, Martin. 2012. *Flourish: Wie Menschen aufblühen – Die positive Psychologie des gelingenden Lebens.* München : Kösel, 2012.

Semler, Ricardo. 2003. *The seven-day weekend – a better way to work in the 21st century.* London : Random House, 2003.

Senge, Peter M. 2003. *Die fünfte Disziplin – Kunst und Praxis der lernenden Organisation.* 9. Aufl. Stuttgart : Klett-Cotta, 2003.

Senge, Peter M., et al. 2011. *Die notwendige Revolution – Wie Individuen und Organisationen zusammenarbeiten, um eine nachhaltige Welt zu schaffen.* Heidelberg : Carl-Auer, 2011.

Senge, Peter M., et al. 2005. *Presence – exploring profound change in people, organizations, and society.* New York : Currency, 2005.

Serpa, John. 2012. *Link: The fascinating ways our minds connect.* Indianapolis : Dog Ear Publishing, 2012.

Shaw, Patricia. 2002. *Changing conversations in organizations – a complexity approach to change.* London/New York : Routledge, 2002.

Shotter, John und Katz, Arlene M. 1999. Creating relational realities – responsible responding to poetic 'movements' and 'moments'. [Buchverf.] Sheila McNamee und Kenneth J. Gergen. *Relational responsibility – resources for sustainable dialogue.* Thousand Oaks : Sage, 1999, S. 151 – 162.

Siefer, Werner. 2010. Die Zellen des Anstosses. *Zeit online.* [Online] 7. Dezember 2010. [Zitat vom: 3. April 2014. Archiviert mit WebCite® als http://www.webcitation.org/6OYEBrR7X.] http://www.zeit.de/2010/51/N-Spiegelneuronen/komplettansicht.

Siegel, Daniel J. 2010a. *Das achtsame Gehirn.* 3. Aufl. Freiburg i.B. : Arbor, 2010a.

Siegel, Daniel J. 2010b. *Mindsight – the new science of personal transformation.* New York : Bantam Books, 2010b.

Siegel, Daniel J. 2012a. *Pocket guide to interpersonal neurobiology – an integrative handbook of the mind.* New York/London : Norton, 2012a.

Siegel, Daniel J. 2012b. *The developping mind – how relationships and the brain interact to shape who we are.* New York : Guilford Press, 2012b.

Siegel, Daniel J. 2012c. The mindful brain – das achtsame Gehirn. [Hrsg.] Gerald Hüther, Wolfgang Roth und Michael von Brück. *Damit das Denken Sinn bekommt – Spiritualität, Vernunft und Selbsterkenntnis.* 5. Aufl. Freiburg i.B. : Herder, 2012c, S. 38 – 55.

Siegel, Daniel J. und Hartzell, Mary. 2013. *Parenting from the inside out – how a deeper self-understanding can help you raise children who thrive.* Aufl. zum 10. Geburtstag. New York : Penguin Group, 2013.

Simon, Fritz B. 1997a. *Die Kunst nicht zu lernen. Und andere Paradoxien in Psychotherapie, Management, Politik...* Heidelberg : Carl-Auer, 1997a.

Simon, Fritz B. 2009. *Einführung in die systemische Wirtschaftstheorie.* Heidelberg : Carl-Auer, 2009.

Siegel, Daniel J. 2007. *Einführung in Systemtheorie und Konstruktivismus.* 2. Aufl. Heidelberg : Carl-Auer, 2007.

Simon, Fritz B. 1997b. Einleitung: Wirklichkeitskonstruktionen in der systemischen Therapie. *Lebende Systeme – Wirklichkeitskonstruktionen in der systemischen Therapie.* Frankfurt a.M. : Suhrkamp Taschenbuch Wissenschaft, 1997b, S. 7 – 18.

Simon, Fritz B. 2013. *Wenn rechts links ist und links rechts – Paradoxiemanagement in Familie, Wirtschaft und Politik.* Heidelberg : Carl-Auer, 2013.

Singer, Tania und Lamm, Claus. 2009. The social neuroscience of empathy. *Annals of the New York Academy of Sciences.* 2009, Bd. 1156, 1, S. 81 – 96.

Singer, Tania. 2009. Understanding others – brain mechanisms of theory of mind and empathy. [Hrsg.] Paul W. Glimcher, et al. *Neuroeconomics – decision making and the brain.* London/San Diego/Burlington : Academic Press, 2009, S. 251 – 268.

Singer, Wolf. 2012a. Einige Reflexionen über die Evolution und Natur des Geistes und des Selbst und über ihre Bedeutung für die Menschheit. [Hrsg.] Jon Kabat-Zinn, Richard J. Davidson und Zara Houshmand. *Die heilende Kraft der Meditation – Wie sich unser Geist selbst heilen kann: Ein wissenschaftlicher Dialog mit dem Dalai Lama.* Freiburg i.B. : Arbor, 2012a, S. 242 – 250.

Singer, Wolf. 2012b. Synchronisation der Rhythmen des Gehirns als ein möglicher Mechanismus für die Vereinigung verteilter mentaler Prozesse. [Hrsg.] Jon Kabat-Zinn, Richard J. Davidson und Zara Houshmand. *Die heilende Kraft der Meditation – Wie sich unser Geist selbst heilen kann: Ein wissenschaftlicher Dialog mit dem Dalai Lama.* Freiburg i.B. : Arbor, 2012b, S. 85 – 97.

Singer, Wolf und Ricard, Matthieu. 2008. *Hirnforschung und Meditation. Ein Dialog.* Frankfurt a.M. : Suhrkamp, 2008.

Slagter, Heleen A., Davidson, Richard J. und Lutz, Antoine. 2011. Mental training as a tool in the neuroscientific study of brain and cognitive plasticity. *Frontiers in Human Neuroscience.* February 2011, Bd. 5, S. 1 – 12.

Smith, Adam. 1759/2004. *The theory of moral sentiments.* Kila : Kessinger Publishing, 1759/2004. (originally published in 1759).

Smith, Kerri. 2011. Neuroscience vs philosophy – taking aim at free will. *Nature.* [Online] 31. August 2011. [Zitat vom: 1. April 2014. Archiviert mit WebCite® als http://www.webcitation.org/6OVLb1DpN.] http://www.nature.com/news/2011/110831/full/477023a.html.

Spitz, Christof. 2012. Achtsamkeit im Kontext des Bewusstseins. [Hrsg.] Michael Zimmermann, Christof Spitz und Stefan Schmidt. *Achtsamkeit – Ein buddhistisches Konzept erobert die Wissenschaft.* Bern : Hans Huber, 2012, S. 263 – 276.

Spitzer, Manfred. 2008. *Selbstbestimmen – Gehirnforschung und die Frage: Was sollen wir tun?* Heidelberg : Spektrum Akademischer Verlag, 2008.

Sprenger, Reinhard K. 2010. *Mythos Motivation – Wege aus einer Sackgasse.* 19., aktualis. und erw. Aufl. Frankfurt a.M./New York : Campus, 2010.

Stacey, Ralph D. 2001. *Complex responsive processes in organizations – learning and knowledge creation.* London/New York : Routledge, 2001.

Stacey, Ralph D. 2007. The challenge of human interdependence – consequences for thinking about the day to day practice of management in organizations. *European Business Review.* 2007, Bd. 19, 4, S. 292 – 302.

Stacey, Ralph D. 2012. *Tools and techniques of leadership and management – meeting the challenge of complexity.* London/New York : Routledge, 2012.

Stacey, Ralph D. und Griffin, Douglas. 2005. *A complexity perspective on researching organisations – taking experience seriously.* London/New York : Routledge, 2005.

Stacey, Ralph D., Griffin, Douglas und Shaw, Patricia. 2000. *Complexitiy and management – fad or radical challenge to systems thinking.* London/New York : Routledge, 2000.

Stamenov, Maxim I. und Gallese, Vittorio, [Hrsg.]. 2002. *Mirror neurons and the evolution of brain and language.* Amsterdam/Philadelphia : John Benjamins, 2002.

Stefani, Ulrike. 2008. Verhaltensorientiertes Controlling- Ergebnisse wirtschaftswissenschaftlicher Laborexperimente. *Controlling & Management.* Mai 2008, Bd. 52, Issue 1 Supplement, S. 12 – 18.

Stein, Steven J. und Book, Howard E. 2009. *Das EQ-Potenzial – Emotionale Intelligenz als Schlüssel zum Erfolg.* Weinheim : Wiley-VCH, 2009.

Stelling, Johannes N. 2005. *Kostenmanagement und Controlling.* 2. Aufl. München : Oldenbourg Wissenschaftsverlag, 2005.

Sternberger-Frey, Barbara. 2004. *Finanzwirtschaftliche Kennzahlen als Basis für Erfolgsbeteiligungen.* Düsseldorf : Hans-Böckler-Stiftung, 2004.

Stewart, Henry, Busani, Cathy und Moran, James. 2009. *Relax! A happy business story.* London : Happy, 2009.

Stoffer, Franz J. 2006. Kümmere dich um deine "Kunden" und Mitarbeiter. *neue caritas.* 2006, 1, S. 9-14.

Stollberg-Rilinger, Barbara. 2011. *Die Aufklärung – Europa im 18. Jahrhundert.* 2., überarb. und aktualis. Auflage. Stuttgart : Reclam, 2011.

Streatfield, Philip J. 2001. *The paradox of control in organizations.* London/New York : Routledge, 2001.

Stüttgen, Manfred. 2003. *Strategien der Komplexitätsbewältigung – Ein transdisziplinärer Bezugsrahmen.* 2. Aufl. Bern/Stuttgart/Wien : Haupt, 2003.

Suchman, Anthony L. 2006a. A new theoretical foundation for relationship-centered care – complex responsive processes of relating. *Journal of General Internal Medicine.* 2006a, Bd. 21, Suppl 1, S. 40 – 44.

Suchman, Anthony L. 2002a. An introduction to complex responsive process: theory an implications for organizational change initiatives. [Online] 2002a. [Zitat vom: 18. Juli 2012. Archiviert mit WebCite® als http://www.webcitation.org/6RHbIN2mx.] unpublished report. http://www.rchcweb.com/Portals/0/Files/Intro_to_CRP_and_implications_for_org_change.pdf.

Suchman, Anthony L. 2006b. Control and relation: two foundational values and their consequences. *Journal of Interprofessional Care.* 2006b, Bd. 20, 1, S. 3-11.

Suchman, Anthony L. 2002b. Linearity, complexity and well-being. *Medical Encounter.* 2002b, Bd. 16, 4, S. 17-19.

Sugarman, Barry. 2001. Twenty years of organizational learning and ethics in Hanover Insurance – interviews with Bill O´Brien. *Reflections.* 2001, Bd. 3, 1, S. 7 – 17.

Suinn, Richard M. 1997. Mental practice in sport psychology – where have we been, where do we go? *Clinical Psychology: Science and Practice.* 1997, Bd. 4, 3, S. 189 – 207.

Sukale, Michael. 2002. *Max Weber, Leidenschaft und Disziplin – Leben, Werk, Zeitgenossen.* Tübingen : Mohr Siebeck, 2002.

Surowiecki, James. 2007. *Die Weisheit der Vielen – Warum Gruppen klüger sind als Einzelne.* 2. Aufl. München : Goldmann, 2007.

Swaab, Dick. 2011. *Wir sind unser Gehirn – Wie wir denken, leiden und lieben.* München : Droemer, 2011.

Swedin, Eric G. 2005. *Science in the contemporary world – an encyclopedia.* Santa Barbara : ABC CLIO, 2005.

Tagwerker-Sturm, Maria. 2013. Warum können oder wollen sich viele Unternehmen nicht ändern? *inknowaction.* [Online] 2013. [Zitat vom: 14. Februar 2014. Archiviert mit WebCite® als http://www.webcitation.org/6NNZq8anA.] http://www.inknowaction.com/blog/2013/11/10/warum-koennen-oder-wollen-sich-viele-unternehmen-nicht-aendern/.

Tamdjidi, Christopher und Gloger, Svenja. 2012. Die Entdeckung der Achtsamkeit – Meditierende Manager. *Manager Seminare.* 2012, 177, S. 44 – 49.

Tamwatin, Tanmika. 2012. *Impact of meditation on emotional intelligence and self-perception of leadership skills.* London : unpublished PhD thesis, University of Westminster, 2012.

Tan, Chade-Meng. 2012. *Search Inside Yourself – Das etwas andere Glücks-Coaching.* München : Arkana, 2012.

Tang, Yi-Yuan, et al. 2007. Short-term meditation training improves attention and self-regulation. *Proceedings of the National Academy of Sciences.* 2007, Bd. 104, 43, S. 17152 – 17156.

Taylor, Frederic W. 1911. *The principles of scientific managment.* London : Harper & Brothers, 1911.

Taylor, Gordon Rattray. 1979. *The natural history of the mind.* New York : E.P. Dutton, 1979.

Teper, Rimma und Inzlicht, Michael. 2012. Meditation, mindfulness and executive control – the importance of emotional acceptance and brain-based performance monitoring. *Social Cognitive and Affective Neuroscience.* 2012, doi10:1093/scan/nss045.

The Human Brain Project. 2012. The human brain project. [Online] 2012. [Zitat vom: 16. Juni 2012. Archiviert mit WebCite® als http://www.webcitation.org/6b98eNTIR.] https://www.humanbrainproject.eu/.

Thielemann, Ulrich. 2008. Die Gier ist schuld. *tagesschau.de.* [Online] 16. September 2008. [Zitat vom: 29. Juli 2014. Archiviert mit WebCite® als http://www.webcitation.org/6RQrZu3sk.] http://www.tagesschau.de/wirtschaft/thielemann100.html.

Thompson, Evan. 2009. Contemplative neuroscience as an approach to volitional consciousness. [Hrsg.] Nancey Murphy, George Ellis und Timothy O'Connor. *Downward* *causation and the neurobiology of free will.* Berlin/Heidelberg : Springer, 2009, S. 187 – 197.

Thompson, Evan. 2007. *Mind in life – biology, phenomenology, and the sciences of mind.* Cambridge/London : Belknap Press of Harvard University Press, 2007.

Thompson, Richard F. 2010. *Das Gehirn – Von der Nervenzelle zur Verhaltenssteuerung.* Nachdruck der 3. Aufl. 2001. Heidelberg : Spektrum Akademischer Verlag, 2010.

Thorndike, Edward L. 1920. Intelligence and its use. *Harper's Magazine.* 1920, Bd. 71, 1, S. 227 – 235.

Thygesen, Niels, Villadsen, Kaspar und Kampmann, No. 2012. An introduction to understanding technology as illusions. [Hrsg.] Niels Thygesen. *The illusion of management control – a systems theoretical approach to managerial technologies.* New York : Palgrave Macmillan, 2012, S. 1 – 34.

Tomasello, Michael. 2006. *Die kulturelle Entwicklung des menschlichen Denkens.* Frankfurt a.M. : Suhrkamp Taschenbuch Wissenschaft, 2006.

Tomasello, Michael. 2011. *Die Ursprünge der menschlichen Kommunikation.* Frankfurt a.M. : Suhrkamp Taschenbuch Wissenschaft, 2011.

Tomasello, Michael. 2010. *Warum wir kooperieren.* Berlin : Edition Unseld, 2010.

Towers Watson. 2014. Towers Watson Global Workforce Study 2014. [Online] Towers Watson, 2014. [Zitat vom: 29. August 2015. Archiviert mit WebCite® als http://www.webcitation.org/6b9B82Xw6.] http://www.towerswatson.com/en-CH/Insights/IC-Types/Survey-Research-Results/2014/08/the-2014-global-workforce-study.

Treadway, Michael T. und Lazar, Sara W. 2010. Meditation and neuroplasticity – using mindfulness to change the brain. [Hrsg.] Ruth A. Baer. *Assessing mindfulness & acceptance processes in clients – illuminating the theory & practice of change.* Oakland : New Harbinger Publications, 2010, S. 185 – 206.

Tretter, Felix und Grünhut, Christine. 2010. *Ist das Gehirn der Geist? Grundfragen der Neurophilosophie.* Göttingen : Hofgrefe, 2010.

Treumann, Klaus Peter. 1998. Triangulation als Kombination qualitativer und quantitativer Forschung. [Hrsg.] Jürgen Abel, Renate Möller und Klaus Peter Treumann. *Einführung in die Empirische Pädagogik.* Stuttgart : Kohlhammer, 1998, S. 154 – 182.

Ulrich, Hans. 1984. *Management.* [Hrsg.] Thomas Dyllick und Gilbert J.B. Probst. Bern : Haupt, 1984.

Ulrich, Peter. 1986. *Transformation der ökonomischen Vernunft – Fortschrittsperspektiven der modernen Industriegesellschaft*. Bern : Haupt, 1986.

Van der Lans, Jan M. 2001. Implications of social constructionism for the psychological study of religion. [Hrsg.] Chris A.M. Hermans, et al. *Social constructionism and theology.* Leiden/Boston/Köln : Brill, 2001, S. 23 – 40.

Varela, Francisco J. 1997. Erkenntnis und Leben. [Hrsg.] Fritz B. Simon. *Lebende Systeme – Wirklichkeitskonstruktionen in der systemischen Therapie.* Frankfurt a.M. : Suhrkamp Taschenbuch Wissenschaft, 1997, S. 52 – 68.

Varela, Francisco J. 1999. *Ethical know-how – action, wisdom, and cognition.* Stanford : Stanford University Press, 1999.

Varela, Francisco J., Thompson, Evan und Rosch, Eleanor. 1995. *Der mittlere Weg der Erkenntnis – Der Brückenschlag zwischen wissenschaftlicher Theorie und menschlicher Erfahrung.* München : Wilhelm Goldmann, 1995.

Villányi, Dirk und Lübcke, Thomas. 2009b. Soziologische Systemtheorie und Metaphorik – Zur Epistemologie der Metapher des Systems. [Hrsg.] Ditmar Brock, et al. *Soziologische Paradigmen nach Talcott Parsons – Eine Einführung.* Wiesbaden : VS Verlag für Sozialwissenschaften, 2009b, S. 31 – 49.

Villányi, Dirk, Junge, Matthias und Brock, Ditmar. 2009a. Soziologische Systemtheorie. [Hrsg.] Ditmar Brock, et al. *Soziologische Paradigmen nach Talcott Parsons – Eine Einführung.* Wiesbaden : VS Verlag für Sozialwissenschaften, 2009a, S. 337 – 398.

Voelcker-Rehage, Claudia. 2013. *Gehirntraining durch Bewegung – Wie körperliche Aktivität das Denken fördert.* Aachen : Meyer & Meyer, 2013.

Vogeley, Kay. 2011. Spektrum der Wissenschaft. [Online] 2011. [Zitat vom: 24. November 2011. Archiviert mit WebCite® als http://www.webcitation.org/6OAG4fXmP.] http://www.spektrum.de/artikel/1066573&_z=798888.

von Brück, Michael. 2012. Spirituell leben in einer auf kurzfristige Effizienz ausgerichteten Welt. [Hrsg.] Gerald Hüther, Wolfgang Roth und Michael von Brück. *Damit das Denken Sinn bekommt – Spiritualität, Vernunft und Selbsterkenntnis.* 5. Aufl. Freiburg i.B. : Herder, 2012, S. 132 – 146.

von Foerster, Heinz. 1997. Abbau und Aufbau. [Hrsg.] Fritz B. Simon. *Lebende Systeme – Wirklichkeitskonstruktionen in der systemischen Therapie.* Frankfurt a. M. : Suhrkamp Taschenbuch Wissenschaft, 1997.

von Foerster, Heinz. 1987. Erkenntnistheorien und Selbstorganisation. [Hrsg.] Siegfried J. Schmidt. *Der Diskurs des Radikalen Konstruktivismus.* Frankfurt a.M. : Suhrkamp Taschenbuch Wissenschaft, 1987, S. 133 – 158.

von Foerster, Heinz und Pörksen, Bernhard. 1998. *Wahrheit ist die Erfindung eines Lügners – Gespräche für Skeptiker.* Heidelberg : Carl-Auer, 1998.

von Foerster, Heinz. 1993. *Wissen und Gewissen – Versuch einer Brücke.* [Hrsg.] Siegfried J. Schmidt. Frankfurt a.M. : Suhrkamp, 1993.

von Foerster, Heinz, et al. 2010. *Einführung in den Konstruktivismus.* 12. Aufl. München : Piper, 2010.

von Glasersfeld, Ernst. 2012. Einführung in den radikalen Konstruktivismus. [Hrsg.] Paul Watzlawick. *Die erfundene Wirklichkeit: Wie wissen wir, was wir zu wissen glauben? – Beiträge zum Konstruktivismus.* 6. Aufl. München : Piper, 2012, S. 16 – 38.

von Glasersfeld, Ernst. 1997a. Kleine Geschichte des Konstruktivismus. *Österreichische Zeitschrift für Geschichtswissenschaft.* 1997a, Bd. 8, 1, S. 9 – 17.

von Glasersfeld, Ernst. 1997b. *Radikaler Konstruktivismus – Ideen, Ergebnisse, Probleme.* Frankfurt a.M. : Suhrkamp Taschenbuch Wissenschaft, 1997b.

von Hopfgarten, Anna. 2012. Zoom in die Denkzentrale. *Gehirn & Geist.* 2012, 4, S. 62 – 66.

von Kyaw, Felicitas. 2011. Quo Vadis, Change Management. *Organisationsentwicklung – Zeitschrift für Unternehmensentwicklung und Change Management.* 2011, 4, S. 34.

von Meiborn, Barbara. 2012. Vom Ich zum Du zum Wir – Eine neue Kultur der Verbundenheit kommunizieren. [Hrsg.] Gerald Hüther und Christa Spannbauer. *Connectedness – Warum wir ein neues Weltbild brauchen.* Bern : Hans Huber, 2012, S. 81 – 102.

von Weizsäcker, Viktor. 1986. *Der Gestaltkreis – Theorie der Einheit von Wahrnehmen und Bewegen.* 5. Aufl. Stuttgart : Thieme, 1986.

Wagner, Hans-Josef. 1993. *Strukturen des Subjekts – Eine Studie im Anschluß an George Herbert Mead.* Wiesbaden : Verlag für Sozialwissenschaften, 1993.

Walach, Harald. 2012. Spiritualität und Wissenschaft. [Hrsg.] Gerald Hüther, Wolfgang Roth und Michael von Brück. *Damit das Denken Sinn bekommt – Spiritualität, Vernunft und Selbsterkenntnis.* 5. Aufl. Freiburg i.B. : Herder, 2012, S. 77 – 96.

Walach, Harald, et al. 2006. Measuring mindfulness—the Freiburg mindfulness inventory (FMI). *Personality and Individual Differences.* 2006, Bd. 40, 8, S. 1543 – 1555.

Wallace, B. Alan. 2012a. Achtsamkeit: mehr als eine Methode zur Stressbewältigung. [Hrsg.] Michael Zimmermann, Christof Spitz und Stefan Schmidt. *Achtsameit – Ein buddhistisches Konzept erobert die Wissenschaft.* Bern : Hans Huber, 2012a, S. 21 – 35.

Wallace, B. Alan. 2007. *Contemplative science – where Buddhism and neuroscience converge.* New York/Chichester : Columbia University Press, 2007.

Wallace, B. Alan. 2012b. Die buddhistische Wissenschaft der menschlichen Erfahrung. [Hrsg.] Jon Kabat-Zinn, Richard J. Davidson und Zara Houshmand. *Die heilende Kraft der Meditation – Wie sich unser Geist selbst heilen kann: Ein wissenschaftlicher Dialog mit dem Dalai Lama.* Freiburg i.B. : Arbor, 2012b, S. 177 – 188.

Wallace, B. Alan. 2006. *The attention revolution – unlocking the power of the focused mind.* Boston : Wisdom Publications, 2006.

Wallander, Jan. 2003. *Decentralisation – why and how to make it work: the Handelsbanken way.* Stockholm : SNS Förlag, 2003.

Wallner, Fritz. 1992. *Acht Vorlesungen über den Konstruktiven Realismus.* 3. überarb. Aufl. Wien : WUV – Universitätsverlag, 1992.

Walsh, Roger und Shapiro, Shauna L. 2006. The meeting of meditative disciplines and western psychology – a mutually enriching dialogue. *American Psychologist.* 2006, Bd. 61, 3, S. 227 – 239.

Watzlawick, Paul. 2000. *Vom Unsinn des Sinns oder vom Sinn des Unsinns.* 7. Aufl. Wien : Picus, 2000.

Watzlawick, Paul. 2013. *Wie wirklich ist die Wirklichkeit – Wahn, Täuschung, Verstehen.* 13. Aufl. München : Piper, 2013.

Watzlawick, Paul. 2010. Wirklichkeitsanpassungen oder angepasste >>Wirklichkeit<<? Konstruktivismus und Psychotherapie. [Buchverf.] o.N. *Einführung in den Konstruktivismus.* 12. Aufl. München/Zürich : Piper, 2010, S. 89 – 107.

Weare, Katherine. 2012. Achtsamkeitspraxis bei Kindern und Jugendlichen. [Hrsg.] Michael Zimmermann, Christof Spitz und Stefan Schmidt. *Achtsamkeit – Ein buddhistisches Konzept erobert die Wissenschaft.* Bern : Hans Huber, 2012, S. 181 – 195.

Weber, Max. 1992/1919. *Soziologie – Universalgeschichte Analysen – Politik.* 6. überarb. Aufl. Stuttgart : Kröner, 1992/1919.

Weick, Karl E. 1995. *Der Prozess des Organisierens.* Frankfurt a.M. : Suhrkamp Taschenbuch Wissenschaft, 1995.

Weick, Karl E. 2007. Drop your tools: on reconfiguring management education. *Journal of Management Education.* Volume 31, February 2007, 1, S. 5 – 16.

Weick, Karl E. und Putnam, Ted. 2006. Organizing for mindfulness – eastern wisdom and western knowledge. *Journal of Management Inquiry.* September 2006, Bd. 15, 3, S. 275 – 287.

Weick, Karl E., Sutcliffe, Kathleen M. und Obstfeld, David. 2008. Organizing for high reliability – processes of collective mindfulness. [Hrsg.] Arjen Boin. *Crisis Managment.* Thousand Oaks : Sage, 2008, Bd. III, S. 31 – 66.

Wellensiek, Sylvia Kéré. 2011. *Handbuch Resilienz-Training – Widerstandskraft und Flexibilität für Unternehmen und Mitarbeiter.* Weinheim/Basel : Beltz, 2011.

Welzer, Harald. 2012. Die Revolution des 'Wir' – Über die Sozialität der menschlichen Lebens- und Überlebensform. [Hrsg.] Gerald Hüther und Christa Spannbauer. *Connectedness – Warum wir ein neues Weltbild brauchen.* Bern : Hans Huber, 2012, S. 61 – 80.

Welzer, Harald. 2014. *Selbst denken – Eine Anleitung zum Widerstand.* 2. Aufl. Frankfurt a.M. : Fischer Taschenbuch, 2014.

Wenzel, Harald. 1990. *George Herbert Mead zur Einführung.* Hamburg : Junius, 1990.

Werner, Götz W. 2006. *Führung für Mündige – Subsidiarität und Marke als Herausforderungen für eine moderne Führung.* Karlsruhe : Universitätsverlag Karlsruhe, 2006.

Werner, Sylwia und Zittel, Claus. 2011. Einleitung: Denkstile und Tatsachen. *Ludwik Fleck: Denkstile und Tatsachen – Gesammelte Schriften und Zeugnisse.* Berlin : Suhrkamp Taschenbuch Wissenschaft, 2011, S. 9 – 38.

Westmeyer, Hans. 2011. Communicamus ergo sum oder am Anfang stehen die Beziehungen. [Hrsg.] Berhard Pörksen. *Schlüsselwerke des Konstruktivismus.* Wiesbaden : VS Verlag für Sozialwissenschaften, 2011, S. 411 – 424.

Wheatley, Margaret und Frieze, Deborah. 2011a. Leadership in the age of complexity – from hero to host. *Resurgence Magazine.* January/February 2011a, 264, S. 14 – 17.

Wheatley, Margaret und Frieze, Deborah. 2011b. *Walk out walk on – a learning journey into communities daring to live the future now.* San Francisco : Berrett-Koehler, 2011b.

Wikipedia. 2004a. *DuPont analysis.* [Online] 2004a. [Zitat vom: 16. Januar 2014. Archiviert mit WebCite® als http://www.webcitation.org/6NyM2un6k.] http://en.wikipedia.org/wiki/Du_Pont_Identity.

Wikipedia. 2003a. Georg Herbert Mead. [Online] 2003a. [Zitat vom: 12. September 2012. Archiviert mit WebCite® als http://www.webcitation.org/6NyLzBGUF.] http://de.wikipedia.org/wiki/George_Herbert_Mead.

Wikipedia. 2005. Informationszeitalter. [Online] 2005a. [Zitat vom: 14. Januar 2014. Archiviert mit WebCite® als http://www.webcitation.org/6NyLqrVXt.] http://de.wikipedia.org/wiki/Informationszeitalter.

Wikipedia. 2003b. Interdisziplinarität. [Online] 2003b. [Zitat vom: 24. November 2011. Archiviert mit Webcite® als http://www.webcitation.org/6NylnMNuB.] http://de.wikipedia.org/wiki/Interdisziplinarit%C3%A4t.

Wikipedia. 2003c. Interview. [Online] 2003c. [Zitat vom: 12. November 2011. Archiviert mit Webcite® als http://www.webcitation.org/6NyKG9I0V.] http://de.wikipedia.org/wiki/Interview.

Wikipedia. 2002. Jürgen Habermas. [Online] 2002. [Zitat vom: 3. Februar 2013. Archiviert mit WebCite® als http://www.webcitation.org/6NyLeYQ9u.] http://de.wikipedia.org/wiki/J%C3%BCrgen_Habermas.

Wikipedia. 2004b. Logotherapie. [Online] 2004b. [Zitat vom: 10. Januar 2013. Archiviert mit WebCite® als http://www.webcitation.org/6NyLa78IF.] http://de.wikipedia.org/wiki/Logotherapie.

Wikipedia. 2003d. Meditation. [Online] 2003d. [Zitat vom: September. 27 2012. Archiviert mit WebCite® als http://www.webcitation.org/6NyLW2vy2.] http://de.wikipedia.org/w/index.php?title=Meditation&dir=prev&action=history.

Wikipedia. o.J. Mind & Life Institute. [Online] o.J. [Zitat vom: 27. September 2012. Archiviert mit WebCite® als http://www.webcitation.org/6NyLPf1c7.] http://www.mindandlife.org/.

Wikipedia. 2001a. Niklas Luhmann. [Online] 2001a. [Zitat vom: 3. September 2012. Archiviert mit WebCite® als http://www.webcitation.org/6NyKoCXO9.] http://de.wikipedia.org/wiki/Niklas_Luhmann.

Wikipedia. 2006. Santa Fe Institute. [Online] 2006. [Zitat vom: 10. September 2012. Archiviert mit WebCite® als http://www.webcitation.org/6NyKdti8k.] http://de.wikipedia.org/wiki/Santa_Fe_Institute.

Wikipedia. 2001b. Systemtheorie. [Online] 2001b. [Zitat vom: 3. August 2011. Archiviert mit WebCite® als http://www.webcitation.org/6NyKOtGPc.] http://de.wikipedia.org/wiki/Systemtheorie.

Wikipedia. 2003e. Theorie der rationalen Entscheidung. [Online] 2003e. [Zitat vom: 23. Mai 2014. Archiviert mit WebCite® als http://www.webcitation.org/6PmXSQSL9.] http://de.wikipedia.org/wiki/Theorie_der_rationalen_Entscheidung.

Wikipedia. 2004c. Wirtschaft der Vereinigten Staaten. [Online] 2004c. [Zitat vom: 16. Januar 2014. Archiviert mit WebCite® als http://www.webcitation.org/6NyKYeKPv.] http://de.wikipedia.org/wiki/Wirtschaft_der_Vereinigten_Staaten.

Willke, Helmut. 1983. *Entzauberung des Staates.* Königstein im Taunus : Athenèaum, 1983.

Wilson, Timothy D. 2002. *Strangers to ourselves – discovering the adaptive unconscious.* Cambridge : Harvard University Press, 2002.

Wimmer, Rudolf. 2011. Die Zukunft des Change Managements. *Organisationsentwicklung – Zeitschrift für Unternehmensentwicklung und Change Management.* 2011, 4, S. 16 – 20.

Woollett, Katherine und Maguire, Eleanor A. 2009. Navigational expertise may compromise anterograde associative memory. *Neuropsychologia.* 2009, Bd. 47, 4, S. 1088 – 1095.

Woollett, Katherine, Glensman, Janice und Maguire, Eleanor A. 2008. Non-spatial expertise and hippocampal gray matter volume in humans. *Hippocampus.* 2008, Bd. 18, 10, S. 981 – 984.

Wüthrich, Hans A. 2012a. Bescheidenheit – Ethisches Fundament einer «neuen» Managementqualität. [Hrsg.] Stephan Kaiser und Arjan Kozica. *Ethik im Personalmanagement – Zentrale Konzepte, Ansätze und Fragestellungen.* München/Mering : Rainer-Hampp, 2012a, S. 159 – 171.

Wüthrich, Hans A. 2003. Durchbrechen Sie Denkmuster. *Harvard Business Manager.* September 2003, S. 101 – 106 .

Wüthrich, Hans A. 2014. Erfahrung – das Ende aller Fantasie! Plädoyer für mutige Führungsexperimente. *INDEX, Zeitschrift für Management mit gesundem Menschenverstand.* 2014, 1, S. 72 – 78.

Wüthrich, Hans A. 2011a. Talentmagnet – Mitarbeiter begeistern statt binden. *Zeitschrift für Führung + Organisation.* 2011a, Bd. 80, 5, S. 335 – 336.

Wüthrich, Hans A. 2012b. Wir haben herzlich wenig im Griff – Interview mit Prof. Dr. Hans A. Wüthrich. *Märzheuser Kommunikation.* [Online] 2012b. [Zitat vom: 10. März 2014. Archiviert mit WebCite® als http://www.webcitation.org/6NyQrRWyW.] http://www.maerzheuser.com/medien-monitor-archiv/%E2%80%9Ewir-haben-herzlich-wenig-im-griff%E2%80%9C-interview-mit-prof-dr-hans-a-wuthrich-inhaber-des-lehrstuhls-fur-internationales-management-an-der-universitat-der-bundeswehr-munchen-manageme.

Wüthrich, Hans A. 2011b. zutrauen | loslassen | experimentieren – Eine neue Führungshaltung ist gefragt. *Zeitschrift für Führung + Organisation.* 2011b, Bd. 80, 4, S. 212 – 219.

Wüthrich, Hans A., Osmetz, Dirk und Kaduk, Stefan. 2007. Leadership schafft Wettbewerbsvorteile 2. Ordnung. *Zeitschrift für Organisation.* 2007, Bd. 76, 6, S. 312 – 319.

Wüthrich, Hans A., Osmetz, Dirk und Kaduk, Stefan. 2009. *Musterbrecher – Führung neu leben.* 3., überarb. u. erw. Aufl. Wiesbaden : Gabler, 2009.

Wüthrich, Hans A., Osmetz, Dirk und Philipp, Andreas F. 2002. *Stillstand im Wandel – Illusion Change Management.* Dießen am Ammersee : Gellius, 2002.

Wüthrich, Hans A., Winter, Wolfgang und Philipp, Andreas F. 2001. *Die Rückkehr des Hofnarren – Einladung zur Reflexion – nicht nur für Manager.* München : Gellius, 2001.

Zaboura, Nadia. 2009. *Das empathische Gehirn – Spiegelneurone als Grundlage menschlicher Kommunikation.* Wiesbaden : VS Verlag für Sozialwissenschaften, 2009.

Zahavi, Dan. 2007. *Phänomenologie für Einsteiger.* Paderborn : Wilhelm Fink, 2007.

Zaugg, Robert J. 2009. *Nachhaltiges Personalmanagement – Eine neue Perspektive und empirische Exploration des Human Resource Management* . Wiesbaden : Gabler, 2009.

Zilles, Karl. 2003. Bildgebende Verfahren – Neue Perspektiven in der Hirnforschung. *Jahrbuch der Heinrich-Heine-Universität Düsseldorf.* [Online] 2003. [Zitat vom: 1. April 2014. Archiviert mit WebCite® als http://www.webcitation.org/6OVu08dgb.] http://www.uni-duesseldorf.de/Jahrbuch/2003/PDF/Zilles.pdf.

Zimmer, Carl. 2014. Secrets of the brain – new technologies are shedding light on biology's greatest unsolved mystery: how the brain really works. *National Geographic.* 2014, February, S. 28 – 57.

Zimmermann, Michael. 2012. Vorwort. [Hrsg.] Michael Zimmermann, Christof Spitz und Stefan Schmidt. *Achtsamkeit – Ein buddhistisches Konzept erobert die Wissenschaft.* Bern : Hans Huber, 2012, S. 9 – 17.

Zupancic, Dirk. 2000. *Zentralisierung und Dezentralisierung im Handelsmarketing. Fallstudie dm-drogerie markt.* St. Gallen : Thexis, 2000.

Zweifel, Thomas D. 2014. David Helfgott – the freedom to be yourself. *Leader Harbor.* [Online] 25. April 2014. [Zitat vom: 28. Mai 2014. Archiviert mit WebCite® als http://www.webcitation.org/6PGkyCiO2.] http://thomaszweifel.blogspot.ch/2014/04/david-helfgott-freedom-to-be-yourself.html.

SCHRIFTEN DES INSTITUTS FÜR ENTWICKLUNG ZUKUNFTSFÄHIGER ORGANISATIONEN

Herausgegeben von Prof. Sonja A. Sackmann, Ph. D., Prof. Dr. Stephan Kaiser, Prof. Dr. Hans A. Wüthrich und Prof. Dr. Axel Schaffer, Universität der Bundeswehr München

Band 2
Nicola B. Klaus
Kreativität bei virtueller Zusammenarbeit – Eine experimentelle Analyse des Einflusses von Virtualität, Vertrautheit und Vergütung auf die kreative Leistung von Individuen in Team-Settings
Lohmar – Köln 2013 ♦ 276 S. ♦ € 58,- (D) ♦ ISBN 978-3-8441-0261-1

Band 3
Manuela Maria Bräuer
Führung im Kontext von lebenskritischen Situationen und Hochleistung – Eine empirische Analyse anhand ausgewählter Einsatzeinheiten von Bundeswehr und Technischem Hilfswerk
Lohmar – Köln 2014 ♦ 432 S. ♦ € 68,- (D) ♦ ISBN 978-3-8441-0362-5

Band 4
Martin Rost
Kompetenzmanagement und Dynamic Capabilities – Eine empirische Fallstudie bei einem Unternehmen aus der Automobilzulieferindustrie
Lohmar – Köln 2014 ♦ 344 S. ♦ € 63,- (D) ♦ ISBN 978-3-8441-0381-6

Band 5
Sabrina Niederle
Die Bedeutung der Entrepreneurship Education für die Employability – Eine empirische Analyse am Beispiel des unternehmerischen Qualifizierungsprogramms Manage&More der UnternehmerTUM
Lohmar – Köln 2015 ♦ 344 S. ♦ € 63,- (D) ♦ ISBN 978-3-8441-0434-9

Band 6
Franz Röösli
Initialisierung musterbrechender Managementinnovation – Eine interdisziplinäre Betrachtung
Lohmar – Köln 2015 ♦ 336 S. ♦ € 63,- (D) ♦ ISBN 978-3-8441-0435-6

JOSEF EUL VERLAG